机械零件
基础知识及选用

薛 岩　等编著

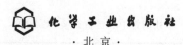

化学工业出版社
·北京·

内 容 简 介

本书在简单介绍通用机械设备构成和工作原理的基础上，主要介绍了各种典型机械零件的结构、材料要求、基本制造工艺方法、用途、选用原则，以及通用机械部件的组成和装配工艺等，涵盖连接类零件（螺纹连接件、键和花键、销、胀套、铆钉）、轴套类零件（轴和曲轴、活塞杆和活塞、柱塞、轴承和轴承套等）、传动类零件（带和带轮、链和链轮、齿轮、摩擦轮、丝杠、离合器和制动器）、液压与气压传动零部件（液压泵、液压马达和气动马达、液压缸和气缸、液压阀和气动控制阀）、其他类零件（弹簧、导轨、密封件、机架、箱体等）和通用机械部件（发动机、电动机、减速器、起重机等）。

本书可供机械行业的工程技术人员、技工、技师培训使用，也可作为机械专业学生的参考用书。

图书在版编目（CIP）数据

机械零件基础知识及选用/薛岩等编著. —北京：化
学工业出版社，2022.10
ISBN 978-7-122-41467-0

Ⅰ.①机⋯　Ⅱ.①薛⋯　Ⅲ.①机械元件　Ⅳ.
①TH13

中国版本图书馆CIP数据核字（2022）第085965号

责任编辑：张兴辉　　　　　　　　　文字编辑：张　宇　陈小滔
责任校对：王　静　　　　　　　　　装帧设计：王晓宇

出版发行：化学工业出版社（北京市东城区青年湖南街13号　邮政编码100011）
印　　　装：三河市延风印装有限公司
787mm×1092mm　1/16　印张19¼　字数528千字　2023年1月北京第1版第1次印刷

购书咨询：010-64518888　　　　　　售后服务：010-64518899
网　　　址：http://www.cip.com.cn
凡购买本书，如有缺损质量问题，本社销售中心负责调换。

定　　价：99.80元

前　言

为了让机械专业的学生以及机械行业从业人员系统、全面地学习了解机械设计制造全流程的基础知识，从而对机械行业的基础知识有一个综合全面的了解，以便更好地胜任本职工作，我们策划了机械基础知识入门系列图书，涵盖机械制造基本过程、材料基础知识、机械零件及设计基础知识、机械制造基本知识、机械控制基础知识、制造工厂和制造车间基础知识等。本书是《机械零件基础知识及选用》分册。

机械设备是由机械零件装配而成的。本书主要是让读者在了解典型通用机械设备构成和基本工作原理的基础上，全面了解学习各种通用机械零件（连接类零件、轴套类零件、传动类零件、液压与气压传动零部件、其他类零件以及通用机械部件等）的结构、材料要求、基本制造工艺方法、用途及选用原则，通用机械部件的结构组成以及零部件的装配工艺，等等。

本书内容全面，有较高的实用价值。本书可使读者对各类典型机械零件、通用机械部件有较全面的认识，以便在生产实践中正确地应用，具有一定的实用性和针对性。

本书由山东建筑大学薛岩，第四储备资产管理局岳才平，济南军区锅炉检验所于明，德国亚琛工业大学于风翼，济南市特种设备检验研究院刘强共同编写。本书在编写过程中，编写人员付出了大量心血和时间，同时也得到了参编单位的领导和同事的大力支持，在此表示感谢。

由于编者水平有限，书中难免存在不妥之处，恳请广大读者批评指正。

编著者

目　　录

第 1 章
机械系统及构成

1.1 机械零件和机械系统

1.1.1 机械和机械零件

什么是机械？机械就是利用力学原理构成的、能帮人们降低工作难度或省力的工具装置，是机器和机构的总称。

(1) 机器、零件与部件

① 机器：由各种金属和非金属部件组装成的消耗能源的机械装置，可以运转、做功，零件、部件间有确定的相对运动，用来转换或利用机械能。机器一般由零件、部件组成一个整体，或者由几个独立机器构成联合体。

② 零件：机械中不可拆分的单个制件，是机械制造过程中的基本单元，也是组成机器的最小单元，一般不需要装配工序。在机器或机械中，任何零件都不是孤立存在的，每个零件都与一个或几个零件有装配关系或相互位置关系。这些零件的作用各不相同，有的起到连接零件的作用；有的起到支承或容纳零件的作用；有的起到传递动力和运动的作用。

③ 部件：机器中在构造和作用上自成系统、可单独分离出来的部分，是实现某个动作（或功能）的零件组合。部件可以是一个零件，也可以是多个零件的组合体，有些部件（又称为分部件）在进入总装配之前还需要与另外的部件和零件装配成更大的部件。比如，既可把机器中某个变速箱称为一个部件，也可把这一变速箱内的离合器或其他某一部分（例如滚动轴承）称为一个部件。

(2) 构件与机构

① 构件：机械中具有确定运动的某个整体，是组成机构的各相对运动的单元。构件可以是一个零件，也可以是连接在一起、不发生相对运动的多个零件的组合体。如齿轮用键与轴连接在一起，齿轮、键、轴之间不发生相对运动，成为一个运动的整体，那么这三个零件就组成了一个"构件"。

② 机构：机器的重要组成部分，由若干构件组成，以机架为基础，由运动副以一定方式连接形成的具有确定相对运动的构件系统。机构仅起着传递运动和动力，或转换运动形式的作用。如内燃机的凸轮机构可以转换运动，刨床中的齿轮机构可以传递运动。也可以说机构是由部件组成的，但是部件不一定就是机构，具有确定相对运动的才算机构。

(3) 机器与机构

机器也可以认为是由各种机构组成，各构件间能产生相对运动，可以完成有用功或能量的转换。如：内燃机可以转换能量，机械手可以传递物料，照相机可以传递信息，半自动钻床既能够实现确定的机械运动，又能做有用的机械功。

机器与机构的区别在于，机器能实现能量的转换或代替人的劳动去做有用功，而机构没有这种功能。

（4）设备与装置

设备是指可供企业在生产中长期使用，并在反复使用中基本保持原有实物形态和功能的劳动资料和物质资料的总称。

装置是机器、仪器或其他设备中结构较复杂并具有某种独立功用的物件。

在企业中设备是单体的，而装置是由设备按一定的工艺流程，用工艺管线连接起来，达到一定生产目的的综合体。

1.1.2　现代机械的功能要求

① 运动：速度、加速度、转速、调速范围、行程、运动轨迹及运动的精确性等；

② 动力：传递的功率、转矩、力、压力等；

③ 可靠性和寿命：机械和零部件执行功能的可靠性、零部件的耐磨性和使用寿命等；

④ 安全性：强度、刚度、热力学性能、摩擦学特性、振动稳定性、系统工作的安全及操作人员的安全等；

⑤ 体积和质量：尺寸、质量、功率-质量比等；

⑥ 经济性：设计和制造的经济性、使用和维修的经济性等；

⑦ 环境保护：防噪声、防振动、防尘、防毒、"三废"的排放和治理、周围人员和设备的安全保护；

⑧ 产品造型：外观、色彩、装饰、形体及比例、人—机—环境的协调等；

⑨ 其他：一些特殊机械的特殊要求。

1.1.3　机械系统

（1）机械系统的概念

① 机械系统的定义。所谓系统是指具有特定功能、相互之间具有有机联系的许多要素构成的一个整体。机械系统是由若干机械装置组成的一个特定系统，属于机械内部系统。

② 机械系统的目的是产生确定运动、传递和变换机械能、完成特定的工作。

③ 机械系统的基本要素。机械系统由机械零件和构件组成，它们为完成一定的功能相互联系，从而分别组成了各个子系统。

如图 1-1 所示的小型甘蔗收割机，是由若干机构、部件和零件组成的机械系统，是一个由具有确定的质量、刚度和阻尼的物体组成并能完成特定功能的系统。

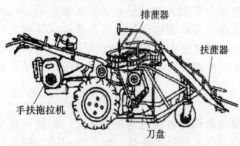

图 1-1　小型甘蔗收割机

（2）机械系统的特性

① 整体性。

a. 机械系统是由若干个子系统构成的统一整体，具有各子系统不具备的特性和功能。虽然各子系统具有各自不同的性能，但它们在结合时必须服从整体功能的要求，相互间必须协调和适应。

b. 系统是不能分割的，即不能把一个系统分割成相互独立的子系统，因为机械系统整体性反映在系统之间的有机联系上。

c. 系统是可以分解的，但分解系统与分割系统是完全不同的。为了研究的方便，可以根据需要把一个系统分解成若干个子系统。

② 相关性。系统及内部各子系统之间是有机联系的，它们之间相互作用、相互影响，形成

了特定的关系。如系统的输入与输出之间的关系、各子系统之间的层次联系、各子系统的性能与系统整体特定功能之间的联系等，都取决于各子系统在系统内部的相互作用和相互影响的有机联系。某一子系统性能的改变，将对整个系统的性能产生影响。

③ 层次性。

a. 系统可以分解为一系列子系统，并存在一定的层次结构。

b. 在系统层次结构中表述了在不同层次子系统之间的从属关系或相互作用关系。

c. 层次本身就是系统的构成部分，每个层次反映了系统某种功能的实现方式。

④ 目的性。

a. 系统的价值体现在其功能上，完成特定的功能是系统存在的目的。因此，系统的功能就是系统的目的，它主要取决于要素、结构和环境。

b. 为了实现系统的目的，系统必须具有控制、调节和管理的功能。这些功能使系统进入与它的目的相适应的状态，实现要求的功能并排除或减少有害的干扰。

⑤ 环境适应性。外部环境总是变化的，系统对外部变化的环境和干扰必须有良好的适应性。

（3）机械系统的组成

随着科技的发展，机械的内涵不断变化。现代机械系统综合运用了机械工程、控制系统、电子技术、计算机技术和电工技术等多种技术，是将计算机技术融合于机械的信息处理和控制功能中，实现机械运动、动力传递和变换，完成设定的机械运动功能的机械系统。就功能而言，一台现代化的机械通常包含动力系统、传动系统、执行系统和控制系统四个主要组成部分，及其他辅助零部件组成。

① 动力系统。

动力系统包括动力机及其配套装置，是机械系统工作的动力源，又称为原动机。

a. 动力机按能量转换性质的不同，可分为一次动力机和二次动力机两类。

• 一次动力机：把自然界的能源（一次能源）转变为机械能的机械，如内燃机、汽轮机、水轮机等。

• 二次动力机：把二次能源（如电能、液能、气能）转变为机械能的机械，如电动机、液压马达、气动马达等。

b. 动力机的选择。

动力机输出的运动通常为转动，而且转速较高。选择动力机时，应考虑能源条件，执行机械特性，机械系统的使用环境、工况、操作和维修条件，机械系统对启动、过载、调速及运行平稳性的要求，使系统既有良好的动态性能，又有较好的经济性。

② 传动系统。传动系统是把动力机的动力和运动传递给执行系统的中间装置，比如齿轮传动机构、蜗轮蜗杆传动机构、丝杠传动机构、链传动机构、带传动机构等。

a. 传动系统的要求：满足整个机械系统良好伺服功能的要求；满足传动精度的要求；满足小型、轻量、高速、低噪声和高可靠性的要求。

b. 传动系统主要有以下几项功能。

• 减速或增速：把动力机的速度降低或提高，以适应执行系统工作的需要。

• 变速：当用动力机进行变速不经济、不可能或不能满足要求时，可通过传动系统实行变速（有级或无级），以满足执行系统多种速度的要求。

• 改变运动规律或形式：把动力机输出的均匀、连续、旋转的运动，转变为按某种规律变化的旋转或直线、连续或间歇、匀速或变速的运动，或改变运动方向，以满足执行系统的运动要求。

• 传递动力：把动力机输出的动力传递给执行系统，供给执行系统完成预定任务所需的功率、转矩或力。

　　如果动力机的工作性能完全符合执行系统工作的要求，也可省略传动系统，而将动力机与执行系统直接连接。

　　③ 执行系统。执行系统根据操作指令的要求在动力机的带领下，完成预定的操作。它包括机械的执行机构和执行构件，是利用机械能来改变作业对象的性质、状态、形状或位置，或对作业对象进行检测、度量等，以进行生产或达到其他预定要求的装置，又称为工作机，如电动机、液压缸、气缸、液压马达，以及各种电磁铁、机械手等。

　　不同的功能要求，对运动和工作载荷的机械特性要求也不相同，因而各种机械系统的执行系统也不相同。执行系统通常处在机械系统的末端，直接与作业对象接触，是机械系统的主要输出系统。因此，执行系统工作性能的好坏，将直接影响整个系统的性能。执行系统除应满足强度、刚度、寿命等要求外，还应具有较高的灵敏度、精确度，良好的重复性和可靠性。

　　④ 操纵系统和控制系统。操纵系统和控制系统都是用于协调动力系统、传动系统、执行系统，保证准确可靠地完成整机功能的装置。两者的主要区别是：操纵系统一般是指通过人工操作来实现启动、离合、制动、变速、换向等要求的装置；控制系统则是指通过人工操作或检测元件获得的控制信号，经由控制器，使控制对象改变其工作参数或运行状态，而实现上述要求的装置，如伺服机构、自动控制装置等。良好的控制系统可以使机械处于最佳运行状态，提高其运行稳定性和可靠性，并具有较好的经济性。

　　此外，根据机械系统的功能要求，还有润滑系统、计数系统、行走系统、转向系统等。机械系统的组成示意图，如图 1-2 所示。

　　机械钟表是一个小型的机械系统，如图 1-3 所示。机械钟表主要由动力系统、传动系统、擒纵调速系统、指针系统和上条拨针系统等部分组成。其工作原理是：用发条作为动力源的动力系统，经过一组齿轮组成的传动系统来推动擒纵调速器工作，再由擒纵调速器反过来控制传动系统的转速。传动系统在推动擒纵调速器的同时还带动指针系统。传动系统的转速受控于擒纵调速器，所以指针能按一定的规律在表盘上指示时刻。

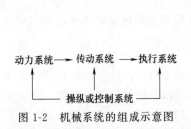

图 1-2　机械系统的组成示意图

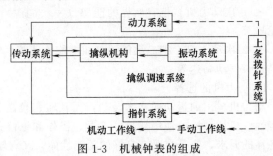

图 1-3　机械钟表的组成

1.2　典型通用设备及构成

1.2.1　机床

　　机床是对金属或其他材料的坯料或工件进行加工，使之获得所要求的几何形状、尺寸精度和表面质量的通用设备。机床是制造机器的机器，也是能制造机床本身的机器，机械产品的零件通常都是用机床加工出来的，它的品种、质量和加工效率直接影响着其他机械产品的生产技术水平和经济效益。这是机床区别于其他机器的主要特点，故机床又称为工作母机或工具机。

1.2.1.1　机床的分类

　　广义上机床主要包括：金属切削机床（主要用于对金属进行切削加工）、木工机床（用于对木材进行切削加工）、特种加工机床（用物理、化学等方法对工件进行特种加工）、锻压机床等。

　　狭义的机床仅指使用最广泛、数量最多的金属切削机床。金属切削机床可按不同的分类方法划分为多种类型。

① 按工件大小和机床重量不同，可分为仪表机床、中小型机床、大型机床、重型机床和超重型机床，如图 1-4～图 1-8 所示。

图 1-4　仪表机床　　　　　　图 1-5　中小型机床　　　　　　图 1-6　大型机床

② 按加工精度不同，可分为普通精度机床、精密机床和高精度机床。

a. 普通精度机床。包括普通车床、钻床、镗床、铣床、刨床等。

b. 精密机床。包括磨床、齿轮加工机床、螺纹加工机床和其他各种精密机床等。

c. 高精度机床。包括坐标镗床、齿轮磨床、螺纹磨床、高精度滚齿机、高精度刻线机和其他高精度机床等。

③ 按自动化程度不同，可分为手动操作机床、机动操作机床、半自动机床和自动机床等。

④ 按机床的控制方式不同，可分为仿形机床、数控机床、加工中心和柔性制造系统等。

a. 仿形机床：按照样板或靠模，控制刀具或工件的运动轨迹进行切削加工的半自动机床，如图 1-9 所示。

图 1-7　重型机床　　　　　　图 1-8　超重型机床　　　　　　图 1-9　仿形机床

b. 数控机床：数字控制机床的简称，是一种装有程序控制系统的自动化机床。该控制系统能够逻辑地处理具有控制编码或其他符号指令规定的程序，并将其译码，从而使机床动作并加工零件。

c. 加工中心：备有刀库，具有自动换刀功能，对工件一次装夹后进行多工序加工的数控机床。加工中心是高度机电一体化的产品，工件装夹后，数控系统能控制机床按不同工序自动选择、更换刀具，自动对刀，自动改变主轴转速、进给量，等等，可连续完成钻、镗、铣、铰、攻螺纹等多种工序，因而大大减少了工件装夹时间、测量和机床调整等辅助工序时间，对加工形状比较复杂、精度要求较高、品种更换频繁的零件具有良好的经济效益。

(a) 卧式加工中心　　　　　　　(b) 立式加工中心

加工中心通常以主轴与工作台相对位置分类，分为卧式、立式和万能加工中心，如图 1-10 所示。

· 卧式加工中心是指主轴轴线与工作台平行设置的加工中心，主要适

(c) 万能加工中心

图 1-10　加工中心

用于加工箱体类零件。

• 立式加工中心是指主轴轴线与工作台垂直设置的加工中心，主要适用于加工板类、盘类、模具及小型壳体类复杂零件。

• 万能加工中心又称多轴联动型加工中心，是指通过加工主轴轴线与工作台回转轴线的角度可控制联动变化，完成复杂空间曲面加工的加工中心，适用于具有复杂空间曲面的叶轮转子、模具、刀具等工件的加工。

d. 柔性制造系统：由统一的信息控制系统、物料储运系统和一组数字控制加工设备组成，能适应加工对象变换的自动化机械制造系统。柔性制造系统是一组按次序排列的机器，由自动装卸及传送机器连接并经计算机系统集成一体，原材料和待加工零件在零件传输系统上装卸，零件在一台机器上加工完毕后传到下一台机器，每台机器接收操作指令，自动装卸所需工具，无需人工参与，如图1-11所示。

e. 切削加工自动生产线：加工对象自动地由一台机床传送到另一台机床，并由机床自动地进行加工、装卸、检验等；工人的任务仅是调整、监督和管理自动生产线，不参加直接操作；所有的机器设备都按统一的节拍运转，生产过程是高度连续的，如图1-12所示。切削加工自动生产线在机械制造业中发展最快、应用最广，主要有：用于加工箱体类零件的组合机床自动生产线；用于加工轴类、盘环类零件的，由通用、专门化或专用自动机床组成的自动生产线；旋转体加工自动生产线；用于加工工序简单、小型零件的转子自动生产线；等等。

图1-11　柔性制造系统

图1-12　切削加工自动生产线

⑤ 按机床的适用范围不同，又可分为通用机床、专门化机床和专用机床。

a. 通用机床：工艺范围很宽，可以加工一定尺寸范围内的各种类型零件，完成多种多样的工序，包括车床、刨床、铣床、冲床、磨床、电火花成形机床、线切割机床、钻床、镗床、滚齿机、旋铆机、折弯机等。

b. 专门化机床：工艺范围较窄，只能加工一定尺寸范围内的某一类或少数几类零件，完成某一种或少数几种特定工序，用于形状相似而尺寸不同的同类型工件某一部位加工的机床。例如，曲轴主轴颈车床、曲轴连杆轴颈车床、凸轮轴凸轮车床、凸轮轴凸轮磨床等。

c. 专用机床：工艺范围最窄，通常只能完成某一特定零件的特定工序，如加工机床主轴箱的专用镗床，专门做螺纹的搓丝机、镦锻机，专门磨曲轴的曲轴磨床，等等。专用机床中有一种以标准的通用部件为基础，配以少量按工件特定形状或加工工艺设计的专用部件组成的自动或半自动机床，称为组合机床。

⑥ 金属切削机床按加工方式或加工对象不同，可分为车床、钻床、镗床、磨床、齿轮加工机床、螺纹加工机床、花键加工机床、铣床、刨床、插床、拉床、特种加工机床、锯床和刻线机等。

a. 车床：如图1-13所示，车床加工时，工件旋转；刀具不转动但做进给运动，主要加工回转体零件，有时也加工一些长键槽。

b. 铣床：如图1-14所示，铣床加工时，工件固定在机床工作台上，并做进给运动；刀具旋转。铣床可加工范围很广，在铣床上可以加工平面（水平面、垂直面）、沟槽（键槽、T形槽、燕尾槽等）、分齿零件（齿轮、花键轴、链轮）、螺旋形表面（螺纹、螺旋槽）及各种曲面；此外，还可用于加工回转体表面、内孔及进行切断工作等。铣床在工作时，工件装在工作台上或分度头等附件上，铣刀旋转为主运动，辅以工作台或铣头的进给运动，工件即可获得所需的加工表面。由于是多刀断续切削，因而铣床的生产率较高。

c. 刨床：如图 1-15 所示，刨床加工时，工件固定在机床工作台上，并做进给运动；刀具做往复直线运动。刨床主要用于加工各种平面（如水平面、垂直面、斜面及各种沟槽，如 T 形槽、燕尾槽、V 形槽等）、直线成形表面，如果配有仿形装置，还可加工空间曲面，如汽轮机叶轮、螺旋槽等。这类机床的结构简单，回程时不切削，故生产率较低，一般用于单件或小批量生产。

d. 磨床：如图 1-16 所示，磨床是用磨料磨具（砂轮、砂带、油石或研磨料等）作为工具对工件表面进行磨削加工的机床。磨床可加工各种表面，如内外圆柱面、圆锥面、平面、齿轮齿廓面、螺旋面及各种成形面等，还可以刃磨和进行切断等，工艺范围十分广泛。由于磨削加工容易得到高的加工精度和好的表面质量，所以磨床主要应用于零件精加工，尤其是淬硬钢件和高硬度特殊材料的精加工。

图 1-13　车床

图 1-14　铣床

图 1-15　牛头刨床

e. 镗床：如图 1-17 所示，镗床适用于对单件或小批量生产的零件进行平面铣削和孔系加工，其主轴箱端部设计有平旋盘径向刀架，能精确镗削尺寸较大的孔和平面，此外还可进行钻孔、铰孔及攻螺纹加工。

f. 钻床：如图 1-18 所示，钻床是具有广泛用途的通用性机床，可对零件进行钻孔、扩孔、铰孔、锪平面和攻螺纹等加工；摇臂钻床上配有工艺装备时，还可以进行镗孔；台钻上配有万能工作台（MDT-180 型）时，还可以铣键槽。

图 1-16　外圆磨床

(a) 摇臂钻床　　　　(b) 高速小型钻床

图 1-17　镗床

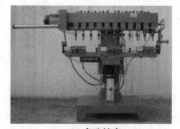

(c) 多孔钻床

图 1-18　钻床

1.2.1.2　典型机床介绍

(1) 普通机床

普通机床是靠手工操作来完成各种切削加工的机床，是普通车床、铣床、刨床、磨床等机床的统称，如图 1-13～图 1-18 所示。

① 普通机床的组成。

a. 动力源：为机床提供动力（功率）和运动的驱动部分。

b. 传动系统：有很复杂的子传动系统和变速机构，包括主传动系统、进给传动系统和其他运动的传动系统，如变速箱、进给箱等部件。

c. 支承件：用于安装和支承其他固定的或运动的部件，承受其重力和切削力，如床身、底座、立柱等。

d. 工作部件：

• 与主运动和进给运动有关的执行部件，如主轴及主轴箱、工作台及其溜板、滑枕等安装工件或刀具的部件。

• 与工件和刀具有关的部件或装置，如自动上下料装置、自动换刀装置、砂轮修整器等。

• 与上述部件或装置有关的分度、转位、定位机构和操纵机构等。

e. 控制系统：控制系统用于控制各工作部件的正常工作，主要是电气控制系统，有些机床局部采用液压或气动控制系统。

f. 冷却系统：机床的冷却系统由冷却泵、出水管、回水管、开关及喷嘴等组成，冷却泵安装在机床底座的内腔里，冷却泵将切削液从底座内储液池泵至出水管，然后经喷嘴喷出，对切削区进行冷却。

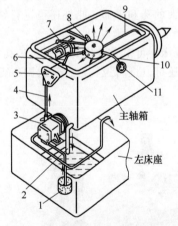

图 1-19　车床主轴箱润滑系统
1—网式滤油器；2—回油管；3—液压泵；
4,6,7,9,10—油管；5—过滤器；
8—分油器；11—油标

g. 润滑系统：为保证机床正常工作和减少零件的磨损，主轴箱中的轴承、齿轮、离合器等都必须进行良好的润滑，图 1-19 所示为车床主轴箱的润滑系统。

h. 其他装置：如排屑装置、自动测量装置等。

② 普通机床的加工特点。

a. 加工精度低，零件的加工精度需要由操作者人为确定，存在误差。

b. 无法预先精确估算出零件的加工时间，加工产品质量不稳定。

c. 加工过程中操作人员需要参与操作，对于复杂的零件，生产速度较慢。

③ 普通机床示例——车床。车床是主要用车刀对旋转的工件进行车削加工的机床，是机械制造和修配工厂中使用最广的一类机床。在车床上还可用钻头、扩孔钻、铰刀、丝锥、板牙和滚花工具等，进行相应的加工。一般车床的加工精度可达 IT8～IT7，表面粗糙度 Ra 值可达 $1.6\mu m$。

a. 车床的分类。

按用途和结构的不同，车床主要分为卧式车床、落地车床、立式车床、转塔车床、单轴自动车床、多轴自动和半自动车床、仿形车床、多刀车床和各种专门化车床，如凸轮轴车床、曲轴车床、车轮车床等。

Ⅰ. 卧式车床。如图 1-20 所示，卧式车床的特点如下。

• 通用性较大，加工对象广，主轴转速和进给量的调整范围大，能加工工件的内外表面、端面和内外螺纹。

- 结构复杂，但自动化程度低。
- 加工复杂工件时，换刀麻烦。
- 主要由工人手工操作，辅助时间长，生产率低。

适用于单件、小批量生产及修理车间。

Ⅱ. 落地车床。如图1-21所示，落地车床加工特点是无床身、尾架，没有丝杠。此种车床适用于车削800～4000mm大直径、长度短、重量较轻的盘形、环形工件或薄壁筒形工件，以及各种轮胎模具、大直径法兰管板等工件。

图1-20　卧式车床

图1-21　落地车床

Ⅲ. 立式车床。如图1-22所示，立式车床工作台的台面是水平面，主轴的轴心线垂直于台面。工件装夹在回转工作台上，刀架在横梁或立柱上移动，工件的矫正、装夹比较方便，工件和工作台的重量均匀地作用在工作台下面的圆导轨上。立式车床一般分为单柱式和双柱式两大类，适用于加工直径大而长度短的重型零件，或难于在普通车床上装夹的工件。立式车床可进行内外圆柱面、圆锥面、端平面、沟槽、倒角等的加工。

Ⅳ. 转塔车床。为了适应成批生产复杂形状零件的需要，在卧式机床的基础上，发展起了转塔车床。如图1-23所示，转塔车床与卧式车床相比较，在结构上最主要的区别在于：转塔车床没有尾座和丝杠，在尾座位置安装了一个可纵向移动（与主轴轴线垂直）的多工位转塔刀架或回轮刀架，刀架上能安装多把刀具，能在工件的一次装夹中由工人依次使用不同刀具完成多种工序，适用于成批生产。

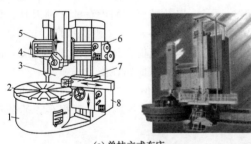

(a) 单柱立式车床

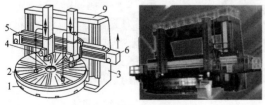

(b) 双柱立式车床

图1-22　立式车床

1—底座；2—工作台；3—立柱；4—垂直刀架；5—横梁；
6—垂直刀架进给箱；7—侧刀架；8—侧刀架进给箱；9—顶梁

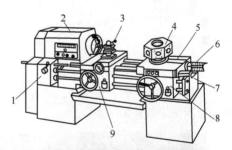

图1-23　转塔车床

1—进给箱；2—主轴箱；3—横刀架；4—转塔刀架；
5—纵向刀具溜板；6—定程装置；7—床身；
8—转塔刀架溜板箱；9—横刀架溜板箱

Ⅴ．自动车床。如图 1-24 所示，自动车床是一种高性能、高精度、低噪声的走刀式自动车床，它通过凸轮来控制加工程序，自动完成中小型工件的多工序加工，能自动上下料，重复加工一批同样的工件，适用于大批量生产。自动车床适合加工铜、铝、铁、塑料等材料，用于仪表、钟表、汽车、摩托车、自行车、眼镜、文具、五金卫浴、电子零件、插接件、电脑、手机、军工等行业中成批加工小零件，特别是较为复杂的零件。

Ⅵ．多刀半自动车床。如图 1-25 所示，多刀半自动车床有卧式和立式、单轴和多轴之分。单轴卧式车床的布局形式与普通车床相似，但两组刀架分别装在主轴的前后或上下，用于加工盘、环和轴类工件，其生产率比普通车床高 3～5 倍。

图 1-24　自动车床

图 1-25　多刀半自动车床

Ⅶ．仿形车床。如图 1-26 所示，仿形车床能仿照样板或样件的形状尺寸，自动完成工件的加工循环，适用于形状较复杂的工件的小批量生产，生产率比普通车床高 10～15 倍。仿形车床有多刀架、多轴、卡盘式、立式等类型。

图 1-26　仿形车床

Ⅷ．铲齿车床。如图 1-27 所示，铲齿车床在在车削的同时，刀架周期地做径向往复运动。铲齿车床适用于铲车或铲磨模数 1～12mm 的齿轮滚刀和其他各种类型的齿轮刀具，以及需要铲削齿背的各种刀具。铲齿车床也可以用来加工各种螺纹和特殊形状的零件。铲齿车床的设计结构不但能保证精密的加工精度，同时还能保证获得良好的表面粗糙度。

Ⅸ．联合车床。如图 1-28 所示，联合车床主要用于车削加工，但附加一些特殊部件和附件后，还可进行镗、铣、钻、插、磨等加工，具有"一机多能"的特点，适用于工程车、船舶或移动修理站上的修配工作。

图 1-27　铲齿车床

图 1-28　联合车床

Ⅹ．专门车床。如图 1-29 所示，专门车床是用于加工某类工件的特定表面的车床。例如：
- 曲轴车床：用来加工内燃机及空气压缩机曲轴的连杆颈及曲臂侧面。
- 凸轮轴车床：专门用来加工凸轮轴的车床。
- 车轮车床：用于机车轮对的加工与维修的专用机床。

(a) 曲轴车床　　　(b) 凸轮轴车床　　　(c) 车轮车床　　　(d) 车轴车床　　　(e) 轧辊车床

图 1-29　专门车床

- 车轴车床：专门用来加工车轴的车床。
- 轧辊车床：专门加工轧辊的车床。孔型轧辊车床主要用于轧辊辊身各种孔型的加工，也可以用来修理轧辊的孔型；普通型轧辊车床主要用于轧辊圆柱表面的粗车、半精车、精车、切断等，也可以用来加工相应规格的轴类零件。

b. 普通车床的功用。

普通卧式车床是车床中应用最广泛的一种，约占车床类总数的 65%，常用于加工各种轴类、套筒类、轮盘类零件的内外回转表面，采用相应的刀具和附件，还可进行钻孔、扩孔、攻螺纹和滚花等。如图 1-30 所示，普通车床可进行车削内外圆柱面、车削端面、切槽和切断、钻中心孔、镗孔、铰孔、车削各种螺纹、车削内外圆锥面、车削特型面、滚花和盘绕弹簧等加工。由于车床的加工范围广、结构复杂、自动化程度不高，所以一般用于单件、小批量生产及修配车间。

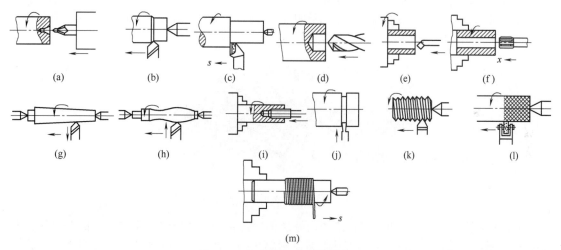

图 1-30　车床能加工的典型表面

c. 普通车床的运动形式。

为了加工出各种表面，刀具与工件间必须保持如下必要的相对运动。

Ⅰ. 主运动：形成车床切削速度或消耗主要动力的工作运动，如工件的旋转运动。主运动是实现切削所需要的最基本的运动，也是速度最高，消耗功率最大的运动。

Ⅱ. 进给运动：使工件的多余材料不断被去除的工作运动，如刀具的直线移动（纵向、横向，通过手柄完成）。进给运动相对速度较低，消耗的功率也较少。

Ⅲ. 其他辅助运动：车床的运动除了切削运动外，还有一些为实现车床切削过程的辅助工作而必须进行的辅助运动。例如，尾架的纵向移动、工件的夹紧与放松等。

切削过程中主运动只有一个，进给运动可以多于一个。主运动和进给运动可由刀具或工件分别完成，也可由刀具单独完成。主运动和进给运动是形成被加工表面形状所必需的运动，称为机床的成形运动。

d. 普通车床的工作原理。

普通车床的主轴水平安装在主轴箱中，刀具在水平面内做纵向、横向进给运动。其工作原理是：电机将动力传给主轴箱，经主轴箱变速，主轴带动工件做旋转运动，为切削提供主运动；溜板箱上面的拖板做直线运动，为切削提供进给运动，实现对工件的加工。

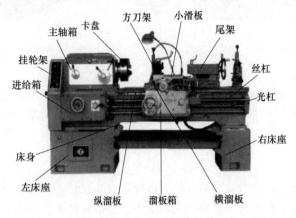

图1-31　CA6140型普通车床

e. CA6140型车床的主要组成部件。

CA6140型车床是床身上最大回转直径为400mm的卧式车床，是普通精度级的万能机床，主要由床身、主轴箱、进给箱、光杠、丝杠、溜板箱、刀架和尾架等部分组成，如图1-31所示。

Ⅰ. 床身：床身是车床的基本支承件，固定在左床座和右床座上。床身上安装着机床的各个主要部件，工作时床身使它们保持准确的相对位置。床身应具有足够的刚度和强度，且为了保持床身表面精度，在操作车床的过程中应注意维护保养。

Ⅱ. 主轴箱：又称床头箱，如图1-32所示。

主轴箱固定在床身的左端，装在主轴箱中的主轴（主轴为中空，不仅可以用于更长的棒料的加工及机床线路的铺设还可以增加主轴的刚度），通过夹盘等夹具装夹工件。主轴箱的功用是支承并传动主轴，使主轴带动工件按照规定的转速旋转。

图1-32　CA6140型普通车床主轴箱内部组件

Ⅲ. 进给箱：又称走刀箱，是进给传动系统的变速机构。进给箱固定在床身的左前侧、主轴箱的底部，其内装有进给运动的变速装置及操纵机构。调整其变速机构，可得到所需的进给量或加工螺纹的螺距，通过光杠或丝杠将运动传至刀架以进行切削。

Ⅳ. 丝杠、光杠和操作杆，如图1-33所示。

• 丝杠：把进给箱的运动传给开合螺母，用来车削螺纹，是专门为车削各种螺纹而设置的。

• 光杠：把进给箱的运动传给溜板箱，实现纵向、横向进给，在车削工件的其他表面时，只用光杠，不用丝杠。

• 操作杆：控制主轴正反转及停止转动。

Ⅴ. 溜板箱：又称拖板箱，位于床身前侧，固定在刀架部件的底部，可带动刀架一起做纵向、横向进给，快速移动或螺纹加工。溜板箱上装有各种操作手柄及按钮，工作时工人可以方便地操作机床。

Ⅵ. 刀架：位于床身的中部，装在刀架导轨上，并可沿床身上的刀架导轨做纵向移动。刀架部件用来装夹车刀，并带动车刀做纵向、横向或斜向的进给运动。刀架部件由纵溜板、横溜板、转盘、小滑板和方刀架等组成，如图 1-34 所示。

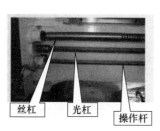

图 1-33　CA6140 型车床丝杠、光杠和操作杆

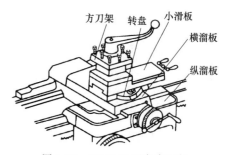

图 1-34　CA6140 型车床刀架

- 纵溜板：也称床鞍、大刀架、大拖板，位于床身的中部，与溜板箱连接，带动车刀沿床身导轨做纵向移动，其上面有横向导轨。
- 横溜板：也称横刀架、中滑板、横拖板，可带动车刀沿大拖板上的导轨做横向移动，用于横向车削工件及控制切削深度。
- 转盘：与横溜板用螺钉紧固，松开螺钉，便可在水平面上转动任意角度，其上有小滑板的导轨。
- 小滑板：也称小刀架、小拖板、小溜板，控制长度方向的微量切削，可沿转盘上的导轨做短距离移动。将转盘偏转若干角度后，小滑板做斜向进给，可以车削圆锥体。
- 方刀架：固定在小滑板上，可同时安装四把车刀，松开手柄即可转动方刀架，把所需要的车刀转到工作位置上。

Ⅶ. 尾架：也称尾座，安装在床身右端，并可沿尾架导轨纵向移动，以调整其工作位置。尾架主要用于安装后顶尖，以支承较长的工件；在尾架上也可以安装钻头、铰刀等切削刀具进行孔加工；将尾架偏移，还可用来车削长锥形的工件。

使用尾架时应注意以下几点：
- 用顶尖装夹工件时，必须将固定位置的长手柄扳紧，尾架套筒锁紧；
- 尾架套筒伸出长度一般不超过 100mm；
- 一般情况下尾架的位置与床身端部平齐，在摇动拖板时严防尾架从床身上落下，造成事故。

f. CA6140 车床的操作。

Ⅰ. 车床的启动操作，如图 1-35 所示。
- 检查车床各变速手柄是否处于空挡位置，离合器是否处于正确位置，操纵杆是否处于停止状态，确认无误后，合上车床电源总开关。

图 1-35　车床启动操作

- 按下床鞍上的绿色启动按钮，电动机启动。
- 向上提起溜板箱右侧的操纵杆手柄，主轴正转；操纵杆手柄回到中间位置，主轴停止转动；向下压操纵杆手柄，主轴反转。主轴正反转的转换要在主轴停止转动后进行，避免因连续转换操作使瞬间电流过大而发生电气故障。
- 按下床鞍上的红色停止按钮，电动机停止工作。

Ⅱ. 主轴箱的变速操作。通过改变主轴箱正面右侧的两个叠套手柄的位置来控制主轴的转速。如图 1-36（b）所示，主轴箱前面的手柄有 6 个挡位，每个挡位有 4 级转速，由后面的手柄控制，所以主轴共有 24 级转速。主轴箱正面左侧的手柄用于车削螺纹的左右旋向变换和加大螺距，共有 4 个挡位，即右旋螺纹、左旋螺纹、右旋加大螺距螺纹和左旋加大螺距螺纹，其挡位如图 1-36（c）所示。

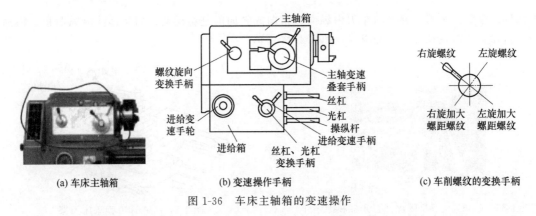

(a) 车床主轴箱   (b) 变速操作手柄   (c) 车削螺纹的变换手柄

图 1-36　车床主轴箱的变速操作

Ⅲ. 进给箱的变速操作。CA6140 型车床上进给箱正面左侧有一个手轮，手轮有 8 个挡位；右侧有前、后叠装的两个手柄，前面的手柄是丝杠、光杠变换手柄，后面的手柄有 4 个挡位，与手轮配合，用以调整螺距或进给量，如图 1-37 所示。根据加工要求调整所需螺距或进给量时，可通过查找进给箱油池盖上的调配表来确定手轮和手柄的具体位置。

Ⅳ. 溜板箱的操作。溜板部分实现车削时绝大部分的进给运动：床鞍及溜板箱做纵向移动、中滑板（即横溜板）做横向移动、小滑板可做纵向或斜向移动。进给运动有手动进给和机动进给两种方式，各手柄位置如图 1-38 所示。

图 1-37　车床进给箱

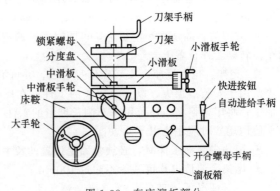

图 1-38　车床溜板部分

- 溜板部分的手动进给操作。

床鞍及溜板箱的纵向移动由溜板箱正面左侧的大手轮控制。顺时针方向转动手轮时，床鞍向右运动；逆时针方向转动手轮时，床鞍向左运动。手轮轴上的刻度盘圆周等分 300 格，手轮每转过 1 格，床鞍纵向移动 1mm。

中滑板的横向移动由中滑板手轮控制。顺时针方向转动手轮时，中滑板向远离操作者方向移动（即横向进刀）；逆时针方向转动手轮时，中滑板向靠近操作者方向移动（即横向退刀）。中滑板手轮轴上的刻度盘圆周等分 100 格，手轮每转过 1 格，中滑板纵向移动 0.05mm。

小滑板在小滑板手轮控制下可做短距离的纵向移动。小滑板手轮顺时针方向转动时，小滑板向左移动；逆时针方向转动时，小滑板向右移动。小滑板手轮轴上的刻度盘圆周等分 100 格，手轮每转过 1 格，小滑板纵向或斜向移动 0.05mm。小滑板的分度盘在刀架需斜向进给车削短圆锥体时，可顺时针或逆时针地在 90°范围内偏转所需角度，调整时，先松开锁紧螺母，转动小滑板至所需角度位置后，再拧紧锁紧螺母将小滑板固定。

左手摇动车床大手轮，右手同时摇动中滑板手轮，纵向、横向快速趋近和快速退离工件。

- 溜板部分的机动进给操作。

CA6140 型车床的纵向、横向机动进给和快速移动采用单手柄操纵。自动进给手柄在溜板箱右侧，可沿十字槽纵向、横向扳动，手柄扳动方向与刀架运动方向一致，操作简单、方便。手柄在十字槽中央位置时，停止进给运动。在自动进给手柄顶部有一快进按钮，按下此按钮，快速电动机工作，床鞍或中滑板按手柄扳动方向做纵向或横向快速移动，松开按钮，快速电动机停止转动，快速移动中止。

　　如图 1-39 所示，溜板箱正面右侧有一开合螺母机构，用于接通或断开从丝杠传来的运动。车削非螺纹表面时，开合螺母手柄位于上方；车削螺纹时，顺时针方向扳下开合螺母手柄，使开合螺母扣合于丝杠上，丝杠通过开合螺母带动溜板箱及刀架移动，使之按预定的螺距做纵向进给。车削完螺纹应立即将开合螺母手柄扳回到原位。

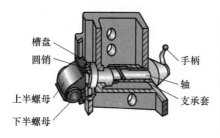

图 1-39　车床开合螺母机构

　　溜板箱中设置有互锁机构，以保证开合螺母合上时，机动进给不能接通；反之，机动进给接通时，开合螺母不能合上。

　　Ⅴ.尾座操作。如图 1-40 所示，尾座的结构中套筒用来安装顶尖、钻头等工具。

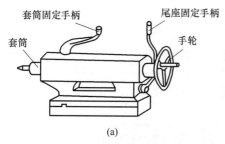

(a)　　　　　　　　　　(b)　　　　　　　　　　(c)

图 1-40　车床尾座

　　• 沿床身导轨手动纵向移动尾座至合适的位置，逆时针方向扳动尾座固定手柄，将尾座固定。注意移动尾座时用力不要过大。

　　• 逆时针方向转动套筒固定手柄（松开），摇动手轮，使套筒做进、退移动。顺时针方向转动套筒固定手柄，将套筒固定在选定的位置。

　　• 擦净套筒内孔和顶尖锥柄，安装后顶尖；松开套筒固定手柄，摇动手轮使套筒退出后顶尖。

（2）数控机床

　　随着科学技术的发展，机电产品日趋精密复杂，产品的精度要求越来越高、更新换代的周期也越来越短。尤其是宇航、军工、造船、汽车和模具加工等行业，用普通机床进行加工（精度低、效率低、劳动强度大）已无法满足生产要求，因此一种新型的用数字程序控制的机床——数控机床应运而生。

　　① 数控机床的基本组成。数控机床主要由加工程序、输入装置、数控系统、伺服系统、反馈装置、机床主体和其他辅助装置等组成，如图 1-41 所示。

　　a.加工程序及其载体。加工程序是数控机床自动加工零件的工作指令。数控机床工作时，不需要工人直接去操作，要对数控机床进行控制，必须编制加工程序。零件加工程序中，包括

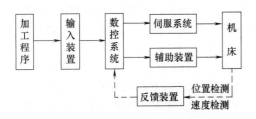

图 1-41   数控机床的组成

机床上刀具和工件的相对运动轨迹、工艺参数（进给量、主轴转速等）和辅助运动等。零件加工程序用一定的格式和代码，存储在一种程序载体上，如穿孔纸带、盒式磁带、软磁盘等，通过数控机床的输入装置，将程序信息输入到 CNC 单元。

b. 输入装置。输入装置是整个数控系统的初始工作机构，它的作用是将数控指令输入给数控系统，根据程序载体的不同，相应有不同的输入装置。其主要有键盘输入、磁盘输入、CAD/CAM 系统直接通信方式输入和连接上级计算机的 DNC（直接数控）输入，现仍有不少系统还保留有光电阅读机的纸带输入形式。

Ⅰ. 纸带输入方式。可用纸带光电阅读机读入零件程序，直接控制机床运动，也可以将纸带内容读入存储器，用存储器中储存的零件程序控制机床运动。

Ⅱ. MDI 手动数据输入方式。操作者可利用操作面板上的键盘输入加工程序的指令，它适用于比较短的程序。

在控制装置编辑状态（EDIT）下，用软件输入加工程序，并存入控制装置的存储器中，这种输入方法可重复使用程序。一般手工编程均采用这种方法。

在具有会话编程功能的数控装置上，可按照显示器上提示的问题，选择不同的菜单，用人机对话的方法，输入有关的尺寸数字，就可自动生成加工程序。

Ⅲ. DNC（直接数控）输入方式。零件程序保存在上级计算机中，CNC 系统一边加工一边接收来自计算机的后续程序段。DNC 输入方式多用于采用 CAD/CAM 软件设计的复杂工件并直接生成零件程序的情况。

c. 数控系统。数控系统是数控机床的核心，如图 1-42 所示。现代数控系统均采用 CNC（Computer Numerical Control）形式，这种 CNC 系统一般使用多个微处理器，以程序化的软件形式实现数控功能，因此又称软件数控（Software NC）。CNC 系统是一种位置控制系统，它是根据输入数据插补出理想的运动轨迹，然后输出到执行部件加工出所需要的零件。

(a) SIEMENS   (b) FANUC   (c) 华中HNC

图 1-42   常见数控系统

输入装置将加工信息传给 CNC 单元，编译成计算机能识别的信息，由信息处理部分按照控制程序的规定，逐步存储并进行处理后，通过输出单元发出位置和速度指令给伺服系统和主运动控制部分。CNC 系统的输入数据包括：零件的轮廓信息（起点、终点、直线、圆弧等）、加工速度及其他辅助加工信息（如换刀、变速、冷却液开关等）。数据处理的目的是完成插补运算前的准备工作。数据处理程序还包括刀具半径补偿、速度计算及辅助功能的处理等。

输出装置与伺服机构相连。输出装置根据控制器的命令接收运算器的输出脉冲，并把它送到各坐标的伺服控制系统，经过功率放大，驱动伺服系统，从而控制机床按规定要求运动。

d. 伺服系统。伺服系统是数控机床的重要组成部分，用于实现数控机床的进给伺服控制和主轴伺服控制。伺服系统的作用是接收来自数控系统的指令信息，经功率放大、整形处理后，转换成机床执行部件的直线位移或角位移运动。伺服系统有开环、半闭环和闭环之分，在半闭环和闭环伺服系统中，还得使用位置检测装置，间接或直接测量执行部件的实际进给位移，与指令位移进行比较，按闭环原理，将其误差转换、放大后转化为伺服电机（步进电机或交、直流伺服电机）的转动，从而带动机床工作台移动。

由于伺服系统是数控机床的最后环节，其性能将直接影响数控机床的精度和速度等技术指标。因此，对于数控机床的伺服驱动装置，要求其具有良好的快速反应性能，能准确而灵敏地跟踪数控装置发出的数字指令信号，并能忠实地执行来自数控装置的指令，提高系统的动态跟随特性和静态跟踪精度。

伺服系统包括驱动装置和执行机构两大部分。驱动装置由主轴驱动单元、进给驱动单元和主轴伺服电机、进给伺服电机组成。步进电机、直流伺服电机和交流伺服电机是常用的驱动装置。

e. 反馈装置。

测量元件将数控机床各坐标轴的实际位移值检测出来并经反馈装置输入到机床的数控系统中，数控系统将反馈回来的实际位移值与指令值进行比较，并向伺服系统输出达到设定值所需的位移量指令。

f. 机床主体。

机床主体是数控机床的主要部件。它包括床身、底座、立柱、横梁、滑座、工作台、主轴箱、进给机构、刀架、自动换刀装置等机件。它是在数控机床上自动完成各种零件加工的机械部分，如图1-43～图1-46所示。

图 1-43　数控机床主体

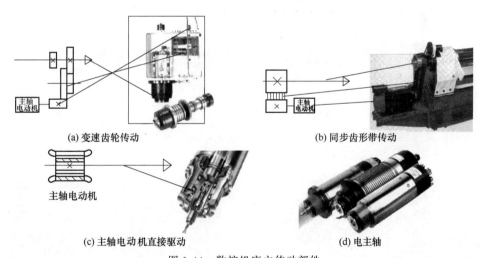

(a) 变速齿轮传动　　　　　　　(b) 同步齿形带传动

(c) 主轴电动机直接驱动　　　　(d) 电主轴

图 1-44　数控机床主传动部件

(a) 盘式刀库　　(b) 链式刀库

图 1-45　刀库

与传统的机床相比，数控机床主体具有如下结构特点。

Ⅰ. 采用具有高刚度、高抗振性及较小热变形的机床新结构。通常用提高结构系统的静刚度、增加阻尼、调整结构件质量和固有频率等方法来提高机床主体的刚度和抗振性，使机床主体能适应数控机床连续自动地进行切削加工的需要。采取改善机床结构布局、减少发热、控制温升及热位移补偿等措施，可减少热变形对机床主体的影响。

Ⅱ. 广泛采用高性能的主轴伺服驱动和进给伺服驱动装

(a) 回转刀架换刀　　　　(b) 机械手换刀　　　　(c) 刀库与主轴相对运动换刀

图 1-46　数控机床的换刀部件

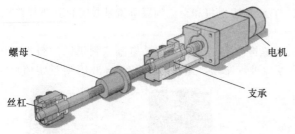

图 1-47　数控机床伺服进给系统

置，使数控机床的传动链缩短，简化了机床机械传动系统的结构。

Ⅲ．采用高传动效率、高精度、无间隙的传动装置和运动部件，如滚珠丝杠螺母副、塑料滑动导轨、直线滚动导轨、静压导轨等，如图 1-47 所示。

Ⅳ．采用全封闭或半封闭罩。数控机床大多采用机、电、液、气一体化布局，全封闭或半封闭防护，如图 1-48 所示，机械结构大大简化，易于操作及实现自动化。

Ⅴ．在加工中心上一般有工件自动交换、夹紧和放松机构。

图 1-48　数控机床封闭防护

g. 辅助装置。辅助装置是保证充分发挥数控机床功能所必需的配套装置，常用的辅助装置包括：气动、液压装置，排屑装置，冷却、润滑装置，数控回转工作台和数控分度头（如图 1-49、图 1-50 所示），防护装置，照明装置，等等。

图 1-49　数控回转工作台　　　　　　　图 1-50　数控分度头

② 数控机床的工作原理。数控机床就是按照零件加工的技术要求和工艺要求，使用规定的指令代码及程序格式编写零件的加工程序，再把程序单中的内容记录在控制介质上。然后将加工程序输入到数控系统，由数控系统经过分析处理后，发出各种与加工程序相对应的信号和指令，使刀具、工件和其他辅助装置，自动地严格按照加工程序规定的顺序、轨迹和参数进行工作，从而加工出符合图纸要求的零件。

③ 数控机床的分类。数控机床的种类很多，可以按不同的方法对数控机床进行分类。

a. 按用途不同，可分为以下几种。

Ⅰ．金属切削类数控机床。金属切削类数控机床是指对金属材料的坯料或工件，用切削的方法进行加工，使之获得要求的几何形状、尺寸精度和表面质量的机器，有普通数控机床和加工中心两种。

• 普通数控机床。一般指在加工工艺过程中的一个工序上实现数字控制的自动化机床，如数控铣床、数控车床、数控钻床、数控磨床、数控插齿机、数控镗铣床、数控凸轮磨床、数控磨刀机、数控曲面磨床等，如图 1-51 所示。普通数控机床在自动化程度上还不够完善，刀具的更换与零件的装夹仍需人工来完成。

(a) 数控铣床　　　(b) 数控车床　　　(c) 数控钻床　　　(d) 数控磨床　　　(e) 数控镗铣床

图 1-51　数控机床

• 加工中心。加工中心是带有刀库和自动换刀装置的数控机床，如龙门加工中心等，如图 1-52 所示。

Ⅱ．金属成形类数控机床。金属切削类以外的数控机床，有数控折弯机、数控弯管机、数控液压成形机和数控压力机等，如图 1-53 所示。

Ⅲ．数控特种加工机床。有数控线切割机床、数控电火花加工机床、数控电脉冲机床、数控激光加工机床等，如图 1-54 所示。

图 1-52　工作台移动式龙门加工中心

(a) 数控折弯机　　　　　(b) 数控弯管机　　　　　(c) 数控液压成形机　　　(d) 数控压力机

图 1-53　金属成形类数控机床

(a) 数控线切割机床　　(b) 数控电火花加工机床　　(c) 数控电脉冲机床　　(d) 数控激光加工机床

图 1-54　数控特种加工机床

Ⅳ．其他类型的数控机床。有水射流切割机、鞋样切割机、雕刻机、数控三坐标测量机等，如图 1-55 所示。

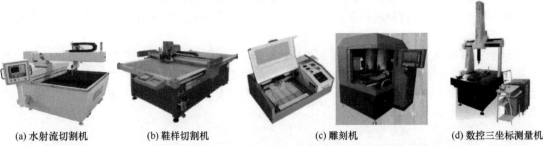

| (a) 水射流切割机 | (b) 鞋样切割机 | (c) 雕刻机 | (d) 数控三坐标测量机 |

图 1-55   其他类型数控机床

b. 按运动方式不同，可分为以下几种。

Ⅰ. 点位控制数控机床。如图 1-56（a）所示，点位控制数控机床的特点是数控装置只控制刀具或工作台从某一加工位置移到另一个加工位置的精确坐标位置，然后进行定点加工，在移动和定位过程中对于轨迹不进行严格控制，且不进行任何切削加工。机床数控系统只需控制行程终点的坐标值，不管运动轨迹，因此几个坐标轴之间的运动不需任何联系。为了尽可能地减少移动部件的运动时间，并提高定位精度，移动部件首先快速移动，到接近终点坐标时降速，准确移动到终点定位。

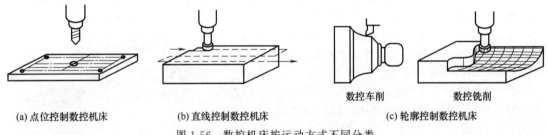

| (a) 点位控制数控机床 | (b) 直线控制数控机床 | (c) 轮廓控制数控机床 |

图 1-56   数控机床按运动方式不同分类

这类数控机床主要有数控坐标镗床、数控钻床、数控冲床、数控点焊机以及数控弯管机等。其相应的数控装置称为点位数控装置，其控制系统比较简单。

Ⅱ. 直线控制数控机床。如图 1-56（b）所示，直线控制数控机床的特点是，机床移动部件不仅要实现由一个位置到另一个位置的精确移动定位，而且能够在移动中以给定的进给速度实现平行坐标轴方向的直线切削加工运动。直线控制数控机床虽然扩大了点位控制数控机床工艺范围，但它的应用仍然受到了很大的限制。

这类数控机床主要有简易数控车床、数控镗铣床和数控磨床等，相应的数控装置称为直线数控装置。

Ⅲ. 轮廓控制数控机床。轮廓控制数控机床又称为连续控制数控机床或轨迹控制数控机床，如图 1-56（c）所示。这类机床能够对两个或两个以上坐标轴同时进行严格加工控制，即不仅控制每个坐标的行程位置，而且要控制整个加工过程中每个坐标的速度、方向和位移量，也就是说，要控制刀具移动轨迹，将工件加工成一定的轮廓形状。各坐标的运动按规定的比例关系相互配合，精确地协调起来连续进行加工，以最小的误差逼近规定的直线、斜线或轮廓曲线、曲面。

常用的数控车床、数控铣床、数控磨床是典型的轮廓数控机床，它们可代替所有类型的仿形加工，提高加工精度和生产率，缩短生产准备时间。数控火焰切割机、电火花加工机床以及数控绘图机等也都采用了轮廓控制系统。轮廓控制系统的控制结构复杂，在加工过程中需要不断进行插补运算，然后进行相应的速度与位移控制。

c. 按控制原理不同，可分为以下几种。

Ⅰ. 开环控制数控机床。这类机床的进给伺服驱动是开环的，即没有位置检测反馈装置，通常用步进电动机作为驱动电机，控制电路每变换一次指令脉冲信号，电动机就转动一个步距角，再通过机械传动机构转换为工作台的直线移动，以变换输入脉冲的个数来控制坐标位移量，以变换脉冲的频率来控制位移速度。其控制系统的框图，如图 1-57 所示。

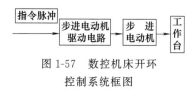

图 1-57　数控机床开环控制系统框图

这种控制方式的最大特点是控制方便、结构简单、价格便宜。数控系统发出的指令信号流是单向的，所以不存在控制系统的稳定性问题，但由于机械传动的误差不经过反馈校正，故位移精度不高。另外，这种控制方式可以配置单片机或单板机作为数控装置，使得整个系统的价格降低。

Ⅱ. 闭环控制数控机床。如图 1-58 所示，闭环控制系统是在机床移动部件上装有直线位置检测装置（如光栅尺），安装在机床的床鞍部位，即直接检测机床坐标的直线位移量。将检测到的实际位移值反馈到数控装置的比较器中，与输入的原指令位移值进行比较，用比较后的差值控制移动部件做补充位移，直到差值消除时才停止修正移动，达到精确定位。

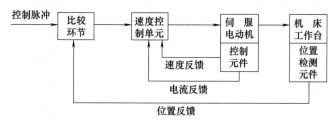

图 1-58　数控机床闭环控制系统框图

通过反馈可以消除从电动机到机床床鞍的整个机械传动链中的传动误差，从而得到很高的机床静态定位精度。但是，由于在整个控制环内，许多机械传动环节的摩擦特性、刚性和间隙均为非线性，并且整个机械传动链的动态响应时间与电气响应时间相比又非常大，这为整个闭环系统的稳定性校正带来很大困难，系统的设计和调整也都相当复杂。因此，这种全闭环控制方式主要用于精度要求很高的超精车床、镗铣床、超精铣床、数控精密磨床和精密加工中心等。

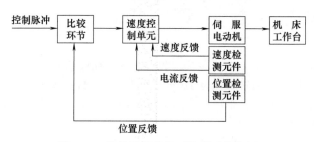

图 1-59　数控机床半闭环控制系统框图

Ⅲ. 半闭环控制数控机床。这种系统是闭环系统的一种派生，如图 1-59 所示。它与闭环系统的不同之处在于，其位置反馈采用转角检测元件（目前主要采用编码器等），直接安装在传动链的旋转部位（如伺服电动机或滚珠丝杠端部）。它检测得到的不是工作台的实际位移量，而是与位移量有关的旋转轴转角量，然后反馈到数控装置的比较器中，与输入的原指令位移值进行比较，用比较后的差值进行控制，使移动部件补充位移，直到差值消除为止，其精度比闭环系统稍差。由于其大部分机械传动环节未包括在系统闭环环路内，因此可获得较稳定的控制特性。但是丝杠等机械的传动误差不能通过反馈来随时校正，可采用软件定值补偿方法来适当提高其精度。其控制精度虽不如闭环控制数控机床，但这种系统结构简单，便于调整，检测元件价格也较低，因而是目前广泛使用的一种数控系统。

④ 数控机床的适用范围。由于数控机床的上述特点，适用于数控加工的零件有：

a. 批量小而又多次重复生产的零件；

b. 几何形状复杂的零件；

c. 贵重零件加工；

d. 需要全部检验的零件；

e. 试制件。

对以上零件采用数控加工，才能最大限度地发挥出数控加工的优势。

⑤ 数控机床示例——数控车床。数控车床简称 CNC 车床，即计算机数字控制车床，是在普通车床的基础上发展和演变而来的一种高精度、高效率的自动化机床。该车床的运动由计算机数字控制系统控制，包括主轴的启动、停止、转速大小和刀架的运动控制等。配备多工位刀塔或动力刀塔，可用于直线圆柱、斜线圆柱、圆弧和各种螺纹、槽、蜗杆等复杂工件的批量生产，如图 1-60 所示。

图 1-60　数控车床的加工对象

a. 数控车床的工作原理及特点。数控车床是将编写好的加工程序输入到数控系统中，由数控系统通过控制车床坐标轴的伺服电机去控制车床运动部件的动作顺序、移动量和进给速度，再配以主轴的转速和转向，便能自动加工出各种不同形状的轴类和盘类回转体零件。其工作过程，如图 1-61 所示。

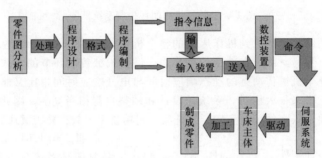

图 1-61　数控车床的工作过程

b. 数控车床的组成。数控车床种类较多，一般由车床主体、数控装置和伺服系统三大部分组成。如图 1-62 所示的 CK6132 型数控车床，是回转直径为 320mm 的普通卧式数控车床。

Ⅰ. 数控车床主体。除了基本保持普通车床传统布局形式的部分经济型数控车床外，目前大部分数控车床均已通过专门设计并定型生产。

i. 主轴与主轴箱。

• 主轴。数控车床的主传动系统一般采用直流或交流无级调速电动机，通过皮带传动，带动主轴旋转，实现自动无级调速及恒切削速度控制。主轴组件是机床实现旋转运动的执行件，如图 1-63 所示。

数控车床主轴的回转精度直接影响到零件的加工精度；其功率大小、回转速度影响到加工的效率；其同步运行、自动变速及定向准停等要求，影响到车床的自动化程度。

• 主轴箱。具有有级自动调速功能的数控车床，其主轴箱内的传动机构已经大大简化；具有无级自动调速（包括定向准停）的数控车床，其机械传动机构中起变速和变向作用的机构已经不存在了，其主轴箱也成了"轴承座"及"润滑箱"的代名词；对于改造式（具有手动操作和自动控制加工双重功能）数控车床，则基本上保留其原有的主轴箱。

图 1-62 CK6132 型数控车床

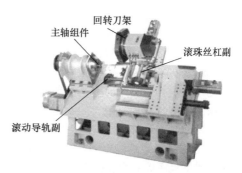

图 1-63 数控车床机械结构

ii. 导轨。数控车床的导轨是保证进给运动准确性的重要部件。它在很大程度上影响车床的刚度、精度及进给时的平稳性，是影响零件加工质量的重要因素之一。除部分数控车床仍沿用传统的滑动导轨（金属型）外，定型生产的数控车床已较多地采用贴塑导轨。这种新型滑动导轨的摩擦系数小，其耐磨性、耐腐蚀性及吸振性好，润滑条件也比较优越。

iii. 机械传动机构。除了部分主轴箱内的齿轮传动等机构外，数控车床已在原普通车床传动链的基础上，做了大幅度地简化。如取消了挂轮箱、进给箱、溜板箱及其绝大部分传动机构，而仅保留了纵、横进给的螺旋传动机构，并在驱动电动机至丝杠间增设了（少数车床未增设）可消除其侧隙的齿轮副。

• 螺旋传动机构。数控车床中的螺旋副，是将驱动电动机所输出的旋转运动转换成刀架在纵、横方向上直线运动的运动副。构成螺旋传动机构的部件一般为滚珠丝杠副（如图 1-64 所示），它的摩擦阻力小，可消除轴向间隙及预紧，故传动效率及精度高，运动稳定，动作灵敏，但其结构较复杂，制造技术要求较高，所以成本也较高。另外，自行调整其间隙大小时，难度亦较大。

• 齿轮副。在较多数控车床的驱动机构中，其驱动电动机与进给丝杠间设置有一个简单的齿轮箱（架）。齿轮副的主要作用是，保证车床进给运动的脉冲当量符合要求，避免丝杠可能产生的轴向窜动对驱动电动机的不利影响。

iv. 自动转位刀架及对刀装置。刀架是数控车床的重要部件，它安装各种切削加工刀具，其结构直接影响机床的切削性能和工作效率。除了极少数专用性质的数控车床外，普通数控车床几乎都采用了各种形式的自动转位刀架，有的车床还带有各种形式的双刀架以进行多刀车削，如图 1-69 所示。这样，每把刀的刀位点在刀架上安装的位置或相对于车床固定原点的位置，都需要对刀、调整和测量，以保证零件的加工质量。

数控车床的刀架分为转塔式和排刀式两大类，如图 1-65 所示。转塔式刀架是普遍采用的刀架形式，它通过转塔头的旋转、分度、定位来实现机床的自动换刀工作。两坐标连续控制的数控车床，一般都采用 6～12 工位转塔式刀架。排刀式刀架主要用于小型数控车床，适用于短轴或套筒类零件的加工。

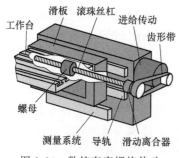

图 1-64 数控车床螺旋传动

(a) 转塔式刀架

(b) 排刀式刀架

图 1-65 数控车床刀架形式

v. 检测反馈装置。检测反馈装置是数控车床的重要组成部分，对加工精度、生产效率和自动化程度有很大影响。检测装置包括位移检测装置和工件尺寸检测装置两大类，其中工件尺寸检测装置仅在少量的高档数控车床上配用，分为机内尺寸检测装置和机外尺寸检测装置两种。

Ⅱ. 数控装置和伺服系统。

数控车床与普通车床的主要区别就在于是否具有数控装置和伺服系统这两大部分。如果说，数控车床的检测装置相当于人的眼睛，那么数控装置就相当于人的大脑，伺服系统则相当于人的双手。这样，就不难看出这两大部分在数控车床中所处的重要位置了。

• 数控装置。数控装置的核心是计算机及其软件，它在数控车床中起"指挥"作用：数控装置接收由加工程序送来的各种信息，并经处理和调配后，向驱动机构发出执行命令；在执行过程中，其驱动、检测等机构同时将有关信息反馈给数控装置，以便经处理后发出新的执行命令。

• 伺服系统。伺服系统准确地执行数控装置发出的命令，通过驱动电路和执行元件（如步进电机等），完成数控装置所要求的各种位移。

c. 数控车床的分类。

Ⅰ. 按数控车床的布局不同，可分为水平床身、倾斜床身、垂直床身和水平床身斜导轨等，如图 1-66 所示。不同的车床布局使得操作过程中工作方便程度不同，其特点如下。

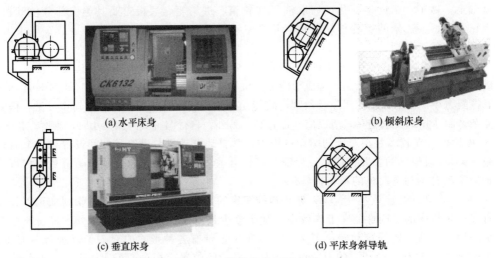

(a) 水平床身　　(b) 倾斜床身

(c) 垂直床身　　(d) 平床身斜导轨

图 1-66　数控车床不同布局

• 热稳定性。当主轴箱因发热使主轴轴线产生热变位时，倾斜床身（导轨倾斜角度通常选择 45°、60°或 75°）的影响最小；倾斜床身、垂直床身因排屑性能好，受切屑产生的热量影响也小。

• 整体稳定性。倾斜床身的导轨不用承受全部的力量，而且倾斜 45°或 30°的导轨不容易残留铁削，高速移动时导轨不会被铁削刮伤，受力面有角度，这样就保证了在同等材料和受力情况下机床的稳定，而且倾斜床身一般都是整体铸造的，坚韧性相对要高一些。

• 运动精度。水平床身由于刀架水平布置，不受刀架、滑板自重的影响，容易提高定位精度；垂直床身受自重的影响最大，有时需要加平衡机构消除；倾斜床身介于两者之间。

• 加工制造。水平床身的加工工艺性较好，部件精度较容易保证。另外，水平床身机床工件重量产生的变形方向竖直向下，它和刀具运动方向垂直，对加工精度的影响较小；垂直床身产生的变形方向正好沿着运动方向，对精度影响最大；倾斜床身介于两者之间。

• 操作、防护、排屑性能。倾斜床身的观察角度最好、工件的调整比较方便；水平床身有刀架的影响，加上导轨突出前方，观察、调整较困难。在大型工件和刀具的装卸方面，水平床身因其敞开面宽，故起吊容易，装卸比较方便。垂直床身因切屑可以自由落下，排屑性能最好，导轨防护也较容易。

- 刚度。倾斜床身数控车床的截面积要比同规格水平床身的大，即抗弯曲和抗扭能力更强。倾斜床身数控车床的刀具是在工件的斜上方往下进行切削，切削力与工件的重力方向基本一致，所以主轴运转相对平稳，不易引起切削振动，而平床身数控车床在切削时，刀具与工件产生的切削力与工件重力成 90°，容易引起振动。

国内机床以水平床身为主，是比较传统的结构，适用于加工小型零件。需要加工过大零件一般采用倾斜床身或平床身斜导轨机床，能有效利用空间，大大减小了机床的平面占地面积。

Ⅱ. 按主轴位置不同，可分为卧式车床和立式车床，如图 1-67 所示。卧式数控车床用于轴向尺寸较长或小型盘类零件的车削加工；立式数控车床用于回转直径较大的盘类零件的车削加工。相对于立式数控车床来说，卧式数控车床的结构形式较多、加工功能丰富，使得其应用广泛。

(a) 卧式数控车床　　　　　　　　(b) 立式数控车床

图 1-67　主轴位置不同的数控车床

(a) 经济型数控车床　　　　(b) 全功能数控车床

图 1-68　功能不同的卧式数控车床

卧式数控车床按功能不同，可分为经济型数控车床、普通数控车床和全功能数控车床，如图 1-68 所示。

- 经济型数控车床。采用步进电动机和单片机对普通车床的车削进给系统进行改造后形成的简易型数控车床，成本较低，但是自动化程度和功能都比较差，车削加工精度也不高，适用于要求不高的回转类零件的车削加工。

- 普通数控车床。根据车削加工要求在结构上进行专门设计，并配备通用数控系统而形成的数控车床。其数控系统功能强，自动化程度和加工精度也比较高，适用于一般回转类零件的车削加工。这种数控车床可同时控制两个坐标轴，即 X 轴和 Z 轴。

- 全功能数控车床。在普通数控车床的基础上，增加了 Y 轴和动力头，更高级的车床还带有刀库，可控制 X、Z 和 Y 三个坐标轴，联动控制可以是 (X, Z)、(Z, Y) 或 (X, Y)。由于增加了 Y 轴和铣削动力头，这种数控车床的加工功能大大增强，除可以进行一般车削外，还可以进行径向和轴向铣削、曲面铣削、中心线不在零件回转中心的孔和径向孔的钻削等加工。

Ⅲ. 按刀架的数量不同，可分为单刀架数控车床和双刀架数控车床，如图 1-69 所示。

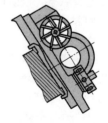

(a) 单刀架数控车床　　　(b) 平行交错双刀架数控车床　　(c) 垂直交错双刀架数控车床

图 1-69　不同刀架数量的数控车床

（3）电火花加工机床

电火花加工机床是一种利用电火花放电，对金属表面进行电蚀来加工金属零件的机床设备，又称电蚀加工机床，如图 1-70 所示。

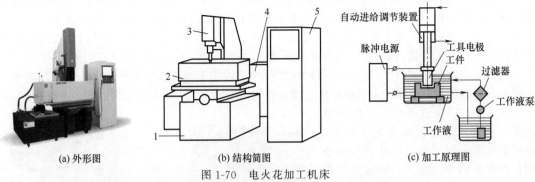

图 1-70　电火花加工机床

1—床身；2,4—工作液箱；3—主轴头；5—电源箱

① 电火花加工机床的结构特点及应用。由于电火花加工原理和普通金属切削原理不同，所以电火花加工机床和普通金属切削机床在结构上有所不同。首先它有一个能量很大的脉冲电源装置，为产生电火花提供能量，在工具电极和工件电极上产生重复的高强度电脉冲，以产生放电电火花；其次由于在电火花加工时，工具和工件无直接接触，没有明显的切削力，所以电火花加工机床就没有装备强度很高的主传动系统，但它为了能保证电极间几微米到几百微米的放电间隙，采用了一个灵敏度很高的间隙自动调整装置，使它能随时自动地对间隙进行测量和调整。

电火花加工机床主要用于加工各种高硬度的材料（如硬质合金和淬火钢等）和复杂形状的模具、零件，以及切割、开槽和去除折断在工件孔内的工具（如钻头和丝锥）等。

② 电火花加工机床本体的组成及特点。电火花加工机床本体要求有足够的刚度，以防在加工过程中，由于机床本身的变形造成放电间隙的改变，使加工无法进行。

a. 床身和立柱。它们是基础结构，由它们确保电极与工作台、工件之间的相互位置。它们精度的高低对加工有直接的影响，如果机床的精度不高，加工精度也难以保证。因此，床身和立柱不但结构应该合理，有较高的刚度，能承受主轴负重和运动部件突然加速运动的惯性力，还应能减小温度变化引起的变形，经过时效处理消除内应力，使其不会变形。

b. 工作台。工作台是操作者在装夹、找正时经常移动的部件，主要用来支承和装夹工件。实际加工过程中，通过两个手轮来移动上下拖板，改变工作台纵、横向位置，达到电极与被加工件间所要求的相对位置。工作台分为普通工作台和精密工作台两种。

工作台上还装有工作液箱，用以容纳工作液，使电极和被加工件浸泡在工作液里。工作液的主要作用就是在放电时压缩火花通道，使电流能集中在局部的小部位；在放电后要能及时消除电离，恢复绝缘状态，以防产生电弧，工作液还可对工具和工件进行冷却。为了把电蚀产物及时地从电极间隙排出去，电火花加工机床还装备了工作液循环系统，利用工作液的强制循环，来完成这一工作。

c. 主轴头。它是电火花穿孔成形加工机床的一个关键部件，由伺服进给机构、导向和防扭机构、辅助机构三部分组成。它控制工件与工具电极之间的放电间隙。主轴头的好坏直接影响加工的工艺指标，如生产率、几何精度以及表面粗糙度，因此主轴头还应具备以下条件：

Ⅰ. 有一定的轴向和侧向刚度及精度；

Ⅱ. 有足够的进给和回升速度；

Ⅲ. 主轴运动的直线性和防扭转性能好；

Ⅳ. 灵敏度要高，无爬行现象；

Ⅴ. 不同的机床要具备合理的承载电极质量的能力。

③ 电火花加工机床的分类。

a. 电火花成形加工机床。它主要用来加工各种模具、型腔和型孔，此类机床占全部电火花加工机床的 80% 左右，如图 1-71 所示。

　　b. 电火花线切割机床。它被用来切割零件和加工冲模。电火花线切割机床简称线切割机床，靠钼丝通过电腐蚀切割金属（特别是硬材料、形状复杂零件），可分为主机、脉冲电源和数控装置三大部分，如图 1-72（a）所示。

图 1-71　电火花成形机床

　　Ⅰ. 电火花线切割机床的工作原理。其基本工作原理是利用连续移动的细金属丝（称为电极丝）作电极，并在金属丝和工件间通以脉冲电流，利用脉冲放电的腐蚀作用，对工件进行蚀除金属、切割成形。

　　如图 1-72（b）所示，绕在储丝筒 2 和导轮 3 上的电极丝 4 以一定的速度移动，装在机床工作台上的工件 5 由工作台按预定控制轨迹相对于电极丝做成形运动。脉冲电源的一极接工件，另一极接电极丝。当工件与线电极间的间隙足以被脉冲电压击穿时，两者之间即可产生火花放电而切割工件。通过数控装置 1 发出的指令，控制步进电动机 11，驱动 X、Y 两托板移动，电极丝连续不断地脉冲放电就切出了所需形状和尺寸的工件。

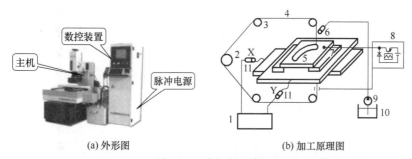

(a) 外形图　　　　　　　　　　　(b) 加工原理图

图 1-72　线切割机床

1—数控装置；2—储丝筒；3—导轮；4—电极丝；5—工件；6—喷嘴；7—绝缘板；
8—脉冲发生器；9—液压泵；10—工作液箱；11—步进电动机

　　Ⅱ. 电火花线切割机床的应用。由于线切割机床利用的是丝电极，因此只能做轮廓切割加工。主要用于加工各种形状复杂和精密细小的工件，例如冲裁模的凸模、凹模、凸凹模、固定板、卸料板等，成形刀具、样板、电火花成形加工用的金属电极，各种微细孔槽、窄缝、任意曲线等，具有加工余量小、加工精度高、生产周期短、制造成本低等突出优点，已在生产中获得广泛的应用。

　　c. 电火花镗、磨螺纹等加工机床。此类机床的工具电极相对于工件既有直线进给运动又有旋转运动，如图 1-73（a）所示。

(a) 电火花外圆磨床　　　　　　　(b) 电火花刻字机

图 1-73　电火花加工机床

d. 可对工件进行表面处理的电火花加工机床。如电火花刻字机等，如图1-73（b）所示。

1.2.2　汽车

汽车是指由动力驱动，具有三个或三个以上车轮的非轨道承载的车辆，主要用于载运人员和（或）货物、牵引载运人员和（或）货物的车辆或特殊用途。

1.2.2.1　汽车的工作原理

汽车能跑起来主要是依靠发动机和变速箱以及一些传动系统。

发动机负责提供动力，传动系统负责将发动机的动力传递到车轮上，这样汽车才可以行驶。汽车的发动机都是四冲程的，这四个冲程分别是吸气冲程、压缩冲程、做功冲程和排气冲程。汽车的发动机在吸气冲程时可以吸入可燃混合气，在压缩冲程时压缩可燃混合气，在做功冲程时火花塞会将可燃混合气点燃，在排气冲程会将燃烧产生的废气排出去。发动机就是因为在做功冲程时可燃混合气燃烧会向下推动活塞才可以产生动力。

变速箱是汽车上一个重要的部件，变速箱可以变速、变矩。发动机产生的动力会被输入变速箱，动力通过变速箱的输出轴，经传动系统就可以被传递到车轮上了。变速箱有很多挡位，驾驶员可以根据不同的行驶情况来选择不同的挡位，满足汽车在各种工况下的需求。如果汽车没有变速箱，那汽车是无法正常行驶的。

简单来说汽车的工作原理就是：汽车发动机内部燃油剧烈爆炸，驱动活塞在气缸内做往复直线运动，通过曲轴将直线运动转化为旋转运动，将化学能转化为机械能，然后通过离合装置将旋转运动沿变速箱输入轴输入变速箱，通过高低挡调节汽车的输出转矩，经输出轴、传动轴、半轴传送到车轮上，驱动汽车运动。

1.2.2.2　汽车的构造

汽车的总体构造基本上由四个部分组成：发动机、底盘、车身和电气设备，如图1-74～图1-76所示。

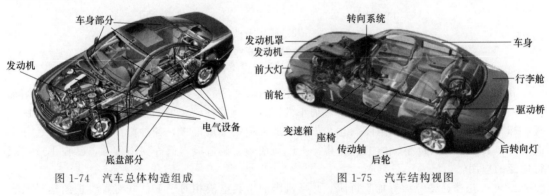

图1-74　汽车总体构造组成　　　　　　　图1-75　汽车结构视图

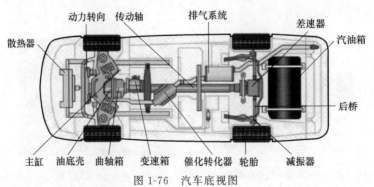

图1-76　汽车底视图

(1) 发动机

发动机是汽车的动力装置，是车辆行驶的动力源，是汽车整车的"心脏"。其作用是使进入其中的燃料经过燃烧而变成热能，并转化为动能，通过底盘的传动系统驱动车轮使汽车行驶。发动机的总体构造，如图 1-77 所示。

发动机主要有汽油机和柴油机两种。汽油发动机由曲柄连杆机构、配气机构和燃料供给系、冷却系、润滑系、点火系、启动系等部分组成，如图 1-78 所示。柴油发动机的点火方式为压燃式，所以无点火系。

(2) 底盘

底盘是汽车的基础（骨架），底盘的作用是支承、安装汽车发动机及其他部件、总成，形成汽车的整体造型，并接受发动机的动力，使汽车产生运动，保证汽车按照驾驶员的操纵正常行驶。汽车底盘是一个系统，由传动系、行驶系、转向系和制动系四部分组成，如图 1-79 所示。

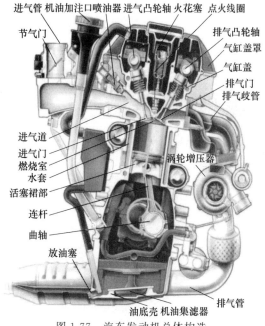

图 1-77　汽车发动机总体构造

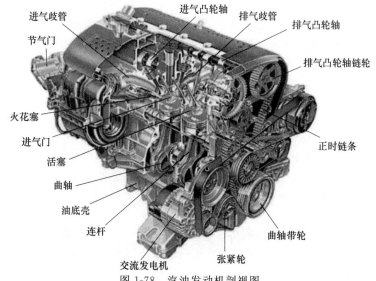

图 1-78　汽油发动机剖视图

① 传动系。汽车发动机与驱动轮之间的动力传递装置称为汽车的传动系。汽车传动系的基本功用是将发动机发出的动力传给驱动车轮，使汽车行驶。它应保证汽车具有在各种行驶条件下所必需的牵引力、车速，以及它们之间的协调变化等功能，使汽车有良好的动力性和燃油经济性；还应保证汽车能倒车，以及左、右驱动车轮能适应差速要求，并使动力传递能根据需要而平稳地接合或彻底、迅速地分离。传动系按能量传递方式的不同，可分为机械传动、液力传动、液压传动和电传动等。

传动系包括：离合器、变速箱、万向传动装置、驱动桥等部分，如图 1-80 所示。

a. 离合器。离合器是汽车传动系中直接与发动机相连接的部件，如图 1-81 所示。离合器的功用就是由驾驶员控制，根据需要随时切断或接通发动机传给传动系的动力，从而保证汽车起步平稳、换挡平顺，同时还可以防止传动系过载（过载时离合器自动打滑）。

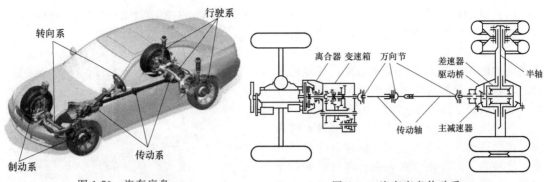

图 1-79   汽车底盘   图 1-80   汽车底盘传动系

图 1-81   离合器

图 1-82   变速箱

　　b. 变速箱。汽车上广泛使用的活塞式发动机，其输出的转矩和转速变化范围很小，而汽车在行驶中所遇到的复杂道路条件和使用条件要求汽车的驱动力和车速能在相当大的范围内变化。为此，汽车的传动系中设置了变速箱，如图 1-82 所示。变速箱的主要功用是：

　　• 在较大的范围内改变汽车的行驶速度和汽车驱动轮上的转矩；

　　• 在发动机旋转方向不变的前提下，利用倒挡实现汽车倒向行驶；

　　• 在发动机不熄火的情况下，利用空挡中断动力传递，可以使驾驶员松开离合器踏板，离开驾驶位置，且便于汽车启动、怠速、换挡和动力输出。

　　c. 万向传动装置。在汽车上，其主要用于变速箱与驱动桥之间实现变角度的动力传递，在转向驱动桥和某些汽车的转向操纵机构中也有应用。万向传动装置一般由万向节和传动轴组成，必要时还可加装中间支承，如图 1-83 所示。

　　d. 驱动桥。其功用是将万向传动装置传来的发动机动力经减速增矩、改变传动方向后，分配给左、右驱动轮，并且允许左、右驱动轮以不同转速旋转。驱动桥通常由主减速器、差速器、半轴和驱动桥壳组成，如图 1-84 所示。主减速器可减速增矩，并可改变发动机转矩的传递方向，以适应汽车的行驶方向。

图 1-83   万向传动装置
1—变速箱；2—中间支承；3—后驱动桥；
4—后传动轴；5—球轴承；6—前传动轴

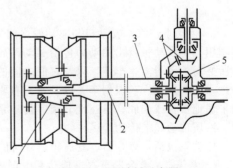

图 1-84   驱动桥示意图
1—轮毂；2—半轴；3—驱动桥壳；
4—主减速器；5—差速器

　　主减速器的功用是将输入的转矩增大并相应地降低转速，也可根据需要改变转矩的方向。主减速器由主动齿轮、从动齿轮、圆锥滚子轴承及其他附件组成，如图 1-85 所示。

　　差速器可保证左、右驱动轮以不同的转速旋转，如图 1-86 所示。半轴把转矩从差速器传到驱动轮。桥壳支承汽车的部分质量，承受驱动轮上的各种力及力矩，并起到保护主减速器、差速器和半轴的作用。

图 1-85　主减速器

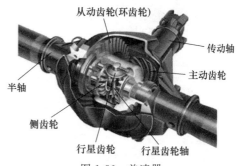

图 1-86　差速器

　　汽车直线行驶时，行星齿轮自身不转动，只随行星齿轮轴、差速器保持架、大锥齿轮绕半轴轴线公转，两个半轴齿轮就由行星齿轮带动以同样的转速旋转。当汽车转弯时，行星齿轮不仅如前述同样地绕半轴轴线公转，而且还通过绕行星齿轮轴本身的自转，使两根半轴有不同的转速。

　　② 行驶系。汽车行驶系的功用是接受发动机经传动系传来的转矩，并通过驱动轮与路面间附着作用，产生路面对汽车的牵引力，以保证整车正常行驶。此外，它应尽可能缓和不平路面对车身造成的冲击和振动，保证汽车行驶平顺性，并且能与汽车转向系很好地配合工作，实现汽车行驶方向的正确控制，以保证汽车操纵稳定性。

　　汽车行驶系由车架、悬架、车轴和车轮组成，如图 1-87 所示。车架对汽车并不一定是必需的，只有在非承载式车身结构中需用车架连接并支承车身、发动机和传动系、悬架等部件，承受和传递底盘零件传来的外力，还提供撞车时所需的强度和吸收冲击能量的能力。

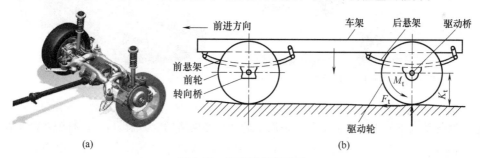

(a)　　　　　　　　　　　　　　　(b)

图 1-87　汽车底盘行驶系

　　③ 转向系。汽车转向系是用来保持或者改变汽车行驶方向的机构，在汽车转向行驶时，还要保证各转向轮之间有协调的转角关系。驾驶员通过操纵转向系，使汽车保持在直线或转弯运动状态，或者使上述两种运动状态互相转换。

　　转向系包括：转向操纵机构、转向器、转向传动机构等部分，如图 1-88 所示。

　　④ 制动系。制动系是汽车装设的全部制动和减速系统的总称，其功能是使行驶中的汽车减速或停止行驶，或使已停止行驶的汽车保持不动。

　　制动系包括：供能装置、控制装置、传动装置和制动器，比如刹车片、制动踏板等，如图 1-89 所示。现代汽车制动系中还装设了制动防抱死装置。一般汽车应装设两套独立的制动系：行车制动系（脚制动系）和驻车制动系（手制动系）。行车制动系的功用是使正在行驶中的汽车减速或在最短距离内停车；驻车制动系的功用是使已停在各种路面上的汽车驻留原地不动。

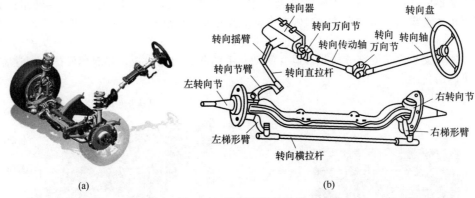

图 1-88　汽车底盘转向系

(3) 车身

车身安装在底盘的车架上，是形成驾驶员和乘客乘坐空间的装置，也是存放行李等物品的工具。因此，要求车身既要为驾驶员提供方便的操作条件，又要为乘客提供舒适的环境；既要保护全体乘员的安全，又要保证货物完好无损。

汽车车身结构主要包括车身壳体，车门，车窗，车前钣制件，车身内外装饰件和车身附件，座椅以及通风、暖气、冷气、空气调节装置，等，如图 1-90 所示。轿车、客车的车身一般是整体结构，货车车身一般是由驾驶室和货箱两部分组成。

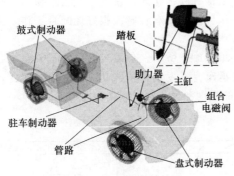

图 1-89　汽车底盘制动系

图 1-90　汽车车身

(4) 电气设备

电气设备是汽车的重要组成部分，是汽车的"神经网络"，为汽车启动、行驶及汽车附属设施提供电源。电气设备主要由电源、发动机点火系（汽油机）和启动系、照明和信号装置、空调、仪表和报警系统以及辅助电器等组成，如图 1-91 所示。对于高级轿车，更多地采用了现代新技术，尤其是电子技术，如微处理机（汽车电脑）、中央计算机系统及各种人工智能装置等，从而显著地提高了汽车的性能。

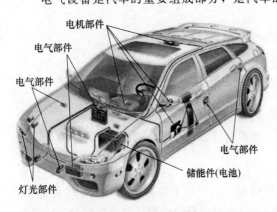

图 1-91　汽车电气设备

1.2.2.3　汽车的分类

(1) 根据汽车统计分类标准分类

① 乘用车。指车辆座位少于 9 座（含驾驶员位），以载客为主要目的的车辆。

a. 普通乘用车。如图 1-92 所示，普通乘用车采用封闭式车身，侧窗有或无中柱；车顶为固定式硬顶车顶（顶盖），有的顶盖一部分可开启；有至少两排、4 个或 4 个以上座位，后座椅可折叠或移动，以形成装载空间；有 2 个或 4 个侧门，可有一后开启门。

b. 活顶乘用车。如图 1-93 所示，活顶乘用车采用具有固定侧围框架的可开启式车身，车顶为硬顶或软顶，可开启式车身可以通过使用一个或数个硬顶部件或合拢软顶将开启的车身关闭。此类车有至少两排、4 个或 4 个以上座位，2 个或 4 个侧车门，4 个或 4 个以上侧窗。

c. 高级乘用车。如图 1-94 所示，高级乘用车采用封闭式车身；车顶为固定式硬顶车顶，有的顶盖一部分可开启；有至少两排、4 个或 4 个以上座位，前后座之间可以设有隔板，后排座椅前可安装折叠式座椅；有 4 个或 6 个侧门，也可有一后开启门；有 6 个或 6 个以上侧窗。

图 1-92　普通乘用车　　　　图 1-93　活顶乘用车　　　　图 1-94　高级乘用车

d. 跑车型乘用车。如图 1-95 所示，跑车型乘用车采用封闭式车身，通常后部空间较小；车顶为固定式硬顶车顶，有的顶盖一部分可开启；有至少一排、2 个或 2 个以上的座位；有 2 个侧门，也可有一个后开启门；有 2 个或 2 个以上侧窗。

e. 敞篷车。如图 1-96 所示，敞篷车采用可开启式车身；车顶可为软顶或硬顶，至少有两个位置：第一个位置遮覆车身，第二个位置车顶卷收或可拆除；有至少一排、2 个或 2 个以上的座位；采用 2 个或 4 个侧门，2 个或 2 个以上侧窗。

f. 仓背乘用车。如图 1-97 所示，仓背乘用车采用封闭式车身，侧窗中柱可有可无；车顶为固定式硬顶车顶，有的顶盖一部分可以开启；有至少两排、4 个或 4 个以上的座位，后座椅可折叠或可移动，以形成一个装载空间；有 2 个或 4 个侧门，车身后部有一后开启门。

图 1-95　跑车型乘用车　　　　图 1-96　敞篷车　　　　图 1-97　仓背乘用车

g. 旅行车。如图 1-98 所示，旅行车采用封闭式车身，车尾外形可提供较大的内部空间；车顶采用固定式硬顶车顶，有的顶盖一部分可以开启；有至少两排、4 个或 4 个以上的座位，座椅的一排或多排可拆除，或装有向前翻倒的座椅靠背，以提供装载平台；有 2 个或 4 个侧门，并有一后开启门；有 4 个或 4 个以上侧窗。

h. 多用途乘用车。多用途乘用车是上述 a~g 车辆以外的，只有单一车室载运乘客及其行李或物品的乘用车，如图 1-99 所示。

i. 短头乘用车。如图 1-100 所示，短头乘用车一半以上的发动机长度位于车辆前风窗玻璃最前点以后，并且方向盘的中心位于车辆总长的前四分之一部分内。

图 1-98　旅行车　　　　图 1-99　多用途乘用车　　　　图 1-100　短头乘用车

图 1-101 越野乘用车

j. 越野乘用车。如图 1-101 所示，越野乘用车是一种能在复杂的无路地面上行驶的高通过性汽车。常见的越野乘用车通常是采用四轮驱动方式，在其设计上所有车轮同时驱动（包括一个驱动轴可以脱开的车辆），或其几何特性（接近角、离去角、纵向通过角、最小离地间隙）、技术特性（驱动轴数、差速锁止机构或其他形式机构）和它的性能（爬坡度）允许其在非道路上行驶的一种乘用车。

k. 专用乘用车。指运载乘员或物品并完成特定功能的乘用车，它具备完成特定功能所需的特殊车身或装备，如旅居车、防弹车、救护车、殡仪车等，如图 1-102 所示。

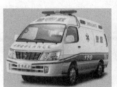

(a) 旅居车　　　　(b) 防弹车　　　　(c) 救护车　　　　(d) 殡仪车

图 1-102 专用乘用车

② 商用车。商用车是在设计和技术特性上用于运送人员和货物的汽车，分为客车、半挂牵引车和货车。

a. 客车。如图 1-103 所示，客车是在设计和技术特性上用于运载乘客及随身行李的商用车辆，包括驾驶员座位在内座位数超过 9 座。客车有单层也有双层，也可以牵引挂车。

(a) 小型客车　　　(b) 城市客车　　　(c) 长途客车　　　(d) 旅游客车

(e) 铰接客车　　　(f) 无轨电车

(g) 专用客车　　　(h) 客车挂车

图 1-103 客车

- 小型客车：用于运载乘客，除驾驶员外，座位数不超过 16 座的客车。
- 城市客车：一种为城市内运输而设计和装备的客车。这种车辆设有座椅及站立乘客的位置，并有足够的空间供频繁停站时乘客上下车走动用。
- 长途客车：一种为城市间运输而设计和装备的客车。这种车辆没有专供乘客站立的位置，但在其通道内可以运载短途站立的乘客。
- 旅游客车：一种为旅游而设计和装备的客车。这种车辆的布置要确保乘客的舒适性，不载站立的乘客。

- 铰接客车：一种由两节刚性车厢铰接组成的客车。
- 无轨电车：一种经架线由电力驱动的客车。
- 专用客车：需经过特殊布置安排后才能运载人员的车辆。

b. 半挂牵引车。如图 1-104 所示，半挂牵引车是后部设有牵引座，用来牵引和支承半挂车前端的商用车辆。

图 1-104　半挂牵引车

c. 货车。如图 1-105 所示，货车用于运载各种货物，在其驾驶室内还可以容纳 2～6 个成员，俗称为卡车。

图 1-105　货车

- 普通货车：一种在敞开（平板式）或封闭（厢式）载货空间内载运货物的货车。
- 多用途货车：主要用于运载货物，但在驾驶员座椅后带有固定或折叠座椅，能运载 3 人以上乘客的货车。
- 全挂牵引货车：一种牵引杆式挂车的货车。全挂牵引车本身带有车厢，其外形虽与货车相似，但其车辆长度和轴距较短，尾部设有拖钩。
- 越野货车。
- 专用作业车。
- 专用货车。
- 牵引杆货车挂车。
- 自卸货车：用于运输沙土、石块、矿物等货物。它具有自卸机构，能自动倾卸货物，按货箱的倾卸方式分为后倾卸、三面倾卸和两侧倾卸三种。

(2) 根据动力装置进行分类

① 内燃机汽车。用内燃机作为动力装置的汽车，如图 1-106 所示。内燃机汽车一般有汽油机汽车、柴油机汽车、气体燃料发动机汽车。

② 电动汽车。用电能作为动力装置的汽车，如图 1-107 所示。电动汽车的优点是无废气排

出、不产生污染、噪声小、能量转换效率高、易实现操纵自动化。

③ 燃气涡轮机汽车。用燃气涡轮机作为动力装置的汽车，如图 1-108 所示。燃气轮机功率大、质量小、转矩特性好，所使用的燃油无严格限制，但其耗油量大、噪声较大、制造成本也较高。

图 1-106 内燃机汽车　　　　　图 1-107 电动汽车　　　　　图 1-108 燃气涡轮机汽车

(3) 按布置方式分类

① 发动机前置前驱（FF）。FF 为前置发动机、前轮驱动，如图 1-109 所示，很多乘用车采用这种驱动方式。优点是：汽车结构紧凑、整车质量小、节省燃油、发动机散热条件好、底盘低、高速操纵稳定性好。缺点是：前轮必须负责转向和驱动，使得转向时所负担的作用力较大，转弯时容易转弯不足，上坡时驱动轮容易打滑，下坡制动时前轮负荷大，易翻车。

② 发动机前置后驱（FR）。FR 为前置发动机，后轮驱动，如图 1-110 所示。发动机产生的动力由变速箱与传动轴传至后轮，这样布置使驱动的力量由后向前推，使得汽车启动、加速和爬坡时，驱动轮的附着压力增大，牵引性明显优于前驱形式。但这样的设计会使座舱底板中央必须隆起较高的高度，以便于传动轴的布置，会导致后座中央的腿部空间局促和后座空间较小。而且后驱布置的汽车在转弯时，由于汽车前轮直接受转向系统支配，已经改变了行驶方向，而后面的驱动轮仍有向前的惯性，所以容易出现转向过度，俗称"甩尾"。一般高性能车较普遍采用此方式。

③ 发动机后置后驱（RR）。RR 为后置发动机，后轮驱动，如图 1-111 所示。轿车很少采用 RR 方式，多数是大客车采用。这种方式也可以使车重在前后轴的分布均衡，但是发动机的冷却条件相对较差，发动机和变速箱、离合器的操纵机构都较复杂。RR 方式也利于动力的发挥和在操控中的良好表现，但是由于发动机和驱动轮都在车后，RR 轿车在弯道中虽然有可能通过极限更高，却也更容易失控，极其容易"甩尾"。

图 1-109 发动机前置前驱　　　　图 1-110 发动机前置后驱　　　　图 1-111 发动机后置后驱

④ 发动机前置四轮驱动（4WD）。4WD 是更平衡的驱动方式，能有效避免转向不足和转向过度等状况。4WD 方式在路面通过性较好，所以现在的越野车和城市 SUV 车型都是使用 4WD 方式，如图 1-112 所示。现代汽车的 4WD 都加入了电子控制系统，可以实现自动四驱或者半自动四驱，车载电脑可以根据路况和车轮打滑情况自动决定是否使用四驱。总体来说，四驱车比起两驱车，相同排量发动机下，油耗可能增加 50% 乃至更高。而且四驱车因为车体相对较大、较高，其在道路上的主动安全性也相对较低。

⑤ 发动机中置后轮驱动（MR）。MR 是将发动机放置在前后轴之间，后轮驱动，如图 1-113 所示。基本上目前的赛车和超级跑车，都是使用这种方式，例如 F1 赛车、法拉利跑车等。使用 MR 布局有利于平衡前后质量，具有很好的控制特性，可获得最佳的运动性能。缺点是驾驶员离发动机较近，噪声大。

图 1-112　发动机前置四轮驱动

图 1-113　发动机中置后轮驱动

1.2.3　机器人

机器人是靠自身动力和控制能力来实现各种功能的一种机器。联合国标准化组织采纳了美国机器人协会给机器人下的定义："一种可编程和多功能的，用来搬运材料、零件、工具的操作机；或是为了执行不同的任务而具有可改变和可编程动作的专门系统"。

1.2.3.1　机器人的构成

工业机器人系统由三大部分六个子系统组成。三大部分是机械部分、传感部分和控制部分；六个子系统是驱动系统、机械结构系统、感知系统、人机交互系统、机器人-环境交互系统和控制系统，如图 1-114 所示。

（1）机械系统

又称操作机或执行机构系统，由一系列连杆、关节或其他形式的运动部件组成，形成开环运动学链系。机器人机械结构通常由手臂、手腕、手部、机身和行走机构组成，如图 1-115 所示。

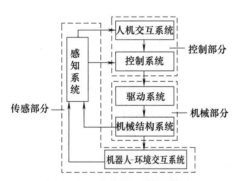

图 1-114　机器人系统的构成

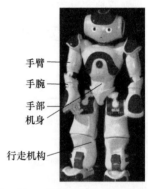

图 1-115　机器人的机械系统组成

① 手臂。连接机身和手腕的部分，其作用是将被抓取的工件传送到给定位置，并将载荷传递到机座。一般来讲，为了让机器人的手部或末端操作器可以达到任务要求，手臂至少能够完成垂直移动、径向移动和回转运动三种运动。径向移动是指手臂的伸缩运动，机器人手臂的伸缩使其手臂的工作长度发生变化。在圆柱坐标式结构中，手臂的最大工作长度决定其末端所能达到的圆柱表面直径。回转运动是指机器人绕铅垂轴的转动，这种运动决定了机器人的手臂所能达到的角度位置。

机器人的手臂主要包括臂杆及与其伸缩、屈伸或自转等运动有关的构件（传动机构、驱动装置、导向定位装置、支承连接和位置检测元件等）。此外，还有与腕部或手臂的运动和连接、支承等有关的构件、配管配线等。其配置方式主要有以下四种。

a. 横梁式配置。机身设计成横梁式，用于悬挂手臂部件，横梁式配置通常分为单臂悬挂式和双臂悬挂式两种，如图 1-116 所示。这类机器人的运动形式大多为移动式，它具有占地面积小、能有效利用空间、动作简单直观等优点。横梁可以是固定的，也可以是行走的，一般横梁安装在厂房原有建筑的柱梁或有关设备上，也可从地面架设。

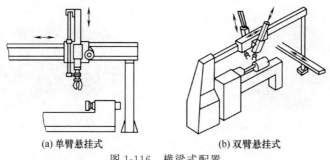

(a) 单臂悬挂式　　(b) 双臂悬挂式

图 1-116　横梁式配置

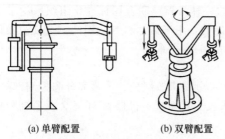

(a) 单臂配置　(b) 双臂配置

图 1-117　立柱式配置

b. 立柱式配置。臂部多采用回转型、俯仰型或屈伸型的运动形式，是一种常见的配置形式。立柱式配置通常分为单臂式和双臂式两种，如图 1-117 所示。一般臂部都可在水平面内回转，立柱可固定安装在空地上，也可以固定在床身上。立柱式配置具有结构简单、占地面积小、工作范围大的特点，用来服务于某种主机，承担上料、下料或转运等工作。

c. 机座式配置。该配置中，臂部可以是独立的、自成系统的完整装置，可以随意安放和搬动，也可以具有行走机构沿地面上的专用轨道移动，以扩大其活动范围。各种运动形式均可设计成机座式，机座式配置通常分为单臂回转式、双臂回转式和多臂回转式，如图 1-118 所示。

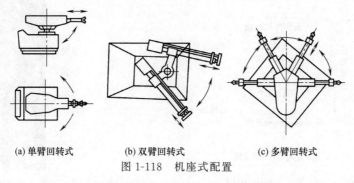

(a) 单臂回转式　　(b) 双臂回转式　　(c) 多臂回转式

图 1-118　机座式配置

d. 屈伸式配置。臂部由大、小臂组成，大、小臂之间有相对运动，称为屈伸臂。屈伸臂与机身间的配置形式（平面屈伸式和立体屈伸式）关系到机器人的运动轨迹，平面屈伸式可以实现平面运动，立体屈伸式可以实现空间运动，如图 1-119 所示。

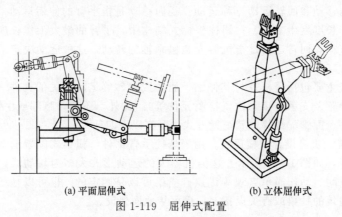

(a) 平面屈伸式　　　　　(b) 立体屈伸式

图 1-119　屈伸式配置

② 手腕。连接手部和手臂的部件，起支承手部和改变手部姿态的作用，并将作业载荷传到手臂。手腕具有独立的自由度，以满足机器人手部完成复杂的姿态变化。

a. 手腕的自由度。为了使手部能处于空间内任意方向，要求腕部能实现对空间三个坐标轴 X、Y、Z 的转动，即具有回转（翻转）、俯仰和偏转三个自由度，分别用 R、P 和 Y 表示，如图 1-120 所示。并不是所有的手腕都必须具备三个自由度，而是根据实际使用的工作性能要求来确定。腕部按照自由度数目的不同，可分为单自由度手腕、二自由度手腕和三自由度手腕。

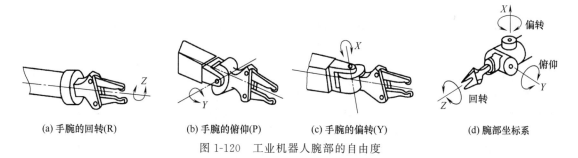

(a) 手腕的回转(R)　　(b) 手腕的俯仰(P)　　(c) 手腕的偏转(Y)　　(d) 腕部坐标系

图 1-120　工业机器人腕部的自由度

Ⅰ. 单自由度手腕。手腕在空间可具有三个自由度，也可以具备以下单一功能。

图 1-121（a）所示为 R 关节，具有单一的回转功能。它使手腕的关节轴线与手臂的纵轴线构成共轴线形式，其旋转角度不受结构限制，可达 360°以上。

图 1-121（b）所示为 B 关节 1，具有单一的俯仰功能，它使手腕的关节轴线与手臂及手部的轴线相互垂直；图 1-121（c）所示为 B 关节 2，具有单一的偏转功能，它使手腕关节轴线与手臂及手部的轴线在另一个方向上相互垂直。B 关节因为受到结构上的干涉，回转角度小，通常小于 360°。

图 1-121（d）所示为 T 关节，具有单一的平移功能，腕部关节轴线与手臂及手部的轴线在一个方向上处于一个平面，不能转动只能平移。

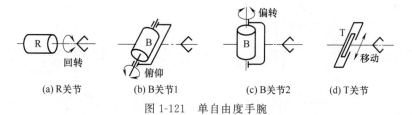

(a)R关节　　　　(b)B关节1　　　　(c)B关节2　　　　(d)T关节

图 1-121　单自由度手腕

Ⅱ. 二自由度手腕。可以是由一个 R 关节和一个 B 关节组成的 BR 手腕，如图 1-122（a）所示，也可以是由两个 B 关节组成的 BB 手腕，如图 1-122（b）所示。但是不能由两个 R 关节组成 RR 手腕，因为两个 R 关节共轴线时关节功能是重复的，实际只起到单自由度的作用，如图 1-122（c）所示。二自由度手腕中最常用的是 BR 手腕。

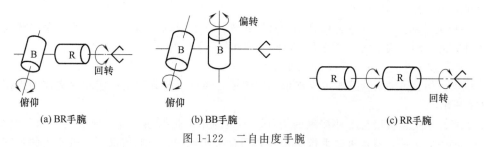

(a) BR手腕　　　　　(b) BB手腕　　　　　(c) RR手腕

图 1-122　二自由度手腕

Ⅲ．三自由度手腕。可以是由 B 关节和 R 关节组成的多种形式的手腕，使手部可以达到空间任意姿态，实现回转、俯仰和偏转功能。在实际应用中，常用的有 BBR、RRR、BRR 和 RBR 四种，如图 1-123 所示。

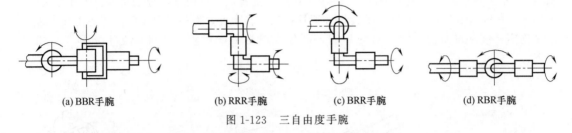

| (a) BBR手腕 | (b) RRR手腕 | (c) BRR手腕 | (d) RBR手腕 |

图 1-123　三自由度手腕

b. 手腕的驱动方式。手腕的驱动方式一般有直接驱动和远程驱动两种。

Ⅰ．直接驱动手腕，是指驱动源直接安装在手腕上。这种直接驱动手腕，传动线路短，传动刚度好，但腕部尺寸和质量大，惯性大。因此，这种直接驱动手腕的关键是能否设计和加工出尺寸小、重量轻而驱动转矩大、驱动性能好的驱动电机或液压马达。如图 1-124 所示为 Moog 公司的一种液压直接驱动 BBR 手腕：M_1、M_2、M_3 是液压马达，直接驱动手腕的偏转、俯仰和翻转三个自由度轴。

Ⅱ．远程驱动手腕，是指驱动源安装在大臂、基座或小臂远端，通过连杆、链条和同轴套筒等机构把运动传递到腕关节处，结构紧凑，尺寸和质量小，对机器人整体动态性能有好处，但传动机构设计复杂，传动刚度低。如图 1-125 所示为一种远距离传动的手腕：Ⅲ轴的转动使手腕偏转，Ⅱ轴的转动使手腕获得俯仰运动，Ⅰ轴的转动使手腕回转。

这种远距离传动的好处是可以把尺寸、重量都较大的驱动源放在远离手腕处，有时放在手臂的后端用来平衡重量，这不仅减轻了手腕的整体重量，而且改善了机器人整体结构的平衡性。

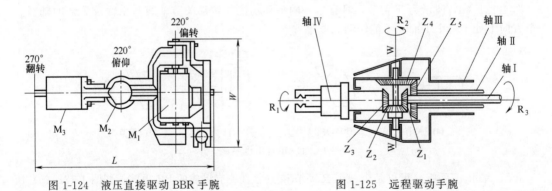

图 1-124　液压直接驱动 BBR 手腕　　　　图 1-125　远程驱动手腕

③ 手部。手部是手腕上配置的操作机构也称末端操作器，主要是用来握持工件或工具进行操作。由于握持对象的形状、尺寸、重量、材质的不同，其工作原理和形态结构也不同，按握持原理可分为夹持类和吸附类。

a. 夹持类手部。夹持类手部除常用的夹钳式外，还有脱钩式和弹簧式。此类手部按其手指夹持工件时的运动方式不同又可分为手指回转型和指面平移型。

Ⅰ．夹钳式手部。夹钳式手部与人手相似，是机器人应用较广的一种手部形式。它一般由手指、驱动机构、传动机构及连接与支承元件组成，通过手指开闭动作实现对物体的夹持，如图 1-126 所示。

i. 手指。手指是直接与工件接触的构件。手指的作用是抓住工件、握持工件和释放工件。手部松开和夹紧工件，就是通过手指的张开和闭合来实现的。一般情况下，机器人的手部只有

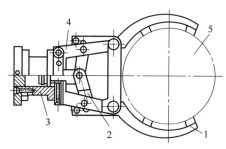

图 1-126　夹钳式手部

1—手指；2—传动机构；3—驱动机构；4—支架；5—工件

两个手指，少数有三个或多个手指。它们的结构形式常取决于被夹持工件的形状和特性。

• 指端的形状。指端是手指上直接与工件接触的部位，其形状有 V 形指、平面指、尖指和特形指，如图 1-127 所示。V 形指适用于夹持圆柱形工件；平面指一般用来夹持具有两个平行平面的方形、板形工件或细小棒料；尖指一般用来夹持小型或柔性工件；特形指一般用来夹持形状不规则的工件。

(a) V 形指　　　　　(b) 平面指　　　　　(c) 尖指　　　　　(d) 特形指

图 1-127　夹钳式手部的指端

• 指面形式。根据工件形状、大小及其被夹持部位材质软硬、表面性质等的不同，手指的指面有光滑指面、齿型指面和柔性指面三种形式。光滑指面平整光滑，可以避免已加工表面受损；齿形指面有齿纹，可增加夹持工件的摩擦力，确保夹紧可靠，一般用来夹持表面粗糙的毛坯或半成品；柔性指面镶衬橡胶、泡沫、石棉等，一般用来夹持已加工表面、炽热件、薄壁件或脆性工件，可增加摩擦、保护工件表面、隔热等。

• 手指的材料。手指材料选用恰当与否，对机器人的使用效果有很大的影响。对于夹钳式手部，其手指材料可选用一般碳素钢和合金结构钢。

ii. 驱动机构。手指的开合通常采用气动、液动、电动和电磁来驱动。气动手指目前得到广泛的应用，主要是由于气动手指具有结构简单、成本低、容易维修、开合迅速、质量小等优点，其缺点在于空气介质存在可压缩性，使指钳位置控制比较复杂。液压驱动手指成本要高些。电动手指的优点在于手指开合电动机的控制与机器人控制共用一个系统，但是夹紧力比气动手指、液压手指小，相比而言开合时间要稍长。如图 1-128 所示为气压驱动的手指，气缸 4 中的压缩空气推动活塞 5 使齿条 1 做往复运动，经扇形齿轮 2 带动平行四边形机构，使指钳 3 平行地快速开合。

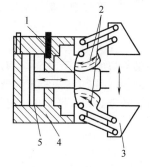

图 1-128　气压驱动的手指

1—齿条；2—扇形齿轮；
3—指钳；4—气缸；5—活塞

iii. 传动机构。驱动机构的驱动力通过传动机构向手指传递运动和动力，以实现夹紧和松开动作。传动机构根据手部开合的动作特点分为回转型和平移型。

(i) 回转型手部。夹钳式手部多用回转型，手指是一对或几对杠杆，同斜楔、滑槽、连杆、齿轮、蜗轮蜗杆或螺杆组成复合式杠杆传动机构，以改变传动比及运动方向等。

• 斜楔杠杆式手部。如图 1-129（a）所示，斜楔驱动杆 1 向下运动，克服拉簧 5 的拉力，

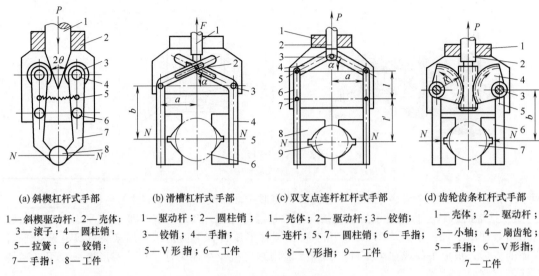

(a) 斜楔杠杆式手部

1—斜楔驱动杆；2—壳体；
3—滚子；4—圆柱销；
5—拉簧；6—铰销；
7—手指；8—工件

(b) 滑槽杠杆式手部

1—驱动杆；2—圆柱销；
3—铰销；4—手指；
5—V形指；6—工件

(c) 双支点连杆杠杆式手部

1—壳体；2—驱动杆；3—铰销；
4—连杆；5、7—圆柱销；6—手指；
8—V形指；9—工件

(d) 齿轮齿条杠杆式手部

1—壳体；2—驱动杆；
3—小轴；4—扇齿轮；
5—手指；6—V形指；
7—工件

图 1-129　回转型手部

使杠杆式手指 7 装有滚子 3 的一端向外撑开，从而夹紧工件 8。反之，斜楔驱动杆向上运动，则在拉簧拉力的作用下，使手指松开。手指与斜楔驱动杆通过滚子接触可以减小摩擦力，提高机械效率。为了简化结构，也可以让手指与斜楔驱动杆直接接触。

• 滑槽杠杆式手部。如图 1-129（b）所示，杠杆式手指 4 的一端装有 V 形指 5，另一端则开有长滑槽。驱动杆 1 上的圆柱销 2 套在滑槽内，当驱动连杆同圆柱销一起做往复运动时，即可拨动两个手指各绕其支点（铰销 3）做相对回转运动，从而实现手指的夹紧与松开动作。

• 双支点连杆杠杆式手部。如图 1-129（c）所示，驱动杆 2 末端与连杆 4 通过铰销 3 铰接，当驱动杆做直线往复运动时，则通过连杆推动两手指各绕其支点做回转运动，从而使手指松开或闭合。

• 齿轮齿条杠杆式手部。如图 1-129（d）所示，驱动杆 2 末端制成双面齿条，与扇齿轮 4 相啮合，而扇齿轮与手指 5 固连在一起，可绕支点回转。驱动力推动齿条做直线往复运动，即可带动扇齿轮回转，从而使手指松开或闭合。

（ii）平移型手部。平移型手部是通过手指的指面做直线往复运动或平面移动来实现张开或闭合动作的，常用于夹持具有平行平面的工件（如箱体等）。其结构较复杂，不如回转型应用广泛。

• 直线往复移动机构。实现直线往复移动的机构很多，常用的斜楔传动、齿条传动、螺旋传动等均可应用于手部结构。图 1-130 所示中，图（a）为斜楔平移结构，图（b）为连杆杠杆平移结构，图（c）为螺旋斜楔平移结构。它们既可是双指型的，也可是三指（或多指）型的；既可自动定心，也可非自动定心。

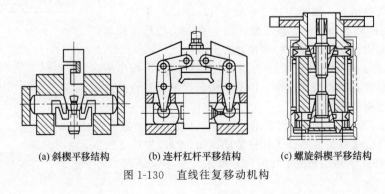

(a) 斜楔平移结构　　　(b) 连杆杠杆平移结构　　　(c) 螺旋斜楔平移结构

图 1-130　直线往复移动机构

• 平面平行移动机构。图 1-131 所示为几种平面平行移动型夹钳式手部的简图。它们的共同点是都采用平行四边形的铰链机构——双曲柄铰链四连杆机构,以实现手指平移。其差别在于分别采用齿轮齿条、蜗轮蜗杆、连杆斜滑槽的传动方法。

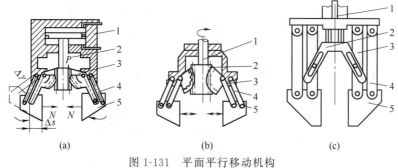

图 1-131 平面平行移动机构
1—驱动器;2—驱动元件;3—驱动摇臂;4—从动摇杆;5—手指

II. 钩拖式手部。钩拖式手部主要特征是不靠夹紧力来夹持工件,而是利用手指对工件钩、拖、捧等动作来拖持工件。应用钩拖方式可降低驱动力的要求,简化手部结构,甚至可以省略手部驱动装置。它适用于在水平面内和垂直面内做低速移动的搬运工作,尤其对大型笨重的工件或结构粗大而重量较轻且易变形的工件更为有利。它包括无驱动装置和有驱动装置两种形式,如图 1-132 所示。

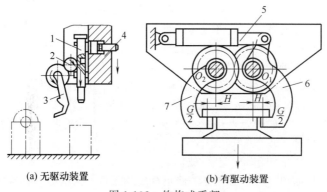

(a) 无驱动装置   **(b) 有驱动装置**
图 1-132 钩拖式手部
1—齿条;2—齿轮;3—手指;4—销;5—液压缸;6,7—杠杆手指

• 无驱动装置。工作原理:手部在臂的带动下向下移动,当手部下降到一定位置时齿条1下端碰到撞块,臂部继续下移,齿条便带动齿轮2旋转,手指3即进入工件钩拖部位。手指拖持工件时,销4在弹簧力作用下插入齿条缺口,保持手指的钩拖状态并可使臂携带工件离开原始位置。在完成钩拖任务后,由电磁铁将销向外拔出,手指又呈自由状态,可继续执行下个工作循环程序。

• 有驱动装置。工作原理:依靠机构内力来平衡工件重力而保持拖持状态。驱动液压缸 5 以较小的力驱动杠杆手指 6 和 7 回转,使手指闭合至拖持工件的位置。手指与工件的接触点均在其回转支点 O_1、O_2 的外侧,因此在手指拖持工件后,工件本身的重量不会使手指自行松脱。

III. 弹簧式手部。如图 1-133 所示,弹簧式手部是靠弹

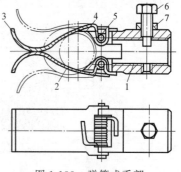

图 1-133 弹簧式手部
1—套筒;2—工件;3—弹簧片;4—扭簧;
5—销钉;6—螺母;7—螺钉

簧力的作用将工件夹紧，手部不需要专用的驱动装置，结构简单。它的使用特点是：工件进入手指和从手指中取下工件都是强制进行的。由于弹簧力有限，故其只适用于夹持轻小工件。

b. 吸附类手部。吸附类手部依靠吸附力取料，有气吸和磁吸两种，适用于抓取大平面、易碎、微小物体。

Ⅰ. 气吸式手部。气吸式手部是常用的一种吸持式装置，由吸盘（一个或几个）、吸盘架及进排气系统组成，具有结构简单、重量轻、使用方便可靠等优点，广泛应用于非金属材料（如板材、纸张、玻璃等物体）或不可有剩磁材料的吸附。气吸式手部的另一个特点是对工件表面没有损伤，且对被吸持工件预定的位置精度要求不高，但要求工件上与吸盘接触部位光滑平整、清洁，被吸工件材质致密，没有透气空隙。

气吸式手部是利用吸盘内的压力与大气压之间的压力差而工作的。按形成压力差的方法，气吸式手部可分为真空气吸、气流负压气吸、挤压排气负压气吸。

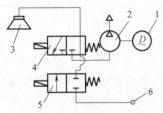

图 1-134　真空负压吸盘
1—电动机；2—真空泵；3—吸盘；
4,5—电磁阀；6—通大气

• 真空负压吸盘。如图 1-134 所示，真空负压吸盘采用真空泵来保证吸盘内持续产生负压。其吸盘吸力取决于吸盘与工件表面的接触面积和吸盘内、外压力差，另外与工件表面状态也有十分密切的关系，它影响负压的泄漏。

• 气流负压吸盘。如图 1-135 所示，气流负压吸盘在压缩空气进入喷嘴后，由于伯努利效应，橡胶皮碗内产生负压。工厂大多有空压机或空压站，空压机气源比较容易解决，不用专门为机器人配置真空泵，因此气流负压吸盘在工厂里使用较多。

• 挤气负压吸盘。如图 1-136 所示，当挤气负压吸盘压向工件表面时，吸盘内空气被挤出；当吸盘与工件去除压力时，吸盘恢复弹性变形，使吸盘内腔形成负压，将工件牢牢吸住，机械手即可进行工件搬运；到达目标位置后，可用碰撞力或电磁力使压盖动作，空气进入吸盘腔内，释放工件。这种挤气负压吸盘不需要真空泵也不需要压缩空气气源，经济方便，但是可靠性比真空负压吸盘和气流负压吸盘差。

Ⅱ. 磁吸式手部。如图 1-137 所示，磁吸式手部是利用永磁铁或电磁铁通电后产生的磁力来吸附工件的，应用较广。电磁吸盘断电后磁性吸力消失将工件松开，若采用永磁铁作为吸盘，则必须是强迫性取下工件。

磁吸式手部与气吸式手部相同，不会破坏被吸表面质量。磁吸式手部比气吸式手部优越的方面是：有较大的单位面积吸力，对工件表面粗糙度及通孔、沟槽等无特殊要求。

电磁吸盘只能吸住铁磁材料制成的工件，吸不住有色金属和非金属材料制成的工件。磁力吸盘的缺点是被吸取工件有剩磁，吸盘上常会吸附一些铁屑，致使其不能可靠地吸住工件。对于不准有剩磁的场合，不能选用磁力吸盘，应采用真空吸盘，如钟表及仪表零件等。另外，高温条件下不宜使用磁力吸盘，因为钢、铁等磁性物质在 723℃ 以上时磁性会消失。

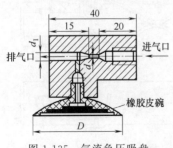

图 1-135　气流负压吸盘

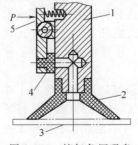

图 1-136　挤气负压吸盘
1—吸盘架；2—吸盘；3—工件；
4—密封垫；5—压盖

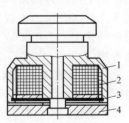

图 1-137　电磁吸盘
1—外壳体；2—线圈；
3—防尘盖；4—磁盘

c. 仿人机器人的手部。目前，大部分工业机器人的手部只有两个手指，而且手指上一般没有关节，因此取料不能适应物体外形的变化，不能使物体表面承受比较均匀的夹持力，无法满足对复杂形状、不同材质的物体实施夹持和操作。

为了提高机器人手部和手腕的操作能力、灵活性和快速反应能力，使机器人手部能像人手一样进行各种复杂的作业，就必须有一个运动灵活、动作多样的灵巧手，即仿人手，如图 1-138 所示。仿人手有多关节柔性手（多关节串联，钢丝绳牵引，使凹凸不平的物体受力均匀）、多指灵巧手（多手指组成，每个手指三个回转关节，每个关节独立控制）。

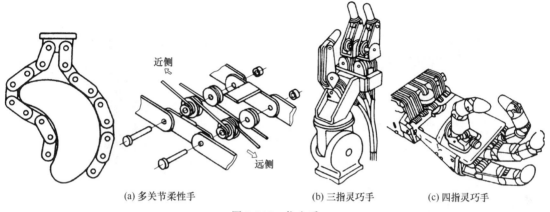

(a) 多关节柔性手　　　　　　(b) 三指灵巧手　　　　(c) 四指灵巧手

图 1-138　仿人手

④ 机身。机器人的基础部分，与手臂相连，起支承作用。机身的形式主要有以下四种。

a. 直线移动机身。该类机器人机身结构多为悬挂式，机身实际是悬挂手臂的横梁（见图 1-116）。为使手臂能沿横梁平移，除了要有驱动机构和传动机构外，导轨也是一个重要的部件。

b. 回转与升降机身。该类机身主要包括回转与升降两部分，如图 1-139 所示。机身回转机构置于升降缸之上。手臂部件与回转缸的上端盖连接，回转缸的动片与缸体连接，由缸体带动手臂进行回转。回转缸的转轴与升降缸的活塞杆是一体的。活塞杆为空心的，内装一花键套与

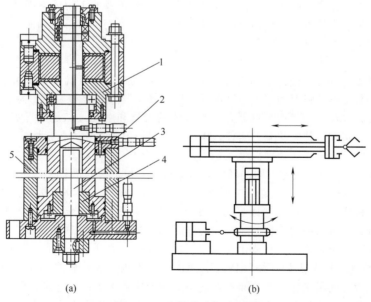

(a)　　　　　　　　　　　　(b)

图 1-139　回转升降机身结构

1—回转缸；2—活塞；3—花键轴；4—花键轴套；5—升降缸

花键轴配合，活塞升降由花键轴导向。花键轴与升降缸的下端盖用键来固定，下端盖与连接地面的底座固定。这样就固定了花键轴，也就通过花键轴固定了活塞杆。这种结构中的导向杆在内部，结构紧凑。

c. 回转与俯仰式机身。回转与俯仰式机身结构由实现手臂左右回转和上下俯仰的部件组成，它用手臂的俯仰运动部件代替手臂的升降运动部件。机器人手臂的俯仰运动大多采用活塞缸与连杆机构实现驱动，所用的活塞缸位于手臂的下方，其活塞杆和手臂用铰链连接，缸体采用尾部耳环或中部销轴等方式与立柱连接，如图 1-140 所示。此外，有时也采用无杆活塞缸驱动齿轮齿条或四连杆机构实现手臂的俯仰运动。

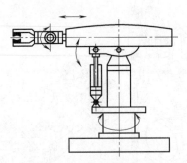

图 1-140　回转与俯仰式机身

图 1-141　类人式多自由度机身

d. 类人式多自由度机身。该机身与人体结构类似，如图 1-141 所示。类人机器人机身结构上除了装有驱动臂部运动的装置外，还应该有驱动腿部运动的装置和腰部关节。机身靠腿部的屈伸运动来实现升降，腰部关节实现左右和前后的俯仰与人身轴线方向的回转运动。

⑤ 行走机构。行走机构是机器人用来移动的重要装置。

a. 行走机构的特点。

Ⅰ. 工厂对机器人行走性能的基本要求，是机器人能够从一台机器旁边移动到另一台机器旁边，或在一个需要焊接、喷涂或加工的物体周围移动。这样，就不用再把工件送到机器人旁边，这种行走性能也使机器人能更加灵活地从事更多的工作，在一项任务不忙时，它还能够进行另一项任务，就好像真正的工人一样。要使机器人能够在被加工物体周围移动或从一个工作地点移动到另一个工作地点，首先需要机器人能够面对一个物体自行重新定位。同时，行走机器人应能够绕过其运行轨迹上的障碍物。

Ⅱ. 运载机器人的行走车辆必须能够支承机器人的质量。当机器人四处行走对物体进行加工时，行走车辆还需具有保持稳定的能力。这就意味着机器人本身既要平衡可能出现的不稳定力或力矩，又要有足够的强度和刚度，以承受可能施加于其上的力和力矩。为了满足这些要求，可以采用以下两种方法：一是增加机器人行走车辆的质量和刚性，二是进行实时计算和施加所需要的平衡力。由于前一种方法容易实现，因而它是目前改善机器人行走性能的常用方法。

b. 行走机构的分类。

Ⅰ. 行走机构按其移动轨迹不同，可分为固定轨迹式和无固定轨迹式。

• 固定轨迹式行走机构。主要用于工业机器人。固定轨迹式可移动机器人机身底座安装在一个可移动的拖板座上，靠丝杠螺母驱动，整个机器人沿丝杠纵向移动。这类机器人除了采用直线驱动方式外，也可以采用类似起重机梁行走的方式等。这种可移动机器人主要用在作业区域大的场合，如大型设备装配，立体化仓库中的材料搬运、材料堆垛及大面积喷涂，等等。

• 无固定轨迹式行走机构。按其特点不同，可分为步行式、轮式和履带式。在行走过程中，步行式与地面为间断接触，轮式和履带式与地面为连续接触；步行式的形态为类人（动物）的腿脚式，轮式和履带式的形态为运行车式。运行车式行走机构用得比较多，多用于野外作业，比较成熟。步行式行走机构正在发展和完善中。

Ⅱ. 行走机构按其结构原理不同,可分为车轮式行走机构、履带式行走机构和足式行走机构。

i. 车轮式行走机构。车轮式行走机构只有在平坦、坚硬的地面上行驶才有理想的运动特性。若地面凸凹程度与车轮直径相当或地面很软,则它的运动阻力将大大增加。

• 车轮的形式。车轮的形状或结构形式取决于地面的性质和车辆的承载能力。在轨道上运行的车轮大多是实心钢轮,在室外路面行驶的车轮大多是充气轮胎,在室内平坦地面行驶的车轮大多是实心轮胎。图 1-142 (a) 所示的充气球轮适用于沙丘地形;图 1-142 (b) 所示的半球形轮是为火星表面而开发的;图 1-142 (c) 所示的传统车轮适用于平坦的坚硬路面;图 1-142 (d) 所示为车轮的一种变形,称为无缘轮,用来爬越阶梯及在水田中行驶。

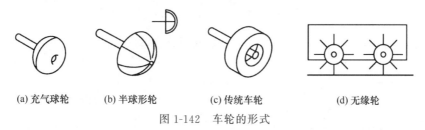

(a) 充气球轮　　　(b) 半球形轮　　　(c) 传统车轮　　　　(d) 无缘轮

图 1-142　车轮的形式

• 车轮的配置和转向机构。

三轮行走机构。三轮行走机构具有一定的稳定性,代表性的车轮配置方式是一个前轮、两个后轮,如图 1-143 所示。图 1-143 (a) 所示为两后轮独立驱动,前轮仅起支承作用,靠后轮的转速差实现转向;图 1-143 (b) 所示为采用前轮驱动,前轮转向的方式;图 1-143 (c) 所示为利用两后轮差动减速器驱动,前轮转向的方式。

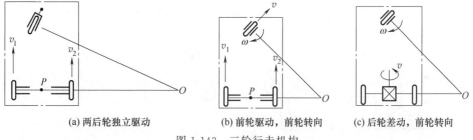

(a) 两后轮独立驱动　　　(b) 前轮驱动,前轮转向　　　(c) 后轮差动,前轮转向

图 1-143　三轮行走机构

四轮行走机构。四轮行走机构可采用不同的方式实现驱动和转向,如图 1-144 所示。图 1-144 (a) 为后轮分散驱动;图 1-144 (b) 为四轮同步转向机构,当前轮转向时,通过四连杆机构使后轮得到相应的偏转,这种转向机构相比仅有前轮转向的车辆可实现更小的转向回转半径。

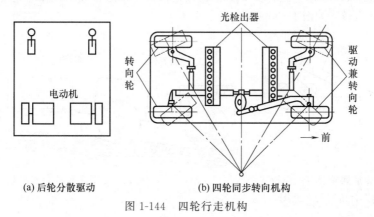

(a) 后轮分散驱动　　　　(b) 四轮同步转向机构

图 1-144　四轮行走机构

轮位可变型四轮行走机构。该四轮行走机构的运动稳定性有很大提高，但是，要保证四个轮子同时和地面接触，必须使用特殊的轮系悬挂系统。它需要四个驱动电动机，控制系统也比较复杂，造价也较高。如图 1-145 所示，机器人可以根据需要让四个车轮呈横向、纵向或同心方向行走，可以增加机器人的运动灵活性。

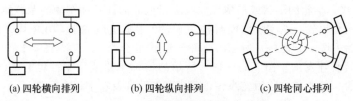

(a)四轮横向排列　　(b)四轮纵向排列　　(c)四轮同心排列

图 1-145　轮位可变型四轮行走机构

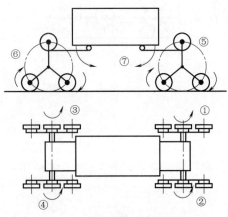

图 1-146　三小轮式车轮机构

• 越障轮式机构。

三小轮式车轮机构。如图 1-146 所示，当①～④小车轮自转时，用于正常行走；当⑤、⑥车轮公转时，用于上台阶，⑦是支臂撑起的负载。

如图 1-147 所示，图（a）中 a 小轮和 c 小轮旋转前进（行走），使车轮接触台阶停住；图（b）中，a、b 和 c 小轮绕着它们的中心旋转（公转），b 小轮接触到了高一级台阶；图（c）中，b 小轮和 a 小轮旋转前进（行走）；图（d）中，车轮又一次接触台阶停住。如此往复，便可以一级一级台阶地向上爬。

图 1-148 所示为三轮或四轮装置三小轮式车轮机构上台阶时的示意图，在同一个时刻，总是有轮子在行走，有轮子在公转。

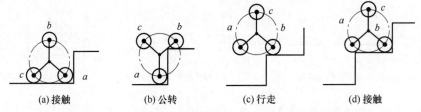

(a)接触　　　　(b)公转　　　　(c)行走　　　　(d)接触

图 1-147　三小轮式车轮机构上、下台阶时的工作示意图

多节车轮式机构。多节车轮式机构是由多个车轮用轴关节或伸缩关节连在一起形成的轮式行走机构，如图 1-149 所示。这种多节车轮式行走机构非常适合在崎岖不平的道路上行驶，对攀爬台阶也非常有效，如图 1-150 所示。

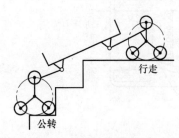

图 1-148　三轮或四轮装置三小轮式
车轮机构上台阶时的示意图

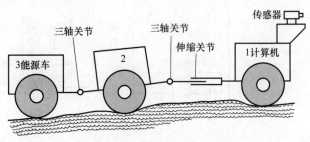

图 1-149　多节车轮式行走机构

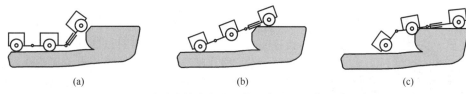

(a)　　　　　　　　　　　(b)　　　　　　　　　　　(c)

图 1-150　多节车轮式行走机构上台阶的工作过程示意图

摇臂车轮式机构。摇臂车轮式行走机构更有利于在未知的地况下行走，如图 1-151 所示的"玉兔"月球车是由 6 个独立的摇臂作为每个车轮的支承，每个车轮可以独立驱动、独立旋转、独立伸缩。"玉兔"月球车可以凭借 6 个轮子实现前进、后退、原地转向、行进间转向、20°爬坡、20cm 越障等。摇臂车轮式行走机构可使各车轮同时适应不同高度，保持 6 个轮子同时着地，使"玉兔"月球车成为一个真正的"爬行高手"。

　　ii. 履带式行走机构。

　　• 履带式行走机构的组成。履带式行走机构由履带、驱动链轮、支承轮、托带轮和张紧轮（导向轮）组成，如图 1-152 所示。

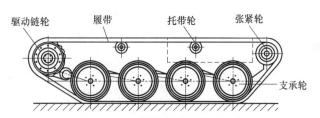

图 1-151　"玉兔"月球车　　　　　图 1-152　履带式行走机构的组成

　　• 履带式行走机构的形状。图 1-153（a）所示为一字形履带式行走机构，驱动轮及张紧轮兼做支承轮，增大支承地面面积，改善了稳定性，此时驱动轮和导向轮只略微高于地面。图 1-153（b）所示为倒梯形履带式行走机构，不做支承轮的驱动轮与张紧轮装得高于地面，链条引入引出时角度达 50°，其好处是适合穿越障碍，另外因为减少了泥土夹入引起的磨损和失效，可以延长驱动轮和张紧轮的寿命。

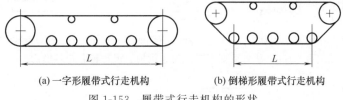

(a)一字形履带式行走机构　　　　　　(b)倒梯形履带式行走机构

图 1-153　履带式行走机构的形状

　　• 履带式行走机构的特点。

　　支承面积大，接地比压小，适合在松软或泥泞场地进行作业，下陷度小，滚动阻力小。

　　越野机动性好，可以在凹凸的地面上行走，可以跨越障碍物，能爬梯度不太高的台阶，爬坡、越沟等性能均优于轮式行走机构。

　　履带支承面上有履齿，不易打滑，牵引附着性能好，可发挥较大的牵引力。

　　由于没有自定位轮，没有转向机构，只能靠左右两个履带的速度差实现转弯，所以在横向和前进方向都会产生滑动。

　　转弯阻力大，不能准确地确定回转半径。

　　结构复杂，重量大，运动惯性大，减振功能差，零件易损坏。

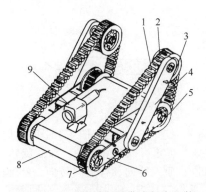

图 1-154　形状可变履带式行走机构

1—履带；2—行星轮；3—曲柄；4—主臂杆；
5—导向轮；6—履带架；7—驱动轮；
8—机体；9—摄像机

- 履带式行走机构的变形。

形状可变履带式行走机构。如图 1-154 所示，随着主臂杆和曲柄的摇摆，整个履带可以随意变成各种类型的三角形形态，即其履带形状可以为适应台阶而改变，这样会比普通履带机构的动作更为自如，从而使机器人的机体能够任意上下楼梯（如图 1-155 所示）和越过障碍物。

位置可变履带式行走机构。如图 1-156 所示，位置可变履带式行走机构随着主臂杆和曲柄的摇摆，四个履带可以随意变成朝前和朝后的多种位置组合形态，从而使机器人的机体能够上下楼梯，甚至跨越横沟。位置可变履带式行走机构的实例，如图 1-157 所示。

装有转向机构的履带式行走机构。图 1-158 所示为装有转向机构的履带式行走机构，它可以转向，可以上下台阶。

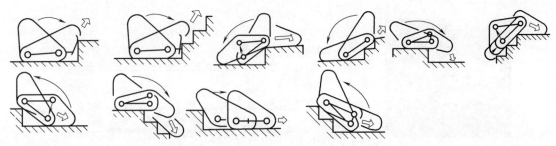

图 1-155　形状可变履带式行走机构上下楼梯

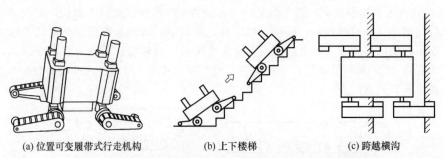

(a) 位置可变履带式行走机构　　(b) 上下楼梯　　(c) 跨越横沟

图 1-156　位置可变履带式行走机构上下楼梯和跨越横沟

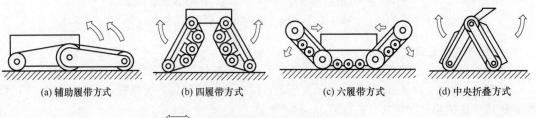

(a) 辅助履带方式　　(b) 四履带方式　　(c) 六履带方式　　(d) 中央折叠方式

(e) 半月形履带方式

图 1-157　位置可变履带式行走机构的实例

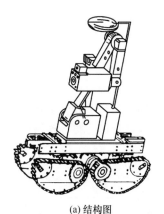
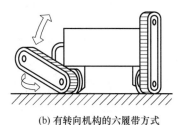

(a) 结构图　　　　　　　　(b) 有转向机构的六履带方式

图 1-158　装有转向机构的履带式行走机构

双重履带式可转向行走机构的主体前后装有转向器，并装有使转向器绕图中的 AA' 轴旋转的提起机构，这使得该行走机构上下台阶非常顺利，能做出用折叠方式向高处伸臂、在斜面上保持主体水平等各种各样的姿势，如图 1-159 所示。

ⅲ. 足式行走机构。根据调查，地球上近一半的地面不适合传统的轮式或履带式车辆行走。但是一般多足动物却能在这些地方行动自如，显然足式与轮式、履带式行走方式相比具有独特的优势。

图 1-159　双重履带式可转向行走机构

• 足式行走机构的特点。足式行走机构有很大的适应性，尤其在有障碍物的通道（如管道、台阶或楼梯）或很难接近的工作场地更有优越性。足式行走对崎岖路面具有很好的适应能力，足式行走的立足点是离散的点，可以在可能到达的地面上选择最优的支撑点，而轮式和履带式行走工具必须面临最差的地形上的几乎所有点。足式行走还具有主动隔振能力，尽管地面高低不平，机身的运动仍然可以相当平稳。足式行走在不平地面和松软地面上的运动速度较高，能耗较少。

• 足的数目。现有的步行机器人的足数为单足、两足、三足、四足、六足、八足，甚至更多，如图 1-160 所示。足的数目多，适合于重载和慢速运动。双足和四足具有最好的适应性和灵活性，最接近人类和动物。

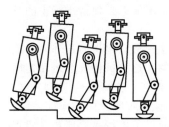

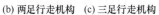

(a) 单足行走机构　(b) 两足行走机构　(c) 三足行走机构　(d) 四足行走机构　(e) 六足行走机构

图 1-160　单足、两足、三足、四足和六足行走机构

• 足的配置。足的配置是指足相对于机体的位置和方位的安排，这个问题对于两足及两足以上的机器人尤为重要。就两足机器人而言，足的配置或是一左一右，或是一前一后。后一种配置因容易引起腿间的干涉，故在实际中很少用到。

(a) 正向对称分布

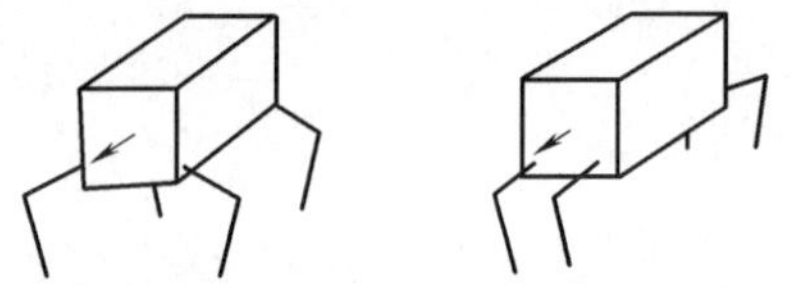

(b) 前后向对称分布

图 1-161　装有转向机构的
履带式行走机构

足的主平面的安排。在假设足的配置为对称的前提下，四足或多于四足的配置可能有两种，如图 1-161 所示。图 1-161（a）所示为正向对称分布，即腿的主平面与行走方向垂直；图 1-161（b）所示为前后向对称分布，即腿的主平面与行走方向一致。

足的几何构形。图 1-162 所示为足在主平面内的几何构形，包括哺乳动物形、爬行动物形、昆虫形。

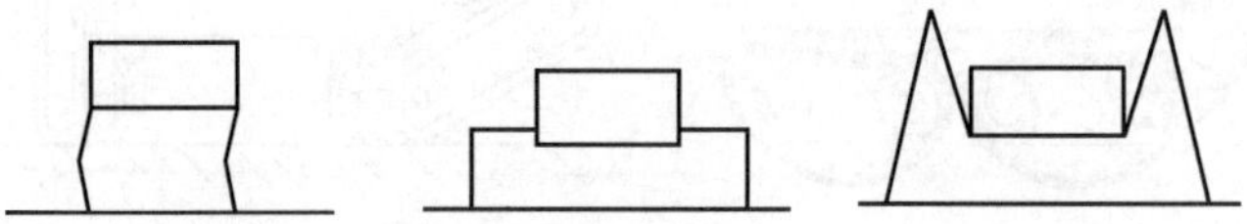

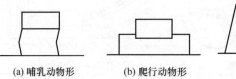

(a) 哺乳动物形　　　　(b) 爬行动物形　　　　(c) 昆虫形

图 1-162　足在主平面内的几何构形

足的相对弯曲方向。图 1-163 所示为足的相对弯曲方向，包括内侧相对弯曲、外侧相对弯曲、同侧弯曲。不同的安排对稳定性有不同的影响。

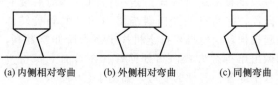

(a) 内侧相对弯曲　　　(b) 外侧相对弯曲　　　(c) 同侧弯曲

图 1-163　足的相对弯曲方向

● 足式行走机构的平衡和稳定性。足式行走机构按其行走时保持平衡的方式的不同，可分为静态稳定的多足机构和动态稳定的多足机构两类。

静态稳定的多足机构。机器人机身的稳定通过足够数量的足支承来保证。在行走过程中，机身重心的垂直投影始终落在支承足落地点垂直投影所形成的凸多边形内。这样，即使在运动中的某一瞬时将运动"凝固"，机体也不会有倾覆的危险。这类行走机构的速度较慢，它的步态为爬行或步行。

四足机器人在静止状态是稳定的。在步行时，当一只脚抬起，另外三只脚支承自重时，必须移动身体，让重心的垂直投影落在三只脚接地点所组成的三角形内。六足、八足步行机器人由于行走时可保证至少有三足同时支承机体，在行走时更容易得到稳定的重心。

在设计阶段，静平衡机器人的物理特性和行走方式都经过认真协调，因此在行走时不会发生严重偏离平衡位置的现象。为了保持静平衡，机器人需要仔细考虑足的配置，保证至少同时有三个足着地来保持平衡，也可以采用大的机器足，使机器人重心能通过足的着地面，易于控制平衡。

动态稳定的多足机构。动态稳定的典型例子是踩高跷。高跷与地面只是单点接触，两根高跷在地面不动时站稳是非常困难的，要想原地停留，必须不断踏步，不能总是保持步行中的某种瞬间姿态。

在动态稳定中，机体重心有时不在支承图形中，这类机构利用这种重心超出面积外而向前产生倾倒的分力作为行走的动力并不停地调整平衡点以保证不会跌倒。这类机构一般运动速度较快，消耗能量小，其步态可以是小跑和跳跃。

两足行走和单足行走有效地利用了惯性力和重力，利用重力使身体向前倾倒来向前运动。这就要求机器人控制器必须不断地将机器人的平衡状态反馈回来，通过不停地改变加速度或重心的位置来满足平衡或定位的要求。

● 典型的足式行走机构。两足步行式机器人。如图 1-164 所示，两足步行式机器人具有最好的适应性，也最接近人类，故也称为类人双足行走机器人。类人双足行走机构是多自由度的控制系统，是现代控制理论很好的应用对象。这种机构除结构简单外，在保证静、动行走性能及稳定性和高速运动等方面都是最困难的。在行走过程中，这种行走机构始终满足静力学的静平衡条件，即机器人的重心始终落在接触地面的一只脚上。

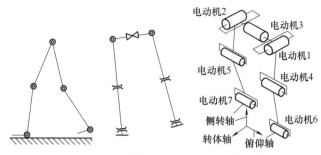

图 1-164　两足步行式机器人行走机构原理图

　　四足、六足步行式机器人。四足、六足步行式机器人是模仿动物行走的机器人。四足步行式机器人除了关节式外，还有缩放式步行机构。图 1-165 所示为四足缩放式步行机器人的平面几何模型，其机体与支承面保持平行。四足对称姿态比两足步行容易保持运动过程中的稳定，控制也容易些，其运动过程是一条腿抬起，另外三条腿支承机体向前移动。

　　图 1-166 所示为六足缩放式步行机构，它的每条腿有三个转动关节。行走时，三条腿为一组，足端以相同位移移动，两组相差一定时间间隔进行移动，可以实现 XY 平面内任意方向的行走和原地转动。

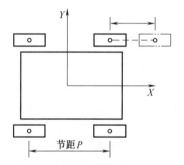

图 1-165　四足缩放式步行机器人的平面几何模型

(a) 原理图　　　　　　(b) 机器人

图 1-166　六足缩放式步行机构

(2) 驱动系统

　　驱动系统是使各种机械部件产生运动的装置，根据驱动源不同可分为电动、液压、气动三种系统或三者结合在一起的综合系统。驱动系统可以直接与机械系统相连，或通过导轨、传动带、链条、齿轮等机械传动机构间接相连。

　　① 直线传动机构。

　　a. 移动关节导轨。在运动过程中，移动关节导轨可以起到保证位置精度和导向的作用。移动关节导轨有普通滑动导轨、液压动压滑动导轨、液压静压滑动导轨、气浮导轨和滚动导轨五种。前两种导轨具有结构简单、成本低的优点，但是它们必须留有间隙，以便润滑，而机器人载荷的大小和方向变化很快，间隙的存在又会引起坐标位置的变化和有效载荷的变化；另外，这两种导轨的摩擦系数又随着速度的变化而变化，在低速时容易产生爬行现象等。第三种导轨能产生预载荷，能完全消除间隙，具有高刚度、低摩擦、高阻尼等优点，但是它需要单独的液压系统和回收润滑油的机构。第四种导轨的缺点是刚度和阻尼较低。目前，第五种导轨在工业机器人中应用最为广泛。图 1-167 所示为包容式滚动导轨的结构，其由支承座支承，可以方便地与任何平面相连。此时套筒必须是开式的，并嵌在滑枕中，这样既增强了刚度，也方便与其他元件进行连接。

　　b. 齿轮齿条装置。如图 1-168 所示，齿轮齿条装置中，如果齿条固定不动，那么当齿轮转动时，齿轮轴连同拖板沿齿条方向做直线运动。这样，齿轮的旋转运动就转换成拖板的直线运动。拖板是由导杆或导轨支承的，该装置的回差较大。

c. 滚珠丝杠螺母。工业机器人中经常采用滚珠丝杠，这是因为滚珠丝杠的摩擦力很小且运动响应速度快。由于滚珠丝杠螺母的螺旋槽里放置了许多滚珠，丝杠在传动过程中所受的是滚动摩擦力，摩擦力较小，因此传动效率高，同时可消除低速运动时的爬行现象；在装配时施加一定的预紧力，可消除回差。如图 1-169 所示，滚珠丝杠螺母副里的滚珠经过研磨的导槽循环往复传递运动与动力。滚珠丝杠的传动效率可以达到 90%。

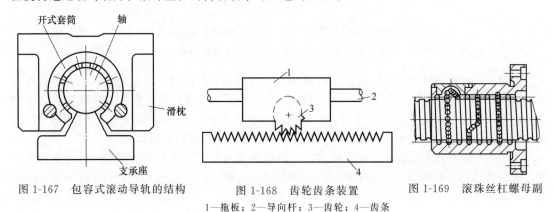

图 1-167　包容式滚动导轨的结构　　　图 1-168　齿轮齿条装置　　　图 1-169　滚珠丝杠螺母副

1—拖板；2—导向杆；3—齿轮；4—齿条

d. 液（气）压缸。液（气）压缸是能将液压泵（空压机）输出的压力转换为机械能，可以做直线往复运动的执行元件，使用液（气）压缸可以容易地实现直线运动。液（气）压缸主要由缸筒、缸盖、活塞、活塞杆和密封装置等部件构成。活塞和缸筒采用精密滑动配合，压力油（压缩空气）从液（气）压缸的一端进入，把活塞推向液（气）压缸的另一端，从而实现直线运动。通过调节进入液（气）压缸的液压油（压缩空气）的流动方向和流量可以控制液（气）压缸的运动方向和速度。

② 旋转传动机构。一般电动机都能够直接产生旋转运动，但其输出力矩比所要求的力矩小，转速比要求的转速高，因此需要采用齿轮、带传动装置或其他运动传动机构，把较高的转速转换成较低的转速，并获得较大的力矩。运动的传递和转换必须高效率地完成，且不能有损于机器人系统所需的特性，如定位精度、重复定位精度和可靠性等。通过以下四种传动机构可以实现运动的传递和转换。

a. 齿轮副。如图 1-170 所示，齿轮副不但可以传递运动角位移和角速度，而且可以传递力和力矩。一个齿轮装在输入轴上，另一个齿轮装在输出轴上，可以得到齿轮的齿数与其转速成反比，输出力矩与输入力矩之比等于输出齿数与输入齿数之比。

b. 同步带传动装置。在工业机器人中，同步带传动主要用来传递平行轴间的运动。同步传送带和带轮的接触面都制成相应的齿形，靠啮合传递功率，如图 1-171 所示。齿的节距用包络带轮时的圆节距 t 表示。

图 1-170　齿轮传动

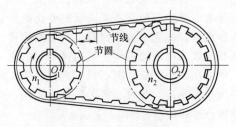

图 1-171　同步带传动

c. 谐波齿轮。谐波齿轮传动由刚性齿轮、谐波发生器和柔性齿轮三个主要零件组成，如图 1-172 所示。假设刚性齿轮有 100 个齿，柔性齿轮比它少两个齿，则当谐波发生器转 50 圈时，柔性齿轮转 1 圈，这样只占用很小的空间就可以得到 1∶50 的减速比。通常将谐波发生器装在输入轴上，把柔性齿轮装在输出轴上，以获得较大的齿轮减速比。

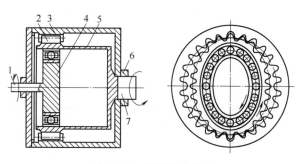

图 1-172　谐波齿轮传动
1—输入轴；2—柔性外齿圈；3—刚性内齿圈；4—谐波发生器；
5—柔性齿轮；6—刚性齿轮；7—输出轴

工作时，刚性齿轮 6 固定安装，各齿均匀分布于圆周上，具有柔性外齿圈 2 的柔性齿轮 5 沿刚性内齿圈 3 转动。柔性齿轮比刚性齿轮少两个齿，所以柔性齿轮沿刚性齿轮每转一圈就反向转过两个齿的相应转角。谐波发生器 4 具有椭圆形轮廓，装在其上的滚珠用于支承柔性齿轮，谐波发生器驱动柔性齿轮旋转，使之发生塑性变形。转动时，柔性齿轮的椭圆形端部只有少数齿与刚性齿轮啮合。只有这样，柔性齿轮才能相对于刚性齿轮自由地转过一定的角度。通常刚性齿轮固定，谐波发生器作为输入端，柔性齿轮与输出轴相连。

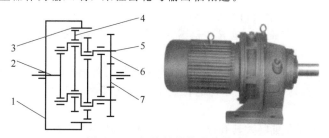

图 1-173　摆线针轮传动减速器
1—针齿壳；2—输出轴；3—针轮；4—摆线轮；
5—曲柄轴；6—渐开线行星轮；7—渐开线中心轮

d. 摆线针轮传动减速器。摆线针轮传动是在针摆传动基础上发展起来的一种新型传动方式。20 世纪 80 年代，日本研制出了用于机器人关节的摆线针轮传动减速器，如图 1-173 所示。它由渐开线圆柱齿轮行星减速机构和摆线针轮行星减速机构两部分组成。渐开线行星轮 6 与曲柄轴 5 连成一体，作为摆线针轮传动的输入部分。如果渐开线中心轮 7 顺时针旋转，那么渐开线行星齿轮在公转的同时还逆时针自转，并通过曲柄轴带动摆线轮做平面运动。此时，摆线轮因受与之啮合的针轮 3 的约束，在其轴线绕针轮轴线公转的同时，还将反方向自转，即顺时针转动。同时，它通过曲柄轴推动行星架输出机构顺时针转动。

（3）感知系统

由内部传感器模块和外部传感器模块组成，获取内部和外部环境中的有用信息，通过这些信息确定机械部件各部分的运行状态，使机械部件各部分按预定程序和工作需要进行动作。智能传感器的使用提高了机器人的机动性、适应性和智能化水平。

（4）控制系统

通过作业指令程序以及从传感器反馈回来的信号支配执行机构完成规定动作的处理单元，包括开环和闭环系统。若不具备信息反馈特征，为开环控制系统；具备信息反馈特征，为闭环控制系统。根据控制原理可分为程序控制系统、适应性控制系统、人工智能控制系统；根据控制运动形式分为点位控制和轨迹控制。

（5）交互系统

① 机器人-环境交互系统，是实现机器人与外部环境中的设备相互联系和协调的系统。机器人可以与外部设备集成为一个功能单元，如加工制造单元、焊接单元、装配单元等；也可以是多台机器人、多台机床、设备、零件存储装置等集成为一个可执行复杂任务的功能单元。

② 人机交互系统，是操作人员参与机器人控制并与机器人进行联系的装置，如计算机终

端、指令控制台、信息显示板及危险信号报警器等。主要有两类：指令给定装置和信息显示装置。

1.2.3.2 机器人的共同特性及工作原理

(1) 机器人的组成特点

机器人的组成部分与人类极为类似。一个典型的机器人有一套可移动的身体结构、一部类似于电机的装置、一套传感系统、一个电源和一个用来控制所有这些要素的计算机"大脑"。从本质上讲，机器人是由人类制造的"动物"，它们是模仿人类和动物行为的机器，大多数机器人确实拥有一些共同的特性。

首先，几乎所有机器人都有一个可以移动的身体。有些拥有的只是机动化的轮子，而有些则拥有大量可移动的部件，这些部件一般是由金属或塑料制成的。与人体骨骼类似，这些独立的部件是用关节连接起来的。机器人的轮与轴是用某种传动装置连接起来的。有些机器人使用电机和螺线圈作为传动装置；另一些则使用液压系统；还有一些使用气动系统（由压缩气体驱动的系统）。机器人可以使用上述任何类型的传动装置。

其次，机器人需要一个能量源来驱动这些传动装置。大多数机器人会使用电池或墙上的电源插座来供电。此外，液压机器人还需要一个泵来为液体加压，而气动机器人则需要气体压缩机或压缩气罐。所有传动装置都通过导线与一块电路相连。该电路直接为电动机和螺线圈供电，并操纵电子阀门来启动液压系统。阀门可以控制承压流体在机器内流动的路径。比如说，如果机器人要移动一只由液压驱动的腿，它的控制器会打开一只阀门，这只阀门由液压泵通向腿上的活塞筒，承压流体将推动活塞，使腿部向前旋转。通常，机器人使用可提供双向推力的活塞，以使部件能向两个方向活动。

然后，机器人的计算机可以控制与电路相连的所有部件。为了使机器人动起来，计算机会打开所有需要的电机和阀门。大多数机器人是可重新编程的，如果要改变某部机器人的行为，只需将一个新的程序写入它的计算机即可。

并非所有的机器人都有传感系统，很少有机器人具有视觉、听觉、嗅觉或味觉。机器人拥有的最常见的一种感觉是运动感，也就是它监控自身运动的能力。在标准设计中，机器人的关节处安装着刻有凹槽的轮子。在轮子的一侧有一个发光二极管，它发出一道光束穿过凹槽，照在位于轮子另一侧的光传感器上。当机器人移动某个特定的关节时，有凹槽的轮子会转动。在此过程中，凹槽将挡住光束。光学传感器读取光束闪动的模式，并将数据传送给计算机。计算机可以根据这一模式准确地计算出关节已经旋转的距离，计算机鼠标中使用的基本系统与此相同。

(2) 工作原理

自动机器人可以自主行动，无需依赖于任何控制人员。其基本原理是对机器人进行编程，使之能以某种方式对外界刺激做出反应。极其简单的碰撞反应机器人可以很好地诠释这一原理。这种机器人有一个用来检查障碍物的碰撞传感器。当启动机器人后，它大体上是沿一条直线曲折行进的。当它碰到障碍物时，冲击力会作用在它的碰撞传感器上。每次发生碰撞时，机器人的程序会指示它后退，再向右转，然后继续前进。按照这种方法，机器人只要遇到障碍物就会改变它的运动方向。

较为简单的移动型机器人使用红外或超声波传感器来感知障碍物。这些传感器的工作方式类似于动物的回声定位系统：机器人发出一个声音信号（或一束红外光线），并检测信号的反射情况。机器人会根据信号反射所用的时间计算出它与障碍物之间的距离。

某些自动机器人只能在它们熟悉的有限环境中工作。例如，割草机器人依靠埋在地下的界标确定草场的范围；而用来清洁办公室的机器人则需要建筑物的地图才能在不同的地点之间移动。

较高级的机器人利用立体视觉来观察周围的世界。两个摄像头可以为机器人提供深度感知，而图像识别软件则使机器人有能力确定物体的位置，并辨认各种物体。机器人还可以使用麦克风和气味传感器来分析周围的环境。这些机器人可以将特定的地形模式与特定的动作相关联。例如，一个漫游车机器人会利用它的视觉传感器生成前方地面的地图，如果地图上显示的是崎岖不平的地形模式，机器人会知道它该走另一条道，这种系统对于在其他行星上工作的探索型机器人是非常有用的。

　　工业机器人专门用来在受控环境下反复执行完全相同的工作。例如，某部机器人可能会负责给装配线上传送的花生酱罐子拧上盖子。为了教机器人如何做这项工作，程序员会用一只手持控制器来引导手臂完成整套动作。机器人将动作序列准确地存储在内存中，此后每当装配线上有新的罐子传送过来时，它就会反复地做这套动作。

1.2.3.3　机器人的分类

（1）机器人按用途分类

　　① 工业机器人。用于工业生产的机器人，这种机器人是目前应用最广泛、技术最成熟的机器人产品。应用范围包括：对原材料、工件和零件进行搬运；代替人完成车、铣、刨、磨等加工工艺；完成点焊、弧焊工作；完成冲压和锻压；完成喷漆、涂漆、喷砂等作业；把零部件装配成整机；检查产品质量，测量产品参数；完成产品的包装；等等，如焊接机器人、喷漆机器人、装配机器人、上料机器人等，如图 1-174 所示。

(a) 焊接机器人　　　　(b) 喷漆机器人　　　　(c) 装配机器人　　　　(d) 上料机器人

图 1-174　工业机器人

　　② 农业机器人。用于农业生产的机器人，某些实质上可以看成无人驾驶农用机具。应用范围包括：代替农民从事种植、浇灌、除草、施肥、收割、储运的工作；代替人养鱼、养牲畜、挤牛奶、剪羊毛；代替人伐木、整枝、造林、护林；代人进行收获果实、分选果实；等等，如采摘机器人、灌溉机器人、播种机器人、收割机器人等，如图 1-175 所示。

(a) 采摘机器人　　　　(b) 灌溉机器人　　　　(c) 播种机器人　　　　(d) 收割机器人

图 1-175　农业机器人

　　③ 特种机器人。又称专业化作业机器人，是指代替人在危险、艰苦、苛刻的环境中，完成复杂作业的机器人。应用范围包括：进行宇宙空间探索开发；在核辐射条件下从事各项检修维护工作；在深海领域进行勘探开发；在灾害事故现场进行救援；在医疗场所协助医疗人员进行手术、护理；矿山隧道的挖掘、探测；等等。由于该类机器人可以替代人类进行风险较高的工作，因此目前的发展比较迅速。如爬壁机器人、清理放射源机器人、光伏清扫机器人、车载式桥梁智能检测机器人等，如图 1-176 所示。

　　④ 军事机器人。用于军事目的的机器人，如防爆机器人、排雷机器人、作战机器人和侦察无人机等，如图 1-177 所示。

(a) 爬壁机器人　　　　(b) 清理放射源机器人　　　(c) 光伏清扫机器人　　(d) 车载式桥梁智能检测机器人

图 1-176　特种机器人

(a) 防爆机器人　　　　　(b) 排雷机器人　　　　　(c) 作战机器人　　　　(d) 侦查无人机

图 1-177　军事机器人

⑤ 服务机器人。指在人们日常生活工作区域，为人们提供各种服务的机器人产品。应用范围包括：在家庭中打扫卫生做家务、看家护院、监管家用电器设备、照顾老人与儿童；帮助收发文件、传递信息、接待客人；在博览会、展厅、游览区、公共场所提供交互式咨询服务；等等。如炒菜机器人、端盘机器人、除尘机器人、爬楼机器人、礼宾机器人等，如图 1-178 所示。

(a) 炒菜机器人　　　(b) 端盘机器人　　　(c) 除尘机器人　　　(d) 爬楼机器人　　　(e) 礼宾机器人

图 1-178　服务机器人

⑥ 医疗机器人。用于医疗服务业的机器人，代替护理人员为病人送食物和药品、照顾残疾人日常起居活动。如护理机器人、手术机器人、按摩机器人、端水送药机器人等，如图 1-179 所示。

(a) 护理机器人　　　　(b) 手术机器人　　　　(c) 按摩机器人　　　　(d) 端水送药机器人

图 1-179　医疗机器人

⑦ 娱乐机器人。用于展示宣传及表演活动；提供精神安慰、休闲娱乐、文化教育等的机器人，如娱乐舞蹈的机器人、拉小提琴的机器人等，如图 1-180 所示。

⑧ 竞技比赛机器人。机器人竞赛是近年来国际上迅速发展起来的一种高技术对抗活动，它集高技术成果展示、娱乐和比赛于一体。目前，国际上推出了各种不同类型的机器人比赛，如机器人足球、机器人相扑、机器人走迷宫等，如图 1-181 所示。

(a) 娱乐舞蹈的机器人

(b) 拉小提琴的机器人

图 1-180　娱乐机器人

（2）机器人按使用场合分类

机器人按使用场合的不同，可分为水下机器人、地下机器人、陆地机器人、空中机器人、太空机器人、两栖机器人、多栖机器人（美国奥克兰大学研发出多栖无人机 Loon，尽管其有着与同类四轴飞行器相似的外观，但它不仅能上山下海，还能潜入水底完成救援检修任务，可谓多功能）等，如图 1-182～图 1-188 所示。

(a) 机器人足球

(b) 机器人相扑

(c) 机器人走迷宫

图 1-181　竞技比赛机器人

图 1-182　水下扫雷机器人

图 1-183　地下管道机器人

(a) 消防机器人

(b) 室外保安机器人

图 1-184　陆地机器人

图 1-185　美国"别动队"无人机

(a) Spirit火星漫游车

(b) Canada Arm太空机械臂

图 1-186　太空机器人

图 1-187　两栖机器人

图 1-188　多栖机器人

（3）机器人按控制方式分类

按照控制方式的不同，机器人可分为遥控型机器人、程控型机器人、示教再现型机器人、智能控制型机器人等，如图1-189所示。

(a) 遥控型机器人　　(b) 程控型机器人　　(c) 示教再现型机器人　　(d) 视觉机器人

图1-189　机器人按控制方式分类

① 遥控型机器人：通过操作者遥控完成各种远程作业的机器人。遥控机器人与传统遥控器相似，又增加了用于机器人的各种技术，操作者可以通过可视距离内遥控，也可以在电视图像中进行监控操作。主要应用于以下领域：非结构环境下很少重复的任务；遥控机器人被带到施工现场；任务不是非结构，但没有先验知识去执行任务。遥控机器人被广泛地应用到各种不容易到达或不能到达作业的危险环境中。

② 程控型机器人：按预先要求的顺序及条件，依次控制机器人的机械动作。

③ 示教再现型机器人：通过引导或其他方式，先教会机器人动作，输入工作程序，机器人则自动重复进行作业。

④ 数控型机器人：不必使机器人动作，通过数值、语言等对机器人进行示教，机器人根据示教后的信息进行作业。

⑤ 感觉控制型机器人：利用传感器获取的信息控制机器人的动作。

⑥ 适应控制型机器人：机器人能适应环境的变化，控制其自身的行动。

⑦ 学习控制型机器人：机器人能"体会"工作的经验，具有一定的学习功能，并将所"学"的经验用于工作中。

⑧ 智能机器人：以人工智能决定其行动的机器人。

（4）机器人按驱动方式分类

机器人常用的驱动方式主要有液压驱动、气压驱动和电气驱动三种基本类型，如图1-190所示。

① 液压驱动方式。液压驱动的特点是功率大，结构简单，可以省去减速装置，能直接与被驱动的连杆相连，响应快，伺服驱动具有较高的精度，但速度控制多数情况下采用节流调速，效率比电气驱动系统低，而且易产生液体泄漏，工作噪声也较高。液压驱动大多用于要求低速重载的机器人，如物料搬运（包括上、下料）、冲压用的程序控制机器人。

(a) 液压驱动型机器人　　　　(b) 气压驱动型机器人　　　　(c) 电气驱动型机器人

图1-190　机器人按驱动方式不同分类

② 气压驱动方式。气压驱动的能源、结构都比较简单，维修方便，价格低。但与液压驱动相比，其在同体积条件下功率较小，而且速度不易控制，难以实现高速、高精度的连续轨迹控

制，适用于中小负载、精度要求较低的机器人，如冲压机器人。

③ 电气驱动方式。电气驱动是利用各种电动机产生力和力矩，直接或经过机械传动去驱动执行机构，以获得机器人的各种运动。电气驱动所用能源简单，不需能量转换，使用方便，控制灵活，噪声低，驱动效率高，机构速度变化范围大，速度和位置精度都很高，无密封问题，但一般需配置减速装置，控制系统复杂。其适用于中小负载、要求具有较高位置控制精度和轨迹控制精度、速度较高的机器人，如喷涂机器人、点焊机器人、弧焊机器人和装配机器人。

(5) 机器人按机构特性分类

按机构特性的不同，可将机器人分为串联机器人和并联机器人，如图1-191所示。

① 串联机器人。一种开式运动链机器人，它是由一系列连杆通过转动关节或移动关节串联形成的，采用驱动器驱动各个关节的运动，从而带动连杆的相对运动。其特点是：需要减速器；驱动功率不同，电机型号不一；电机位于运动构件上，惯量大；正解简单，逆解复杂。它应用于很多领域，如各种机床、装配车间等。

(a) 串联机器人

(b) 并联机器人

图1-191 机器人按机构特性分类

② 并联机器人。动平台和定平台通过至少两个独立的运动链相连接，具有两个或两个以上自由度，且以并联方式驱动的一种闭环机构。其特点是：无需减速器，成本比较低；所有的驱动功率相同、易于产品化；电机位于机架上，惯量小；逆解简单，易于实时控制。它主要用于精密紧凑的应用场合，竞争点集中在速度、重复定位精度和动态性能等方面。

第2章
连接类零件

由于使用、制造、安装、维修和运输等原因，机器中有很多零件需要连接起来，按连接拆开时是否会损坏连接中的零件分为可拆连接和不可拆连接两类。

可拆连接，即当拆开连接时，无需破坏或损伤连接中的任何零件，如：紧固连接，即螺纹紧固件连接；轴毂连接，轴与转动零件的轮毂之间的连接，主要实现周向固定以传递转矩，有键连接、花键连接、销连接和胀套连接等。可拆连接既可以保证机械正常工作，又便于维修和更换。

不可拆连接，即当拆开连接时，至少要破坏或损伤连接中的一个零件，如焊接、铆接和胶接等。不可拆连接可靠性好，强度高。

2.1 螺纹连接件

螺纹连接件是一组在其圆柱或圆锥母体表面上加工出螺纹结构的零件。螺纹连接是利用螺纹连接件，将两个以上零件刚性连接起来构成的一种可拆连接。螺纹连接由于具有结构简单、连接可靠、装拆方便、形式多样、成本低廉和互换性好等优点，所以应用极为广泛。螺纹除了用于连接外，还可以用于固定、堵塞、调整和传动等。大多数螺纹连接件的结构、尺寸都已经标准化，而且由专门的标准件厂商生产加工。常见的螺纹连接件有螺钉、螺栓、螺柱、螺母和垫圈等，如图2-1所示。

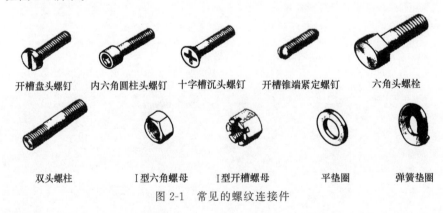

开槽盘头螺钉　　内六角圆柱头螺钉　　十字槽沉头螺钉　　开槽锥端紧定螺钉　　六角头螺栓

双头螺柱　　　　　Ⅰ型六角螺母　　　Ⅰ型开槽螺母　　　平垫圈　　　　弹簧垫圈

图2-1 常见的螺纹连接件

2.1.1 概述

2.1.1.1 螺纹的分类

① 螺纹按其截面形状（牙型）不同，可分为三角形螺纹、梯形螺纹、锯齿形螺纹、矩形螺纹和圆螺纹五种，如图2-2所示。

a. 三角形螺纹。三角形螺纹截面为三角形，牙型角多为55°和60°，又称为普通螺纹。它分粗牙和细牙两种：粗牙螺纹多用于一般连接；细牙螺纹在相同公称直径时，螺距小、导程和升角小、自锁性能好、螺纹深度浅，适用于细小零件、薄壁零件和微调装置等。三角形螺纹应用很广泛，例如设备的连接件螺栓、螺母等。

b. 梯形螺纹。梯形螺纹截面为等腰梯形，牙型角为 30°。梯形螺纹是应用很广泛的传动螺纹，与矩形螺纹相比，传动效率略低，但制造工艺性好，牙根强度高，对中性好。其主要用于传动和受力大的机械上，例如虎钳、机床上的丝杠和千斤顶的螺杆等。

c. 锯齿形螺纹。锯齿形螺纹是非对称牙型的螺纹，牙的工作边接近矩形直边。目前使用的牙侧角（工作边角度/非工作边角度）有 3°/30°、3°/45°、7°/45°、0°/45° 等。锯齿形螺纹综合了矩形螺纹的高效率和梯形螺纹牙根强度高的优点，适用于单向受载的螺旋传动，如压床、冲床上的螺杆等。

d. 矩形螺纹。矩形螺纹截面为矩形，主要用于传动，效率高，但对中精度低，使得内、外螺纹旋合定心较难，而且牙根强度弱，目前仅用于对传动效率有较高要求的机件，没有制定国家标准。矩形螺纹因不易磨制，精确制造较为困难，螺旋副磨损后的轴向间隙难以补偿或修复，故常被梯形螺纹代替。

e. 圆螺纹。它是一种按照德国标准的牙型角为 30°，螺纹顶和螺纹底都是圆弧状的螺纹。其截面为半圆形，主要用于传动，应用最广的是在滚动丝杠上，在管子的连接上也用（如水管及螺纹口灯泡等）。与矩形螺纹相比，圆螺纹工艺性好，螺纹效率更高，对中性好，目前很多地方都用其取代了矩形螺纹和梯形螺纹，但因其配件加工复杂，成本较高，所以对传动要求不高的地方应用很少。

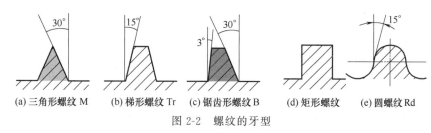

图 2-2　螺纹的牙型

② 螺纹按用途不同，可分为紧固螺纹、传动螺纹和紧密螺纹三类。

a. 紧固螺纹：主要用于连接和紧固各种机械零件并可拆卸。对这类螺纹的使用要求主要是良好的旋合性和连接的可靠性，如螺栓与螺母连接、螺钉与机体连接等。所谓旋合性，是指同规格的内、外螺纹在给定的轴向长度易于旋入、拧出，以便装配和拆换；所谓连接可靠性，是指用于连接和紧固时具有足够的连接强度和紧固性，接触均匀，螺纹不易松脱，螺牙不会过早损坏。紧固螺纹用的多为单线、三角形牙型。

b. 传动螺纹：主要用于传递动力、运动和位移。其主要的使用要求是传递动力可靠、传动准确、传动比稳定、螺牙接触良好、耐磨等。如千斤顶的起重螺杆和摩擦压力机的传动螺杆，主要用来传递载荷，也使被传物体产生位移，但对所移动位置没有严格要求，需要螺纹结合时有足够的强度；机床进给机构中的微调丝杠和测量器具中的测微丝杠，主要用来传递位移，故要求传动准确。螺纹用于传动时要求进升快或效率高，采用双线或多线，但一般不超过四线。常用的传动螺纹的牙型有梯形、锯齿形和矩形。

c. 紧密螺纹：主要用于使两个零件紧密连接而无泄漏的结合。其主要的使用要求是配合要有一定的过盈量，结合紧密和密封性好，以保证不漏水、不漏气、不漏油。常用紧密螺纹的牙型为三角形，多用于管件。如管螺纹是专用于管件连接的特殊细牙三角形螺纹，牙型角为 55°，连接密封性好。

③ 螺纹按母体形状不同分为两类，在圆柱母体上形成的螺纹叫圆柱螺纹，在圆锥母体上形成的螺纹叫圆锥螺纹。

④ 螺纹按分布在母体内、外表面分为两类，在母体外表面的叫外螺纹，在母体内表面的叫

内螺纹。

⑤ 螺纹按螺旋线方向分为右旋和左旋两种，如图 2-3 所示，顺时针旋转时旋入的为右旋螺纹，逆时针旋转时旋入的为左旋螺纹，一般用右旋螺纹。

⑥ 螺纹按螺旋线的线数不同，可分为单线螺纹、双线螺纹和多线螺纹，如图 2-4 所示。

a. 单线螺纹：沿一条螺旋线形成的螺纹，通常用于连接。

b. 双线螺纹和多线螺纹：沿两条或两条以上的螺旋线形成的螺纹，螺纹线数越多传递速度越快，常用于传动时要求进升快或效率高的场合，但一般不超过四线。

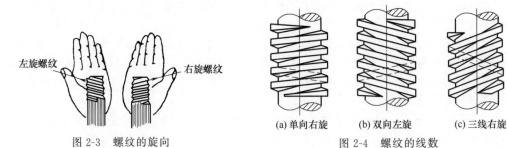

图 2-3　螺纹的旋向

(a) 单向右旋　　(b) 双向左旋　　(c) 三线右旋

图 2-4　螺纹的线数

2.1.1.2　螺纹的加工方法

螺纹的加工方法很多，可以在车床、钻床、螺纹铣床、螺纹磨床等机床上利用不同的工具进行加工。选择螺纹的加工方法时，需要考虑的因素较多，其中主要是工件形状、螺纹牙型、螺纹的尺寸和精度、工件材料和热处理以及生产类型等。表 2-1 列出了常见螺纹加工方法所能达到的精度和表面粗糙度，作为选择螺纹加工方法的依据和参考。

表 2-1　螺纹加工方法所能达到的精度等级及表面粗糙度

加工方法	精度等级	表面粗糙度 $Ra/\mu m$
螺纹车削	4～9	0.4～12.5
螺纹铣削	6～9	1.6～12.5
螺纹旋风切割	6～9	1.6～12.5
螺纹磨削	4～6	0.4～1.6
螺纹研磨	3～4	0.2～0.4
攻螺纹	6～8	1.6～6.3
套螺纹	7～9	3.2～6.3
螺纹滚压	3～9	0.2～12.5

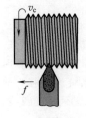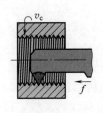

(a) 车削外螺纹　　(b) 车削内螺纹

图 2-5　螺纹车削

① 螺纹车削。螺纹车削是螺纹加工最常用的方法，它可用各类卧式车床或专门的螺纹车床加工。螺纹车削可用来加工各种形状、尺寸以及精度的内、外螺纹，特别是尺寸较大的非淬硬工件的螺纹加工，如图 2-5 所示。在车床上车削螺纹可采用成形车刀或螺纹梳刀。用成形车刀车削螺纹，由于刀具结构简单，是单件和小批量生产螺纹工件的常用方法；用螺纹梳刀车削螺纹，生产效率高，但刀具结构复杂，只适于中、大批量生产中车削细牙的短螺纹工件。普通车床车削螺纹的精度一般只能达到 8～9 级；对于不淬硬精密丝杠的加工，利用精密车床车削，可以获得较高的精度和较小的表面粗糙度值。在专门的螺纹车床上加工螺纹，生产效率或精度可显著提高。

② 螺纹铣削。螺纹铣削一般都是在专门的螺纹铣床上进行，如图 2-6 所示。根据所用铣刀的结构不同，可以分为两种：盘形螺纹铣刀加工和梳形螺纹铣刀加工。

a. 用盘形螺纹铣刀加工。这种方法适用于大螺距的长螺纹，例如丝杠、螺杆等梯形螺纹。

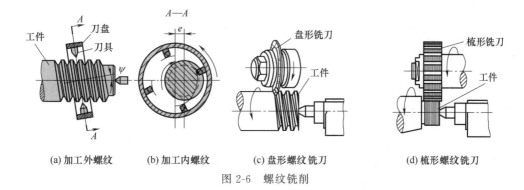

(a) 加工外螺纹　　(b) 加工内螺纹　　(c) 盘形螺纹铣刀　　(d) 梳形螺纹铣刀

图 2-6　螺纹铣削

铣削时，铣刀轴线与工件轴线倾斜一定的角度。

b. 用梳形螺纹铣刀加工。这种方法是用若干盘形铣刀组合成多刃铣刀铣削，一般用于加工短且螺距不大的三角形内、外螺纹。加工时，工件只需转一周多一点（大约 $1.25\sim1.5r$），就可以将全部螺纹切出，生产率很高。用这种方法可以加工靠近轴肩或者盲孔底部的螺纹，而且不需要退刀槽。

c. 螺纹铣削特点。螺纹铣削几乎适用于所有工件材料，并具有最好的加工灵活性和最高的生产率。加工出的螺纹面干净光滑，而且不会发生轴向误切。对于难以加工的材料，螺纹铣削往往是最佳加工方式。但是由于螺纹铣削加工精度较低，这种方法适用于成批生产一般精度的螺纹工件或磨削前的粗加工。

随着数控机床的发展，螺纹铣削作为另一种可选工艺被引入内螺纹加工。加工时，利用刀具特定的圆周运动和进给运动，螺纹在孔中被铣削成形。对于内螺纹当刀具折断后，很容易从孔中取出。螺纹铣削的局限性与螺纹深度有关，一般来说，它能加工不超过 3 倍螺纹直径的螺纹深度。

③ 螺纹旋风切削。

a. 螺纹旋风切削的特点及应用。螺纹旋风切削是用带内齿的刀盘高速围绕慢速的工件孔轴线做螺旋运动，铣削出螺纹的加工方法，因铣削速度很高，切屑飞溅如旋风而得名。所用的机床一般是专门的旋风铣床或在普通车床的溜板上附装一个旋风头，如图 2-7（a）所示。

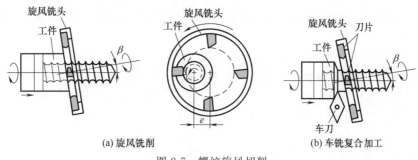

(a) 旋风铣削　　　　　　(b) 车铣复合加工

图 2-7　螺纹旋风切削

螺纹旋风铣削的优势具体表现在：表面质量非常高；光滑无毛刺；和其他加工方式相比（如用螺纹梳刀切螺纹），切屑更短；能够加工圆锥形螺纹。旋风铣削是对螺纹进行精加工的一种螺纹切削方式，尤其适用于对表面质量要求高的螺纹，比如精密丝杠、螺旋送料杆等长的外螺纹工件，也可加工直径较大的内螺纹。但是，由于慢转速部件的加工工艺特殊性，无法使用固定的刀具进行同步加工，比如车削加工。

b. 螺纹旋风切削的类型。根据旋风头与工件间的相互位置不同，螺纹旋风切削可分为外切法和内切法两种。旋风头环形刀盘的外圆周（外切法）或内圆周（内切法）上装有均匀分布的数把硬质合金成形刀头，由一台电动机驱动做高速旋转。一般采用四把刀头，其中两把用于粗切螺纹，一把用于切倒角，一把用于精切螺纹。刀盘轴线相对工件轴线倾斜一个螺旋升角。工件由机床主轴驱动做低速旋转，工件每转一周刀头移动一个螺距或导程。内切法与外切法比较，刀头与工件接触弧较长，加工表面质量较高，刀具寿命较长，故应用比外切法广泛。加工内螺纹时，只能采用外切法。由于切削速度很高，且一次走刀即可加工成形，螺纹旋风切削生产率可比普通车削或铣削螺纹提高几倍。

c. 车铣复合加工。同步车铣复合加工原理，如图 2-7（b）所示。和传统的旋风铣削不同的是，车铣复合加工会根据螺距和刀片数量之间的关系将工件的转速和旋风铣头的转速同步，以免产生额外的旋转运动导致增加进给量。于是在两次刀片啮合之间，工件会完成一次完整的旋转，工件转速明显上升并达到和旋风铣削时相同的转速。在自动纵向车床的夹具旁边安装刀具来插补旋风铣头和导向轴套之间的缺口。

旋风铣头对螺距进行切削时，工件直径和螺纹外部直径之间的材料在车削过程中被切成屑状，旋风铣头的切屑量、作用力和刀片磨损都明显降低了。之后再同步进行螺纹槽的车削加工和顶部形状的旋风铣削。同步加工和减少刀具更换次数大大缩短了主要加工时间和非生产时间，此外还延长了车铣复合加工的刀具使用寿命，因为刀片需要切除的材料量明显减少，提高了进给量，表面质量保持不变，刀具负荷更小。

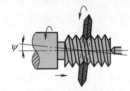

图 2-8　螺纹磨削

④ 螺纹磨削。螺纹磨削是一种高精度的螺纹加工方法，常在专门的螺纹磨床上进行加工，如图 2-8 所示，主要用于加工淬火后具有高硬度和高精度的螺纹，如丝锥、螺纹量规、滚丝轮及精密传动螺杆上的螺纹等。螺纹在磨削之前，可用车、铣等方法进行粗加工，对于小尺寸的精密螺纹，也可不经粗加工直接磨出。

螺纹磨削按砂轮截面形状不同分单线砂轮磨削和多线砂轮磨削两种。单线砂轮磨削，砂轮修整较方便，这种方法适用于磨削精密丝杠、螺纹量规、蜗杆、小批量的螺纹工件和铲磨精密滚刀。多线砂轮磨削又分纵磨法和切入磨法两种。纵磨法的砂轮宽度小于被磨螺纹长度，砂轮纵向移动一次或数次行程即可把螺纹磨到最后尺寸。切入磨法的砂轮宽度大于被磨螺纹长度，砂轮径向切入工件表面，工件约转 1.25 转就可磨好，生产率较高，但精度稍低，砂轮修整比较复杂。切入磨法适用于铲磨批量较大的丝锥和磨削某些紧固用的螺纹。

⑤ 螺纹研磨。用铸铁等较软材料制成螺母型或螺杆型的螺纹研具，对工件上已加工的螺纹存在螺距误差的部位进行正反向旋转研磨，以提高螺距精度。淬硬的内螺纹通常也用研磨的方法消除变形，提高精度。

⑥ 攻螺纹和套螺纹。直径和螺距较小的螺纹，可以用攻螺纹（又称攻丝）和套螺纹（又称套丝）的加工方法。攻螺纹或套螺纹的加工精度较低，主要用于加工精度要求不高的普通螺纹。单件、小批量生产时，可用手工操作；当批量较大时，可在车床、钻床、攻丝机和套丝机上进行加工。

a. 攻螺纹

攻螺纹是用一定的转矩将丝锥旋入要钻的底孔中加工出内螺纹的一种方法。对于小尺寸的内螺纹，攻制螺纹几乎是唯一有效的加工方法。

Ⅰ. 螺纹丝锥。螺纹丝锥是加工各种中、小尺寸内螺纹的刀具，它结构简单，使用方便，既可手工操作，也可以在机床上工作，在生产中应用得非常广泛，如图 2-9 所示。对于小

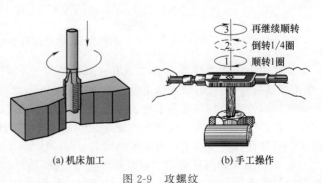

(a) 机床加工　　(b) 手工操作

图 2-9　攻螺纹

尺寸的内螺纹来说，丝锥几乎是唯一的加工刀具。螺纹丝锥多用于数控加工中心钻盲孔，加工速度较快、精度高、排屑较好、对中性好，适用于加工通孔和盲孔，不同的螺旋升角可以应对不同的材料，排削好。

丝锥根据其形状分为直槽丝锥、螺旋槽丝锥和螺尖丝锥，如图 2-10 所示。直槽丝锥加工容易、精度略低、产量较大、切削速度较慢，一般用于普通车床、钻床及攻丝机的螺纹加工。螺旋槽丝锥加工速度较快、精度高、排屑较好、对中性好，多用于数控加工中心钻盲孔。螺尖丝锥前部有容屑槽，用于通孔的加工。工具厂提供的丝锥大都是涂层丝锥，较未涂层丝锥的使用寿命和切削性能都有很大的提高。

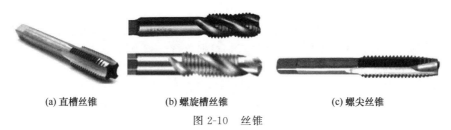

| (a) 直槽丝锥 | (b) 螺旋槽丝锥 | (c) 螺尖丝锥 |

图 2-10　丝锥

丝锥通常分为单支或成组的。中小规格的通孔螺纹可用单支丝锥一次攻成。当加工盲孔或大尺寸螺孔时常用成组丝锥，即用两支以上的丝锥依次完成一个螺孔的加工。成组丝锥有等径和不等径两种设计。

丝锥用高碳钢或合金钢制成，并经淬火处理。普通机用丝锥的螺纹部分应采用 W6Mo5Cr4V2 或同等性能的其他牌号高速钢制造。高性能机用丝锥的螺纹部分一般应采用 W2Mo9Cr4V8 或同等性能的其他牌号高性能高速钢制造，或采用氮化钛涂层强化处理。手用丝锥的螺纹部分应采用 9SiCr、T12A 或同等性能的其他牌号合金工具钢、碳素工具钢制造，按用户需求也可用高速钢制造。焊接柄部采用 45 钢或同等性能的其他钢材制造。当工件材料的硬度大于 60HRC 时，以及在深孔螺纹加工中，由于可能出现因排屑困难而引起的尺寸精度低和刀具破损问题，攻螺纹加工的应用受到很大的限制，这时就可以考虑采用后面介绍的挤压成形工艺进行加工。

Ⅱ. 攻螺纹的要点。

• 工件上螺纹底孔的孔口要倒角，通孔螺纹两端都倒角。

• 工件装夹位置要正确，尽量使螺纹孔中心线置于水平或竖直位置，确保丝锥垂直于工件表面。

• 在攻螺纹开始时，要尽量把丝锥放正，然后对丝锥加适当压力并转动铰杠，将丝锥旋入孔内。当切入 1～2 圈时，仔细检查和校正丝锥的位置。一般切入 3～4 圈螺纹时，丝锥位置应正确无误。以后，只需转动铰杠，而不应再对丝锥加压力，只用平稳的旋转力将螺纹攻出，否则螺纹牙型将被损坏。

• 攻螺纹时，每扳转铰杠 1/2～1 圈，就应倒转约 1/4 圈，以割断和排出切屑，防止切屑堵塞屑槽，造成丝锥的损坏和折断。

• 及时清除丝锥和底孔内的切屑。深孔、盲孔和韧性金属材料攻螺纹时，必须随时旋出丝锥，排除孔中的切屑，避免丝锥在孔内咬住或折断。

• 攻塑性材料的螺孔时，要加润滑冷却液。对于钢料，一般用机油或浓度较大的乳化液；要求较高的可用菜籽油或二硫化钼等；对于不锈钢，可用 30 号机油或硫化油。

• 攻螺纹过程中换用后一支丝锥时，必须先用手旋进已攻过的螺纹中，至不能再旋进时，然后用铰杠扳转。在末锥攻完退出时，也要避免快速转动铰杠，最好用手旋出，以保证已攻好的螺纹质量不受影响。

• 机攻时，丝锥与螺孔要保持同轴性，丝锥的校准部分不能全部出头，否则在返车退出丝锥时会产生乱牙。

● 机攻时的切削速度：一般钢料为 6～15m/min；调质钢或较硬的钢料为 5～10m/min；不锈钢为 2～7m/min；铸铁为 8～10m/min。在材料相同时，丝锥直径小取较高值，丝锥直径大取较低值。

● 在攻螺纹中选择适合的润滑剂很重要，在不需要清洗的场合，要用自净性的攻螺纹润滑剂，对于难加工的工件，需要用纯油性的攻丝油。

注意：攻螺纹时丝锥对金属有切削和挤压作用，如果螺纹底孔与螺纹内径一致，会产生金属咬住丝锥的现象，造成丝锥损坏与折断。因此，钻螺纹底孔的钻头直径应比螺纹的小径稍大些。如果大得太多，会使攻出的螺纹（丝扣）不足而成废品。

Ⅲ．攻螺纹的加工工艺路线。

● 在车床上攻螺纹。首先进行钻孔，孔口倒角要大于内螺纹大径尺寸，并找正尾座套筒轴线使其与主轴轴线同轴，移动尾座向工件靠近，根据攻螺纹长度，在丝锥上做好长度标记。然后开车攻螺纹，转动尾座手柄，使套筒跟着丝锥前进。当丝锥已攻进数牙时，手柄可停止转动，让丝锥自动前进直到所需尺寸，然后开倒车退出丝锥即可。

车床攻螺纹的加工工艺路线为：钻底孔→开低速→摇尾座（注意尾座不要锁紧）→丝锥受力后自己进刀→攻到深度后反转退出。

进刀方式：快移→停止并定向→正转加工→加工到指定位置停止→反转退出，加工完成。

● 在攻丝机上攻螺纹。

加工修正好螺纹的底孔→用钻头扩大原孔，只能从一个方向垂直扩入，一直扩通原孔为止（不从两头扩入，是为避免产生孔位移，使两端孔连接不同心而影响之后的攻螺纹卡断等）→钻头扩孔→在台钻或立钻上，用钻夹头夹持住，扩出螺纹底孔并在两端的孔口倒角→在攻丝机（钻攻两用机）上，先用钻夹头夹持钻头，插入被加工件孔中，反转定位住工件后，在工作台上打压板固定住工件→换装上丝锥（高质量的），在丝锥上、孔口内，加注攻丝油或攻丝膏（最好用菜籽油），合理地进退攻，攻到没入全牙为止（这样能有效地保持与孔的同心度，与工件的垂直度，为后续导正攻螺纹打好基础）→移开攻丝机，用套筒扳手（内四方杆），套住丝锥尾部，手持握套筒扳手，继续用力攻螺纹→反复不停地将丝锥进攻（切削）、退攻（排削）、加油（润滑），直到攻通为止。

在整个长螺纹的攻螺纹过程中，丝锥和接长的套筒杆始终要保持可分离的活络状态，让丝锥自由下攻。否则丝锥易折断，取出困难。

b. 套螺纹。套螺纹是利用一定的转矩，用板牙在圆杆上加工出外螺纹。板牙可装在板牙扳手中用手工加工螺纹，也可装在板牙架中在机床上使用，如图 2-11 所示。一般直径不大于 M16 或螺距小于 2mm 的外螺纹可用板牙直接套出来；直径大于 M16 的螺纹可粗车后再套螺纹，切削效果以 M8～M12 为最好。

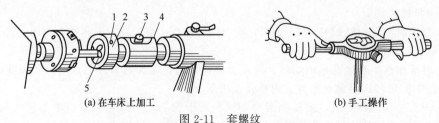

(a) 在车床上加工　　　　　　　　　　　　　(b) 手工操作

图 2-11　套螺纹

1—螺钉；2—滑动套筒；3—销钉；4—工具体；5—板牙

Ⅰ．板牙。板牙按外形和用途分为圆板牙、方板牙、六角板牙、管形板牙和活络管子板牙（它是四块为一组，镶嵌在可调管子板牙架内），如图 2-12 所示。其中以圆板牙应用最广，规格范围为 M0.25～M68。当加工出的螺纹中径超出公差时，可将板牙上的调节槽切开，以便调节螺纹的中径。

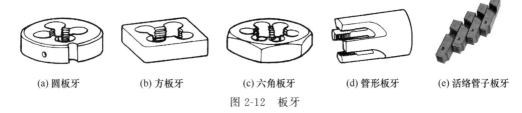

(a) 圆板牙　　　(b) 方板牙　　　(c) 六角板牙　　　(d) 管形板牙　　　(e) 活络管子板牙

图 2-12　板牙

板牙材料有：工具钢（如 9CrSi 或 Gr15），用于镀锌管、无缝钢管、圆钢筋、铜材、铝材等加工螺纹口用；高速钢（如 W18Cr4V）用于不锈钢管加工螺纹口用，一般市场上不容易买到。板牙加工出的螺纹精度较低，但由于结构简单、使用方便，在单件、小批量生产和修配中，板牙仍得到广泛应用。其中，圆板牙是一种用来攻出杆状螺纹的工具，所使用的材料比较硬，一般是工具钢、钨钢、合金钢。

Ⅱ. 套螺纹的操作要点和注意事项。

• 套螺纹前要检查圆杆直径大小。套螺纹过程中，板牙对工件螺纹部分材料也有挤压作用，因此圆杆直径应比螺纹外径小一些。

• 工件装夹时，将工件装夹在台虎钳钳口中间，使工件圆柱体轴线与钳口垂直。套螺纹时切削转矩很大，易损坏圆杆的已加工面，所以应使用硬木制的 V 形槽衬垫或用厚铜板作保护片来夹持工件。工件伸出钳口的长度，在不影响螺纹要求长度的前提下，应尽量短。

• 每次套螺纹前应将板牙排屑槽内及螺纹内的切屑清除干净。

• 套螺纹时，板牙端面应与圆杆垂直，操作时用力要均匀。右手握住板牙扳手中部适当加压，左手握住板牙手持的一端，将板牙旋入 2～3 牙后，检查圆板牙端面是否与工件圆柱体轴线垂直，如果不垂直要进行调整。注意：圆板牙旋入 2～3 牙后，双手分开握住板牙柄，不再加压，均匀地转动手柄，每转动 1/2～1 圈，倒旋 1/4 圈，进行断屑、排屑，扳至所需长度即可。

• 在套 12mm 以上螺纹时，一般应采用可调节板牙分 2～3 次套成，这样既避免扭裂或损坏板牙，又能保证螺纹质量，减小切削阻力。

• 套螺纹过程中要适量地加入润滑油。

Ⅲ. 套螺纹的加工工艺路线。套丝机工作的加工工艺路线：把要加工螺纹的管子放进管子卡盘，撞击卡紧➡按下启动开关，管子就随卡盘转动起来➡调节好板牙头上的板牙开口大小，设定好螺纹口长短➡顺时针扳动进刀手轮，使板牙头上的板牙刀以恒力贴紧转动的管子的端部，板牙刀就自动切削套螺纹，同时冷却系统自动为板牙刀喷油冷却➡等螺纹口加工到预先设定的长度时➡板牙刀就会自动张开➡螺纹口加工结束➡关闭电源➡撞开卡盘➡取出管子。

车床上套螺纹的加工工艺路线：螺纹大径车至要求尺寸并倒角➡把装有套螺纹工具的尾座拉向工件，注意不要与工件碰撞➡固定尾座➡开动车床➡转动尾座手柄➡当工件进入板牙后，手柄就停止转动，由工具自动轴向进给➡当板牙切削到所需的长度尺寸时，主轴迅速倒转，使板牙退出工件➡螺纹加工完成。

⑦ 螺纹滚压。螺纹滚压是用成形滚压模具使工件产生塑性变形以获得螺纹的加工方法。螺纹滚压一般在滚丝机、搓丝机或在附装自动开合螺纹滚压头的自动车床上进行，适用于大批量生产标准紧固件和其他螺纹连接件的外螺纹。滚压螺纹的外径一般不超过 25mm，长度不大于 100mm。滚压一般不能加工内螺纹，但对材质较软的工件可用无槽挤压丝锥冷挤内螺纹（最大直径可达 30mm 左右），工作原理与攻螺纹类似。冷挤内螺纹时所需转矩约比攻螺纹大一倍，加工精度和表面质量比攻螺纹略高。

a. 螺纹滚压的优点是：

• 产品表面粗糙度小于车削、铣削和磨削；

• 滚压后的螺纹表面因冷作硬化而能提高强度和硬度；

- 材料利用率高；
- 生产率比切削加工成倍增长，且易于实现自动化；
- 滚压模具寿命很长。

b. 螺纹滚压的缺点是：

- 滚压螺纹要求工件材料的硬度不超过40HRC；
- 对毛坯尺寸精度要求较高；
- 对滚压模具的精度和硬度要求也高，制造模具比较困难；
- 不适用于滚压牙型不对称的螺纹。

c. 按滚压模具的不同，螺纹滚压可分为搓丝和滚丝两类。

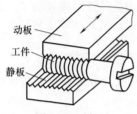

图2-13　搓丝

Ⅰ. 搓丝。两块带螺纹牙型的搓丝板错开1/2螺距相对布置，静板固定不动，动板做平行于静板的往复直线运动。当工件送入两板之间时，动板前进搓压工件，使其表面发生塑性变形而形成螺纹，如图2-13所示。

Ⅱ. 滚丝。滚丝有径向滚丝、切向滚丝和滚压头滚丝3种，如图2-14所示。

- 径向滚丝：两个或三个带螺纹牙型的滚丝轮安装在互相平行的轴上，工件放在两轮之间的支承上，两轮同向等速旋转，其中一轮还做径向进给运动。工件在滚丝轮带动下旋转，表面受径向挤压形成螺纹。对某些精度要求不高的丝杠，也可采用类似的方法滚压成形。

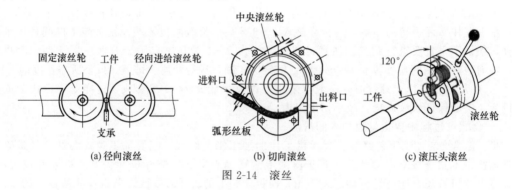

(a) 径向滚丝　　　　(b) 切向滚丝　　　　(c) 滚压头滚丝

图2-14　滚丝

- 切向滚丝：又称行星式滚丝，滚压工具由一个旋转的中央滚丝轮和三块固定的弧形丝板组成切向滚丝。滚丝时，工件可以连续送进，故生产效率比搓丝和径向滚丝高。
- 滚压头滚丝：在自动车床上进行，一般用于加工工件上的短螺纹。滚压头中有3~4个均布于工件外周的滚丝轮。滚丝时，工件旋转，滚压头轴向进给，将工件滚压出螺纹。

⑧ 冷挤压成形。如图2-15所示，冷挤压成形是利用挤压丝锥的刀棱对工件进行挤压，挤出所需要的内螺纹。在挤压过程中，材料将随着挤压丝锥的挤压运动向上和向下移动，最后在内壁重新分布形成螺纹，不产生切屑属于无屑加工。挤压丝锥保留所有材料并形成挤压螺纹，可以保证螺纹的强度。

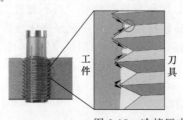

图2-15　冷挤压成形内螺纹

a. 挤压丝锥。挤压丝锥是利用金属塑性变形原理而加工内螺纹的一种新型螺纹刀具。丝锥的端部形状有尖端和平端两种，又分为沿轴向开有润滑槽和无润滑槽，如图 2-16 所示。

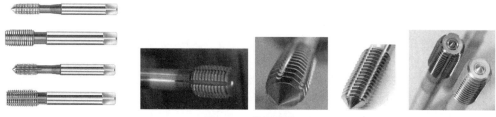

图 2-16　挤压丝锥

如图 2-17 所示，一把有尖端的丝锥可以同时加工通孔和盲孔；平端的丝锥只能加工盲孔。

如图 2-18 所示，丝锥无润滑槽时，润滑油膜薄，对较深的螺纹可能出现润滑不良；丝锥有润滑槽时，在深螺纹的下部范围也能均匀润滑。

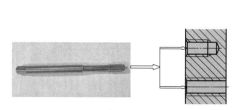

图 2-17　挤压丝锥加工螺纹孔

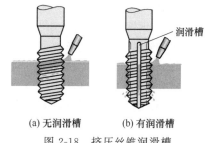

润滑槽

(a) 无润滑槽　　(b) 有润滑槽

图 2-18　挤压丝锥润滑槽

b. 冷挤压成形特点。

Ⅰ. 挤压丝锥攻螺纹不是切削过程，而是利用工件的塑性变形来挤出螺纹。其优点是：不产生切屑，从根本上解决了攻螺纹的排屑困难问题，更有利于螺纹的装配；不产生毛刺，表面质量好，加工精度可高达 H4 级；材料晶纤维没有被剪切，螺纹的材质更加致密，螺纹强度比切削螺纹提高 30％～40％；挤压的冷作硬化作用使表面形成一层冷硬层，螺纹表面硬度比心部提高 40％～50％，从而提高螺纹的承载力。

Ⅱ. 挤压丝锥没有切削刃和排屑槽，靠圆周上的棱挤压形成螺纹；丝锥强度高，发生扭断的风险很小；没有切削刃的磨损，不产生毛刺；挤压丝锥没有出屑槽，心部截面积大，提高了强度，刀具寿命大大提高。

Ⅲ. 无切削加工使得工作环境更加清洁；螺纹的成形速度快，生产效率高；适用于绝大多数的螺纹加工机床。

Ⅳ. 缺点是：挤压丝锥的原理是利用材料的塑性变形形成螺纹，无法加工脆性材料；需要比传统攻螺纹加工更大的转矩，以及需要高品质的润滑剂。

注意：用挤压丝锥加工工件前必须要确定适当的预钻孔直径，因为挤压成形的螺纹形状取决于预钻孔直径。预钻孔直径过小，攻螺纹时会产生较大的转矩；预钻孔直径过大，会造成加工螺纹的小径过大。

c. 冷挤压成形的应用。螺纹的冷挤压成形加工用于抗拉强度小于 $1200N/mm^2$、断裂时拉伸率大于 8％的工件材料。

挤压丝锥主要适用于加工硬度低、塑性大的材料，如铜合金、铝合金、不锈钢、低碳钢和含铅钢等工件，在电子、塑料行业应用广泛。在难以加工工况下，比如深孔、盲孔或者高黏性材料的小螺距螺纹加工中，挤压丝锥具有明显的成本、质量优势。对容易形成黏附物的材料，例如软质铝或铝硅合金，可通过采用充足的乳化液或油来减少或避免黏附物。

2.1.1.3 螺纹连接件的加工工艺分析

(1) 螺纹连接件的材料及热处理

① 螺纹连接件的材料。螺纹制品材料一般为中低碳钢（如 20 钢、35 钢、45 钢）、合金钢（如 40Cr 、35CrMo）、不锈钢（如 304）、铜及铜合金（如 H59、H68）等。低强度连接件一般不进行热处理，冷作硬化就可以了。高强度的连接件要求调质处理，还有要求渗碳的。

② 螺纹连接件的热处理。

a. 对于一般精度的螺纹，可在热处理前加工螺纹，但热处理时要进行保护。热处理时，为避免淬火介质进入螺纹孔，通常用一些耐热、耐火的材料堵住，比如石棉绳、石棉毡之类的。外螺纹最好用缠绕的方法，要是拧上螺母就拿不下来了。

b. 对于淬火后硬度较高者，一般也都是先加工螺纹，再进行热处理。

c. 对于精度要求高的螺纹，先在最终热处理前进行粗加工，热处理后再对螺纹进行精加工。

(2) 螺纹连接件的表面处理工艺

螺纹连接件一般都需要经过表面处理，表面处理就是通过一定的方法在工件表面形成覆盖层的过程，其目的是赋予制品表面美观、防腐蚀的效果，常用的有电镀、热浸镀、机械镀等。

① 电镀。电镀是指利用电解作用，将接受电镀的部件浸于含有被沉积金属化合物的水溶液中，以电流通过镀液，使电镀金属析出并沉积在部件上形成一层金属膜，从而起到防止腐蚀，提高耐磨性、导电性、反光性及增进美观等作用的一种技术。一般电镀有镀锌、铜、镍、铬、铜镍合金等，有时把染黑（发蓝）、磷化等也包括其中。电镀紧固件在实际应用中占有很大的比例，广泛应用于汽车、拖拉机、家电、仪器仪表、航天航空、通信等行业和领域。电镀过程中易产生氢脆，对工件机械强度影响大。

② 热浸镀锌。热浸镀锌也叫热浸锌，是通过将碳钢部件浸没于温度约为 510℃ 的熔化锌的镀槽内完成，其结果是钢件表面上的铁锌合金渐渐变成产品外表面上的钝化锌，从而起到防腐的目的。从室外大气环境下，热镀锌防腐蚀能力比较好。热镀锌涂层厚，外观较粗糙，但附着力好，表面处理可抗高温。

③ 机械镀。机械镀是将活化剂、金属粉末、冲击介质（玻璃微珠）和一定量的水混合为浆料，与工件一起放入滚筒中，借助于滚筒转动产生的机械作用，在活化剂及冲击介质（玻璃微珠）机械碰撞的共同作用下，常温下在工件表面逐渐形成镀层的过程。机械镀在室温下进行，不存在高温下的冶金反应，也不存在热镀所形成的树枝状结晶组织和金属化合物，从而避免了高温退火对工件强度性能的影响。该过程中没有电场直接作用在工件表面上，所以更不存在电镀过程中的还原反应，同时从根本上避免了氢脆的产生及危害。

(3) 螺纹连接件的加工工艺路线

① 外螺纹。把零件右端面轴心处作为零件坐标系原点，加工工艺路线安排如下。

切削工件左端：切端面，切削外圆、长度至尺寸要求→调头切削零件右端面，保证总长尺寸合格→粗加工零件表面，留精加工余量 0.5mm→精加工零件外圆至尺寸要求→粗、精加工螺纹退刀槽→粗、精加工外螺纹至尺寸要求→去毛刺。

② 内螺纹。加工工艺路线以铣削加工为例。

划线：按图纸划螺孔分布线→钻镗底孔：钻镗底孔尺寸及粗糙度至要求，倒角→刀具测量：加工前测量螺纹铣刀直径，检查刀片是否压紧，螺纹铣刀牙型度数是否正确→螺孔铣削加工：各螺孔必须单独加工，分粗铣、半精铣、精铣三次加工，精铣单边余量 0.05mm→刀片更换：更换刀片时，要注意把刀片顶紧，更换刀片后需改小精铣量试铣 2 扣，用通规、止规检查合格后，精铣螺孔，防止刀片安装位置误差造成螺纹尺寸超差。

需要注意的是，不允许所有螺孔全部粗铣，再半精铣，最后精铣。精铣量先取小值，试铣两扣，用通规、止规检查合格后，精铣螺孔，精铣后在螺纹的有效长度范围内须用通规检查。铣螺纹时，必须使用冷却液。

2.1.2　螺钉

螺钉是一种尺寸较小的常见的螺纹紧固件，大多数螺钉是由头部和加工出外螺纹的杆身两部分构成，有的没有头部，只有加工出外螺纹的杆身。螺钉通常是单独（有时加垫圈）使用，拧入机体的内螺纹，一般起紧固或紧定作用，在机械、电气及建筑物上应用广泛。有的螺钉还可用于调整零件的位置，如作为机器、仪器的调节螺钉等。

2.1.2.1　螺钉的槽型

螺钉有多种式样的槽型，对应的螺丝刀头部形状也不同，如图 2-19 所示。

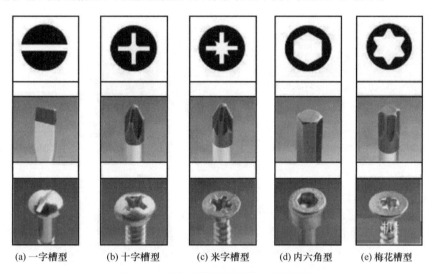

| (a) 一字槽型 | (b) 十字槽型 | (c) 米字槽型 | (d) 内六角型 | (e) 梅花槽型 |

图 2-19　螺钉的槽型及螺丝刀头部形状

① 一字槽型。一字槽是最为常见的螺钉槽型，但是其使用的场合越来越少，主要原因有两点：

a. 一字槽螺钉要求与其相配的螺丝刀具有很好的宽度和刀头厚度的配合。但是事实上，在使用过程中不可以避免地产生磨损，很难保持其应有的厚度，导致螺丝刀与一字槽的接触点集中在刀头的边缘点，而不是接触在整个宽度上。

b. 一字槽螺丝刀刀头部分呈锥形，在远离刀头的位置其厚度要大于刀头处。这就意味着，螺丝刀刀头直线如果与螺钉头的一字槽不平行，除了有一部分力矩作用在螺钉上，另外还有部分表现为对螺钉施加升力（垂直于螺钉轴线向外）。这将导致螺钉一字槽和螺牙的破坏。

② 十字槽型。十字槽螺钉也是很常用的一种螺钉槽型。如果作用在螺牙上的力矩达到一定程度之后，就很难再拧深，而且很容易导致螺钉"滑牙"，即引导螺丝刀退出十字槽。

③ 米字槽型。米字槽型螺钉是十字槽型的升级版，但其避免了十字槽型的不足，使得螺丝刀与螺钉槽接触面积增加，因而允许使用更大的拧紧力矩。

④ 内六角型。内六角是一种非常常见的槽型，除了在工业上，在很多家具等的固定连接中，都可以见到内六角螺钉的身影。这种螺钉易于制造，使用方便。

⑤ 梅花槽型。梅花槽的螺钉平常见得相对少一点，这种梅花形的设计，增加了接触空间，允许使用更大的拧紧力矩。其在设计上很像内六角螺钉，但比内六角螺钉有更多的接触面积，从而其力矩的分布也更加均匀。

综合以上几种螺钉，其允许使用的力矩大小逐步增加，螺钉槽部"滑牙"的概率也依次递减，但成本也更高。在实际使用时，应根据实际的工况需求，结合成本以及维护的考虑，选用合适槽型的螺钉。

2.1.2.2 螺钉的种类

螺钉按照用途的不同，主要分为连接螺钉、紧定螺钉、自攻螺钉、木螺钉和吊环螺钉等。

(1) 连接螺钉

连接螺钉一般用于受力不大而又不需要经常拆卸的场合。用螺钉连接两个零件时，螺钉杆部穿过一个零件的通孔，拧入另一个零件的螺孔中，将两个零件紧固在一起，如图 2-20 所示。连接螺钉主要有开槽普通螺钉、十字槽普通螺钉和内六角螺钉等，如表 2-2 所示。

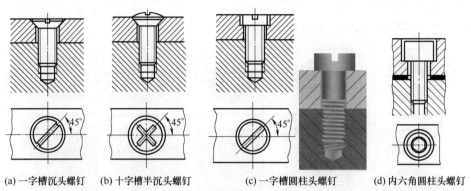

(a) 一字槽沉头螺钉　(b) 十字槽半沉头螺钉　(c) 一字槽圆柱头螺钉　(d) 内六角圆柱头螺钉

图 2-20　螺钉连接

a. 开槽普通螺钉。开槽（一字槽）普通螺钉多用于受力不大而又不需要经常拆卸的较小零件的连接。一字槽由于接触面积太小，在拧紧时螺丝刀头容易打滑松脱。开槽普通螺钉的头部形状有圆柱头、盘头、半沉头和沉头等。其中，圆柱头螺钉和盘头螺钉的钉头强度较高，用于普通的部件连接；半沉头螺钉的头部呈弧形，安装后它的顶端略外露，且美观光滑，一般用于仪器或精密机械上；沉头螺钉则用于不允许钉头露出的地方。

b. 十字槽普通螺钉。十字槽普通螺钉与开槽普通螺钉的使用功能相似，可互相代换，但十字槽普通螺钉施拧时对中性好，头部强度比一字槽的大，不易拧秃，外形较为美观。使用时须用与之配套的十字形螺丝刀进行装卸。

c. 内六角及内六角花形螺钉。内六角及内六角花形螺钉的头部能埋入构件中，可施加较大的拧紧力矩，连接强度较高，可代替六角螺栓。常用于结构要求紧凑，安装空间较小或螺钉头部需要埋入、外观平滑的场合。

表 2-2　连接螺钉的种类

连接螺钉种类		示意图	图例
开槽普通螺钉	圆柱头		
	盘头		
	半沉头		
	沉头		

续表

连接螺钉种类		示意图	图例
十字槽普通螺钉	圆柱头	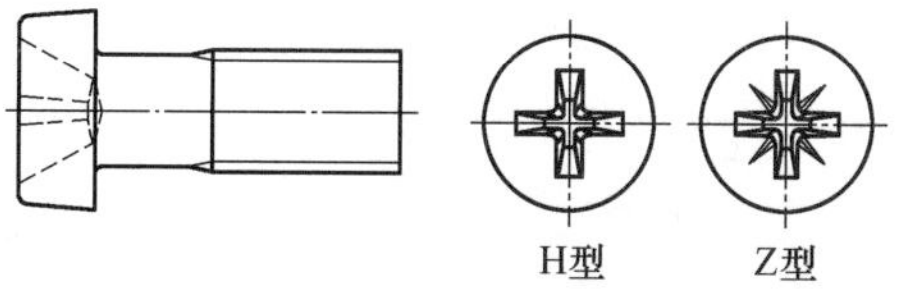 H型　Z型	
	盘头	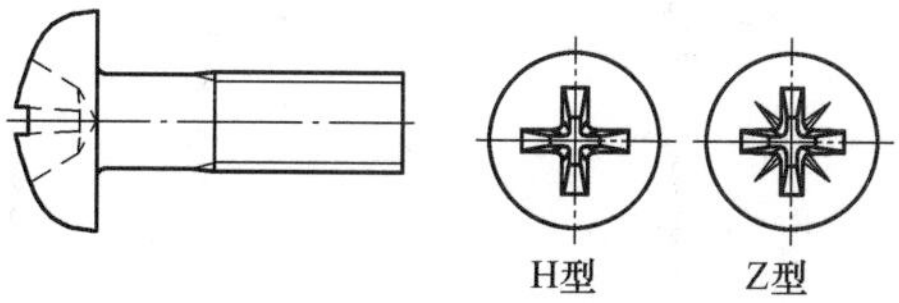 H型　Z型	
	半沉头	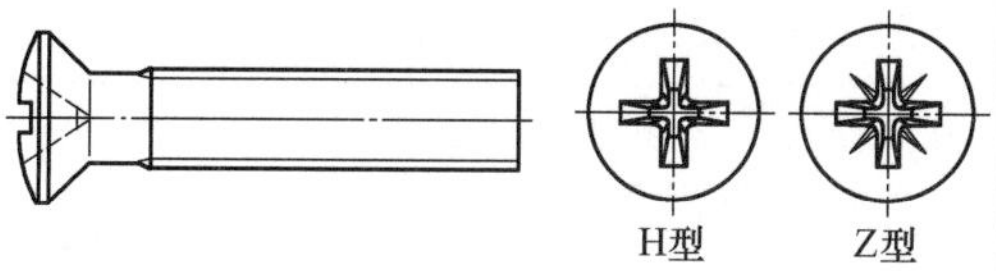 H型　Z型	
	沉头	H型　Z型	
内六角螺钉	圆柱头	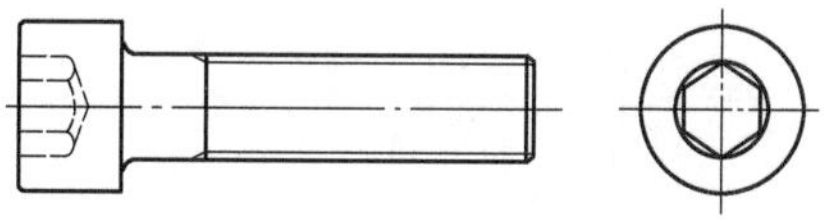	
	花形盘头	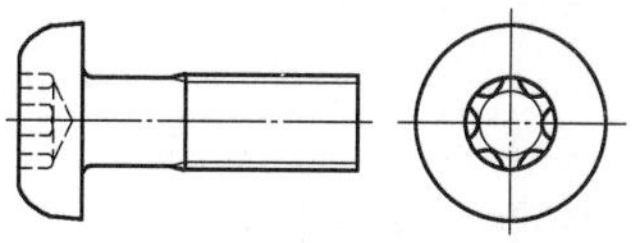	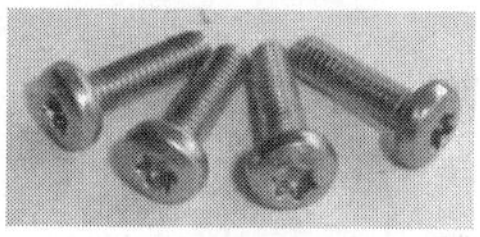
	圆头	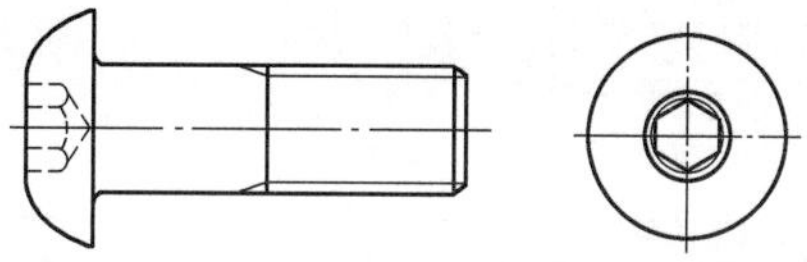	
	花形半沉头	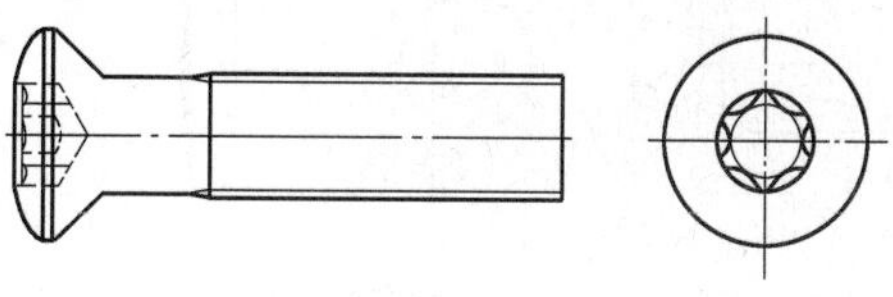	
	沉头	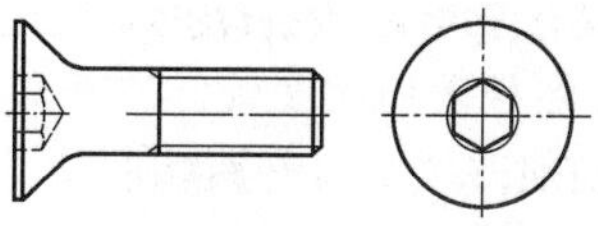	

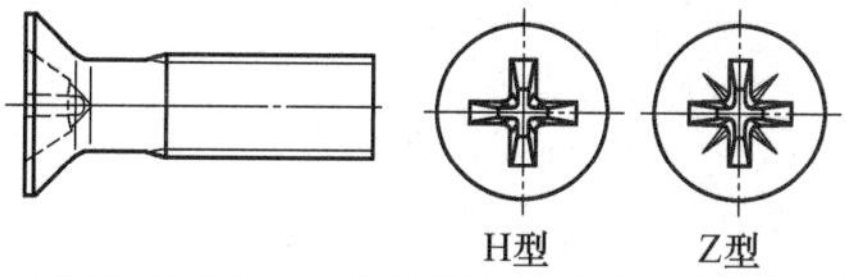

(2) 紧定螺钉

紧定螺钉用来固定两个零件的相对位置,使两个零件之间不能产生相对运动。紧定螺钉拧入一个零件的螺纹孔中,利用杆末端顶在另一个零件的表面,将其压紧,如图 2-21 (a) 所示;

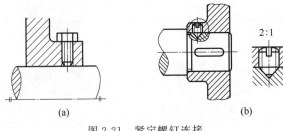

图 2-21　紧定螺钉连接

也可以旋入零件相应的缺口中，以固定两个零件的相对位置，传递不大的力或转矩，如图 2-21（b）所示。

① 紧定螺钉的头部类型。紧定螺钉的头部有圆头带一字槽、内六角、六角头和方头等类型。六角头和方头可施加较大的拧紧力矩，顶紧力大，不易拧秃，但头部尺寸较大，不便埋入零件内，不安全，特别是运动部位不宜使用；带一字槽的、内六角的则便于沉入零件。

② 紧定螺钉的末端类型。紧定螺钉的末端根据使用要求的不同，一般有锥端、柱端、平端和凹端，如表 2-3 所示。

表 2-3　紧定螺钉的末端类型

末端类型	示意图	图例
锥端		
柱端		
平端		
凹端		

a. 锥端紧定螺钉：在使用前需要在被紧定面上打一个锥孔（方便以后维修装拆零件），然后利用锥端端头直接顶紧零件，适用于零件表面硬度较低、不常拆卸的场合。

b. 柱端紧定螺钉：圆柱端压入轴上凹坑中，靠圆端的抗剪切作用，可传递较大的载荷，但防松性能差，固定时需采取防松措施，适用于紧定管轴（薄壁件）上零件的位置。

c. 平端紧定螺钉：其末端平滑，用于顶紧硬度较大的平面，接触面积大，顶紧后不损伤零件表面，适用于经常装拆的场合。

d. 凹端紧定螺钉：适用于硬度较大且经常调整位置的机件上，因此经常和内六角平端紧定螺钉替代使用，但是凹端紧定螺钉的凹端会更加可靠，能承受更大的力。

（3）自攻螺钉

自攻螺钉又称快牙螺钉，不需要预先攻螺纹，可以直接旋入连接件的孔中，使孔中形成相应的内螺纹。

① 自攻螺钉的特点。自攻螺钉与连接螺钉相似，但螺杆上的螺纹为其专用的螺纹，自攻螺钉多用于硬度不高的材料（如铝合金）或薄的金属板之间的连接，如果是钢材甚至是不锈钢等都不能用自攻螺钉。这种连接形式也属可拆卸连接。自攻螺钉安装好以后摩擦力很大，不会松，不用配螺母。

② 自攻螺钉的分类。

a. 按自攻螺钉末端形式不同，主要分为锥端和平端两种，如图 2-22 所示。根据使用需要，在末端的旋入部分，可以加工具有切削功能的沟、槽、切口或类似钻头形状的部分等。

(a) 十字沉头锥端自攻螺钉

(b) 梅花盘头锥端自攻螺钉

(c) 十字盘头锥端自攻螺钉

(d) 十字圆头锥端自攻螺钉

(e) 十字盘头平端自攻螺钉1

(f) 十字盘头平端自攻螺钉2

(g) 十字圆头平端自攻螺钉

图 2-22　自攻螺钉

b. 根据自攻螺钉的发展和演变过程，可以分为以下四个阶段。

Ⅰ. 第一阶段。普通自攻螺钉，又称为金属薄板螺钉或螺纹成形自攻螺钉，只有在相当薄而且韧性好的材料上才能形成螺纹。当把它拧入预制孔里时，紧靠着孔周围的金属材料产生移位，并同时把金属材料推入螺钉螺纹之间的空隙，进而形成与螺钉相连接的内螺纹。其主要应用于连接供热和通风系统的薄板金属通道。

Ⅱ. 第二阶段。自切自攻螺钉又称为螺纹切削自攻螺钉，可以用于较厚截面或较硬、较脆及变形能力较差的材料。这种螺钉是在杆部末端带有切削凹槽或刃口，当把螺钉拧入预制孔里时，螺钉就起到丝锥的作用，切削出与自身相连接的螺纹。

Ⅲ. 第三阶段。自挤自攻螺钉又称为自攻锁紧螺钉。它是将螺杆设计成具有弧形三角截面的螺纹（环形牙），如图 2-23 所示。螺钉通过其螺纹牙顶，而不是整个螺纹牙的侧面，对被连接件施加间断的、周期性压力，从而形成内螺纹。它一般都是采用渗碳钢制造（占总产品的99%），也可以采用不锈钢或有色金属制造，必须经过热处理。碳钢自攻螺钉必须经过渗碳处理，不锈钢自攻螺钉必须经过固溶强化处理。它适合在抗振性能好的场合使用。其特点如下。

• 节省内螺纹的加工工作量，可以免去攻螺纹工序。

• 低拧入力矩、高锁紧性能。通过集中和限制成形压力，使紧靠着的受压材料更容易流动，并更好地填入（或挤入）自攻螺钉的牙侧和牙底。而且，由于有被连接件金属材料的嵌入，在被连接件内孔上形成"内桦"，对螺钉的拧入或退出都形成阻力，所以自挤自攻螺钉具有了较高的锁紧性能。

• 可拧入的机体材料多，如非合金、低合金、铝和铝合金、铜和铜合金以及锌和锌合金

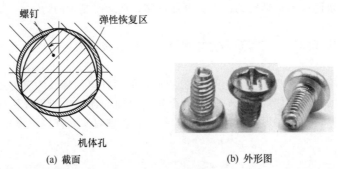

(a) 截面   (b) 外形图

图 2-23 自攻锁紧螺钉

等。对于塑性变形能力较差或易于产生加工硬化的材料，如不锈钢、灰铸铁和镁合金等；对于不适用的材料或者使用条件不适当的情况，当拧入螺钉时可能出现切屑、咬死、冷焊以及被攻出的螺孔的粗糙度高等情况。

- 螺纹连接强度高。该螺钉在拧入基体时，对基体材料所施加的作用力为间歇性的，因此拧入时，所承受的摩擦阻力要远低于普通自攻螺钉。另外该螺钉的表面经过淬硬处理，有较高的硬度，所以易于拧入较厚的金属材料中，具有较好的拧入控制和较强的紧固扭矩，极大地改善了连接强度和连接的整体牢固性。

以上三个阶段的自攻螺钉在使用上有一个共同点，就是在被连接件上，必须事先加工出预制孔，而且还必须严格控制相应预制孔的公差范围。否则，拧入后的连接效果就会大打折扣，这也是以上三种自攻螺钉共同的弱点。

Ⅳ. 第四阶段。自钻自攻螺钉又称为钻尾螺钉。这种螺钉端部带有钻头形状的尾尖，如图2-24 所示。使用时，不需要事先加工预制孔，螺钉能自行钻出中心孔，实现了钻、削、攻螺纹、紧固一次加工，一步到位，降低了总装配成本。

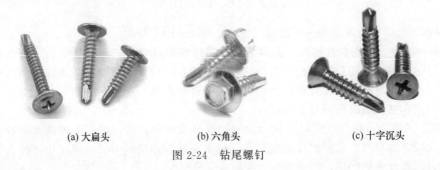

(a) 大扁头   (b) 六角头   (c) 十字沉头

图 2-24 钻尾螺钉

钻尾螺钉常用的材料有：

- 碳钢：1022A，标准热处理钢，热处理后表面硬度为 $560 \sim 750 HV$，心部硬度为 $240 \sim 450 HV$，普通表面处理易生锈，硬度高、成本低。
- 不锈铁：410，可热处理，防锈能力比碳钢好，比不锈钢差。
- 不锈钢：304，不可做热处理，防锈能力强、硬度低、成本高，只能钻铝板、木板、胶板。
- 复合材料：采用碳钢和不锈钢相结合的工艺生产，钻尾尖用碳钢，螺纹和头部用 304 不锈钢。

(4) 木螺钉

木螺钉与连接螺钉相似，但螺杆上的螺纹为专用的木螺钉用螺纹，螺杆靠近头部段，没有螺纹，如图 2-25 所示。木螺钉可以直接旋入木质构件中，用于把一个带通孔的金属（或非金属）零件与一个木质构件紧固连接在一起。这种连接形式也属可拆卸连接。

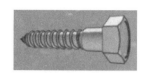

(a) 六角头木螺钉　　　　(b) 一字槽沉头木螺钉　　　　(c) 十字槽沉头木螺钉

图 2-25　木螺钉

自攻螺钉与木螺钉在使用场合、加工工艺、硬度方面都不相同。自攻螺钉一般加工后是要经过热处理的，经渗碳热处理后硬度较高，用来连接硬度较高的一些构件，比如薄钢板、有色金属薄板、塑料制品及木制品的紧固，且可对底孔自攻出螺纹；木螺钉通常不进行热处理，硬度较低，只能拧较硬的木制品。自攻螺钉的钉尖更锐利，直径小一些，拧起来容易；木螺钉要粗壮一些，连接力强。

(5) 吊环螺钉

吊环螺钉是供安装和运输时承重（起吊载荷）的一种标准紧固件，如图 2-26 所示。使用时，吊环螺钉必须旋进至使支承面紧密贴合的位置，不准使用工具扳紧，也不允许有垂直于吊环平面的荷载。采用双螺钉起吊方式时，应保证两吊环面在同一平面内，起吊缆绳夹角不应大于 90°。

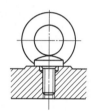

图 2-26　吊环螺钉

吊环螺钉一般采用 20 钢和 25 钢制造，必须经整体锻造，锻件应进行正火处理，并清除氧化皮。

2.1.2.3　螺钉的加工工艺分析

① 螺钉的材料。螺钉材料有很多，碳钢的有低碳钢（如 1010、1018、1022 等）和中碳钢（如 35 钢、45 钢等），还有合金钢（如 10B21、10B35、35CrMo 等）、黄铜线（如 C2600、C2680 等）、不锈钢（如 SUS302HQ、SUS304、SUS316 等）、不锈铁（如 SUS410、SUS420 等）。

② 螺钉的加工工艺路线：线材（盘元）→抽线→冷镦（打头）→搓丝→热处理（根据需要）→表面处理（根据需要）。

2.1.3　螺栓

螺栓是一端带有头部（即螺栓头），另一端全段或者部分长度上带有螺纹的紧固零件。

2.1.3.1　螺栓的用途及特点

螺栓是用来连接两个不太厚的并能钻成通孔的零件。首先将螺栓杆穿过两个被连接的零件上的通孔，套上垫圈后再用螺母拧紧将两个零件固定在一起，这种连接形式称为螺栓连接，如图 2-27 所示。当把螺母从螺栓上旋下，可以使这两个零件分开，故螺栓连接属于可拆卸连接。

螺栓连接结构简单，对通孔精度要求不高，拆卸方便，不受连接材料限制，在机械制造中应用广泛。

(a) 普通螺栓连接　　　(b) 铰制孔螺栓连接

图 2-27　螺栓连接

2.1.3.2　螺栓的种类

(1) 按连接的受力方式分

① 普通螺栓。普通螺栓连接的两个零件，通孔直径大约为 $1.1d$（螺栓公称直径），螺栓与被连接件有空隙，不接触，主要承受轴向力，也可以承载要求不高的横向力，如图 2-27 (a) 所示。

② 铰制孔螺栓。铰制孔用的螺栓公称直径与孔的公称尺寸相同，装配后无间隙。使用时将螺栓紧密镶入铰制孔内，以防止工件错位。主要承受横向载荷，也可作定位用，如图 2-27 (b) 所示。

(2) 一般用途螺栓按头部形状分

一般用途螺栓品种很多，有圆柱头的、六角头的、圆头的、方形头的和沉头的等，如图 2-28 所示。

(a) 六角头　(b) 圆柱头内六角　(c) 圆头　(d) 圆头带榫　(e) 圆头方颈　(f) 方头

(g) 沉头　(h) 沉头带榫

图 2-28　不同头部形状的螺栓

图 2-29　头部或螺杆有孔的螺栓

另外为了满足安装后锁紧的需要，有头部有孔的、杆部有孔的，这些孔可以使螺栓受振动时不致松脱，如图 2-29 所示。

① 六角头类。六角头螺栓是最常用的。

a. 六角头螺栓按螺距不同，可分为普通粗牙和普通细牙螺栓两种。普通粗牙螺栓与螺母配合，利用螺纹连接使两个零件连接成为一个整体。普通细牙螺栓的自锁性能好，用于受较大冲击振动或交变载荷的部位，也可用于微调机构的调整。

b. 六角头螺栓按制造精度和产品质量不同，可分为 A、B、C 三个等级。不同的级次加工的方法存在差异，通常对应加工方式如下。

Ⅰ. A 级、B 级为精制螺栓，由毛坯经轧制而成，螺栓杆表面光滑，尺寸较准确。螺孔需用钻模钻成，或在单个零件上先冲成较小的孔，然后在装配好的构件上再扩钻至设计孔径（称Ⅰ类孔）。螺杆的直径与孔径间的空隙很小，只容许 0.3mm 左右，安装时需轻轻击入孔，既可受剪又可受拉。但 A 级、B 级螺栓制造和安装都较费工，价格昂贵，已很少在钢结构中采用，在钢结构中只用于重要的安装节点处，装配精度高以及受较大冲击、振动或变载荷的地方，或承受动力荷载既受剪又受拉的螺栓连接中。

A 级、B 级精制螺栓的区别仅是螺栓杆长度不同，A 级比 B 级的螺栓杆长度要长一些，且 A 级制造精度比较高。

Ⅱ. C 级为粗制螺栓，由未加工的圆钢滚压而成，表面较粗糙，尺寸不够精确，其材料性能等级为 4.6 级或 4.8 级。其螺孔制作是一次冲成或不用钻模钻成（称Ⅱ类孔），孔径比螺杆直径大 1～2mm，故在剪力作用下剪切变形很大，并有可能个别螺栓先与孔壁接触，承受超额内力而先遭破坏。但由于 C 级螺栓制造简单，生产成本低，安装方便，常用于各种钢结构工程中，特别适用于承受沿螺杆轴线方向受拉的连接、可拆卸的连接和临时固定构件用安装连接中。C 级螺栓亦可用于承受静力荷载或间接动力荷载的次要连接中，作为受剪连接。如果在连接中有较大的剪力作用，可以改用支托等构造措施来承受剪力，让它只受拉力。

c. 按头部支承面积大小及安装位置尺寸不同，可分为六角头与大六角头两种。大六角头螺栓的对边和厚度比六角头要大，主要用于钢结构。

② 方头类。方头螺栓的头部有较大的尺寸和受力表面，拧紧力可以大些，便于扳手口卡住或靠住其他零件起止转作用，常用在比较粗糙的结构上，有时也用于 T 形槽中，便于螺栓在槽中松动调整位置。

③ 沉头类。螺栓头部可埋入零件内，连接强度高，一般用在被连接件需要保证平面的情况。

④ 圆头类。普通半圆头螺栓多用于金属零件上，或结构受限制、不便用其他头型螺栓，被连接零件要求螺栓头部光滑的场合；半圆头方颈或带榫螺栓，用于阻止螺栓转动的场合；大半圆头螺栓多用于木制零件上；加强半圆头螺栓多用于承受冲击、振动或交变载荷的场合。

（3）按特殊用途分

螺栓按特殊用途可分为以下几种。

① 细腰螺栓。细腰螺栓一般是指中部的光杆部分加工至螺纹的内径或比内径略小，即光杆部分比有螺纹部分要细一点的螺栓，如图 2-30（a）所示。细腰的设计可以使圆角能够光滑过渡，减少应力集中，从而降低螺栓刚度，提高螺栓抗冲击载荷性能。细腰还起到了柔性调节的作用，可以减少在高温下的温差应力，对于 M14～M64 的粗牙螺栓，可降低温差应力 30%～40%。所以越是苛刻场合越适合采用细腰螺栓，比如高温、温度变化大、高压及有交变载荷的场合。

② T 形螺栓。如图 2-30（b）所示。T 形螺栓直接放入型材槽内，安装过程中它能自动定位锁紧，常与法兰螺母配合使用，是安装角件等型材配件的好帮手。根据不同型材、槽宽及安装要求可选用不同规格及长度的 T 形螺栓。其多用于需经常拆开连接的地方，机床夹具上用得最多。

③ U 形螺栓。U 形螺栓由于其固定物件的方式像人骑在马上一样，故又称为骑马螺栓，是非标准件，如图 2-30（c）所示。U 形螺栓两头有螺纹可与螺母结合，一般用于安装固定，主要用在管道固定、钢丝绳固定等场合。

④ 活节螺栓。国内又称孔眼螺栓，国外又称鱼眼螺栓，如图 2-30（d）所示。精制孔眼螺栓，球面光洁，螺纹精度较高，螺纹规格为 M6～M64，多用于需要经常拆开连接的场合或工装上，如阀门、管道、折叠式自行车、童车等。由于活节螺栓的使用方便、快捷，与螺母配套使

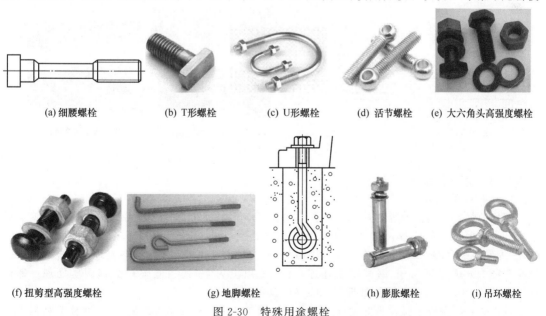

| (a) 细腰螺栓 | (b) T形螺栓 | (c) U形螺栓 | (d) 活节螺栓 | (e) 大六角头高强度螺栓 |

(f) 扭剪型高强度螺栓　　　　　(g) 地脚螺栓　　　　　(h) 膨胀螺栓　　　　　(i) 吊环螺栓

图 2-30　特殊用途螺栓

用起连接紧固的作用，因此应用范围很广。

⑤ 高强度螺栓。高强度螺栓主要应用在钢结构工程上，用来连接钢结构钢板的连接点。高强度螺栓按施工工艺来分又有大六角头高强度螺栓和扭剪型高强度螺栓两种，如图 2-30（e）、（f）所示。这两种高强度螺栓，其连接性能和本身的力学性能都是相同的，且都是以转矩大小确定螺栓轴向力的大小。但两者还是有很大不同的，主要区别如下。

a. 从外形上看：大六角头螺栓头部是六角形的；扭剪型螺栓头部是半圆形的，而且螺栓尾部还有一个梅花头。

b. 从安装方式上看：大六角头螺栓用扭力扳手安装；扭剪型螺栓在安装过程中通过尾部的梅花头控制，利用转矩的反力将螺栓逆向旋紧，直到螺栓的直齿状尾端破断为止。

c. 从配套方式上看：大六角头螺栓每套是配一个螺栓、一个螺母、两个平垫；而扭剪型螺栓是一个螺栓、一个螺母以及一个平垫。

d. 从转矩的控制上看：大六角头螺栓的转矩是由施工工具来控制；而扭剪型螺栓属于自标量型螺栓，其施工紧固力矩是由螺杆与螺栓尾部梅花头之间的切口直径决定，即靠其扭断力矩来控制，施工时要采用专用电动扳手。

总的来说，大六角头高强度螺栓属于普通螺栓的高强度级，而扭剪型高强度螺栓则是大六角头高强度螺栓的改进型。两者相比，扭剪型高强度螺栓更具有施工方便、检查直观、受力良好、保证质量等优点，在高层钢结构工程上绝大部分都采用这种形式。

⑥ 地脚螺栓。地脚螺栓如图 2-30（g）所示，专门埋于混凝土地基中，用于固定各种机器、设备的底座。

⑦ 膨胀螺栓。膨胀螺栓如图 2-30（h）所示，一般是用于把机器设备或零件等安装在混凝土地基上、墙壁中的一种特殊螺纹连接。

⑧ 吊环螺栓。吊环螺栓是头部有环的螺栓，如图 2-30（i）所示。其形状与吊环螺钉类似，尺寸大些，能承受较大的载荷。其他螺栓需要使用特殊工具进行紧固，而吊环螺栓通过在环中插入杆来进行安装。吊环螺栓用于起重、吊装机具，可以保证负载，使该环不会断裂、不会变形。使用时，如图 2-31 所示，将吊环螺栓安装在电机等需要吊装设备的顶部表面上；也可以安装在构件侧方，将链条等连接到吊环螺栓上，在这种情况下，吊环螺栓用于连接链条等，不必担心负载。

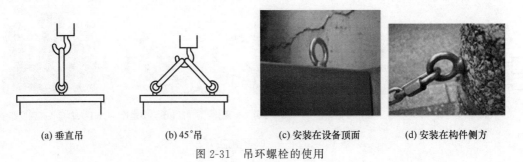

(a) 垂直吊　　　　(b) 45°吊　　　　(c) 安装在设备顶面　　　　(d) 安装在构件侧方

图 2-31　吊环螺栓的使用

2.1.3.3　螺栓的加工工艺分析

(1) 螺栓的材料

螺栓的材料及其性能等级是有一定关系的，低碳钢只能生产低强度等级的螺栓，中碳钢可以生产中强度等级的螺栓，合金钢可以生产高强度等级的螺栓。螺栓 4.8 级别可以是 Q235、Q195 等低碳钢材质；螺栓 5.6 级别，Q235 以上所有材质都可以，不需要热处理；螺栓 8.8 级别螺纹直径 16mm 以下为 35 钢调质热处理，16mm 以上为 45 钢和低碳合金钢调质处理；螺栓 10.9 级别为中碳合金钢调质热处理，35CrMo、40Cr 等。

其中 8.8 级及以上螺栓为低碳合金钢或中碳钢并经热处理（淬火、回火），通称为高强度螺栓，其余通称为普通螺栓。区分螺栓是否为高强度螺栓的方法是：如果螺栓头上注有 8.8 的字样，可以直接断定是高强度螺栓；其次还可以从颜色上分，如果是黑色的可以估计是高强度螺栓；从敲打的声音上也可以分，高强度螺栓的声音比较清脆。

（2）螺栓的加工工艺路线

普通螺栓加工工艺路线一般为：材料选择→球化（软化）退火→剥壳除鳞→冷拔→冷锻成形—螺纹加工→热处理。

高强度螺栓加工工艺路线一般为：热轧盘条→（冷拔）→球化（软化）退火→机械除鳞→酸洗→冷拔→冷锻成形→螺纹加工→热处理→检验。

2.1.4　螺柱

2.1.4.1　螺柱的用途及分类

螺柱按结构不同，一般可分为双头螺柱和焊接螺柱两种。

（1）双头螺柱

① 双头螺柱的特点及用途。双头螺柱没有头部，杆身中间是光杆，两端均带有外螺纹，如图 2-32（a）所示。

双头螺柱主要用于连接两个件：一个较薄的件钻通孔，一个较厚的件钻盲孔及螺纹孔。螺柱连接时，它的一端旋入带有螺纹孔的较厚零件中（称为旋入端），另一端穿过带有通孔的零件（称为紧固端），然后放上垫圈旋上螺母，使这两个零件紧固连接成一个整体，如图 2-32（b）所示。螺柱连接可以多次装拆而不损坏被连接件，属于可拆卸连接。双头螺柱的主要应用场合如下。

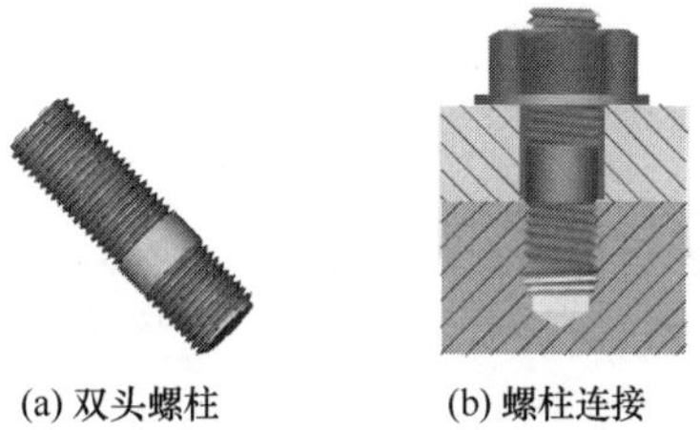

(a) 双头螺柱　　　　(b) 螺柱连接

图 2-32　双头螺柱及其连接

a. 用在主体为大型设备，需要安装附件的场合，比如视镜、机械密封座、减速机架等。螺柱一端拧入主体，安装好附件后另一端带上螺母。由于附件是经常拆卸的，直接采用螺栓连接主体和附件时，主体螺牙久而久之会磨损或损坏，而使用双头螺柱更换会非常方便。

b. 连接体厚度很大，螺栓杆部长度需要非常长时，会用双头螺柱。

c. 用于连接厚板和不便使用六角螺栓连接的地方，如混凝土屋架、屋面梁悬挂单轨梁悬挂件等。

② 双头螺柱的分类。双头螺柱按照两端螺纹长度是否相同，又分为以下两种。

a. 不等长双头螺柱。不等长双头螺柱用于一端需拧入螺纹盲孔，起连接或紧固作用的场合。旋入端的长度（b_m）根据被旋入零件（螺孔）的材料而定，当被旋入零件的材料为钢时，$b_m=1d$；当被旋入零件的材料为铸铁或青铜时，$b_m=1.25d$ 或 $b_m=1.5d$；当被旋入零件的材料为铝时，$b_m=2d$。

b. 等长双头螺柱。等长双头螺柱两端螺纹均需与螺母、垫圈配合，用于两个带有通孔的被连接件，起连接或定距作用。

（2）焊接螺柱

① 焊接螺柱的特点及用途。焊接螺柱在螺柱顶部有一个小凸台，如图 2-33（a）所示。焊接螺柱是将带有凸台的一端焊接在被连接件表面，另一端穿过带通孔的被连接件，然后套上垫圈，拧上螺母，使两个被连接件连接成为一个整体。焊接螺柱由于具有快速、可靠、操作简单及成本低等优点，可替代以往的铆接、攻螺纹和钻孔等连接工艺，现在已广泛应用在汽车、船舶制造等领域。

② 螺柱焊接方式。螺柱焊接依靠焊枪内置弹簧压紧螺柱，工件和螺柱之间的距离由螺柱顶部的小凸台来保证。当电容放电时，小凸台迅速汽化，螺柱和工件之间出现电弧，电弧产生的热量

使螺柱顶部形成熔化层，工件表面形成很浅的熔池。在焊枪内置弹簧压力下，螺柱迅速下沉，在3～4ms内，螺柱浸入熔池，电弧消失，熔池冷却迅速形成焊接接头，如图2-33（b）所示。

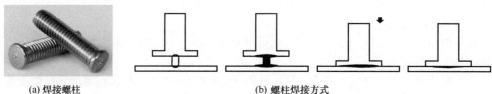

(a) 焊接螺柱　　　　　　　　　　　　　　　(b) 螺柱焊接方式

图2-33　焊接螺柱及其连接

2.1.4.2　双头螺柱的加工工艺分析

（1）双头螺柱的材料

a. 普通双头螺柱的材料主要有Q235、45钢、40Cr、35CrMoA、Q345D等，规格有M3～100，长度可根据用户需要定制。普通双头螺柱一般用于矿山机械、桥梁、汽车、摩托车、锅炉钢结构、吊塔、大跨度钢结构和大型建筑等。

b. 高强度双头螺柱，材质有35钢、45钢、35CrMoA、25Cr2MoV、304、316、304L、316L等。高强度双头螺柱广泛应用于电力、化工、炼油、铁路、桥梁、钢结构、汽车和摩托车配件等领域。

（2）双头螺柱的加工工序

双头螺柱需要固定的设备与机床加工，主要有以下工序：第一道工序是拔料，就是用拔料机将歪曲的料拔直，经过这道工序之后才能进行下一道工序；第二道工序就是用切割机将拔直得很长的料，按照客户要求切割成客户需要的长度；第三道工序是将切割好的短料放在滚丝机上滚出螺纹，普通的双头螺栓就加工完了。如果需要其他要求，还需要其他的工序。

2.1.5　螺母

螺母是具有内螺纹，与螺栓或螺柱搭配使用，起紧固作用的螺纹紧固件。

2.1.5.1　螺母的种类及其用途

① 一般用途螺母。其品种很多，有六角螺母、方螺母等。

a. 六角螺母配合六角头螺栓应用最普遍。六角螺母按照公称厚度不同分为1型、2型和薄型三种，如图2-34所示。

• 1型螺母：1型的六角螺母应用最广，厚度约为0.8d。1型螺母按制造精度和产品质量分为A、B、C等产品等级。其中A级和B级螺母适用于表面粗糙度较小，对精度要求高的机器、设备和结构上；而C级螺母则用于表面比较粗糙、对精度要求不高的机器、设备或结构上。

• 2型螺母：2型六角螺母的厚度比较厚，约为1.0d，多用在经常需要装拆的场合。2型螺母的高度比1型螺母的要高，通过增加螺母的高度，不需经热处理就能达到要求的力学性能，而且增加了螺母的韧度。

• 薄型螺母：薄型螺母的厚度较薄，厚度约为0.6d。六角薄螺母在防松装置中用作副螺母（第二层螺母），起锁紧作用；或用于螺纹副中主要承受剪切力的地方；或用于被连接机件的表面空间受限制或不太重要的场合。

b. 方螺母如图2-35所示。方螺母一般只能与方头螺栓配合使用，扳手卡住不易打滑，多用于粗糙、简单、要求不高的结构上。

② 开槽螺母。

a. 六角开槽螺母，即在六角螺母上方加工出槽，如图2-36所示。六角开槽螺母专供与螺杆末端带孔的螺栓配合使用，以便把开口销从螺母的槽中插入螺杆的孔中，防止螺母自动回松，主要用于具有振动载荷或交变载荷的场合。

(a)1型 (b)2型 (c)薄型

图 2-34 六角螺母

图 2-35 方螺母

(a)六角开槽螺母 (b)开槽锁紧圆螺母

图 2-36 开槽螺母

b. 开槽圆螺母，一般为细牙螺纹，主要用于轴端锁紧，通常与止退垫圈一起使用。

③ 自锁螺母。自锁螺母的功能主要是防松、抗振，可以防止一般的螺母在使用过程由于振动等原因自行松脱，用于特殊场合。其工作原理一般是靠摩擦力自锁。自锁螺母按结构分类有嵌尼龙圈的、带颈收口的、加金属防松装置的，如图 2-37 所示。

(a)高强度自锁螺母　(b)尼龙自锁螺母　　(c)游动自锁螺母　　　(d)弹簧自锁螺母

图 2-37 自锁螺母

a. 高强度自锁螺母。高强度自锁螺母是锁紧螺母的一个分类，具有强度高、可靠性强的特点。自锁原理：螺母与锁紧机构相连，当拧紧螺母时，锁紧机构锁住尺身，尺框不能自由移动，达到锁紧的目的；当松开螺母时，锁紧机构脱开尺身，尺框沿尺身移动。主要应用于筑路机械、矿山机械、振动机械设备等，国内生产该类产品的厂家很少。

b. 尼龙自锁螺母。尼龙自锁螺母是一种新型高抗振、防松的紧固零件，能应用于温度 −50～100℃的各种机械、电气产品中。自锁原理：螺母的内螺纹被一层非金属材料包覆，当旋入外螺纹时，非金属材料被破坏并将螺纹配合的缝隙填满，增大了回旋时的阻力，起到防松锁紧的作用。目前主要应用于宇航、航空、矿山机械、运输机械、农业机械、纺织机械、电气产品等。

c. 游动自锁螺母。由托板和螺母体组成，螺母体内具有内螺纹通孔，螺母体底部具有大体为方形的止旋凸缘，止旋凸缘以上的部分为圆柱形，止旋凸缘具有一组止旋对边，螺母体放置于托板上的开孔部位，托板的与螺母体止旋对边相应的一组对边相对翻起形成一个对螺母体进行止旋限位的卡口。螺母体在卡口内具有一定的游动间隙，该游动间隙在该自锁螺母使用当中可以对装配位置误差进行修正，为螺纹连接提供了极大的方便和适应性。托板的另一组对边上均设有安装耳或者仅单边上具有安装耳，安装耳上开设有安装孔。这种自锁螺母在安装应用时，托板提前铆接在需要安装的连接部位，由托板给螺母体提供扳拧力矩。这种形式的游动托板自锁螺母一般使用在空间狭窄、无法使用扳手安装或是不能够双向安装的螺纹连接部位，由于其具备良好的自锁性能和方便的安装特性，在航空航天、防务领域上得到了广泛的应用。

d. 弹簧自锁螺母。弹簧自锁螺母由 S 型弹簧夹和自锁螺母组成，并且 S 型弹簧夹上面还安装有卡固孔。其使用方便，可靠性也非常好。

④ 特殊用途螺母。如图 2-38 所示。

a. 蝶形螺母：通常用于需经常拆开和受力不大的地方，蝶形螺母一般不用工具即可拆装。

b. T 形螺母：T 形螺母嵌入机械上的 T 形槽中使用，螺母的宽度与 T 形槽宽的公称尺寸应相同，螺母底面靠着 T 形槽方向的两侧倒角很大，非常明显。

图 2-38 特殊用途螺母

c. 盖形螺母：盖形螺母用在螺栓端部需要罩盖或对机器外观要求高的场合。

d. 吊环螺母：吊环螺母与吊环螺钉的用途相同。

e. 嵌入式滚花螺母：采用各种压花线材（一般是铅黄铜，如 H59、3604、3602）生产制作的铜螺母，一般采用精密自动车床加工而成。

嵌入式铜螺母的外纹滚花有两种方式成形：一种是采用铜质的原材料拉花成形后，再上设备进行生产，一般这种方式的拉花纹路为直纹；另一种是采用光圆的铜材料，直接在生产的过程中边攻螺纹边压花，这样的加工方式可以生产一些非标准尺寸的滚花铜螺母，嵌入铜螺母压花的形状可随用户选择，如网纹、八字压花、人字压花等各种滚花纹路。

f. 焊接螺母。这是一种由可焊接的材料制成的，较厚且适合焊接的螺母。焊接相当于把两个分离件变成一个整体，用高温将金属熔化后混合到一起再冷却，中间会加入合金。螺母焊接强度一般比母体大，且使用范围广，薄厚都可以。但是由于高温会导致被连接件变形，且不可拆卸，而且一些活泼金属不能用通常方法焊接，比如铝、镁等，需要保护气或氩弧焊。

g. 铆螺母。有通孔或盲孔的平头、小头和六角铆螺母。

a）压铆螺母：应用于薄板或钣金上的一种螺母，外形呈圆形，一端带有压花齿及导向槽。其原理是通过压花齿压入钣金的预置孔位，一般而言预置孔的孔径略小于压铆螺母的压花齿，通过压力使压铆螺母的花齿挤入板内使预置孔的周边产生塑性变形，变形物被挤入导向槽，从而产生锁紧的效果。

b）拉铆螺母：瞬间拉铆，用于各类金属板材、管材（0.5～6mm）等制造工业的紧固领域，目前广泛地使用在汽车、航空、铁道、制冷、电梯、开关、仪器、家具、装饰等机电和轻工产品的装配上。

如果某一产品的螺母需装在外面，而里面空间狭小，无法让压铆机的压头进入进行压铆，且抽芽等方法无法达到强度要求的时候，这时压铆和涨铆都不可行，必须用拉铆。使用气动或手动拉铆枪可一次铆固，效率高、使用方便，取代传统的焊接螺母，弥补金属薄板、薄管焊接易熔，焊接螺母不顺等不足。

2.1.5.2 螺母防松措施

螺纹紧固件与其他紧固件相比，其最大优点就是拆卸比较方便，因而应用最为广泛。其最大缺点就是在冲击、振动或交变载荷的作用下容易松脱。所以说振松问题一直就是螺纹紧固件的最大难题。目前，紧固件的防松方法很多，按其防松原理可大体归纳为以下三种。

① 摩擦防松。主要依靠增加摩擦力，是应用最广的一种防松方式。

a. 采用双螺母防松，也称对顶螺母防松，如图 2-39 所示。当两个对顶螺母拧紧后，螺栓在旋合段内受拉而螺母受压，构成螺纹连接副纵向压紧，从而起到防松的作用。

正确的安装方法是：先用规定的拧紧力矩的 80% 拧紧下面的螺母，再用 100% 的拧紧力矩拧紧上面的螺母；下面的螺母螺牙只受对顶力，其高度可以减小，一般用薄螺母；而上面的螺母用 1 型标准螺母；有的为防止装错和保证下面的螺母有足够的刚度，则采用两个等高的 1 型螺母。双螺母结构简单、成本低、质量大，多用于低速重载或载荷平稳的场合。

b. 使用扣紧螺母防松。扣紧螺母一般不作为主受力紧固件，其作用是背紧在螺母上，防止螺母松脱，如图 2-40 所示。扣紧螺母使用时，有瓣的面朝上，使扣紧螺母中间的摩擦环顶住螺纹，从而达到防松的目的。

安装时，先用普通六角螺母紧固连接件，然后旋上扣紧螺母并用手拧紧，使其与普通螺母的支承面接触，再用扳手旋紧（约转 $60°\sim90°$）。松开扣紧螺母时，必须先拧紧普通六角螺母，使其与扣紧螺母之间产生间隙，然后才能松开扣紧螺母，以免划伤螺栓的螺纹。扣紧螺母一般和弹簧垫片一起组合使用。该结构防松性能良好，但不宜用于频繁拆卸的场合，多应用于轻型的机构。国外在电力铁塔上使用效果很好，可达几十年不松动。

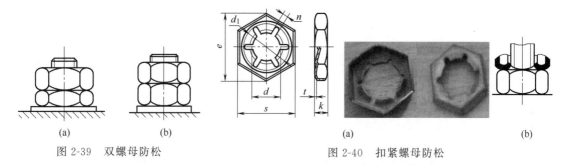

图 2-39 双螺母防松　　　　　　　　图 2-40 扣紧螺母防松

c. 利用弹簧垫圈防松。弹簧垫圈如图 2-41 所示，其防松原理是：在把弹簧垫圈压平后，弹簧垫圈会产生一个持续的弹力，使螺母与螺栓的螺纹连接副持续保持一个摩擦力，产生阻力矩，从而防止螺母松动；同时弹簧垫圈开口处的尖角分别嵌入螺栓和被连接件表面，从而防止螺栓相对于被连接件回转。此结构简单，成本低，使用简便。另有其他弹性垫圈，详细内容见 2.1.6。

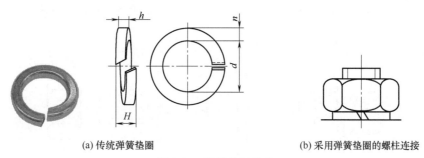

(a) 传统弹簧垫圈　　　　　　(b) 采用弹簧垫圈的螺柱连接

图 2-41 弹簧垫圈防松

② 机械防松。机械防松就是用销、垫片、钢丝将螺母卡死，当螺栓松退到防松位置时，防松方式才能发生效果。因此，这种方式实际上不是防松，而是防脱落。

a. 使用带孔螺栓和开槽螺母配开口销防松，如图 2-42 所示。开口销用于带孔的螺栓与开槽螺母连接，即将开口销穿过开槽螺母的槽口和螺栓上的孔，并把销的尾部分开，以防止螺母松动脱落。该方式适用于变载、振动场合的重要部位连接的防松，性能可靠，被航空、汽车及拖拉机等工业普遍采用，但不适用于双头螺柱。

b. 使用螺栓和普通螺母配开口销防松，如图 2-43 所示。装配时，拧紧螺母后配钻。该方式适用于单件生产的重要连接，但不适用于高强度紧固件连接及双头螺柱。

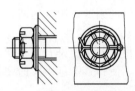

图2-42　开槽螺母配开口销防松

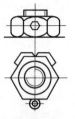

图2-43　普通螺母配开口销防松

c.采用止动垫圈防松，利用其耳部结构的弯曲分别扣紧被连接件的边缘和螺母，使其不能自由转动，起到防松作用，如图2-44所示。这种防松结构，防松可靠，但要求有一定的安装空间。在防松要求较高的地方，可采用图2-44（c）所示的结构，将螺母和螺栓头同时加上止动垫圈。

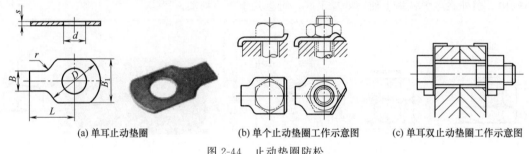

(a) 单耳止动垫圈　　　　　　　(b) 单个止动垫圈工作示意图　　　(c) 单耳双止动垫圈工作示意图

图2-44　止动垫圈防松

③ 铆冲防松。铆冲防松就是将螺纹副铆死或焊死，在螺母拧紧后采用冲点、铆接、粘接等办法，使螺母副成为不可拆连接，如图2-45所示。这种防松方式的缺陷是紧固件只能运用于不需拆卸的场合，因而适用范围十分有限。

a.端面冲点或铆接防松。端面冲点，是在螺纹末端小径处冲点，可冲单点或多点；铆接，是拧紧螺母后铆死。其防松性能一般，只适用于低强度紧固件，不拆卸场合。

b.涂黏结剂防松。该方法简单、经济并有效。其防松性能与黏结剂直接相关，大体分为低强度、中等强度和高温（承受100℃以上）条件，可以拆卸或不可以拆卸等要求，应分别选用适当的黏结剂。

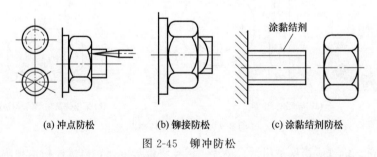

(a) 冲点防松　　　　　(b) 铆接防松　　　　　(c) 涂黏结剂防松

图2-45　铆冲防松

以上介绍的各种防松方式，都是传统防松方式。其共同点就是都需要依靠第三者——力防松，其防松效果取决于力的大小。

④ 结构防松。结构防松即唐氏螺纹防松，是依靠左旋及右旋螺母的相互制约，将紧固螺母的松退力转变成锁紧螺母的拧紧力。它完全依靠螺纹自身结构，是一种新型的防松方式。

a.唐氏螺纹的结构。唐氏螺纹主要的特点就是同时具有左旋与右旋螺纹，它既可以与左旋螺纹配合，又可以与右旋螺纹配合。唐氏螺纹的具体结构如图2-46所示。

b.唐氏螺纹紧固件防松原理。如图2-47所示，当连接时，使用两只不同旋向（对于螺母而

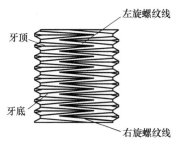

图 2-46 唐氏螺纹结构

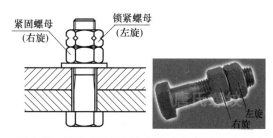

图 2-47 唐氏螺纹紧固件防松方法与原理示意图

言，斜线左边高为右旋，斜线右边高为左旋）的螺母：工作支承面上的螺母称为紧固螺母，非支承面上的螺母称为锁紧螺母。使用时，先将紧固螺母预紧，然后再将锁紧螺母预紧。在冲击、振动情况下，紧固螺母有发生松动的趋势。但是，由于紧固螺母的松退方向就是锁紧螺母的拧紧方向，锁紧螺母的拧紧恰恰就阻止了紧固螺母的松退，导致紧固螺母无法松动。

2.1.5.3 螺母的加工工艺分析

(1) 螺母的材料

目前市场上的螺母标准件材料主要有：碳钢、合金钢、不锈钢、铜质等。

a. 碳钢：低碳钢（含碳量≤0.25%），就是 A3 钢，主要用于 4.8 级螺母及 4 级螺母、小螺栓等无硬度要求的产品；中碳钢（含碳量为 0.25%～0.45%），就是 35 钢、45 钢，主要用于 8 级螺母、8.8 级螺母及 8.8 级内六角产品。

b. 合金钢：在普碳钢中加入合金元素，增加钢材的一些特殊性能，如 35CrMo、40 CrMo 等。

c. 不锈钢：SUS302、SUS304、SUS316 等。

d. 铜质：铸锡青铜、铸铝青铜和铸铝黄铜等。

(2) 螺母的加工工艺路线

车端面→打中心孔→粗车外圆→倒角→钻孔→车内孔→车内螺纹→预切断→倒角→切断→安装分度头及三爪自定心卡盘→装夹找正工件→安装铣刀→目测对刀→试铣六角两对面→预检六角对边尺寸→工件反转180°再次铣削六角同一对边→再次测量六角对边尺寸→调整六角长度铣削位置→按六角等分要求依次铣削六角→检验。

2.1.6 垫圈

垫圈主要是用在螺栓、螺钉或螺母等支承面与被连接部位之间，起着保护被连接件表面、防止紧固件松动的作用或其他特殊用途。

2.1.6.1 垫圈的分类及作用

根据垫圈的用途不同，可分为平垫圈、防松垫圈和特殊用途垫圈等。

(1) 平垫圈

平垫圈也称为普通垫圈，是最常用的一类垫圈。在一般的螺栓或螺钉连接中基本上都能用到平垫圈，主要是增大了螺母与被连接件的接触面积，让螺母的压力可以均匀地分布在平垫圈上面，分散了螺母对被连接件的压力；同时还起到了保护螺杆螺纹和被连接件的表面不受螺母擦伤。

平垫圈的公称直径就是与其配用螺栓或螺钉的公称直径，平垫圈的规格越小，其内径尺寸越接近公称直径，轴孔配合就越紧密。如果垫圈的内径过小，会与螺栓头下圆角发生干涉，内倒角平垫圈则可以避免这种干涉。平垫圈的外形一般为圆形，但根据装配的需要，也可以为其他形状，如外形为方形的方垫圈，如图 2-48 所示。

平垫圈根据用途的不同，采用的材料多种多样，如图 2-49 所示。

a. 金属平垫：一般薄的金属壳体固定采用金属平垫。

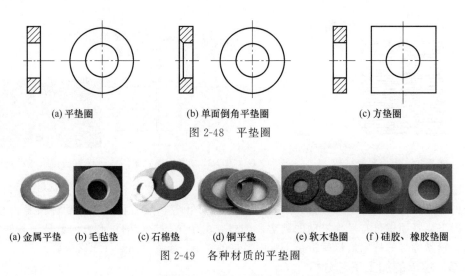

(a) 平垫圈　　　　　　(b) 单面倒角平垫圈　　　　　(c) 方垫圈

图 2-48　平垫圈

(a) 金属平垫　(b) 毛毡垫　(c) 石棉垫　(d) 铜平垫　(e) 软木垫圈　(f) 硅胶、橡胶垫圈

图 2-49　各种材质的平垫圈

b. 毛毡垫：具有一定的耐磨性和减振性，一般用于较薄金属箱体底部或卡箍处，如柴油箱的底部等。

c. 纸垫：作用有两种，一是增加密封性，二是用来调整部件之间的间隙。

d. 石棉垫：具有耐高温的特点，所以使用它的部件均为高温件，如排气管与缸盖之间，这些部位不能用其他垫圈代替。

e. 铜皮石棉垫：具有耐高压和高温的特点，一般适用于发动机气缸垫，在使用的时候先要将上面的灰尘和污垢清除干净，注意它的铜皮翻边的一面要朝向气缸盖一侧，防止装反漏气。

f. 铜平垫：材质一般是采用紫铜，大都使用在压力较大的部位，例如喷油嘴的垫圈。

g. 软木垫：具有一定的韧性，一般用于水箱、发动机油底壳与机体之间。软木垫质地松软，密封性能好，能缓减部件的振动、碰撞和磨损，弱点是松脆易碎。

h. 硅胶、橡胶垫：用两种材料制作而成，一种是密封空气的部位所用的非耐油原料制成的垫圈，如空气滤清器壳体上所用的垫圈；另一种是密封油的部件所用的耐油原料制成的垫圈，如机油滤清器两端的胶垫。使用时需注意的是，耐油胶垫可以代替非耐油胶垫，而非耐油胶垫不能代替耐油胶垫使用。橡胶垫长期使用中，如果发现其硬化失去弹性应及时更换，以免带来部件的磨损。

(2) 防松垫圈

防松垫圈主要是放在紧固件与被连接件之间，达到简单的防松效果。防松垫圈主要包括以下四类。

① 弹性垫圈。弹性垫圈是依靠其弹性来防止连接件松动的，主要有波形弹性垫圈、鞍形弹性垫圈、锥形弹性垫圈等，如图 2-50 所示。弹性垫圈在螺母拧紧之后给螺母一个力，增大螺母和螺杆之间的摩擦力，防止螺杆与螺母因受振动而松脱，主要用于具有振动载荷或交变载荷的场合，或经常拆卸的连接。

a. 鞍形和波形弹性垫圈在一定载荷条件下，弹性好，各种硬度的被连接件都可使用，工作中不会划伤被连接件表面，可用于经常拆卸的防松场合，或用于调整并紧固被连接件间的间隙的场合。

b. 锥形弹性垫圈能够支承的载荷大和弹性恢复快，用于中等或高强度螺栓、螺钉的连接。理想的安装方式是尽可能压平，愈接近压平状态，张力矩增加愈快，不需要扭矩扳手，就可得到适当的螺栓拉力。

② 弹簧垫圈。弹簧垫圈属于开口型弹性垫圈，是依靠弹性和斜口与平面之间的摩擦，防止紧固件的松动，主要有普通弹簧垫圈（见图 2-41）、波形弹簧垫圈和鞍形弹簧垫圈等，如图 2-51 所示。

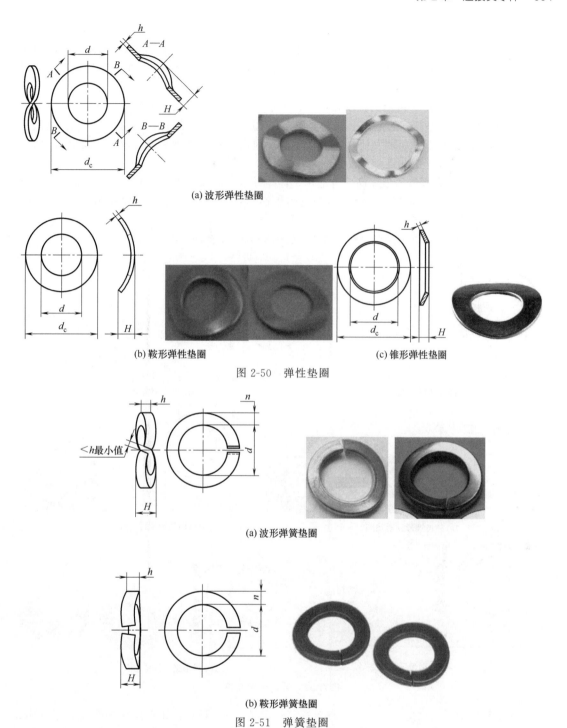

(a) 波形弹性垫圈

图 2-50 弹性垫圈

(b) 鞍形弹性垫圈

(c) 锥形弹性垫圈

(a) 波形弹簧垫圈

(b) 鞍形弹簧垫圈

图 2-51 弹簧垫圈

弹簧垫圈具有良好的防松、抗振效果，制造成本低，安装很方便。但是，因为其开口处的尖角分别嵌入螺栓和被连接件表面，所以不宜用于连接面不允许划伤的场合。由于拧紧力矩产生的夹紧轴力和螺母支承面的外倒角产生的径向分力，弹簧垫圈容易发生开口胀大即胀圈现象，造成弹力不均，所以多用于不重要的连接。

弹性垫圈和弹簧垫圈的材质，通常为 65MN 弹簧钢或 70 钢，3Cr13，不锈钢的 SUS304 或 SUS316，还有磷青铜等。

③ 带齿锁紧垫圈。带齿锁紧垫圈的圆周上有很多锐利的弹性翘齿，其主要是靠齿尖与被连接件平面的啮合力和较小的弹性来防止连接件的松动。带齿锁紧垫圈比普通弹簧垫圈体积小，紧固件受力均匀，防止松动也可靠，但不宜用于常拆卸处。其主要有内/外齿锁紧垫圈、内/外锯齿锁紧垫圈，如图 2-52 所示。

a. 齿形锁紧垫圈由于齿形的强度较低，弹力也有限，一般适用于低性能等级、小规格的连接。内齿锁紧垫圈，适用于钉头直径较小的螺钉，如开槽圆柱头螺钉；还用于对外观或防止钩挂衣物等有要求的场合，如理发椅。外齿锁紧垫圈因齿形处于较大力臂的部位，可获得最大的止退力矩，多用于螺栓头和螺母下。

b. 锯齿锁紧垫圈的齿的强度高，可适用于性能等级较高及较大的规格，能获得较好的防松效果。但是，齿形和锯齿锁紧垫圈，均不宜用于被连接件材料过硬或过软的场合，否则效果不佳。

带齿锁紧垫圈的材质通常为弹簧钢（65Mn、60Si2MnA）、不锈钢（304、316L）、不锈铁（420）等。

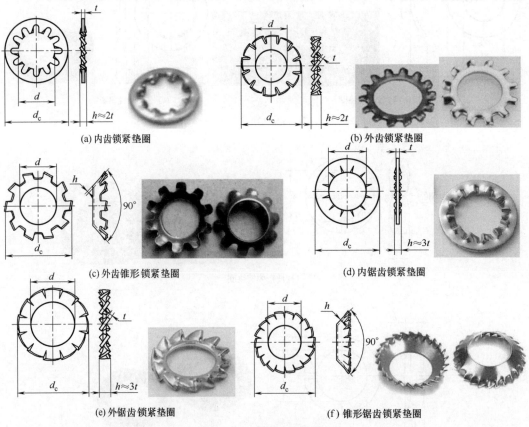

图 2-52　带齿锁紧垫圈

④ 止动垫圈。止动垫圈主要形式有单耳（见图 2-44）、双耳、外舌止动垫圈和圆螺母用止动垫圈等，允许螺母拧紧在任意位置加以锁定，但紧固件以靠边缘处为宜，如图 2-53 所示。

a. 双耳止动垫圈是利用其耳部结构的弯曲分别扣紧被连接件的边缘和螺母，使其不能自由转动，起到防松作用。根据被连接件的要求，双耳可以在一条线上，或采用角形双联止动垫圈。

b. 外舌止动垫圈是利用其外舌嵌入被连接件的内孔中限制螺母或螺栓的转动。

c. 圆螺母用止动垫圈，又称止退垫圈。圆螺母止动垫圈内外都有齿，与圆螺母所配合的外螺纹上应制出孔眼或槽，内齿卡在螺纹杆上的槽内，使得圆螺母旋进时止动垫圈相对于螺杆不动。圆螺母旋紧就位后，止动垫圈的外齿中的一个弯向圆螺母的外壁的槽内，这样螺母就被固定了。圆螺母用止动垫圈广泛用于电气、机械配套上面，用于固定滚动轴承防止松动。

止动垫圈的材料一般用碳素弹簧钢、不锈钢、65Mn 等。

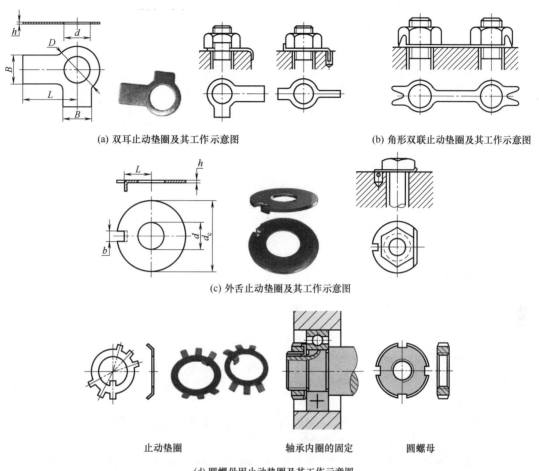

(a) 双耳止动垫圈及其工作示意图　　　　　　　(b) 角形双联止动垫圈及其工作示意图

(c) 外舌止动垫圈及其工作示意图

止动垫圈　　　　　　　轴承内圈的固定　　　　　圆螺母

(d) 圆螺母用止动垫圈及其工作示意图

图 2-53　止动垫圈

（3）特殊用途垫圈

① 斜垫圈。为了适应工作支承面的斜度，可使用斜垫圈。方斜垫圈可以垫在槽钢或工字钢的斜面上，如图 2-54 所示，使螺母支承面垂直于钉杆，避免螺母拧紧时使螺杆受弯曲力。

(a) 方斜垫圈　　　　　　　　　　　　(b) 用于槽钢

图 2-54　方斜垫圈

② 预载垫圈。又称为预载指示垫圈，它可用来控制螺栓的拧紧程度。这种垫圈由四个零件组成：两个普通平垫圈、一个屈服强度较低而厚度较厚的内圈和一个屈服强度较高而厚度较薄的外圈，如图 2-55 所示。其工作原理为：在拧紧螺母时，内圈受到压力，直到屈服，并且厚度逐渐变薄，当厚度降到外圈高度时，即表示螺栓的预紧力达到了设定值。

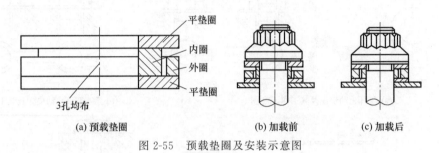

| (a) 预载垫圈 | (b) 加载前 | (c) 加载后 |

图 2-55 预载垫圈及安装示意图

2.1.6.2 垫圈的加工工艺路线

垫圈的加工工艺路线一般为：钢板抛丸→整平→冲床落料→冲洗→镀锌→烘干。

2.2 键连接件

键连接件是指机械传动中，用来实现轴和轴上零件的周向固定并传递转矩，或实现轴上零件的轴向固定或轴向移动的标准件。

2.2.1 键连接件的种类

键连接件根据用途不同，可分为两大类：松连接的平键和半圆键；紧连接的楔键和切向键。

(1) 平键

平键是靠键与键槽侧面的互相挤压来传递转矩，键的上表面与轮毂槽底之间留有空隙，如图 2-56（a）所示。平键连接工作面为两侧面，结构简单、对中性好、拆装方便，应用十分广泛，但不能承受轴向力，无法实现轴上零件的轴向固定。按用途不同，平键分为普通型平键、薄型平键、导向型平键和滑键四种。

① 普通型平键。普通型平键用于轴毂间无轴向滑动的静连接，适用于高速，高精度和承受变载、冲击的场合，能实现轴上零件的周向定位。按其端部形状可分成圆头（A 型）、方头（B 型）或单圆头（C 型）三种，如图 2-56（b）、（c）、（d）所示。

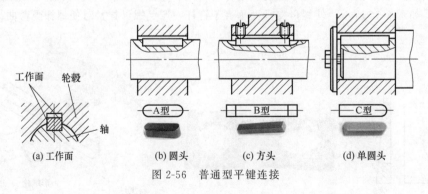

| (a) 工作面 | (b) 圆头 | (c) 方头 | (d) 单圆头 |

图 2-56 普通型平键连接

a. 圆头和单圆头平键。使用圆头键或单圆头键时，轴上键槽用端铣刀加工，如图 2-57（a）所示。轮毂上的键槽一般用拉刀或插刀加工。圆头键应用最多，其在槽中轴向固定良好，但轴槽端部的应力集中较大。单圆头键只用于轴端与轮毂的连接，应用较少。

　　b. 方头键。使用方头键时，轴上键槽用盘形铣刀加工，如图 2-57（b）所示。键槽两端的应力集中较小，但键在轴上的轴向固定不好，键的两端需要用螺钉压紧。

　　② 薄型平键。薄型平键高度约为普通平键的 $60\% \sim 70\%$，传递的转矩较小，适用于薄壁结构、空心轴等径向尺寸受限制的连接。薄型平键也有圆头、方头和单圆头三种。

　　③ 导向型平键。导向型平键是一种较长的键，端部形状有圆头和平头两种，如图 2-58 所示。导向型平键需用螺钉固定在轴上键槽中，键与槽采用间隙配合，键不动，轮毂沿导向平键

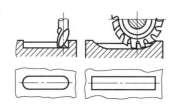

(a) 端铣刀加工　　(b) 盘形铣刀加工
图 2-57　轴上键槽的加工

做轴向滑移。为便于装拆，平键中间制有起键螺孔。导向型平键适用于短距离的动连接，如变速箱中的滑移齿轮与轴的连接。当轴向移动距离较大时，平键过长，制造困难，可采用滑键。

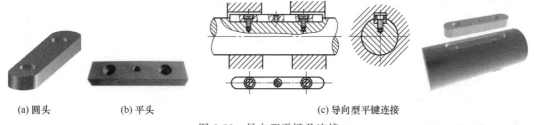

(a) 圆头　　　　　　(b) 平头　　　　　　　　　　(c) 导向型平键连接
图 2-58　导向型平键及连接

　　④ 滑键。滑键固定在轮毂上，随轮毂在轴槽中滑移。滑键适用于轮毂沿轴向移动量较大的动连接，如台钻主轴与带轮的连接。

　　滑键有双钩头和单圆钩头两种结构形式，如图 2-59 所示。双钩头滑键，两端有钩头，键固定在轮毂上，键短、槽长；单圆钩头滑键，单圆钩头嵌入轮毂中。

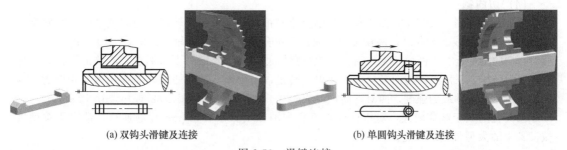

(a) 双钩头滑键及连接　　　　　　　　　(b) 单圆钩头滑键及连接
图 2-59　滑键连接

(2) 半圆键

　　半圆键连接与平键连接工作原理基本相同，也是以两侧面为工作面，工作时靠其侧面的挤压来传递转矩，如图 2-60 所示。半圆键上表面为平面，下表面为半圆弧面，两侧面平行，俗称月牙键。它轴上键槽用与半圆键形状相同的盘形铣刀加工，键能在轴槽中绕几何中心摆动，可以适应

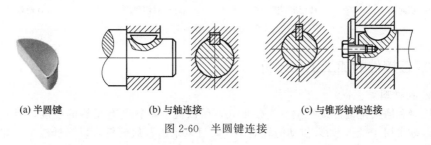

(a) 半圆键　　　　　(b) 与轴连接　　　　　(c) 与锥形轴端连接
图 2-60　半圆键连接

轮毂槽由于加工误差造成的斜度。半圆键连接的特点是键槽的定心好，装配方便；但是键槽较深，对轴的强度削弱较大。所以，半圆键只适用于受力较小的轻载连接或锥形轴端与轮毂连接。

（3）楔键

楔键连接用于静连接，工作时，靠上、下面摩擦传递转矩，并可传递小部分的单向轴向力。楔键的上表面和轮毂键槽的底面均有 1∶100 的斜度，其上、下面是工作面，两侧面与键槽侧面有空隙。

楔键分为普通楔键（有圆头和方头两种结构）和钩头楔键，如图 2-61 所示。钩头楔键只用于轴端连接，如在轴中间使用，键槽应比键长两倍才能装入。其钩头是供拆卸时使用的，方法是用楔形工具放入钩头和轮毂之间的空隙处，将键挤出。为了防止工作时发生事故，钩头部分应加防护罩。

装配时，圆头楔键要先放入键槽，然后打紧轮毂；而方头和钩头楔键，是先把轮毂装到适当位置后，再将键打紧。楔键的对中性较差，因为在打紧键时破坏了轴与轮毂的对中性，力有偏心；另外在高速、变载荷作用下易松动。所以，楔键适用于对定心精度要求不高、低速轻载、精度要求不高的连接。钩头楔键主要用于紧键连接。

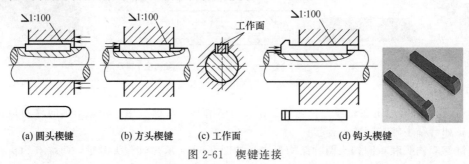

(a) 圆头楔键　　　(b) 方头楔键　　　(c) 工作面　　　　　(d) 钩头楔键

图 2-61　楔键连接

（4）切向键

切向键连接用于静连接，靠工作面与轴及轮毂相互挤压来传递转矩。切向键是由一对斜度为 1∶100 的楔键组成。装配时，两楔键的斜面相互贴合，共同楔紧在轴毂之间，如图 2-62 (a)、(b) 所示。切向键的上、下两面是工作面，布置在圆周的切向，其中一个面通过轴心线的平面，能传递很大的转矩。采用一对切向键只能传递单向转矩，当传递双向转矩时，需要用两对切向键，为了防止严重削弱轴毂的强度，两对切向键应成 120°～130°放置，如图 2-62 (c)、(d) 所示。

切向键适用于载荷较大，对中性要求不高和轴径很大（＞100mm）的连接，常用于重型机械设备中的大型带轮、飞轮。

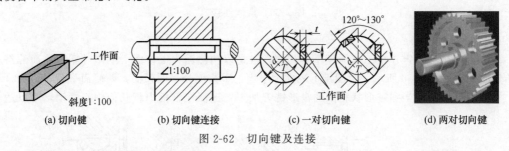

(a) 切向键　　　　(b) 切向键连接　　　(c) 一对切向键　　　(d) 两对切向键

图 2-62　切向键及连接

2.2.2　键连接件的加工工艺分析

（1）键的材料

因为压溃和磨损是键连接的主要失效形式，所以键的材料要有足够的硬度，但并不是硬度越高越好。键常用 45 钢，如果传动的转矩不大，可以采用普通碳钢，以降低成本；如果传动的转矩大，最好用 45 钢调制处理；当轮毂为有色金属或塑料时，键可用 20 钢或 Q235 钢。

(2) 键的加工工艺路线

找原料，锻打键，冷拉型钢→卸料，用冲床冲压→去毛刺→铣削加工保留 0.30mm 余量→平面磨床磨到最终公差（要求不高时，可以用砂纸或者抛光轮进行抛光）→涂油防锈→包装入箱。

2.3 花键连接件

花键连接件一般用于定心精度要求高、载荷大或经常滑移的连接，如汽车、拖拉机和机床中需换挡的轴毂连接。花键是在轴和轮毂孔周向均布多个键齿构成的，工作时，靠内、外花键的侧面互相挤压传递转矩，如图 2-63 所示。

(a) 内花键(花键套)　　　(b) 外花键(花键轴)　　　　　　(c) 花键连接

图 2-63　花键及花键连接

(1) 花键连接的特点

由于结构形式和制造工艺的不同，与平键连接相比，花键连接在强度、工艺和使用方面有以下特点。

① 因为在轴上与轮毂孔上直接而均匀地制出较多的齿与槽，故花键连接受力较为均匀；

② 因槽较浅，齿根处应力集中较小，轴与毂的强度削弱较少；

③ 齿数较多，总接触面积较大，因而可承受较大的载荷；

④ 轴上零件与轴的对中性好，这对高速及精密机器很重要；

⑤ 导向性好，这对动连接很重要；

⑥ 可用磨削的方法提高加工精度及连接质量；

⑦ 制造工艺较复杂，有时需要专门设备，成本较高。

(2) 花键的分类

花键按齿形不同，可分为矩形花键、渐开线花键和三角形花键三类，如图 2-64 所示。

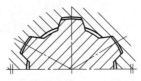
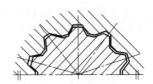

(a) 矩形花键连接　　　　　(b) 渐开线花键连接　　　　　(c) 三角形花键连接

图 2-64　花键连接的形式

① 矩形花键：形状为矩形，加工方便。矩形花键连接采用小径定心，即内、外花键的小径是配合面，能用磨削的方法消除热处理引起的变形，所以定心精度高、稳定性好，应用最广，如航空发动机、汽车、燃气轮机、机床、拖拉机及一般机械传动装置等。

② 渐开线花键：齿廓为渐开线，与齿轮的加工方法相同，但压力角是 30° 和 45°。渐开线花键连接采用齿形定心，受载时齿上有径向力，能起自动定心作用，使各齿均匀承载。其根部较厚，应力集中小，连接强度高，寿命长。渐开线花键应用广泛，应优先采用，一般用于定心精

度要求较高、载荷较大和尺寸较大的连接。

③ 三角形花键：齿数较多，齿较小，对轴强度削弱小，适用于轻载、直径较小或轴与薄壁零件的连接，应用较少。

(3) 花键的加工工艺分析

① 花键的材料及热处理。花键连接的零件多用抗拉强度不低于 600MPa 的钢材制造，多数要经过热处理（特别是在载荷作用下频繁移动的花键齿）以便获得足够的表面硬度。常用的有 20 钢、45 钢、40Cr、20CrMnTi、42CrMo 等。一般情况下，采用低碳合金钢＋渗碳淬火，或者中碳钢＋淬火的加工工艺。

② 花键的加工方法。

a. 外花键的加工方法。目前外花键加工主要采用滚切、铣削和磨削等切削加工方法，也可采用无屑加工的冷打、冷轧等塑性变形的加工方法。

• 滚切法：用花键滚刀在花键轴铣床或滚齿机上按展成法加工，这种方法生产率和精度均高，适用于批量生产。

• 铣削法：在万能铣床上用专门的成形铣刀直接铣出齿间轮廓，用分度头分齿逐齿铣削，也可用两把盘铣刀同时铣削一个齿的两侧。逐齿铣好后，再用一把盘铣刀对底径稍做修整。铣削法的生产率和精度都较低，主要用于单件、小批量生产中加工以外径定心的花键轴和淬硬前的粗加工。

• 磨削法：用成形砂轮在花键轴磨床上磨削花键齿侧和底径，适用于加工淬硬的花键轴或精度要求更高的、以内径定心的花键轴。

• 冷打法：在专门的机床上进行，用对称布置在工件圆周两侧的两个打头，随着工件的分度回转运动和轴向进给做恒定速比的高速旋转，工件每转过一齿，打头上的成形打轮对工件齿槽部锤击一次，在打轮高速、高能运动连续锤击下，工件表面生产塑性变形而形成花键。冷打的精度介于铣削和磨削之间，效率比铣削高五倍左右，同时冷打提高了材料的利用率。

b. 内花键的加工方法。内花键常用的加工方法主要有插削、拉削和磨削等。

• 插削法：用成形插刀在插床上逐齿插削，生产率和精度均低，用于单件、小批量生产。

• 拉削法：用花键拉刀在拉床上拉削，生产率和精度均高，应用最广泛，但由于拉刀需要专门定制，成本较高，故只适用于大批量的生产中。

• 磨削法：用小直径的成形砂轮在花键孔磨床上磨削，用于加工直径较大、淬硬的或精度要求高的花键孔。

③ 花键的加工工序。花键采用先铣削键侧、后铣削中间槽的方法加工。

a. 外花键铣削加工路线：检验预制件→安装分度头→装夹找正工件→安装组合铣刀→工件表面划键宽线→试切并预检对称度、键宽→铣削键侧并达到工序要求（如精度要求高的话，还要留磨削余量）→调整槽底圆弧面铣削位置→铣削槽底圆弧面达到小径要求→钳工去毛刺→检验→表面防腐处理→入库。

b. 内花键加工路线：下料→全件粗车、钻孔→调质 220～250HB→半精车端面、外圆，车花键底孔至图样要求→镗花键孔，孔口倒角→拉削花键孔至精度要求→以花键孔定位，精车端面、外圆→钳工去毛刺→检验→表面防腐处理→入库。

2.4　销连接件

销连接件是一种用来固定零件之间的相对位置，并可传递不大载荷的标准件。

2.4.1　销连接件的种类

① 销连接件按用途不同，可分为定位销、连接销和安全销三种，如图 2-65 所示。

a. 定位销：用来固定零件之间的相对位置，它是组合加工和装配时的重要辅助零件，通常不受载荷或只受很小的载荷，数目一般不少于两个。

b. 连接销：用来实现两个零件（如轴与毂）的连接，可传递不大的载荷，常用于轻载或非动力传输结构。

c. 安全销：用于安全装置中的过载剪切零件。安全销在过载时被剪断，因此，安全销的直径应按剪切条件确定。为了确保安全销被剪断而不提前发生挤压破坏，通常可在安全销上加销套。

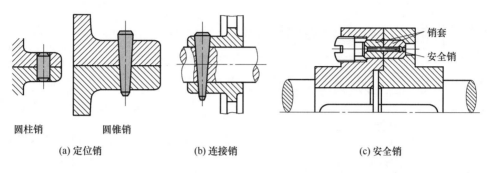

图 2-65　销的应用场合

② 销连接件按外形不同分为圆柱销、圆锥销、带孔销、开口销和安全销等，其特点、应用如表 2-4 及图 2-66 所示。

表 2-4　销的各种类型、特点及应用

类型		图例	特点		应用
圆柱销	圆柱销		销孔需铰制，多次装拆后会降低定位的精度和连接的紧固，只能传递不大的载荷	直径公差带有 m6、h8、h11 和 u8 四种，以满足不同的使用要求	主要用于定位，也可用于连接
	内螺纹圆柱销			直径公差带只有 m6 一种，内螺纹供拆卸用	用于盲孔
	弹性圆柱销		具有弹性，装入销孔后与孔壁压紧，不易松脱。销孔精度要求较低，可不铰制，互换性好，可多次拆装。刚性较差，不适用于高精度定位，载荷大时几个套在一起使用，相邻内外两销应错开 180°		用于有冲击、振动的场合，可代替部分圆柱销、圆锥销、开口销或销轴
圆锥销	圆锥销		具有 1∶50 的锥度，小端直径为标准值。便于安装，定位精度比圆柱销高。销孔需铰制，自锁性好，可反复多次拆装。螺纹供拆卸用，螺尾圆锥销制造不便。开尾圆锥销打入销孔中后，末端可稍张开，以防止松脱		主要用于定位，也可用来固定零件、传递动力，多用于要求经常拆卸的场合
	内螺纹圆锥销				用于盲孔
	大端螺尾圆锥销				用于拆卸困难的场合，如盲孔
	开尾圆锥销				用于有冲击、振动的场合

续表

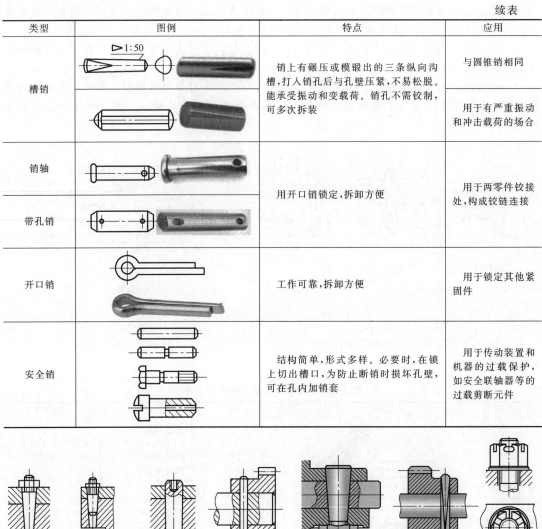

类型	图例	特点	应用
槽销		销上有碾压或模锻出的三条纵向沟槽,打入销孔后与孔壁压紧,不易松脱。能承受振动和变载荷。销孔不需铰制,可多次拆装	与圆锥销相同
			用于有严重振动和冲击载荷的场合
销轴		用开口销锁定,拆卸方便	用于两零件铰接处,构成铰链连接
带孔销			
开口销		工作可靠,拆卸方便	用于锁定其他紧固件
安全销		结构简单,形式多样。必要时,在锁上切出槽口,为防止断销时损坏孔壁,可在孔内加销套	用于传动装置和机器的过载保护,如安全联轴器等的过载剪断元件

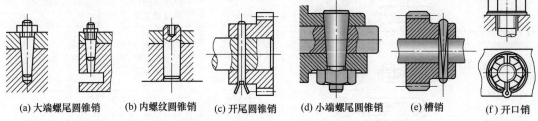

(a) 大端螺尾圆锥销　　(b) 内螺纹圆锥销　　(c) 开尾圆锥销　　(d) 小端螺尾圆锥销　　(e) 槽销　　(f) 开口销

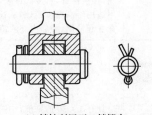

(g) 销轴利用开口销锁定

图 2-66　销的应用

2.4.2　销连接件的加工工艺分析

(1) 销连接件的材料及热处理

一般销的常用材料为 35 钢或 45 钢。安全销的材料为 35 钢、45 钢、50 钢、T8A、T10A 等,热处理后硬度为 30～36HRC。销套材料可用 35SiMn、40Cr 等,热处理后硬度为 40～50HRC。

（2）销连接件的加工

① 销连接件的加工工艺分析。

a. 由于在使用过程中，需要反复装夹工件，销连接件应有较好的耐磨性。热处理后硬度较高，所以最后用磨削加工。

b. 在单件或小批量生产时，采用普通车床加工，若批量较大时，可采用专业较强的设备加工（如数控车床）。

c. 由于长度较短，所以除单件下料外，可采用几件一组连下。车床上加工时，车一端后，用车刀切下，加工完一批后，再加工另一端。

d. 由于有同轴度和垂直度要求，在车削时应加工出两端中心孔，零件淬火后采用中心孔定位装夹再磨削。

e. 由于该件较短，在热处理时变形较小，所以可留有较小的磨削余量。

f. 由于最后有磨削工序，车削时精度不高，可将粗车、精车加工合成一道工序完成。

② 销连接件的加工工艺路线：下料→车端面→钻一端中心孔→车外圆并倒角→车退刀槽→切断→掉头车端面、钻中心孔、车外圆并倒角→热处理→磨外圆至要求→检验。

2.5　胀套连接件

胀套又称胀紧连接套，用于轴和轮毂孔之间的连接，是一种无键连接部件。

（1）Z1 型胀套的结构及工作原理

① 胀套的结构。Z1 型是胀套最基本的一种形式，它由内环和外环构成，它们分别与轮毂和轴配合，如图 2-67 所示。内、外环的锥角一般为 12.5°～17°，另外要求两环锥面配合良好。

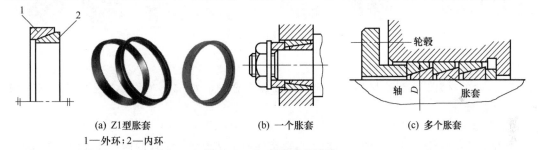

(a) Z1 型胀套
1—外环；2—内环

(b) 一个胀套

(c) 多个胀套

图 2-67　Z1 型胀套及连接

② 胀套的工作原理。其原理是通过高强度螺栓拉力作用，在内环与轴之间、外环与轮毂之间产生抱紧力，实现无键连接。当承受负荷时，靠胀套与机件、轴的结合压力及相伴产生的摩擦力传递转矩、轴向力或二者的复合载荷。

如图 2-68 所示，Z1 型胀套是靠拧紧高强度螺钉 1，通过法兰 2 和隔套 3 给胀套 4 施加轴向夹紧力，利用胀套内、外环间的锥面贴合，并挤紧外环与轮毂 5（外环胀大撑紧毂孔）和内环的孔与轴 6（内环缩小箍紧轴），在摩擦力的作用下传递转矩，实现无键连接。

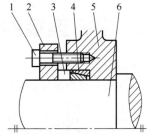

在夹紧前，胀套与轮毂和轴之间存在一定的间隙。当拧紧螺钉时，胀套端面受到夹紧力，内、外环沿轴向位移并产生径向变形，从而将间隙消除。为了传递一定的载荷，就要进一步拧紧螺钉，使胀套与轴结合面上产生所需的压力，夹紧胀套。在传动时，胀套与轴的结合面间就能有足够大的摩擦力来传递载荷，从而达到连接轮和轴并传递载荷的目的。

图 2-68　Z1 型胀套工作原理
1—螺钉；2—法兰；3—隔套；
4—胀套；5—轮毂；6—轴

（2）胀套连接的特点

① 使用胀套使主机零件制造和安装简单。安装胀套的轴和孔的加工不像过盈配合那样要求高精度的制造公差。胀套安装时无需加热、冷却或加压设备，只需将螺栓按要求的力矩拧紧即可，且调整方便，可以将轮毂在轴上方便地调整到所需位置。

② 可传递较大转矩和轴向力，无应力集中，对中性好。

③ 胀套连接依靠摩擦传动，对被连接件没有键槽削弱，工作中无相对运动，不会产生磨损，使用寿命长。

④ 胀套连接可以承受重负荷，其结构可以做成多种样式，如图 2-69 所示。根据安装负荷大小，还可以多个胀套串联使用。由于压紧时对各环所受压紧力依次递减，所以胀套的个数一般不能超过四个。

⑤ 胀套拆卸方便。胀套能把较大配合间隙的轴毂结合起来，拆卸时将螺栓拧松，即可使被连接件容易拆开；胀紧时，接触面紧密贴合不易锈蚀，也便于拆开。

⑥ 有过载保护作用。胀套在超载时，将失去连接作用，可以保护设备不受损坏，尤其适用于传递重型负荷。

但是，胀套的加工要求较高，应用受到一定限制，常用于重型机械、包装机械、数控机床、自动化生产线设备等。

图 2-69　不同结构的胀套

（3）胀套的加工工艺分析

① 胀套的材料。胀套的材料为高碳钢或高碳合金钢，如 65、70、55Cr2、60Cr2 和 65Mn钢，并经热处理。

② 胀套的加工工艺路线。

薄壁类零件应按先粗后精的工序加工。薄壁件通常需要加工工件的内、外表面。内表面的粗加工和精加工都会导致工件变形，所以应按粗、精加工分序。内、外表面粗加工后，再进行内、外表面精加工，均匀地去除工件表面多余部分，这样有利于消除切削变形。

胀套的加工工艺路线一般为：铸造毛坯→夹持左端面，粗车右端面、粗车台阶面至尺寸→掉头装夹，粗车左端面、粗车台阶面至尺寸→粗镗、半精镗内孔→精镗内孔至尺寸→卸下工件，将工件套在芯棒上粗车外圆→精车外圆至尺寸→去除毛刺、飞边→表面镀锌→验收、入库。

2.6　铆钉连接件

利用铆钉把两个或两个以上的被连接件（通常是板材或型材）连接在一起的不可拆连接，称为铆钉连接，简称铆接。常见铆接形式，如图 2-70 所示。

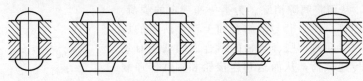

图 2-70　常见铆钉铆接后的形式

(1) 铆钉连接的工作原理

① 利用自身形变连接被铆接件，即使用较穿孔直径稍小的铆钉，穿过需要铆合的工件，并对铆钉两端面敲击或加压，使铆钉杆部变形增粗同时在两端形成铆钉头（帽），使工件不能从铆钉上脱出，在受外力作用时，由钉杆、钉帽承受剪切力，防止工件分离。铆接分冷铆及热铆，冷铆是铆钉在常温下进行铆接（一般钉杆直径小于 8mm 的用冷铆）；热铆用在连接要求更高的地方，如铁桥的钢梁铆接，热铆时需将铆钉预热，红热的铆钉穿入铆孔，打好铆钉头后，在冷却过程中收缩的应力使连接更紧密。半圆头、平头、沉头铆钉，抽芯铆钉，空心铆钉，这些通常是利用自身形变连接被铆接件。铆接一般需要双面操作，抽芯铆钉的出现，使单面操作成为更简便易行的工艺。

图 2-71 对插铆钉

② 利用过盈连接被铆接件。如图 2-71 所示的对插铆钉，分为两部分，较粗的一段带帽杆体中心有孔，与较细的另一段带帽杆体是过盈配合。铆接时，将细杆打入粗杆即可。又如三环锁上的铭牌，也是利用铆钉与锁体孔的过盈量铆接的，如图 2-72 所示。

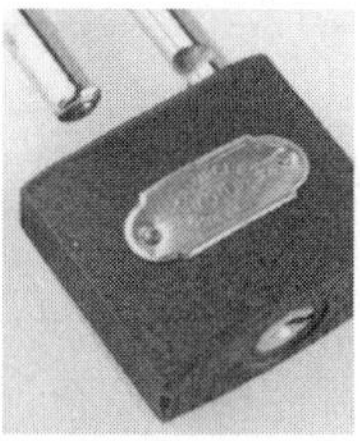

图 2-72 锁上铭牌的铆接

铆钉连接在金属结构、锅炉和飞机制造中应用已有很长的历史，近年来，由于焊接和胶接技术的发展，铆接的应用已逐渐减少。

(2) 铆钉的类型

铆钉一端有头部，且杆部无螺纹。铆钉种类很多，而且不拘形式，常用的有半圆头铆钉、平头铆钉、沉头铆钉、击芯铆钉、抽芯铆钉、管状铆钉等，如表 2-5 所示。

表 2-5 铆钉的各种类型及应用

类型		图形	应用
半圆头铆钉			主要用于较大横向载荷的铆接场合，应用最广
平头铆钉			主要用于金属薄板或皮革、帆布、木料等非金属材料的铆接场合
平锥头铆钉			由于钉头肥大，能耐腐蚀，常用于船壳、锅炉水箱等腐蚀强烈的铆接场合
沉头铆钉			主要用于表面须平滑，载荷不大的铆接场合
半沉头铆钉			主要用于表面须平滑，载荷不大的铆接场合
击芯铆钉	扁圆头		属于单面铆接的铆钉，铆接时，用手锤敲击铆钉头部露出钉芯，使之与钉头端面平齐，即完成铆接操作，非常方便，特别适用于不便采用普通铆钉（须从两面进行铆接）或抽芯铆钉（缺乏拉铆枪）的铆接场合 — 应用较广
	沉头		适用于表面需要平滑的铆接场合

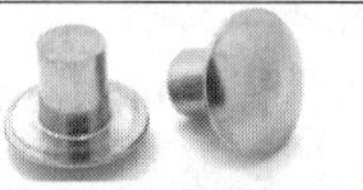

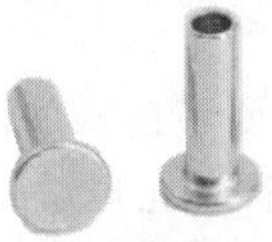

续表

类型		图形	应用	
抽芯铆钉	开口型扁圆头		属于单面铆接的铆钉,但须使用专用工具——拉铆枪进行铆接。这类铆钉特别适用于不便采用普通铆钉(须从两面进行铆接)的铆接场合,故广泛用于建筑、汽车、船舶、飞机、机器、电气、家具等产品上	应用较广
	开口型沉头			适用于表面需要平滑的铆接场合
	封闭型			适用于要求较高载荷和具有一定密封性能的铆接场合
管状铆钉			用于非金属材料的不受载荷的铆接场合	

另外,铆钉还分为实心的和空心的。其中,实心铆钉用于较大横向载荷的铆接场合,应用最广;半空心铆钉主要用于载荷不大的铆接场合;空心铆钉重量轻,钉头弱,用于载荷不大的非金属材料的铆接场合。

(3) 铆钉的加工工艺分析

① 铆钉的材料。铆钉所用材料应具有高的塑性和不可淬性,钢铆钉常用 Q215、Q235 等低碳钢制成,在要求高强度时,也可使用低碳合金钢。铆钉也可用其他塑性金属制成,如铜、铝等。但铆钉材料应和被铆接件材料相同,以避免由于线胀系数不同而使铆缝恶化,并避免产生电化学腐蚀。

② 铆钉的热处理。铆钉用于固定或压紧构件,且需要穿过构件内部,因此其要求具有良好的力学性能,不仅要求强度高,也要求有一定韧性。而采取热处理就是在不改变材质化学结构的情况下,改变材质内部结构,以达到期望的性能要求。所以,一般铆钉都是需要经过热处理的。

不同材料的铆钉,采用不同的热处理过程。碳钢:球化退火→再结晶退火→表面处理;硬铝合金:淬火→时效处理→表面处理。

③ 铆钉的加工。常用的铆钉加工工艺有冷镦和高速车加工,并在之后进行适当的热处理,以达到硬度要求。对于有防腐蚀要求的铆钉一般都要进行表面处理,通常的表面处理方式为镀镍、镀锌、镀铬以及喷漆等。

a. 冷镦加工工艺。冷镦即通过冲头的冲击,使金属线材在模具内发生塑性变形以达到预期的形状和尺寸。采用冷镦法加工铆钉,生产效率高,节约材料,适合生产标准铆钉,但是生产形变较大的产品时容易造成头部开裂,并且无法在铆钉上加工特殊形状,如槽等。

冷镦的加工工序一般为:线材→剪切→冷镦→出钉。

b. 高速车加工工艺。高速车加工即通过特殊的车刀形状以及调整车刀位置和加工顺序,去除线材上多余的材料,以达到预期的形状和尺寸。采用高速车加工铆钉,可以定制加工,但是浪费材料,生产效率低,同时对于有割槽等特殊要求的铆钉难以一次成形。

高速车加工的工序一般为:线材→切削→切断→出钉。

第 **3** 章
轴套类零件

3.1 概述

3.1.1 轴类零件

轴类零件是轴系的核心零件,一切做回转运动的传动零件(例如齿轮、蜗轮等),都必须安装在轴上才能运动及传递动力。

(1) 轴类零件的分类

轴一般做成实心的,但有时为了减轻重量或满足某种功能,则可以做成空心的。

① 根据轴结构形状的不同,可以分为光轴、阶梯轴、空心轴和异形轴(包括花键轴、凸轮轴、偏心轴、曲轴、十字轴)等,如图 3-1 所示。

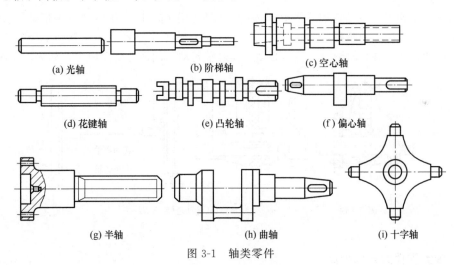

(a) 光轴   (b) 阶梯轴   (c) 空心轴

(d) 花键轴   (e) 凸轮轴   (f) 偏心轴

(g) 半轴   (h) 曲轴   (i) 十字轴

图 3-1   轴类零件

② 根据轴的轴线形状不同,可分为直轴、曲轴、软轴三种。

a. 直轴:各轴段的轴线在同一直线上。直轴按外形不同又可分为光轴和阶梯轴两种,如图 3-1 (a)~(g) 所示。光轴的形状简单,压力集中少,易加工,但轴上零件不易装配和定位,常用于心轴和传动轴。阶梯轴便于轴上零件的拆装和定位。

b. 曲轴:各轴段轴线不在同一直线上,常用于往复式机械中,如内燃机、空气压缩机等,可以实现直线运动与旋转运动的转换,如图 3-1 (h) 所示。

c. 软轴:轴线可变。软轴又称挠性钢丝轴,由多组钢丝分层卷绕而成,具有良好的挠性,可将扭转或旋转运动灵活地传到任何所需的位置,如图 3-2 所示,常用于医疗设备、操纵机构、仪表等机械中。

图 3-2　软轴

③ 按轴承受载荷的不同，可分为转轴、传动轴和心轴三种。

a. 转轴：工作时既承受弯矩又承受转矩，剖面上受弯曲应力和扭切应力的复合作用。转轴是机器中最常见的一种轴，如减速器的输入轴、卷扬机的小齿轮轴等，如图 3-3 所示。

b. 传动轴：工作时主要承受转矩，不承受弯矩或承受很小的弯矩，仅起传递动力的作用。如起重机移动机构中的长光轴、汽车变速箱至后桥的传动轴等，如图 3-4 所示。

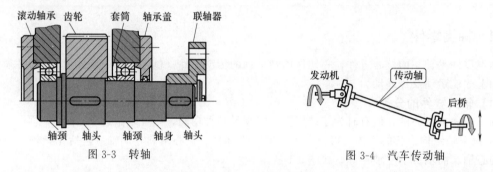

图 3-3　转轴

图 3-4　汽车传动轴

c. 心轴：工作时只承受弯矩，不承受转矩，起支承作用。按工作时轴是否运动，心轴又可分为固定心轴和转动心轴两种，如图 3-5 所示。固定心轴工作时轴固定，剖面上受静应力，如自行车前轮轴、支承滑轮的轴等。转动心轴工作时轴转动，剖面上受变应力，如火车车轮轴。

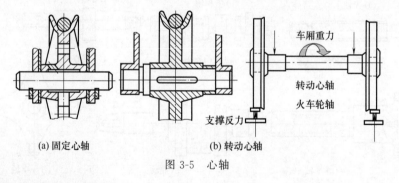

(a) 固定心轴　　　　　　　　　(b) 转动心轴

图 3-5　心轴

(2) 轴类零件的结构特点

轴类零件的结构特点是：形状为阶梯状的回转体，轴向尺寸大于径向尺寸，主体由多段不同直径的回转体组成。

轴上一般有轴颈、轴肩、键槽、螺纹、挡圈槽、销孔、内孔、螺纹孔等要素，根据设计和工艺上的要求，多带有中心孔、退刀槽、倒角、圆角等机械加工结构，有一定的回转精度。

(3) 轴类零件的材料及热处理

① 轴类零件的材料。轴常用的材料是优质碳素结构钢和合金结构钢，有时也可采用铸钢或球墨铸铁。

a. 碳素钢。

碳素钢有 35 钢、45 钢、50 钢等优质中碳钢。它们价格低廉，对应力集中的敏感性低，可通过热处理或化学处理提高耐磨性和抗疲劳强度，具有较好的综合力学性能，因此应用较多，特别是 45 钢应用最为广泛。不重要或受力较小的轴，可采用 Q237、Q275 等普通碳素钢。

为了改善碳素钢的力学性能，应进行正火或调质处理。45 钢在调质处理之后，经局部高频淬火，再经过适当的回火处理，可以获得一定的强度、硬度、韧性和耐磨性。

b. 合金钢。

合金钢比碳钢具有更好的力学性能和热处理性能，但对应力集中敏感性高，价格较高。对于要求强度较高、尺寸较小或有特殊要求的轴，可以采用合金钢材料。举例如下。

Ⅰ. 对于结构强度要求更高的场合，中等精度而转速较高的轴类零件，一般选用 40Cr 等合金结构钢，这类钢经调质和高频淬火处理，使其淬火层硬度均匀且具有较好的综合力学性能。

Ⅱ. 精度较高的轴，还可使用滚珠轴承钢（如 GCr15）和弹簧钢（如 65Mn），它们经调质和局部淬火后，具有更高的耐磨性、耐疲劳性或结构稳定性。

Ⅲ. 在高转速、重载荷条件下工作的轴类零件，可以选用 18CrMnTi、20Mn2B 等低碳合金钢，经渗碳淬火处理后，具有很高的表面硬度、冲击韧性和心部强度，但热处理所引起的变形比 38CrMoAl 大。

Ⅳ. 对高精度和高转速的轴，可以使用 40Gr（或用 35SiMn、40MnB 代替）、40CrNi（或用 38SiMnMo 代替）等进行热处理。也可用 38CrMoAl，这是一种中碳合金氮化钢，由于氮化温度比一般淬火温度低，其热处理变形很小，经调质和表面渗氮处理，可以达到很高的心部强度和表面硬度，从而获得优良的耐磨性和耐疲劳性，故高精度半自动外圆磨床 MBG1432 的头架轴和砂轮轴均采用这种钢材。

Ⅴ. 对高精度机床主轴要求稳定的尺寸精度，可以使用 9Mn2V，这是一种含碳 0.9% 左右的锰钒合金工具钢，经过适当的热处理之后，淬透性、机械强度和硬度均优于 45 钢，例如万能外圆磨床 M1432A 头架和砂轮主轴就采用这种材料。

Ⅵ. 采用滑动轴承的高速轴，常用 20Cr、20CrMnTi 等低碳合金钢，经渗碳淬火后可提高轴颈耐磨性。

Ⅶ. 汽轮发电机转子轴在高温、高速和重载条件下工作，必须具有良好的高温力学性能，常采用 27Cr2Mo1V 等合金结构钢。

注意：在一般工作温度下（低于 200℃），各种碳钢和合金钢的弹性模量相差不多，所以不能用合金钢提高轴的刚度。在选择钢的种类和热处理方法时，应根据强度和耐磨性，而不是刚度。但在既定条件下，有时也用强度较低的钢材，用适当增大轴的截面面积的办法来提高轴的刚度。而且，合金钢对应力集中的敏感性较高，因此设计合金钢时，更应从结构上避免或减小应力集中，并提高表面质量。

c. 铸钢或球墨铸铁。

轴的毛坯一般用圆钢或锻件，有时也可采用铸钢或球墨铸铁。例如，用球墨铸铁制造曲轴、凸轮轴，具有成本低廉、吸振性较好、对应力集中的敏感性较低、强度较好等优点，适合制造结构形状复杂的轴。

② 轴类零件的热处理。

a. 局部高频淬火。凡要求局部高频淬火的，要在前道工序中安排调质处理（有的钢材则用正火）。当毛坯余量较大时（如锻件），调质放在粗车之后、半精车之前，以便因粗车产生的内应力得以在调质时消除，获得良好的物理力学性能；当毛坯余量较小时（如棒料），调质可放在粗车（相当于锻件的半精车）之前进行。

b. 高频淬火。高频淬火处理一般放在半精车之后，如果只需要局部淬硬，则精度有一定要求而不需淬硬部分的加工，如车螺纹、铣键槽等工序，均安排在局部淬火和粗磨之后。

c. 表面淬火。表面淬火安排在精加工之前，这样可以纠正因淬火引起的局部变形。

d. 时效处理。对于精度要求较高的轴类零件，在局部淬火及粗磨之后还需低温时效处理，从而使轴类零件的金相组织和应力状态保持稳定。

（4）轴类零件的加工工艺路线

① 轴类零件的预加工。轴类零件的预加工是指加工的准备工序，即粗、精加工外圆之前的工艺。预加工包括校正、切断、切端面和钻中心孔。

a. 校正。校正棒料毛坯在制造、运输和保管过程中产生的弯曲变形，以保证加工余量均匀及送料装夹的可靠。一般冷态下，校正在各种压力机或校直机上进行。

b. 切断。当采用棒料毛坯时，应在车削外圆前按所需长度切断。切断可在锯床上进行，高硬度棒料的切断可在带有薄片砂轮的切割机上进行。

c. 切端面、钻中心孔。两端中心孔是轴类零件加工最常用的定位基准面，为保证钻出的中心孔不偏斜，应先切端面后再钻中心孔。

d. 荒车。如果轴的毛坯是自由锻件或大型铸件，则需要进行荒车加工，以减少毛坯外圆表面的形状误差，使后续工序的加工余量均匀。

② 基本加工路线。外圆加工的方法很多，基本加工路线可归纳为以下四条。

a. 粗车→调质→半精车→精车。

对于一般常用材料，这是外圆表面加工采用的最主要的工艺路线。

b. 粗车→调质→半精车→整体淬火→粗磨→精磨。

对于黑色金属材料，精度要求高和表面粗糙度值要求较小，零件需要淬硬时，其后续工序只能用磨削而采用的加工路线。

c. 粗车→调质→半精车→精车→金刚石车。

对于有色金属，用磨削加工通常不易得到所要求的表面粗糙度值，因为有色金属一般比较软，容易堵塞砂粒间的空隙，因此其最终工序多用精车和金刚石车。

d. 粗车→调质→半精车→粗磨→精磨→光整加工。

对于黑色金属材料的淬硬零件，精度要求高和表面粗糙度值要求很小，常用此加工路线。

③ 典型加工工艺路线。轴类零件的主要加工表面是外圆表面，但也有常见的特形表面，因此针对各种精度等级和表面粗糙度要求，按经济精度选择加工方法。对普通精度的轴类零件加工，其典型的工艺路线如下：

毛坯及其热处理→预加工→车削外圆→铣键槽（包括花键槽、沟槽）→热处理→磨削→终检。

3.1.2　套类零件

套类零件也称套筒类零件，是指回转体零件中的空心薄壁件，是机械加工中常见的一种零件，在各类机器中应用很广，主要起支承和导向作用。

（1）套类零件的分类

由于套类零件功用不同，其结构、形状和尺寸有很大的差异，常见的有支承回转体的各种形式的轴承套、轴套；各类自动定心夹具上的定位夹具套筒、模具导杆导向套、钻削夹具的钻套；各类发动机、内燃机上的气缸套，液压系统中的液压缸，电液伺服阀的阀套，等都属于套类零件。其大致的结构形式如图 3-6 所示。

套类零件按结构形状不同，可分为短套筒（如轴承套）与长套筒（如液压缸）两类，这两类套筒在装夹与加工方法上有很大的差别。

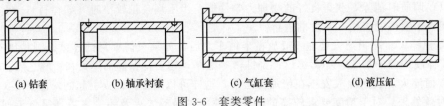

(a) 钻套　　　　(b) 轴承衬套　　　　(c) 气缸套　　　　(d) 液压缸

图 3-6　套类零件

（2）套类零件的结构特点

套类零件一般都具有以下特点：外圆直径一般小于其长度（轴向尺寸）；内孔与外圆直径之差较小，壁薄，容易变形；内、外圆回转面的同轴要求较高；结构比较简单。根据设计和工艺上的要求，套类零件上还带有键槽、轴肩、螺纹、挡圈槽、退刀槽、中心孔等结构。

套类零件的外圆表面多以过盈或过渡配合与机架或壳体孔相配合，起支承作用。内孔主要起导向或支承作用，常与运动轴、活塞、滑阀相配合。有些套筒的端面或凸缘有定位或承受载荷的作用。

（3）套类零件的材料及热处理

① 套类零件的材料。套类零件材料的选择主要取决于零件的功能要求、结构特点及使用时的工作条件，一般用钢、铸铁、青铜或黄铜和粉末冶金材料等制成。有些特殊要求的套类零件可采用双层金属结构或选用优质合金钢。双层金属结构是应用离心铸造法在钢或铸铁轴套的内壁上浇铸一层巴氏合金等轴承合金材料，采用这种制造方法虽增加了一些工时，但能节省有色金属用量，而且又提高了使用寿命。

套类零件毛坯制造方式的选择与毛坯结构尺寸、材料和生产批量的大小等因素有关。孔径较大（大于 20mm）时常采用型材（如无缝钢管）、带孔的锻件或铸件；孔径较小（小于 20mm）时，多选择轧或冷拉棒料，也可采用实心铸件；大批大量生产时，可采用冷挤压、粉末冶金等先进工艺，不仅节约原材料，而且生产率及毛坯质量均可提高。

② 套类零件的热处理。套筒类零件的功能要求和结构特点决定了套筒类零件的热处理方法有渗碳淬火、表面淬火、调质、高温时效及渗氮等。

（4）套类零件的加工工艺路线

随用途、结构及精度要求不同，各套类零件的加工工艺有所不同，但其基本工艺过程为：

备料→热处理（锻件正火、调质，铸件退火）→粗车端面、外圆→调头车另一端面、外圆→钻孔、粗镗孔、精镗孔→钻法兰小孔、插键槽等→热处理→磨内孔、磨端面→磨外圆。

3.2　汽车传动轴

（1）汽车传动轴的作用

汽车传动轴是汽车传动系中传递动力的重要部件，它的作用是与变速箱、驱动桥一起将发动机的动力和旋转运动传递给车轮，驱动汽车前进。它是一个高转速、少支承的旋转体。一般传动轴在出厂前都要进行动平衡试验，并在平衡机上进行调整。

（2）传动轴的组成

传动轴是由万向节叉 4、伸缩套 6、滑动花键轴 7 和传动轴管 10 等主要零件组成，如图 3-7 所示。

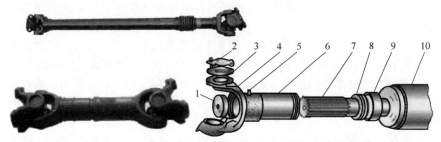

图 3-7　汽车传动轴

1—盖子；2—盖板；3—盖垫；4—万向节叉；5—加油嘴；6—伸缩套；
7—滑动花键轴；8—油封；9—油封盖；10—传动轴管

① 万向节。

a. 万向节的作用。万向节是汽车传动轴上的连接部件，它把两节不在同一轴线上的传动轴连接到一起，保证两轴之间可靠地传递动力。

在前置发动机后轮驱动（或全轮驱动）的汽车上，发动机、离合器与变速箱作为一个整体安装在车架上。车辆在运行中因路面不平产生跳动，悬架变形，驱动桥主减速器输入轴与变速箱输出轴间经常有相对运动，其夹角和距离发生变化；此外，为有效避开某些机构或装置而无法实现动力的直线传递，必须有一种装置来实现动力的正常传递，于是就出现了万向节传动。万向节能够保证变速箱输出轴与驱动桥输入轴两轴线夹角的变化，并实现两轴的等角速度传动。

万向节是汽车传动轴上的关键部件。在前置发动机后轮驱动的车辆上，万向节传动轴安装在变速箱输出轴与驱动桥主减速器输入轴之间；而前置发动机前轮驱动的车辆省略了传动轴，万向节安装在既负责驱动又负责转向的前桥半轴与车轮之间。

b. 万向节的传动特点。

i. 保证所连接两轴的相对位置在预计范围内变动时，能可靠地传递动力。

ii. 保证所连接两轴能均匀运转。由于万向节夹角而产生的附加载荷、振动和噪声应在允许范围内。

iii. 传动效率高，使用寿命长，结构简单，制造方便，维修容易。

对汽车而言，由于一个十字轴万向节的输出轴相对于输入轴（有一定的夹角）是不等速旋转的，为此必须采用双万向节（或多万向节）传动，并把同传动轴相连的两个万向节叉布置在同一平面，且使两万向节的夹角相等，设计时应尽量减小万向节的夹角。

c. 万向节的分类。万向节一般由十字轴、轴承、万向节叉和传动轴叉等组成。按万向节在扭转方向上是否有明显的弹性可分为挠性万向节和刚性万向节。刚性万向节又可分为不等速万向节（常用的为十字轴式）、准等速万向节（如双联式万向节）和等速万向节（如球笼式万向节）三种。

挠性万向节靠弹性元件的弹性变形来传递动力，弹性较大，并具有缓冲减振作用，如图 3-8 所示。弹性件可以是橡胶盘、橡胶金属套筒、六角形橡胶或其他结构形式。

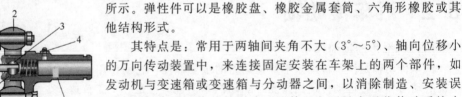

图 3-8　挠性万向节
1—螺栓；2—橡胶；3—中心钢球；
4—油嘴；5—传动凸缘；6—球座

其特点是：常用于两轴间夹角不大（3°～5°）、轴向位移小的万向传动装置中，来连接固定安装在车架上的两个部件，如发动机与变速箱或变速箱与分动器之间，以消除制造、安装误差和车架变形对传动的影响。此外，它还具有吸收传动系统中的冲击载荷和衰减扭转振动、结构简单、无需润滑等优点。

刚性万向节靠刚性零件的铰链式连接传递动力，弹性较小。刚性万向节根据其输出轴和输入轴轴线夹角大于零时传动的瞬时角速度是否相等，又分为不等速万向节、准等速万向节和等速万向节三种。

Ⅰ. 不等速万向节。不等速万向节是在万向节连接的两轴夹角大于零时，输出轴和输入轴之间以变化的瞬时角速度比传递运动，但平均角速度相等的万向节。不等速万向节的工作原理如下。

• 十字轴式刚性万向节转动其中一个叉，经过十字轴带动另一个叉转动，同时又可以绕十字轴中心在任意方向摆动，如图 3-9 所示。其结构简单，工作可靠，但难以适应转向驱动桥和断开式驱动桥的要求。

• 转动过程中滚针轴承中的滚针可自转，以便减轻摩擦。与输入动力连接的轴称输入轴（又称主动轴），经万向节输出的轴称输出轴（又称从动轴）。

• 在输入、输出轴之间有夹角的条件下工作，两轴的角速度不等，并因此会导致输出轴及与之相连的传动部件产生扭转振动并影响这些部件的寿命。

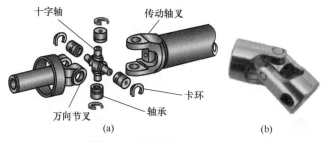

图 3-9 十字轴式刚性万向节

Ⅱ.准等速万向节。准等速万向节是在设计的角度下工作时,以相等的瞬时角速度传递运动,而在其他角度下以近似相等的瞬时角速度传递运动的万向节。准等速万向节分为以下四种。

• 双联式准等速万向节,是万向节等速传动装置中的传动轴长度缩短到最小时的万向节,如图 3-10 所示。其特点是:由两个十字轴万向节并联,允许两轴间的夹角较大(可达 50°),轴承密封好,效率高,工作可靠,制造方便;但结构复杂,外形尺寸大,零件数目多。其多用于军用越野转向驱动桥。

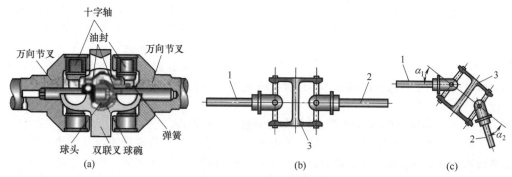

图 3-10 双联式刚性万向节
1,2—轴;3—双联叉

• 凸块式准等速万向节,由两个万向节和两个不同形状的凸块组成,两凸块相当于双联式万向节装置中的中间传动轴及两十字销。

• 三销轴式准等速万向节,由两个三销轴、主动偏心轴叉、从动偏心轴叉组成。

• 球面滚轮式准等速万向节,由销轴、球面滚轮、万向节轴和圆筒组成。滚轮可在槽内做轴向移动,起到伸缩花键作用。滚轮与槽壁接触可传递转矩。

Ⅲ.等速万向节。等速万向节,是所连接的输出轴和输入轴始终以相等的瞬时角速度传递运动的万向节。它从结构设计上保证了万向节在工作时,传力点总是位于两轴交角的平分面上,如图 3-11(a)所示。

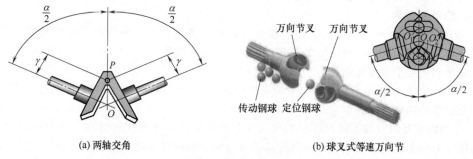

(a)两轴交角　　　　　　　　(b)球叉式等速万向节

图 3-11 等速万向节

等速万向节分为球叉式等速万向节和球笼式等速万向节。

· 球叉式等速万向节由两个万向节叉、四个传力钢球和一个定位钢球组成，如图 3-11 （b）所示。其特点是结构较简单，在 32°～33°下正常工作，但钢球所受单位压力较大，磨损较快。这种万向节常应用于轻、中型越野车的转向驱动桥。

· 球笼式等速万向节是目前应用最为广泛的一种等速万向节。其特点是钢球全都参与工作，允许的工作角较大（47°），承载能力和耐冲击能力强，效率较高，尺寸紧凑，安装方便，精度要求高，成本较高。如图 3-12 所示，球笼式万向节的星形套 7 以内花键与主动轴 1 相连，其外表面有六条凹槽，形成内滚道，球形壳 8 的内表面有相应的六条凹槽，形成外滚道，六个传力钢球分别装在各条凹槽中，并由保持架 4 使之保持在一个平面内，动力由主动轴经传力钢球、球形壳输出。

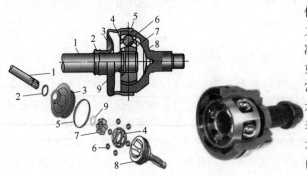

图 3-12　球笼式等速万向节
1—主动轴；2,5—钢带箍；3—外罩；4—保持架（球笼）；
6—钢球；7—星形套（内滚道）；8—球形壳
（外滚道）；9—卡环

球笼式等速万向节与球叉式等速万向节相比，具有如下优点：球笼式等速万向节在两轴最大交角达 47°的情况下，仍能可靠传递转矩，且在工作时，无论传动方向如何，六个钢球全部传力；与球叉式等速万向节相比，其承载能力强，结构紧凑，拆装方便。

② 伸缩套。伸缩套能自动调节变速箱与驱动桥之间的距离。

传统结构的传动轴伸缩套是将花键套与凸缘叉焊接在一起，将花键轴焊在传动轴管上。新型的传动轴，将花键套与传动轴管焊接成一体，将花键轴与凸缘叉制成一体，并将矩形齿花键改成大压力角渐开线短齿花键，这样既增加了强度又便于挤压成形，适应大转矩工况的需要。

伸缩套管和花键轴的牙齿表面，整体涂浸了一层尼龙材料，不仅增加了耐磨性和自润滑性，而且减少了冲击负荷对传动轴的损害，提高了缓冲能力。

传动轴在凸缘花键轴外增加了一个管形密封保护套，在该保护套端部设置了两道聚氨酯橡胶油封，这样伸缩套内形成了一个完全密封的空间，可以使伸缩花键轴不受外界沙尘的侵蚀，不仅防尘而且防锈。因此在装配时，花键轴与套内一次性涂抹润滑脂，就完全可以满足使用要求，不需要装油嘴润滑，减少了保养内容。

③ 轴套。轴套是为了减少轴运动时的摩擦与磨损而设计出来的，基本用途与轴承无异，而且相对来说成本较便宜，但摩擦阻力较大，所以只会用于部分部件上。轴套大多都以铜制成，但亦有塑胶制的轴套。轴套多被放置于轴与承托结构中，而且非常紧贴承托结构，只有轴能在轴套上转动。在装配轴与轴套时，两者间会加入润滑剂以减少其转动时受到的摩擦力。

（3）传动轴的种类

① 传动轴按结构不同分，有实心轴和空心轴两种类型。为了减少传动轴的质量，节省材料，提高轴的强度、刚度，传动轴多为空心轴，一般用厚度为 1.5～3.0mm 的薄钢板卷焊而成，超重型货车则直接采用无缝钢管。

② 传动轴按传递转矩不同分，有微型车传动轴、轻型车传动轴、中型车传动轴、重型车传动轴和工程车传动轴五种类型。

③ 传动轴按万向节的不同，可有不同的分类。如按万向节在扭转方向是否有明显的弹性，可分为刚性万向节传动轴和挠性万向节传动轴（万向节的扭转方向有弹性），汽车上普遍采用刚性万向节。

（4）传动轴的材料及热处理

① 传动轴的材料。汽车传动轴一般会承受交变转矩及拉压载荷，轴颈与键部位承受较大的摩擦与磨损。失效形式主要是断裂与局部过度磨损，断裂包括疲劳断裂与过载断裂。

a. 传动轴材料的要求。要求传动轴材料具有良好的综合力学性能，即足够的强度、刚度和一定的韧性，良好的耐磨性，高的疲劳强度以及良好的切削加工性。

b. 传动轴材料的选用。传动轴选用合金调质钢（属于中碳钢的范畴）。一般的调质钢淬透性差，力学性能低，只适合尺寸较小、负载较轻的零件。合金调制钢中的合金元素可提高淬透性，明显增强热处理的硬化表面效果，且不降低心部韧性。合金调质钢经过热处理（调质、淬火）具有高强度、高耐磨性与良好的塑性、韧性的配合，即具有良好的综合力学性能。

传动轴连接或装配各项可移动或转动的圆形物体配件，一般均使用轻而抗扭性佳的合金钢管制成。对于一般的传动轴，可以采用 45 钢，并调质，要求硬度 38～44HRC；如果受力复杂，可以选用 20CrMo，表面渗碳处理，心部硬度 28～34HRC，表层硬度 40～44HRC。细一些的轴选用 40Cr、40MnB、40MnVB；粗一些的轴选用 40CrNiMo、42CrMo 等中碳低合金钢。

如果需要防锈功能，可以发黑处理，这是一般的防锈处理方法。不建议使用镀锌之类的方法，因为尺寸不好控制。

② 传动轴的热处理。整根轴轧为棒料后，进行退火或正火处理（含 Mo、V、Ti 的钢一般退火：840～860℃加热一定时间后炉冷，得到铁素体＋珠光体组织；低合金含量的钢一般正火：840～860℃加热一定时间后空冷，得到铁素体＋珠光体组织），获得较好的切削加工性能，加工后整体进行调质热处理（一般为：840～860℃加热一定时间后油淬，再进行 550～650℃的高温回火，得到回火索氏体组织），获得强度、韧性、塑性都较好的综合力学性能（抗扭、抗弯、无脆性断裂）。

然后对其花键进行精加工，此时的花键硬度较低（约 35～40HRC）不耐磨，还需要对花键进行二次热处理强化，目前多为高频感应热处理，获得隐晶马氏体，花键表面硬度可达到 58～62HRC，具有较高的抗磨寿命。

（5）传动轴的加工工艺及路线

① 传动轴的加工工艺：

a. 首先锻件毛坯两端钻中心孔，粗车外圆几大档台阶；

b. 进行调质；

c. 半精车各档台阶，外圆和长度放余量，然后搭中心架车总长；

d. 中心架上钻轴内通孔；

e. 镗两端锥孔，两端镶闷头，钻中心孔，为磨削做准备；

f. 精车各档外圆及台阶平面，放磨削余量，并且车外圆上各槽、倒角；

g. 磨削各档外圆及台阶平面到尺寸；

h. 装配后在本车床上加工各螺纹。

② 传动轴的加工工艺路线是：锻造→热处理退火→机加工→调质处理→精加工。铣键槽安排在调质之后就可以了。

3.3 曲轴

曲轴是发动机中的重要部件，曲轴的旋转是发动机的动力源，也是整个机械系统的动力源，通常我们所说的发动机转速就是指曲轴的转速。

（1）曲轴的作用和工作条件

曲轴的作用是与连杆配合，将作用在活塞上的气体压力转变为旋转的动力，传给传动机构，同时驱动配气机构和其他辅助装置。

曲轴在工作时，受周期变化的气体压力、往复惯性力及惯性力矩的作用，受力大而且受力复杂，同时，曲轴又是高速旋转件。因此，要求曲轴具有足够的抗弯曲、抗扭转的疲劳强度和刚度；具有良好的承担冲击载荷的能力，耐磨损且润滑良好。

（2）曲轴的组成

如图 3-13 所示，曲轴由曲轴前端 1（或称自由端）、连杆轴颈 4、主轴颈 2、曲柄 3、平衡块 5 和曲轴后端 6（或称功率输出端）等组成。主轴颈被安装在缸体上，连杆轴颈与连杆大头孔连接，连杆小头孔与气缸活塞连接，是一个典型的曲柄滑块机构，如图 3-14 所示。

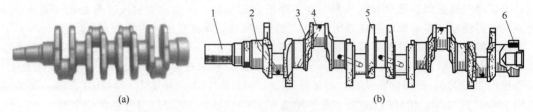

图 3-13　曲轴的组成
1—曲轴前端；2—主轴颈；3—曲柄；4—连杆轴颈；5—平衡块；6—曲轴后端

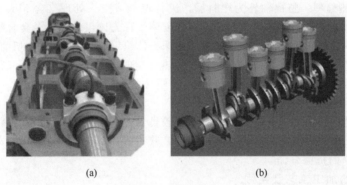

图 3-14　曲轴的安装

① 曲拐。一个曲拐是由一个主轴颈、一个连杆轴颈和一个曲柄组成的。将若干个曲拐按照一定的相位连接起来再加上曲轴前、后端便构成一根曲轴。也就是说，曲轴基本上是由若干个曲拐构成的。

② 主轴颈。主轴颈用来支承曲轴，曲轴绕其中心线旋转。主轴颈支承在曲轴箱的主轴承座孔中，孔表面有油槽。主轴承的数目不仅与发动机气缸数目有关，还取决于曲轴的支承方式。

如果曲轴的刚度不足，则发生弯曲变形，加剧主轴颈的磨损。为了使各主轴颈磨损均匀，需加宽受力较大的中部和两端的主轴颈，增加刚度，以减少磨损。

③ 连杆轴颈。连杆轴颈是曲轴与连杆的连接部分，用来安装连杆大头。在连接处采用圆弧过渡，以减少应力集中。为减小曲轴旋转部分的质量，以减小离心力，连杆轴颈往往做成中空的。中空的部分还可兼作油道和油腔，油腔不钻通，外端用螺塞封闭，并用开口销固定。连杆轴颈中部插入一弯管，管口位于油腔中心。当曲轴旋转时，在曲轴油腔内，机油中较重的杂质被甩向油腔壁，而洁净的机油则经弯管流向连杆轴向表面，减轻了轴颈的磨损。

④ 曲柄。曲柄是主轴颈和连杆轴颈的连接部分，断面为椭圆形。为了平衡惯性力，减轻轴颈的磨损，更有效的措施就是在曲柄反方向延伸一块平衡块。

⑤ 平衡块。平衡块用来平衡旋转离心力及其力矩，有时也可平衡一部分往复惯性力及其力矩，从而使曲轴旋转平稳。平衡块一般与曲轴铸造或锻造成一体；对于大功率柴油机，平衡块与曲轴分开制造，再用螺栓固装在曲柄上。加平衡块会导致曲轴质量和材料消耗增加，制造工艺复杂。因此，曲轴是否要加平衡块，应视具体情况而定。平衡块的数目、尺寸和安置位置要

根据发动机的气缸数、气缸排列形式及曲轴形状等因素来考虑。

　　⑥ 曲轴前端。通常曲轴前端装有正时齿轮、带轮、扭转减振器以及启动爪等，如图 3-15 所示。为了防止机油沿曲轴轴颈外漏，一般在正时齿轮前端装一个甩油盘，正时齿轮内孔周围还嵌有自紧式油封。当机油溅落在随着曲轴旋转的甩油盘上时，由于离心力的作用，被甩到正时齿轮盖的内壁上，油封挡住机油，使机油沿壁面流回油壳中。

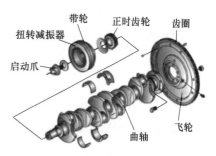

图 3-15　曲轴前、后端的安装

　　⑦ 曲轴后端。曲轴后端制有甩油凸缘、回油螺纹和飞轮结合盘。飞轮结合盘用来连接飞轮输出动力，甩油突缘与回油螺纹用来防止机油外漏。从主轴颈间隙流向后端的机油，主要被甩油凸缘甩入主轴承座孔后边缘的凹槽内，并经回油孔流向油底壳。

（3）曲轴的结构特点

　　① 结构细长多曲拐，刚性很差。
　　② 连杆轴颈和主轴颈不同轴，相互平行。
　　③ 不同曲轴其曲拐之间的夹角可能不同（如图 3-16 所示），从而为加工连杆轴颈时的角度定位带来困难。

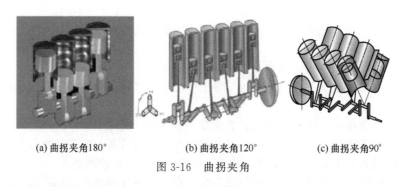

(a) 曲拐夹角180°　　　　　　(b) 曲拐夹角120°　　　　　　(c) 曲拐夹角90°

图 3-16　曲拐夹角

（4）曲轴的曲拐数目与多缸发动机的工作顺序

　　各曲拐的相对位置或曲拐布置取决于气缸数、气缸排列形式和发动机工作顺序等多种因素。

　　① 曲轴的曲拐数目。单缸发动机的曲轴只有一个曲拐；多缸直列式发动机曲轴的曲拐数与气缸数相同，V 型发动机曲轴的曲拐数等于气缸数的一半。

　　② 多缸发动机的工作顺序。当气缸数和气缸排列形式确定之后，曲拐布置就只取决于发动机工作顺序。在选择发动机工作顺序时，应注意以下几点。

　　a. 使各缸做功间隔相等。在发动机完成一个工作循环的曲轴转角内，每个气缸都应发火做功一次，以保证发动机运转平稳。对于气缸数为 i 的四冲程发动机，其发火间隔角应为 $720°/i$，即曲轴每转 720°时，就有一缸发火做功。

　　b. 使接连做功的两个气缸的间距尽可能远一些，以减轻主轴承载荷，同时避免两缸相邻发生进气重叠现象而影响充气。

　　c. V 型发动机左右两列气缸应交替发火。

（5）曲轴的分类

　　曲轴的分类方法有很多，不同类型的曲轴，其制造方式、结构特点和用途也各不相同，比较常见的有以下几种。

　　① 按结构形式的不同，可分为整体式和组合式两类。

a. 整体式曲轴。整体式曲轴的主轴颈、曲柄和连杆轴颈在生产过程中整体制造，如图 3-13 所示。优点是：结构简单、重量轻、工作可靠、稳定性好、简化装配、降低成本；缺点是：锻造复杂、不易拆卸。整体式曲轴在实际的生产和应用中最为广泛，主要应用于中、高速柴油机，是大多数汽车发动机采用的形式。

b. 组合式曲轴。组合式曲轴的主轴颈、曲柄和连杆轴颈在生产过程中分别制造，然后组合到一起。优点是：方便制造、易于拆卸、便于系列生产；缺点是：刚度较差，组装工作较复杂，曲轴重量及长度有所增加，而且在工作时其组合处可能产生滑移。组合式曲轴一般用于大型、低速、大功率柴油机。

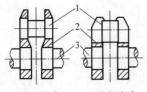

图 3-17　组合式曲轴

1—连杆轴颈；2—曲柄；3—主轴颈

组合式曲轴按其组合方式的不同，常分为全组合式、半组合式及分段组合式三种，如图 3-17 所示。

• 全组合式曲轴，其连杆轴颈、曲柄、主轴颈、前端和后端全都单独制作，然后再组装为一体。

• 半组合式曲轴，其连杆轴颈与曲柄制成一体，其余部分均单独制作，然后再组装成一体。

这两种曲轴大都采用"红套""冷套"或"液压套合"等方法进行组装，其中以"红套"方法应用较多。

• 分段组合式曲轴是把曲轴分为几段制作，然后用法兰接合组装成整根曲轴。通常，在缸数较多的大型低速柴油机上，多分为两段或三段组合；而在某些小型高速柴油机上，甚至每缸的曲柄铸成一个单体，然后再组装为一体。

c. 圆盘式曲轴。其主轴颈和连杆轴颈合成一个圆盘，刚度较大、承能力强，但成本高、噪声大、重量大。

② 按工艺材料不同，可分为锻钢曲轴和铸铁曲轴两种。

a. 锻钢曲轴的弯曲疲劳强度高，适用于增压柴油机和其他高强度发动机，但成本高，制造复杂。

锻钢又可分为自由锻、模锻和镦锻。自由锻适用于较小设备生产大型曲轴，但效率太低，加工余量也大；模锻需要一套较贵的模锻设备和较大的锻压设备，生产效率较高；镦锻可节约大量金属材料和机械加工工时，且加工出的曲轴能充分发挥材料的强度。

b. 铸铁曲轴能够直接铸造成形，制造成本低，在非增压发动机中应用广泛，特别是轿车汽油机，但力学强度较低。

③ 按曲轴的支承方式不同，可分为全支承曲轴和非全支承曲轴两种，如图 3-18 所示。

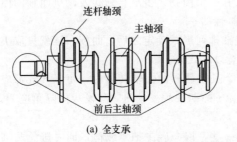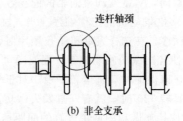

(a) 全支承　　　　　　　　　　　　　　　(b) 非全支承

图 3-18　曲轴支承方式不同

a. 全支承曲轴。曲轴的主轴颈数比气缸数目多一个，即在每一个连杆轴颈两侧都有一个主轴颈。如六缸发动机全支承曲轴有七个主轴颈，四缸发动机全支承曲轴有五个主轴颈。这种支承方式，曲轴的强度和刚度比较好，不易弯曲，并且减轻了主轴承载荷，减小了磨损；但它缸心距加大，机体加长，制造成本增加。柴油机和大部分汽油机多采用这种形式。

b. 非全支承曲轴。曲轴的主轴颈数少于或等于连杆轴颈数，称为非全支承曲轴。虽然这种支承的主轴载荷较大，但缩短了曲轴的总长度，使发动机的总体长度有所减小，多用于中、小功率的汽油机。

(6) 曲轴的材料及热处理

① 曲轴材料的要求。曲轴的结构细长多曲拐，刚性差，工作时要承受比较大的转矩及交变的弯曲应力，容易产生轴颈磨损、折断的情况。在结构设计和加工工艺正确合理的条件下，主要是材料强度决定着曲轴的体积、质量和寿命。因此，曲轴的材料除了应具有优良的力学性能以外，还要求具有良好的耐磨性、较高的疲劳强度、必要的硬度以及较好的淬透性，同时也要考虑工艺性、资源性和经济性。

② 曲轴材料的选用。曲轴材料选择的原则首先是要能满足使用性能，然后再考虑成本、轻量化、环保等一系列要求。常用的曲轴材料有锻钢和铸铁两种。

a. 锻钢。

曲轴常用 40 钢、45 钢等优质中碳钢锻制，也有采用中碳低合金钢 35Mn2、35CrMo、40Cr 等锻制而成。碳素钢的韧性比合金钢高，可以降低扭转振动振幅。合金钢强度高，但它对应力集中极为敏感，而且成本较高。成批生产的小型曲轴可采用模锻，而大型曲轴则多采用自由锻或直接采用棒料车削后再去热处理。

- 强度要求不高的曲轴，一般选用普通碳素钢，如 35 钢、40 钢、45 钢。
- 要求重量轻的高速曲轴，可以采用合金钢锻制。
- 高速、重载、功率要求较高的曲轴，可以采用 40Cr、35CrMoAl 等中碳钢和中碳合金钢模锻而成。
- 强度要求高的曲轴，对应力集中敏感性大，因而对机械加工要求也高，多采用合金钢。

b. 铸铁

铸铁曲轴材料一般为可锻铸铁、珠光体可锻铸铁、球墨铸铁及合金铸铁等，如 KT270-2、KTZ450-5、KTZ500-4、QT600-3、QT700-2 等，还有铸钢 ZG230-450 等。

- 中、低功率的曲轴中，球墨铸铁已几乎完全取代了锻钢。
- 对于强度、塑性、韧性、耐磨性、耐高温或低温、耐腐蚀和机械冲击以及尺寸稳定性要求高的曲轴，采用球墨铸铁最合适。

球墨铸铁价格低廉，制造方便，耐磨性能好，轴颈不需硬化处理，对应力集中不敏感，而且吸振性能良好，还可通过加入合金元素、热处理、表面强化等方法提升其性能。但球墨铸铁延伸率、冲击韧性、弹性模数及疲劳强度较低，在使用其作为曲轴材料时，应该确保轴颈和曲柄的尺寸足够大。

③ 曲轴的热处理方法。

a. 锻造或铸造成形后，为提高曲轴的疲劳强度，消除应力集中，轴颈表面要进行强化处理（喷丸处理），圆角处一般都要经滚压处理。

b. 为了提高轴颈的表面硬度，还需要在轴颈表面做高频淬火或氮化处理。需要注意的是：球墨铸铁曲轴修磨后必须重新做氮化处理（氮化处理过的曲轴颜色发乌），否则曲轴有断裂的危险。这样处理后的曲轴，具有足够的抗弯曲、抗扭转的疲劳强度和刚度，同时轴颈有足够大的承压表面和耐磨性。

(7) 曲轴的加工工艺及路线

① 曲轴加工工艺。虽然曲轴的品种较多，结构上一些细节有所不同，但加工工艺过程大致相同。

a. 曲轴主轴颈及连杆轴颈外铣加工。

在进行曲轴零件加工时，由于圆盘铣刀本身结构的影响，刀刃与工件始终是断续接触，有冲击，因此，机床整个切削系统中控制了间隙环节，降低了加工过程中因运动间隙产生的振动，从而提高了加工精度和刀具的使用寿命。

b. 曲轴主轴颈及连杆轴颈磨削。

跟踪磨削法是以主轴颈中心线为回转中心,采用一次装夹、在一台数控磨床上依次完成曲轴主轴颈和连杆轴颈的磨削加工,通过 CNC 控制砂轮的进给和工件回转运动两轴联动,来完成曲轴加工进给。跟踪磨削法能有效地减少设备费用,降低加工成本,提高加工精度和生产效率。

c. 曲轴主轴颈、连杆轴颈圆角滚压机床。

应用滚压机床是为了提高曲轴的疲劳强度。据统计资料表明,球墨铸铁曲轴经圆角滚压后的曲轴寿命可提高 120%～230%;锻钢曲轴经圆角滚压后寿命可提高 70%～130%。滚压的旋转动力来源于曲轴的旋转,带动滚压头中的滚轮转动,而滚轮的压力是由油缸实施的。

② 曲轴加工工艺路线。按照曲轴的结构特点及机械加工的要求,加工顺序大致可归纳为:两端面;车工艺搭子和钻中心孔;粗、精车连杆轴颈;粗、精车各处外圆;精磨连杆轴颈、主轴颈外圆;切除工艺搭子、车端面、铣键槽等。

制定曲轴机械加工工艺路线:锻造→热处理→铣两端面→铣两头面质量中心孔→铣定位夹紧面→粗车轴颈→钻油道孔→精车轴颈→精车端面→精车连杆→滚压→精磨齿轮及前油封轴颈→精车止推面、法兰端面及定位轴颈→精磨主轴颈及后油封轴颈→精磨连杆轴颈→铣键槽→油道孔孔口倒角→倒角→动均衡→减外增补均衡去重→清算键槽及油道孔→抛光→最后检验→防锈。

3.4 车床主轴

(1) 车床主轴的用途

车床主轴是一种典型的轴类零件,它是车床的关键零件之一。车床主轴把回转运动和转矩通过主轴端部的夹具传递给工件或刀具。因此在车床中,主轴主要用来支承传动零件如齿轮、带轮,传递运动,承受转矩和弯矩,要求有很高的回转精度。

(2) 车床主轴的材料及结构特点

① 材料。车床主轴材料常用 45 钢,精度较高的轴可选用 40Cr、轴承钢 GCr15、弹簧钢 65Mn,也可选用球墨铸铁;对高速、重载的轴,选用 20CrMnTi、20Mn2B、20Cr 等低碳合金钢或 38CrMoAL 氮化钢。

② 结构特点。车床主轴既是阶梯轴又是空心轴,是长径比小于 12 的刚性轴,如图 3-19 所

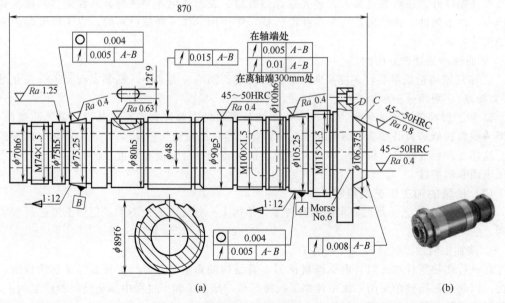

(a)   (b)

图 3-19 车床主轴

示。车床主轴不但传递旋转运动和转矩，而且是工件或刀具回转精度的基础。其上有安装支承轴承、传动件的圆柱、圆锥面，安装滑动齿轮的花键，安装卡盘及顶尖的内、外圆锥面，连接紧固螺母的螺旋面，通过棒料的深孔，等。机械加工工艺主要是车削、磨削，其次是铣削和钻削等。

(3) 车床主轴的加工工艺分析

① 车床主轴定位基准的选择。主轴加工中，为了保证各主要表面的相互位置精度，选择定位基准时，应遵循基准重合、基准统一和互为基准等重要原则，并能在一次装夹中尽可能加工出较多的表面。

a. 由于主轴外圆表面的设计基准是主轴轴心线，根据基准重合的原则，应选择主轴两端的顶尖孔作为精基准面。用顶尖孔定位，还能在一次装夹中将许多外圆表面及其端面加工出来，有利于保证加工面间的位置精度。所以主轴在粗车之前应先加工顶尖孔。

但是当加工表面位于轴线上时，就不能用中心孔定位，此时宜用外圆定位。比如钻主轴上的通孔，就要采用外圆定位方法，轴的一端用卡盘夹外圆，另一端用中心架架外圆，即"夹一头，架一头"。作为定位基准的外圆面应为设计基准的支承轴颈，以符合基准重合原则。

b. 粗加工外圆时为提高工件的刚度，可以采用三爪卡盘夹一端（外圆），用顶尖顶一端（中心孔）的定位方式。

c. 由于主轴轴线上有通孔，定位基准——中心孔被破坏。为仍能够用中心孔定位，通孔直径小时，可直接在孔口倒出 60°锥面代替中心孔；当通孔直径较大时，要采用锥堵或锥堵心轴，即在主轴的后端加工一个 1∶20 锥度的工艺锥孔，在前端莫氏锥孔和后端工艺锥孔中配装带有中心孔的锥堵，如图 3-20 (a) 所示，这样锥堵上的中心孔就可作为工件的中心孔使用了。使用时在工序之间不许更换或拆装锥堵，因为锥堵的再次安装会增加安装误差。当主轴锥孔的锥度较大时，可用锥套心轴，如图 3-20 (b) 所示。

d. 为了保证以支承轴颈与主轴内锥面的同轴度要求，宜按互为基准的原则选择基准面。例如，车小端锥孔和大端莫氏 6 号内锥孔时，以与前支承轴颈相邻而且用同一基准加工出来的外圆柱面为定位基准面（因支承轴颈系外锥面不便装夹）；在精车各外圆（包括两个支承轴颈）时，以前、后锥孔内所配锥堵的顶尖孔为定位基面；在粗磨莫氏 6 号内锥孔时，又以两圆柱面为定位基准面；粗、精磨两个支承轴颈的 1∶12 锥面时，再次用锥堵顶尖孔定位；最后精磨莫氏 6 号锥孔时，直接以精磨后的前支承轴颈和另一圆柱面定位。这样在前锥孔与支承轴颈之间反复转换基准，加工对方表面，定位基准每转换一次，都使主轴的加工精度提高一步。

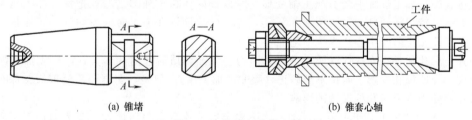

(a) 锥堵　　　　　　　　　　　　　　(b) 锥套心轴

图 3-20　锥堵与锥套心轴

② 车床主轴热处理工序的安排。

a. 切削前毛坯热处理。主轴锻造后需要进行正火或退火处理，来消除锻造内应力，改善金相组织，细化晶粒，降低硬度，改善加工性能。

b. 粗加工后预备热处理。通常采用调质或正火热处理，安排在粗加工之后进行，以得到均匀细密的回火索氏体组织，使主轴既获得一定的硬度和强度，又有良好的冲击韧性，同时还可以消除粗加工应力。

c. 精加工前最终热处理。一般安排在粗磨前进行，目的是提高主轴表面硬度，并在保持心部韧性的同时，使主轴颈或工作表面获得高的耐磨性和抗疲劳性，以保证主轴的工作精度和使用寿命。最终热处理的方法有局部加热淬火后回火、渗碳淬火和渗氮等，具体应视主轴材料而定。渗碳淬火还需要进行低温回火处理，对不需要渗碳的部位可以镀铜保护或预放加工余量后再去碳层。表面淬火后需要首先磨锥孔，重新配装锥堵，以消除淬火过程中产生的氧化皮，修正淬火变形对精基准的影响，通过精修基准，为精加工做好定位基准的准备。

d. 精加工后的定性处理。对于精度要求很高的主轴，在淬火、回火后或粗磨工序后，还需要进行定性处理。定性处理的方法有低温人工时效和冰冷处理等，目的是消除淬火应力或加工应力，促使残余奥氏体转变为马氏体，稳定金相组织，从而提高主轴的尺寸稳定性，使之长期保持精度。普通精度的车床主轴，不需要进行定性处理。

③ 车床主轴加工阶段的安排。由于主轴的精度要求高，毛坯为模锻件，加工余量大，故应分阶段加工，可分为粗、精加工阶段，先粗后精，多次加工，逐步提高精度。多次切削有助于消除复映误差、去除应力，并可加入必要的热处理工序；粗加工、精加工两阶段应间隔一定时间，并分粗、精加工机床进行，合理利用设备，保护机床。

主轴加工工艺过程可划分为三个加工阶段：粗加工阶段，包括铣端面、加工中心孔、粗车外圆等；半精加工阶段，包括半精车外圆、钻通孔、车锥面、车锥孔、钻大头端面各孔、精车外圆等；精加工阶段，包括精铣键槽，粗、精磨外圆、锥面、锥孔，等。

④ 车床主轴加工顺序的安排。安排的加工顺序应能使各工序和整个工艺过程最经济合理。按照粗精分开、先粗后精的原则，各表面的加工应按由粗到精的顺序，按加工阶段进行安排，逐步提高各表面的精度和减小其表面粗糙度值。

由于在机械加工工序中间需插入必要的热处理工序，所以主轴主要表面的加工顺序安排为：外圆表面粗加工（以顶尖孔定位）→外圆表面半精加工（以顶尖孔定位）→钻通孔（以半精加工过的外圆表面定位）→锥孔粗加工（以半精加工过的外圆表面定位，加工后配锥堵）→外圆表面精加工（以锥堵顶尖孔定位）→锥孔精加工（以精加工外圆面定位）。

在安排工序顺序时，还应注意下面几点。

a. 外圆表面的加工顺序。外圆加工顺序安排要照顾主轴本身的刚度，对轴上的各阶梯外圆表面，应先加工大直径的外圆，后加工小直径外圆，避免加工初始就降低主轴刚度。另外，外圆精加工应安排在内锥孔精磨之前，这是因为以外圆定位来精磨内锥孔更容易保证它们之间的相互位置精度。

b. 深孔加工顺序。主轴深孔加工应安排在外圆粗车之后。因为深孔加工是粗加工工序，要切除大量金属，加工过程中会引起主轴变形，所以最好在粗车外圆之后就把深孔加工出来。这样可以有一个较精确的外圆来定位加工深孔，有利于保证深孔加工时壁厚均匀，而外圆粗加工时又能以深孔钻出前的中心孔为统一基准。

另外，深孔加工宜安排在调质后进行。因为主轴经调质后径向变形大，如果先加工深孔后调质处理，会使深孔变形，而得不到修正（除非增加工序）。但是，安排调质处理后钻深孔，就可以避免热处理变形对孔的形状的影响。

c. 次要表面的加工。当主要表面加工顺序确定后，就要合理地插入次要表面加工工序。对主轴来说次要表面指的是螺纹、螺孔、键槽等。这些次要表面的加工一般不易出现废品，所以应安排在精车后、精磨前。这样不仅可以较好地保证其相互位置精度，而且这些次要表面放在主要表面精加工前，可以避免在加工次要表面过程中损伤已精加工过的主要表面，还可以避免浪费工时，因为主要表面加工一旦出了废品，非主要表面就不需要加工了。

对凡是需要在淬硬表面上加工的螺孔、键槽等，都应安排在淬火前加工。非淬硬表面上花键、键槽的加工，应安排在外圆精车之后，粗磨之前。如果在精车之前就铣出键槽，将会造成断续车削，既影响质量又易损坏刀具，而且也难以控制键槽的尺寸精度。

对于主轴螺纹，因它和主轴支承轴颈之间有一定的同轴度要求，所以该螺纹安排在淬火之后的精加工阶段进行加工，以免受半精加工产生的残余应力以及热处理变形的影响。

d. 各工序的定位基准面的加工应安排在该工序之前。这样可以保证各工序的定位精度，使各工序的加工达到规定的精度要求。

e. 对于精密主轴更要严格按照粗精分开、先粗后精的原则，而且各阶段的工序还要细分。

f. 主轴的检验。主轴是加工要求很高的零件，需安排多次检验工序。检验工序一般安排在各加工阶段前后以及重要工序前后和花费工时较多的工序前后，总检验则放在最后。

3.5 活塞杆

(1) 活塞杆的用途

活塞杆是支持活塞做功的连接零件，大部分应用在油缸、气缸运动执行部件中，是一个运动频繁、加工精度要求高的运动部件，如图 3-21 所示。活塞杆主要用于液压气动，工程机械，汽车制造以及塑料机械的导柱，包装机械、印刷机械的辊轴，纺织机械、输送机械用的心轴，直线运动用的直线光轴，等。

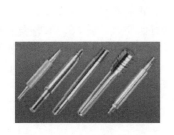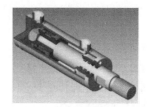

气缸活塞杆　　　　　　　油缸活塞杆

图 3-21　活塞杆

(2) 活塞杆的种类

活塞杆一般都设计成圆柱体，如果直径较大，可用空心活塞杆。按活塞杆的结构不同，可分为实心活塞杆、中空型活塞杆和中空带进油管的活塞杆三种。

① 实心活塞杆，如图 3-22（a）所示。

② 中空型活塞杆由杆头、杆身及杆尾组焊而成，如图 3-22（b）所示。杆头是指用于装活塞的一端；杆尾是指露出油缸体外部的一端；杆身是指杆头和杆尾之间的中间段即无缝管。

③ 中空带进油管的活塞杆由杆头、杆身、杆尾及内进油管组焊而成，如图 3-22（c）所示。进油管是指连接于杆头、杆尾，并穿过杆身的管子。

将图 3-22（b）、（c）两种活塞杆称为组合活塞杆。

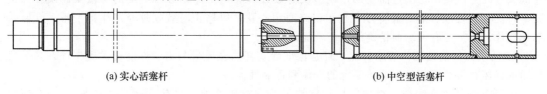

(a)实心活塞杆　　　　　　　　　　　　　　(b)中空型活塞杆

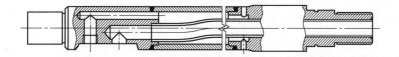

(c)中空带进油管的活塞杆

图 3-22　活塞杆的种类

（3）活塞杆的材料

活塞杆是液压油缸中连接活塞和工作部件的精度要求较高的关键传力零件，工作过程中需承受较大拉应力，因此，活塞杆必须具有足够的强度、刚度、韧性，同时因其使用中受磨粒冲刷，极易产生磨损，还需具有较高的耐磨性。

不同的材料制作出来的活塞杆在使用性能方面也会有所不同，活塞杆常用材料主要有下面三种。

① 45 钢。在一般情况下，如果活塞杆的负荷不是很大，通常都会使用 45 钢来进行制造。因为 45 钢是最为常用的一种优质中碳调质结构钢，具有较高的强度和较好的切削加工性。特别是当它经过淬火后，其表面硬度可以达到 45～52HRC，而且可以获得一定的韧性、塑性和耐磨性等综合力学性能，因此它是活塞杆加工最为常用的材料之一。

② 40Cr 钢。活塞杆在有较大冲击力、重载荷传动时，一般会使用 40Cr 钢进行制造，这是为了保证活塞杆有足够的工作强度。因为 40Cr 钢是一种中碳调质钢，也是一种冷镦模具钢。其淬透性、低温冲击韧性好，特别是当它经过调质后，能具有良好的综合力学性能，硬度大概可以达到 32～36HRC，即 301～340HB，这样，可以保证活塞杆能拥有足够的工作强度。因此，使用 40Cr 钢制造而成的活塞杆，常被用于承受较大冲击力、重载荷传动的活塞中。

③ 不锈钢材质。不锈钢也可以用于活塞杆的制作，具有耐空气、蒸汽、水等弱腐蚀介质的特点，常用的有 304、316、402 等。这几种材质的焊接性、抛光性、耐热性、耐腐蚀性都是比较好的，通过精密冷拔、精磨、高精度抛光等工艺处理，其制造出来的活塞杆的各项技术指标均符合并超过国家标准，因此常用于油缸、气缸、减振器中。

（4）活塞杆的校直和热处理

① 活塞杆的校直。

a. 对于实心活塞杆，在压力机上进行校直：工件安放在两个滚轮架上，用划针先离开滚轮架 300～500mm，每隔 400～500mm 转动工件，测其最高、最低点并标记位置、数值，然后放在压力机上进行校直；也可直接置于压力机工作台上，用肉眼看出弓高点，用液压机校直。

b. 对于杆身为无缝管的中空活塞杆，采用火焰校直法：将无缝管杆身放置在两个滚轮架上，用划针距滚轮架 300～500mm 以后间隔 500～1000mm 转动工件，测其最高点、最低点并标记位置、数值，划好"◇"加热区，弓度向上，用乙炔火焰在加热区域上进行加热，利用其自重下垂（或加压重件）进行校直。

活塞杆作为细长轴，加工过程中的校直和热处理工序是保证其精度，防止弯曲变形的关键工序。但是校直本身会产生内应力，这对精度要求较高的细长轴来说是不利的。因为内应力有逐渐消失的倾向，由于内应力的消失会引起细长轴的变形，这就影响了细长轴精度的保持。所以，对精度要求高、直径较大的细长轴，在加工过程中不校直，而是采用加大径向总余量和工序间余量的方法逐次切去弯曲变形，经多次时效处理和把工序划分得更细的方法来解决变形问题。每次时效处理后都要重新打中心孔或修磨中心孔，以修正时效处理时产生的变形，并除去氧化皮等，使加工有可靠而精确的定位基面。

② 活塞杆的热处理。活塞杆热处理是保证活塞杆内在质量与力学性能的关键工序，热处理质量的好坏直接关系到整个液压系统的寿命和可靠性。

a. 活塞杆通常在锻造、粗加工后，精加工前安排热处理，常有正火、回火去应力和调质，根据设计要求采用。

• 活塞杆（含锻圆，组合活塞杆的杆头、杆尾、杆身）均为正火处理。

• 用热轧圆钢做活塞杆，下料后可直接调质。

• 锻圆经粗车，探伤检验合格后，进行调质处理。

• 组合杆经焊接、探伤检验合格后，可进行回火去应力处理，如要求进行调质处理，可不进行回火去应力处理，直接进行调质处理。

为避免细长轴因自重引起弯曲变形，存放时应垂直放置，热处理时要在井式炉中进行，出炉后应垂直吊放。

b. 活塞杆锻件热处理加工工艺过程：

锻压退火→粗加工→调质→半精加工→去应力→粗磨→高频淬火→回火→精加工。

• 退火。活塞杆锻件的退火主要是用于降低硬度，从而利于切削加工。通过退火可以提高塑性、韧性，改善钢的性能或为以后热处理做好组织准备，消除 2Cr13 钢中的残余内应力，防止变形和开裂。

• 锻造。活塞杆锻件的毛坯一般都是经过锻造后获得基本的形状，其锻造是利用锻压机械对金属坯料施加压力，使其产生塑性变形，以获得具有一定力学性能、一定形状和尺寸的锻件的加工方法。

• 调质。调质的目的就是使活塞杆可以具有良好的综合力学性能，因此为了让活塞杆可以获得较高的韧性、足够的强度以及优良的力学性能，我们一般都需要对 2Cr13 材质进行调质处理。

• 去应力处理。所谓的去应力处理，其实就是指去除应力。在一般情况下，退火铸、锻、焊件在冷却时由于各部位冷却速度不同而产生内应力，所以要进行去应力处理。

• 高频淬火。高频淬火一般都是在半精加工后、磨削加工前进行的一道工序。经过高频淬火后，活塞杆的表面可以获得高硬度、高的耐磨性，而心部仍维持良好的综合力学性能。但是由于淬火后，表面会残留有淬火应力，因此为了降低表面的淬火应力，淬火后应进行低温回火，以此来保持高硬度、耐磨性。

(5) 活塞杆的加工工艺分析及工艺路线

① 活塞杆的加工工艺分析。

a. 活塞杆在正常使用中，承受交变载荷作用，在有密封装置处，会往复摩擦其表面，所以该处就要求硬度高又耐磨。活塞杆经过调质处理和表面渗氮后，心部硬度为 28～32HRC，表面渗氮层深度 0.2～0.3mm，表面硬度为 62～65HRC。这样使活塞杆既有一定的韧性，又具有较好的耐磨性。

b. 活塞杆结构比较简单，但长径比很大，属于细长轴类零件，刚性较差，为了保证加工精度，在车削时要粗车、精车分开，而且粗、精车一律使用跟刀架，以减少加工时工件的变形，在加工两端螺纹时要使用中心架。

c. 在选择定位基准时，为了保证零件同轴度公差及各部分的相互位置精度，所有的加工工序均采用两中心孔定位，符合基准统一原则。

d. 外圆表面磨削后还可以用滚压工艺。活塞杆采用滚压加工，由于表面层留有表面残余压应力，有助于表面微小裂纹的封闭，阻碍侵蚀作用的扩展，从而提高表面抗腐蚀能力，并能延缓疲劳裂纹的产生或扩大，因而提高活塞杆疲劳强度。通过滚压成形，滚压表面形成一层冷作硬化层，减少了磨削接触表面的弹性和塑性变形，从而提高了活塞杆表面的耐磨性，同时避免了因磨削引起的烧伤。滚压后，表面粗糙度值的减小，可提高配合性质。同时，降低了活塞杆运动时对密封圈或密封件的摩擦损伤，提高了油缸的整体使用寿命。

但是，活塞杆采用滚压加工，工件易产生让刀、弹性变形，影响活塞杆的精度。因此，在加工时应修研中心孔，并保证中心孔的清洁，中心孔与顶尖间松紧程度要适宜，并保证良好的润滑。砂轮一般选择：磨料白刚玉（WA）、粒度 60#、硬度中软或中，陶瓷结合剂，另外砂轮宽度应选窄些，以减小径向磨削力，加工时注意磨削用量的选择，尤其磨削深度要小。

e. 在磨削外圆和锥度时，两道工序必须分开进行。在磨削锥度时，要先磨削试件，检查试件合格后才能正式磨削工件。锥面的检查，是用标准的锥环规涂色检查，其接触面应不少于 80%。

f. 为了保证活塞杆加工精度的稳定性，在加工的全过程中不允许人工校直。

g. 渗氮处理时，螺纹部分等应采取保护装置进行保护。

h. 为了提高活塞杆的抗腐蚀能力，杆的工作表面可镀硬铬。

② 活塞杆的加工工艺路线。

对于长缸活塞杆可以制定加工工艺路线为：

锻材（轧材）→下料→调质→校直→机械加工→表面淬火、回火→校直→杆头焊接→机加工→磨削→去应力退火→抛光→镀硬铬→抛光→清洗→装配。

3.6 活塞

(1) 活塞连杆组及作用

① 活塞连杆组。活塞与活塞环、活塞销、连杆及连杆轴瓦等组成活塞连杆组，如图 3-23 所示。其作用是：

a. 将燃料燃烧的热能转化为机械能；

b. 将活塞的往复运动转变为曲轴的旋转运动；

c. 将作用于活塞上的力转变为曲轴对外输出的转矩。

② 活塞的作用。活塞顶部与气缸盖、气缸壁共同组成燃烧室，承受气体压力，并通过活塞销和连杆驱使曲轴旋转。

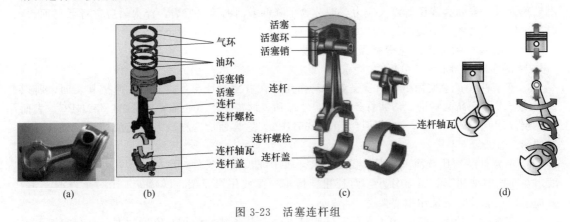

图 3-23 活塞连杆组

(2) 活塞的工作环境及应具备的特点

活塞的工作环境：高温、散热条件差，顶部工作温度高达 600～700K，且分布不均匀；高速，线速度达到 10m/s，承受很大的惯性力。活塞顶部承受最高可达 3～ 5MPa（汽油机）的压力，使得活塞产生冲击，并承受侧压力的作用。

活塞应具备的特点：刚度和强度应足够大，形状和壁厚应合理；受热面小，散热好；热膨胀系数小、导热性能好、密度小，具有较好的减摩性和热强度。

(3) 活塞的组成

活塞主要由活塞顶、活塞头和活塞裙三个部分组成，如图 3-24 所示。

① 活塞顶。活塞顶是燃烧室的组成部分，主要承受气体压力。活塞顶的形状、位置、大小都和燃烧室的具体形式有关，为满足可燃混合气形成和燃烧的要求，其顶部常制成不同的形状，如图 3-25 所示。

a. 平顶：顶部是一个平面，结构简单、制造容易、受热面积小、应力分布较均匀，一般用在汽油机上，柴油机很少采用。

b. 凸顶：顶部凸起呈球状、强度高，起导向作用，有利于改善换气过程。

c. 凹顶：顶部呈凹陷形，凹坑的形状、位置必须有利于可燃混合气的燃烧，有双涡流凹坑、

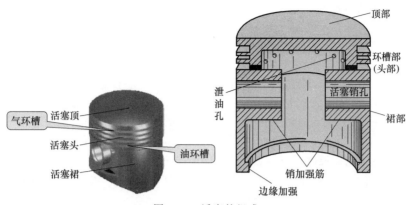

图 3-24　活塞的组成

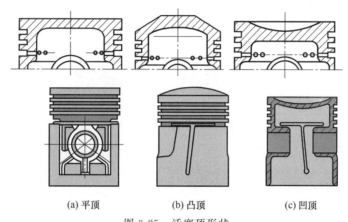

(a) 平顶　　　　　　(b) 凸顶　　　　　　(c) 凹顶

图 3-25　活塞顶形状

球形凹坑、U形凹坑等，同时可以提高压缩比，防止碰气门。

　　汽油机活塞顶多采用平顶或凹顶，以便使燃烧室结构紧凑，其散热面积小、制造工艺简单；凸顶活塞常用于二行程汽油机；柴油机的活塞顶常采用凹顶，其具体形状、位置和大小都必须与柴油机的混合气形成或燃烧的要求相适应。

　　② 活塞头。活塞头是由活塞顶至最下面一道活塞环槽之间的部分。其作用是：安装活塞环，以防止高温、高压燃气窜入曲轴箱，同时阻止机油窜入燃烧室；活塞顶部所吸收的热量大部分也要通过活塞头部传给气缸，进而通过冷却介质传走。

　　活塞头部加工有数道安装活塞环的环槽，活塞环数取决于密封的要求，它与发动机的转速和气缸压力有关。一套活塞环通常包括2个气环和1个油环（又称刮油环）。高速发动机的环数比低速发动机的少，汽油机的环数比柴油机的少。一般汽油机采用2道气环、1道油环；柴油机为3道气环、1道油环；低速柴油机采用3~4道气环。在油环槽底面上钻有许多径向小孔，使被油环从气缸壁上刮下的机油经过这些小孔流回油底壳。

　　③ 活塞裙。活塞裙是活塞环槽下端面起至活塞最下端的部分，包括装活塞销的销座孔。其作用是引导活塞在气缸中做往复运动，并承受侧压力。

　　裙部的长短取决于侧压力的大小和活塞直径。所谓侧压力是指在压缩行程和做功行程中，作用在活塞顶部的气体压力的水平分力使活塞压向气缸壁。压缩行程和做功行程气体的侧压力方向正好相反，由于燃烧压力大大高于压缩压力，所以，做功行程中的侧压力也大大高于压缩行程中的侧压力。活塞裙部承受侧压力的两个侧面称为推力面，它们处于与活塞销轴线相垂直的方向上。

(4) 活塞的结构特点

① 预先做成椭圆形,如图 3-26 (a) 所示。为了使裙部两侧承受气体压力并与气缸保持小而安全的间隙,要求活塞在工作时具有正确的圆柱形。但是,由于活塞裙部的厚度很不均匀,活塞销座孔部分的金属厚,受热膨胀量大,沿活塞销座轴线方向的变形量大于其他方向。另外,裙部承受气体侧压力的作用,导致沿活塞销轴向变形量较垂直活塞销方向大。这样,如果活塞冷态时裙部为圆形,那么工作时活塞就会变成一个椭圆,使活塞与气缸之间圆周间隙不相等,造成活塞在气缸内卡住,发动机就无法正常工作。因此,在加工时预先把活塞裙部做成椭圆形状,椭圆的长轴方向与销座垂直,短轴方向沿销座方向,这样活塞工作时趋近正圆。

② 活塞沿高度方向的温度很不均匀,活塞的温度是上部高、下部低,膨胀量也相应是上部大、下部小。为了使工作时活塞上下直径趋于相等,即为圆柱形,就必须预先把活塞制成上小下大的阶梯形、锥形,如图 3-26 (b)～(c) 所示。

③ 有些活塞为了减轻重量,在裙部开孔或把裙部不受侧压力的两边切去一部分,以减小惯性力,减小销座附近的热变形量,形成拖板式活塞或短活塞。拖板式结构裙部弹性好,质量小,活塞与气缸的配合间隙较小,适用于高速发动机,如图 3-26 (d) 所示。

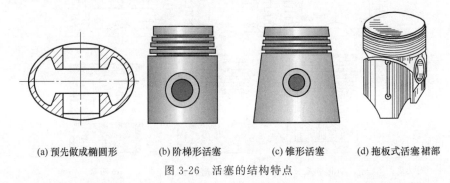

(a) 预先做成椭圆形　　(b) 阶梯形活塞　　(c) 锥形活塞　　(d) 拖板式活塞裙部

图 3-26　活塞的结构特点

④ 为了减小活塞裙部的受热量,通常在裙部开横向的隔热槽,为了补偿裙部受热后的变形量,裙部开有纵向的膨胀槽。槽的形状有 "Π" 形或 "T" 形,如图 3-27 所示。横槽一般开在最下一道环槽的下面,或裙部上边缘销座的两侧 (也有开在油环槽之中的),以减小头部热量向裙部传递,故称为绝热槽。竖槽会使裙部具有一定的弹性,从而使活塞装配时与气缸间具有尽可能小的间隙,而在热态时又具有补偿作用,不致造成活塞在气缸中卡死,故将竖槽称为膨胀槽。裙部开竖槽

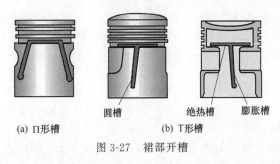

(a) Π形槽　　　　　(b) T形槽

圆槽　　绝热槽　　膨胀槽

图 3-27　裙部开槽

后,会使其开槽的一侧刚度变小,在装配时应使其位于做功行程中承受侧压力较小的一侧。柴油机活塞受力大,裙部一般不开槽。

⑤ 为了减小铝合金活塞裙部的热膨胀量,有些汽油机活塞在活塞裙部或销座内嵌入钢片。钢片式活塞的结构特点是,由于钢为含镍 33%～36% 的低碳铁镍合金,其线胀系数仅为铝合金的 1/10,而销座通过恒范钢片与裙部相连,牵制了裙部的热膨胀变形量。

⑥ 有的汽油机上,活塞销孔中心线是偏离活塞中心线平面的,向做功行程中受主侧压力的一方偏移了 1～2mm。这种结构可使活塞在从压缩行程到做功行程中较为柔和地从压向气缸的一面过渡到压向气缸的另一面,以减小敲缸的声音。在安装时,这种活塞销偏置的方向不能装反,否则换向敲击力会增大,使裙部受损。

⑦ 对裙部表面进行保护。

a. 镀锡：油膜破坏时，起润滑作用，又可加速磨合作用。

b. 涂石墨：易脆断可加速磨合，自润滑。

c. 表面磷化（粗糙化）：可加速磨合，防止腐蚀，沟谷可存机油润滑。

（5）活塞的分类

① 按活塞顶部的结构形式分类。

a. 平顶活塞：适用于化油器式发动机的预燃式燃烧室及柴油机的涡流式燃烧室。其优点是容易制造，顶部承受热分配均匀，活塞质量小。

b. 凹顶活塞：可改善混合气流动性能和燃烧性能，适用于柴油机或部分汽油机。其优点是容易变更压缩比和燃烧室形状。

c. 凸顶活塞：提高了压缩比，一般适用于小功率发动机。

② 按裙部的结构分类。

a. 裙部开槽活塞：适用于气缸直径较小、气体压力较低的发动机，开槽的目的是避免膨胀，也称弹性活塞。

b. 裙部不开槽的活塞：多用于大吨位载货汽车的发动机，也称刚性活塞。

③ 按活塞销座分类。

a. 活塞销座轴线与活塞轴线垂直相交的活塞。

b. 活塞销座轴线与活塞轴线垂直但不相交的活塞。

（6）活塞的材料及热处理

① 根据活塞的工作条件，活塞所用材料需满足下列要求。

a. 要有足够的强度、刚度，重量轻，以保证最小惯性力。

b. 导热性好，耐高温、高压、腐蚀，有充分的散热能力，受热面积小。

c. 活塞与活塞壁间应有较小的摩擦系数。

d. 温度变化时，尺寸、形状变化要小，和气缸壁间要保持最小的间隙。

e. 线胀系数小，密度小，具有较好的减摩性和热强度。

② 活塞材料的选用。活塞使用的材料通常有以下几种。

a. 铝合金。铝合金的突出优点是密度小，可大大减少活塞的质量及往复运动的惯性力，因此铝合金活塞常常应用于中、小缸径的中、高速内燃机上，尤其以汽车发动机中居多。在同样强度的情况下，它比钢铁材料轻许多。因此，采用铝合金制作的活塞工作过程中产生的惯性小，对高速内燃机的减振和降低内燃机的比质量有着重要的意义。此外，质量较小的铝合金活塞运动时，对缸壁的侧压力和冲击力也较小，这样可以减小活塞组与缸壁以及活塞销的摩擦力，并降低它们的磨损量。铝合金的另外一个优点是导热性好，工作时，活塞表面温度比铸铁的低，而且活塞顶部的积碳也较少。

• 硅铝合金。这类合金因具有线胀系数小、密度小、耐磨性好、铸造性能好等一系列优点而成为应用于现代发动机活塞制造最广泛的材料。这类合金按含 Si 量的高低可分为共（亚）晶型和过共晶型两大类。

国内外轻、中型汽车发动机活塞大多采用了共晶（亚共晶）型 Al-Si 合金。该类合金含 Si 量一般在 8.5%～13%，为了提高合金的室温及高温性能在其中加入了 Cu、Mg、Mn、Ni 等合金元素进行多元合金化。

随着发动机对功率、转矩、噪声、排放的要求越来越高，共晶（亚共晶）型 Al-Si 合金已难以达到使用性能要求。因此，人们把目光投向另一种更为理想的活塞材料——过共晶型 Al-Si 合金。这类合金含 Si 量高达 17%～26%，而随着 Si 含量的增加，合金的线胀系数减小，耐磨性和体积稳定性相应提高，且合金密度也随之减小，用其制造发动机活塞，可在设计上缩小气缸筒内壁与活塞之间的间隙，从而提高发动机效率，因此受到世界各国研究者的重视。国外对过共晶型 Al-Si 合金的研究应用较早，使用范围已从摩托车活塞扩大到载货汽车的活塞上。国内近些年也对该类活塞材料进行了大量的研究，但实际应用的还较少。

• 铜硅铝合金。这类合金的优点是：由于含有一定量的硅，其铸造性能较好，切削加工性能也有所改善，在常温和高温下均有较好的机械、物理性能。在 70 年代之前，该类合金曾是苏联等国应用最广泛的一种材料，我国的解放牌 CA10A、CA10B、CA10C 型汽车活塞也采用此合金。其典型合金代号有 SAE300（美）、A110B（俄）、AC2A（日）。该类合金的缺点是：线胀系数较大，因含有较多的 Cu，所以体积稳定性不好，会产生永久性"长大"现象引起活塞"咬缸"，所以国内现已停止使用这类材料。

b. 铸铁。现代内燃机尤其是柴油机，为了大幅度地提高其热效率，增压程度不断地提高，使得气缸内部的热负荷明显增大。因此，铝合金活塞本身所固有的热强度不高、线胀系数较大的缺点越来越严重，铝合金活塞在柴油机上的使用范围受到明显的限制。为了适应这种情况，采用铸铁作为活塞材料。

c. 铸钢。铸钢的机械强度高，耐热性、耐蚀性以及耐磨性均优于铝合金和铸铁，具有高的弹性模量、优良而稳定的高温性能和比较低的线胀系数等优点，但缺点是密度大、加工麻烦、成本高、对缸套的磨损严重。为使活塞质量更轻，通常将钢制活塞的结构设计得十分复杂，活塞体断面很薄。

d. 镶体。为解决铝活塞的硬度随着温度升高而大幅度下降的问题，采取在活塞的环槽处镶一热导率较小且线胀系数与活塞基体合金相近的材料制成的环槽圈，这样既强化了环槽，又对活塞热量外流起了限制作用。

e. 陶瓷。陶瓷是用于汽车发动机上的新材料，具有重量轻、耐磨、绝热性好、高温强度大等优点。活塞陶瓷化的主要优点有：

• 可实现部分或全绝热，从而取消冷却系统并且回收废气能量以降低油耗；

• 降低高强化柴油机活塞的温度，特别是环槽的温度；

• 改善排放。

全陶瓷活塞目前还无成功的应用实例，但组合式陶瓷活塞已在特种发动机上得到了一定的应用。

f. 复合材料。

• 铝基复合材料。以轻金属为基体的复合材料除了具有基体金属的性能外，还具有更突出的优点，主要表现在复合材料重量轻、动载荷小、耐磨性好，与基体合金相比其高温强度和抗热疲劳性能明显提高，并具有较低的线胀系数。

• 树脂基复合材料。尽管该材料制成的活塞顶部易出现烧蚀，但该复合材料在制造小型活塞上仍具有一定的生命力。

③ 以柴油机上的活塞为例，说明材料的选用。

a. 中、低速柴油机：一般采用灰铸铁 HT250、HT300。

• 大型低速十字头柴油机（组合式活塞）：活塞头有 ZG230-450、ZG25CrMo；裙部有 HT250、HT300。

• 中速柴油机：球墨铸铁 QT500-07（缸径为 100～400mm）。

b. 中、高速柴油机：

• 铝合金活塞，有 ZL108、ZL110 等材料；

• 高速强载柴油机活塞，有 LD8、LD10 和 LD11 等锻铝材料。

④ 活塞的热处理。

a. 活塞毛坯的热处理。

整体式铸铁活塞毛坯采用砂模铸造，批量大的小型铸铁活塞毛坯采用金属模铸造；整体式铸铝活塞采用金属模离心铸造；锻铝活塞毛坯采用模锻。

b. 活塞的热处理。

- 铸铁活塞：粗加工＋退火处理。
- 碳素铸钢和合金铸钢的活塞：正火＋（粗加工后）退火处理；合金铸钢：调质处理。
- 铝合金活塞：淬火＋时效处理。

（7）加工工艺路线

活塞批量生产的工艺路线为：钻活塞销孔→铣两侧销座凹坑→粗车外圆、环槽、裙部及端面→粗车定位止口→铣回油槽→扩活塞销孔→钻销座油孔→去毛刺→粗、精镗活塞销孔→销孔内侧倒角→车削孔锁环槽→精车止口→车外圆、环槽及倒角→滚挤活塞销孔→去毛刺→清洗、吹净活塞→终检→装配前裙部分组复检尺寸。

注意：外圆环槽和止口加工路线应以粗、精车为宜，大量生产时，外圆加工需增加磨削工序；销孔加工路线为粗、精车加冷压光加工，小批量生产时可用粗、精车，小直径销孔采用钻、扩和镗。

3.7 柱塞

（1）柱塞的作用

柱塞主要是在泵或压缩缸中用来输送流体。柱塞在流体压力的作用下只能实现一个方向的运动，回程须靠自重或外力。为了获得往复运动，一般成对使用，如图 3-28 所示。

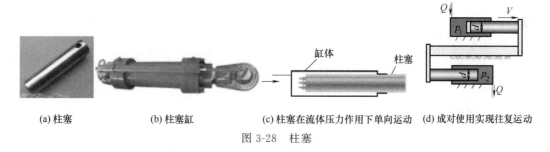

(a) 柱塞　　　　　(b) 柱塞缸　　　　(c) 柱塞在流体压力作用下单向运动　(d) 成对使用实现往复运动

图 3-28　柱塞

（2）柱塞的材料及热处理

柱塞材料的选择通常应满足：接触时，一定不能使热成型材料变冷，必须提供热塑料良好的滑动行为；必须能承受由压力引起的机械应力、偏转和磨损；要满足它们的热性能要求；容易加工；生产成本合理。

满足以上要求的材料，通常是中碳钢及合金钢。柱塞常用的材料及相应的热处理方法如表 3-1 所示。

表 3-1　柱塞常用材料、热处理及适用场合

材料名称代号	热处理方法	适用场合
45	高频淬火或镀铬	无腐蚀性介质
40Cr	高频淬火	无腐蚀性介质
38CrMoAlA	表面氮化	硬度高，疲劳强度高，耐腐蚀
3013	高频淬火	腐蚀性介质
Crl7Nil2	高频淬火	腐蚀性介质
30CrMnTi	高频淬火	腐蚀性介质
lCr8Ni9Ti	镀铬	强腐蚀性介质
Crl8Nil2Mo3Ti	镀铬	强腐蚀介质

（3）柱塞的加工工艺路线

柱塞的加工工艺路线一般为：粗车端面→粗车外圆→切断，调头夹紧→粗车端面→粗车外圆→钻两端中心孔→精车一端配合面及端面→调头，精车另一端配合面→修研中心孔→磨外圆。

（4）柱塞与活塞的区别

① 柱塞是一个部件，而活塞是一个组件，一般情况下包括活塞体、活塞环、支承环，它通过活塞螺母、活塞杆与十字头、大小头连接。

② 密封形式不同。柱塞不与缸体内孔接触，其密封是通过减小其表面与缸体之间的间隙，以及柱塞与缸盖上的导向套的良好配合来实现的。因此，柱塞表面必须保证足够高的表面质量，并经过耐磨处理。而活塞不需要这样处理，活塞与缸体之间通过活塞环与气缸紧贴而达到密封。

③ 回程方式不同。柱塞中流体压力直接作用在柱塞端面，缸内压力只能使柱塞伸出，回程靠另外的外力推回；活塞两端面都可受力，一个端面受力推出，另一端面受力退回。

④ 使用场合不同。

柱塞密封面大，为防止柱塞、缸体温度升得过高，往往用于相对运动速度较低，但输出压力大，密封要求高的场合；而且因为运动所需润滑的要求，工作的温度也不能太高，所以一般用于液体输送，如液压缸。

而活塞的活塞环与缸体摩擦产生的热相对较小，气体或气缸夹套的冷却水完全能把这一部分热带走，因此，常用于气体压缩；而且活塞的密封效果不如柱塞，用于密封要求可以略低，但运动速度大，工作介质温度高的场合，如内燃机。

⑤ 做功次数不同。柱塞与活塞均属往复运动的元件，柱塞一个往复过程，只能单面排送介质（如打针用的针管），做一次功；而活塞一个往复过程可以双面排送介质（如气动阀上的气缸活塞），做两次功。

⑥ 行程不同。由于密封方式不一样，因此形状也有差别。柱塞密封好，特别适合行程长的场合，往往加长柱塞的长度；而活塞长度较短。

⑦ 精度要求不同。由于柱塞与导向套有配合要求，因此加工精度要求高，制造成本也高；活塞与缸体不接触，加工精度要求低。

3.8　轴承套

轴承套是在轴和轴承或填料及其他部件之间装配的套类零件，属于短套筒，如图 3-29 所示。

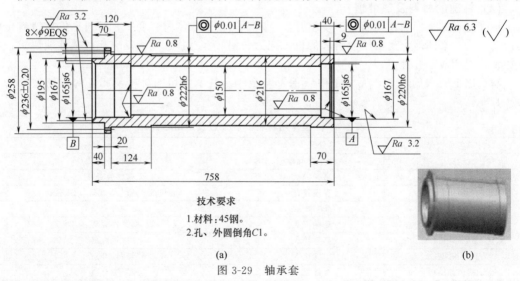

技术要求

1.材料：45钢。
2.孔、外圆倒角C1。

(a)　　　　　　　　　　　　　　　(b)

图 3-29　轴承套

（1）轴承套的作用

① 保护传动轴。对于一些难以维修、拆卸或价值较高的传动轴，为了保护传动轴不受磨损，在设计过程中会在轴外面安装轴套，然后在轴套上安装轴承或填料及其他部件，从而保护

主轴在旋转中不被磨损。轴套磨损到一定程度后可以更换，相比更换主轴，显然成本要低得多，而且便于安装和维修。

② 轴承套可以调整松紧，使许多箱体的加工精度得到放宽，使箱体加工的工效大大提高。

③ 安装轴承套还克服了轴承的轴向窜动，所以轴承套得到广泛应用。但也存在一些不足，轴承套的精度直接影响轴的径向跳动。

（2）轴承套的材料及热处理

① 材料。轴承套常用材料为铸铁、钢、青铜等，如 45 钢、HT150、ZQSn6-6-3。

轴承套毛坯，当孔径较小时（小于 20mm）时，一般选择热轧或冷拉棒料；孔径较大时（大于 20mm）时，常采用型材（如无缝钢管）、带孔的锻件或铸件；大批量生产时，可采用冷挤压、粉末冶金等工艺。

② 热处理。轴承套的热处理方法，主要有调质、高温时效、表面淬火、渗碳淬火及渗氮等。

（3）轴承套的加工工艺路线

下料→车两端面→钻中心孔→粗车各外圆→半精车外圆、车槽及两端倒角→钻通孔→镗、铰内孔→磨外圆→钻径向油孔→检验入库。

3.9 轴承

轴承是机械设备中一种重要部件。它的主要功能是支承旋转轴及轴上零件，使轴具有确定的工作位置，减少摩擦和磨损。按运动元件摩擦性质的不同，轴承可分为滚动轴承和滑动轴承两大类。

3.9.1 滚动轴承

滚动轴承是依靠主要元件间的滚动接触来支承转动轴，将旋转轴与轴承座之间的滑动摩擦变为滚动摩擦，从而减少摩擦损失的一种精密的标准件。

（1）滚动轴承的组成及应用特点

① 滚动轴承的组成。滚动轴承一般由内圈、外圈（或上圈、下圈）、滚动体和保持架组成，如图 3-30 所示。

a. 外圈。外圈通常与轴承座或壳体孔成过渡配合，固定不动起支承作用，如减速器中的滚动轴承外圈；也有外圈转动的情况，如汽车、拖拉机中的滚动轴承的外圈。

b. 内圈。内圈通常与轴紧密配合，并与轴一起运转，如减速器中的滚动轴承内圈；内圈也有不转的情况，如汽车、拖拉机中的滚动轴承的内圈。

内、外圈上都有凹槽滚道，限制滚动体轴向移动。

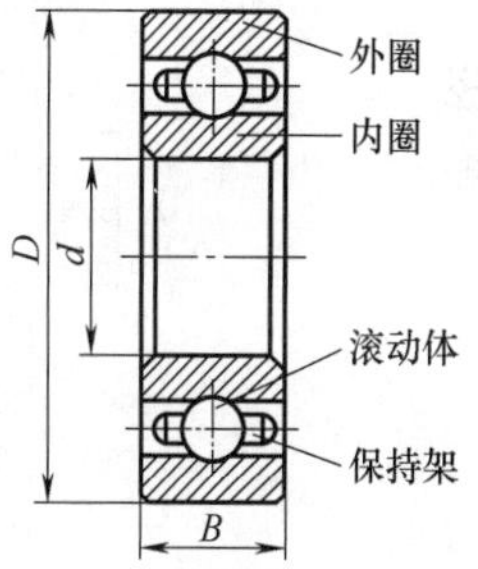

c. 滚动体。滚动体在轴承内通常借助保持架均匀地排列在两个套圈之间做滚动运动，是承载并使轴承形成滚动摩擦的元件，

图 3-30　滚动轴承的组成

它的形状、大小和数量直接影响轴承的负荷能力和使用性能。常见的滚动体形状有：球、圆柱滚子、圆锥滚子、球面滚子和滚针等，如图 3-31 所示。

d. 保持架。保持架能使滚动体均匀分布，防止滚动体脱落，引导滚动体旋转并起润滑作用。

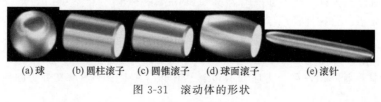

(a) 球　　(b) 圆柱滚子　　(c) 圆锥滚子　　(d) 球面滚子　　(e) 滚针

图 3-31　滚动体的形状

e. 防尘盖和密封圈。滚动轴承的组成除了四大主要部件以外，有的轴承还需防尘盖或密封圈。

防尘盖的作用是不让外部的尘埃侵入轴承内，有两种形式，分别是可卸式防尘盖，俗称"活盖"；不可卸式防尘盖，俗称"死盖""固定盖"。密封圈的作用是不让外部的油、水、介质侵入轴承内部，也有两种形式，分别是接触式密封圈和非接触式密封圈。

② 滚动轴承的应用特点。

a. 滚动轴承的优点：

• 摩擦阻力小，功率消耗小，机械效率高，易起动；

• 尺寸标准化，具有互换性，便于安装拆卸，维修方便；

• 结构紧凑，重量轻，轴向尺寸更为缩小；

• 精度高，转速高，磨损小，使用寿命长；

• 部分轴承具有自动调心的性能；

• 适用于大批量生产，质量稳定可靠，生产效率高。

b. 滚动轴承的缺点：

• 振动及噪声大；

• 轴承座的结构比较复杂，加工困难；

• 成本较高；

• 承受冲击载荷能力较差、高速重载下轴承寿命较低，它们最终也会因为滚动接触表面的疲劳而失效。

因此，滚动轴承主要应用于中速、中载的工作条件下。

(2) 滚动轴承的分类

① 按受力情况不同，可分为向心轴承、推力轴承和向心推力轴承三种，如图 3-32 所示。

a. 向心球轴承，主要承受径向负荷。

b. 推力轴承，主要承受轴向负荷。

c. 向心推力轴承，可同时承受径向和轴向负荷

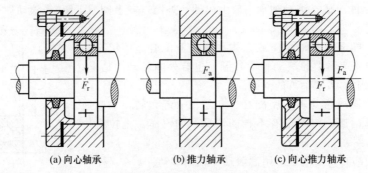

(a) 向心轴承   (b) 推力轴承   (c) 向心推力轴承

图 3-32　滚动轴承的类型（按受力情况分）

② 按外径尺寸大小分有以下几种。

a. 微型轴承：公称外径尺寸范围为 26mm 以下的轴承。

b. 小型轴承：公称外径尺寸范围为 28～55mm 的轴承。

c. 中小型轴承：公称外径尺寸范围为 60～115mm 的轴承。

d. 中大型轴承：公称外径尺寸范围为 120～190mm 的轴承。

e. 大型轴承：公称外径尺寸范围为 200～430mm 的轴承。

f. 特大型轴承：公称外径尺寸范围为 440mm 以上的轴承。

③ 按滚动体形状不同，可分为球轴承和滚子轴承，其中滚子轴承又分为圆柱滚子轴承、圆

锥滚子轴承、球面滚子轴承和滚针轴承。球和滚道之间为点接触，摩擦系数小；滚子和滚道之间为线接触，摩擦系数较大。在相同尺寸下，滚子轴承比球轴承承载能力强，但允许的极限转速较低。

　　滚动轴承的种类较多，但其结构大致相同，滚动轴承的主要类型和特性，如表 3-2 所示。

表 3-2　滚动轴承的主要类型和特性

轴承名称	结构简图及图片		承载方向	极限转速	主要特性及应用
调心球轴承				中	主要承受径向载荷,同时也能承受少量轴向载荷。滚动体为双列球,因为外滚道表面是以轴承中点为中心的球面,所以能自动调心使轴承正常工作。 用于轴弯曲变形大及两轴承轴线不对中的场合
调心滚子轴承				低	能承受很大的径向载荷和少量轴向载荷。承载能力大。滚动体是双列鼓形滚子,外圈滚道为球面,具有自动调心功能。 用于轴弯曲变形大及两轴承轴线不对中的场合
圆锥滚子轴承				中	能同时承受以径向载荷为主的径向和轴向联合载荷。因线接触,承载能力大,内、外圈可分离,装拆方便。 通常成对反方向(面对面或背对背)使用,可调整径向、轴向游隙
推力球轴承	单向			低	只能承受轴向载荷,且作用线必须与轴线重合。分为单向(承受纯单向轴向载荷)和双向(承受双向轴向载荷)两种。高速时,因滚动体离心力大,球与保持架摩擦发热严重,寿命较低。 可用于轴向载荷大、转速不高的场合
	双向				
深沟球轴承				高	主要承受径向载荷,也可承受一定的轴向载荷。因线接触,承载能力大。当轴承的径向游隙加大时,具有角接触球轴承的性能。 结构简单,使用方便,制造成本低。应用最广
角接触球轴承				较高	能同时承受较大的径向、轴向联合载荷,也可以只承受轴向载荷。接触角越大,承载能力越强。 应用广泛,但较深沟球轴承成本高。通常成对使用

轴承名称	结构简图及图片	承载方向	极限转速	主要特性及应用
推力圆柱滚子轴承		↕	低	能承受很大的单向轴向载荷。 用于轴向刚度大,占用轴向空间小的场合
圆柱滚子轴承		↑	较高	能承受较大的径向载荷,因线接触,内、外圈只允许有小的相对偏转。滚动体为圆柱滚子,径向承载能力约是相同内径深沟球轴承的 1.5～3 倍。 除图示外圈无挡边(N)结构外,还有内圈无挡边(NU)、外圈单挡边(NF)、内圈单挡边(NJ)等形式。 用于轴刚性大,且要求径向尺寸小的场合
滚针轴承		↑	低	只能承受径向载荷,不允许有轴线偏转角,具有较高的承载能力。其内径尺寸和承载能力与其他类型轴承相同时,外径最小。 滚针轴承除图示基本结构(NA)外,还有无内圈的 HK 型和 BK 型,无内、外圈有保持架的 K 型。 特别适用于径向安装尺寸受限制的场合

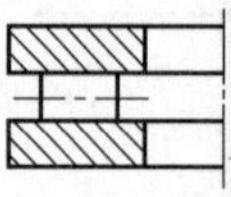

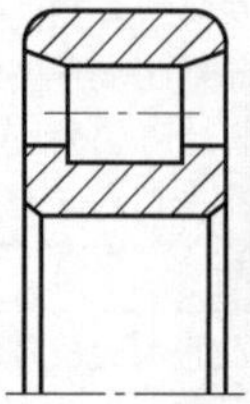

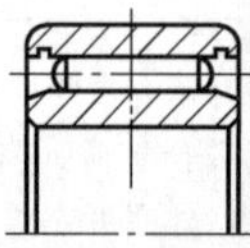

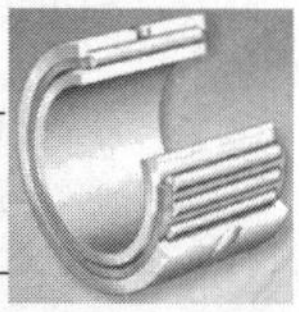

(3) 滚动轴承的代号

GB/T 272—2017《滚动轴承 代号方法》中规定了轴承代号的编制方法。滚动轴承代号由基本代号、前置代号和后置代号三部分构成,前置、后置代号是轴承在结构形状、尺寸公差、技术要求等有改变时,在其基本代号左右添加的补充代号,其排列如表 3-3 所示。

表 3-3　滚动轴承代号的组成(摘自 GB/T 272—2017)

前置代号	基本代号					后置代号							
	5	4	3	2	1	1	2	3	4	5	6	7	8
		尺寸系列代号											
成套轴承分部件	类型代号	宽度(或高度)系列代号	直径系列代号	内径代号		内部结构	密封与防尘与外部形状	保持架及其材料	轴承零件材料	公差等级	游隙	配置	振动及噪声

① 基本代号。基本代号表示轴承的基本类型、结构和尺寸,是轴承代号的基础,由轴承类型代号、尺寸系列代号和内径代号组成,由五位数字表示。

a. 内径代号,用右起第一、二位数字表示轴承内径。当轴承内径 d 在 10～480mm,代号数字为 00、01、02、03 时,分别表示内径为 10mm、12mm、15mm、17mm;当代号数字≥04 时,代号数字乘以 5 即为轴承的内径。内径＜10mm 或≥500mm 的轴承,其内径表示方法可参考 GB/T 272。

b. 尺寸系列代号,由轴承的直径系列代号和宽度(推力轴承为高度)系列代号组合而成。

• 直径系列代号用右起第三位数字表示。在内径相同的情况下,有各种不同的外径尺寸,分别有 7、8、9、0、1、2、3、4 等系列，外径尺寸依次递增，轴承的承载能力也相应增大。

　　• 宽度（或高度）系列代号用右起第四位数字表示。在内、外径相同时，可以采用不同的宽度，分别有 8、0、1、2、3、4、5、6 等系列，宽度依次递增。

　　c. 轴承类型代号，用右起第五位数字表示。

　　② 前置代号。前置代号放在基本代号之前，用字母表示，用于表示轴承分部件（轴承组件）。例如：L 表示可分离轴承的可分离内圈或外圈；LR 表示带可分离内圈或外圈与滚动体的组件；R 表示不带可分离内圈或外圈的组件；K 表示滚子和保持架组件；GS 表示推力圆柱滚子轴承座圈。

　　③ 后置代号。后置代号放在基本代号的后边，用字母（或加数字）表示，并与基本代号空半个汉字距。当改变项目多，具有多组后置代号，则按表 3-3 所列项目从左至右的顺序排列。4 组（含 4 组）以后的内容，则在其代号前用"/"与前面代号隔开，例如：6205-2Z/P6。在前组与后组代号中的数字或文字表示含义可能混淆时，两代号间空半个汉字距，例如：6288/P63 V1。

　　后置代号较多，下面只介绍几个常用的代号。

　　a. 内部结构代号：同一类型轴承有不同的内部结构时，用规定的字母表示。例如：角接触球轴承，分别用 C、AC、B 表示三种不同的接触角 15°、25° 和 40°。

　　b. 公差等级代号：轴承的公差等级分为 2 级、4 级、5 级、6（6X）级和普通级，共 5 个级别，精度依次由高到低，其代号分别为/P2、/P4、/P5 和/P6（/P6X）。公差等级中，6X 级仅适用于圆锥滚子轴承，普通级在轴承代号中省略不标。

　　c. 游隙代号：常用的轴承径向游隙为 2 组、N 组、3 组、4 组和 5 组，径向游隙依次由小到大。N 组游隙是常用的游隙组别，在轴承代号中不标出，其余的游隙组别在轴承代号中分别用/C2、/C3、/C4、/C5 表示。当公差等级代号与游隙代号需同时表示时，取公差等级代号加游隙组号表示，C 省略不写。例如：P63＝P6＋C3，表示轴承公差等级 P6 级，径向游隙 3 组。

（4）滚动轴承的材料及热处理

　　① 滚动轴承性能对材料的要求。滚动轴承的性能及可靠性在很大程度上取决于轴承元件的材料。

　　a. 对于轴承套圈与滚动体，通常要考虑的因素包括：影响承载能力的硬度，滚动接触条件下、清洁或受污染条件下的抗疲劳性，以及轴承元件的尺寸稳定性。

　　b. 对于保持架，要考虑的因素包括摩擦力、应变力、惯性力，在某些情况下还要考虑同某些润滑剂、有机溶剂、冷却剂和制冷剂的化学反应。这些考虑因素的相对重要性可能受到其他运行参数的影响，例如腐蚀、温度升高、冲击负荷或这些与其他状况的混合。

　　② 滚动轴承的材料。

　　a. 套圈与滚动体材料，通常采用高碳铬轴承钢、渗碳轴承钢、耐热轴承钢及耐腐蚀轴承钢。

　　• 高碳铬轴承钢。

　　高碳铬轴承钢硬度高。典型牌号有 GCr15、GCr15SiMn、ZGCr15、ZGCr15SiMn 等。用 GCr15 和 ZGCr15 材料制造的套圈和滚子为 61～65HRC，钢球为 62～66HRC；用 GCr15SiMn 和 ZGCr15SiMn 材料制造的套圈和滚子为 60～64HRC，钢球为 60～66HRC。

　　用高碳铬轴承钢制造的轴承一般适用于工作温度为 −40～130℃ 范围，经高温回过火后，其适应工作温度可高达 250℃。

　　• 渗碳轴承钢。

　　渗碳轴承钢是一种适用于超高温、超低温、强冲击、耐磨损和超高转速的轴承钢种。典型牌号有 G20CrMo、G20CrNiMo、G20Cr2NiMo、G20Cr2Ni4、G10CrNi3Mo、G20Cr2Mn2Mo 等。其硬度一般为 60～64HRC，适合工作温度为 −40～140℃ 范围，油与脂润滑正常，能在较大冲击振动条件下使用，如机车车辆及轧钢机用轴承等。

• 耐热轴承钢。

耐热轴承钢具有足够高的高温硬度、高温耐磨性、高温接触疲劳强度、抗氧化性和高温尺寸稳定性。Cr15Mo4 钢在 260～280℃范围内有较高的硬度和耐蚀性,可制造 480℃以下工作的耐蚀轴承,如用于喷气发动机和导弹的轴承;12Cr2Ni3Mo5(M315)是广泛应用的高温渗碳轴承钢,适合在 430℃以下工作,可用来制造形状复杂和承受冲击的高温轴承。大多选用高速工具钢代用,如 W18Cr4V、W9Cr4V、W6Mo5Cr4V2、Cr14Mo4 和 Cr4Mo4V 等。

其硬度为 60～64HRC,钢球为 61～65HRC。在润滑正常的情况下,工作温度为 300～500℃,如航空发动机、燃气轮机等主轴工作条件。

• 耐腐蚀轴承钢。

耐腐蚀轴承钢又称不锈轴承钢,在腐蚀介质中使用时不易锈蚀。

常用的不锈钢有以下几种。9Cr18、9Cr18Mo 是应用比较普遍的马氏体不锈钢。这类不锈钢含有 1%左右的碳和 18%左右的铬,属于高碳铬不锈钢,经热处理后具有较高的强度、硬度、耐磨性和接触疲劳性能。这类钢具有很好的抗大气、海水、水蒸气腐蚀的能力,通常用于制造在海水、蒸馏水、硝酸等介质中工作的轴承零件。这类钢经 250～300℃回火后的硬度为 55HRC。用于制造轴承套圈或滚动体的不锈钢还有 1Cr13、2Cr13、3Cr13、4Cr13、Cr17Ni2、0Cr17NiAl、0Cr17Ni4Cu4Nb 等。这些不锈钢含碳量为 0～0.4%不等,均因其含碳量不高,热处理后的硬度、强度较低,但耐腐蚀及塑性较好,分别用于制造在腐蚀介质中工作的负荷不大的钢球、滚针、滚针套、关节轴承外套等轴承零件。

b. 保持架材料,通常采用钢、有色金属及工程塑料。

• 钢。绝大多数轴承都采用钢质保持架。

冲压钢保持架中应用最广泛的是用低碳钢板冲压的浪形、筐形、盒形等保持架,适用于用高碳铬轴承钢的轴承工况和环境;用中碳不锈钢板冲压的保持架适用于用耐腐蚀轴承钢的轴承工况及环境。这些轻型保持架有较高的强度,能进行表面处理进一步减少摩擦和磨损。不锈钢轴承中的冲压钢保持架是 X5CrNi18-10 不锈钢制造的。

机削钢保持架通常是非合金结构钢制造的。为了改善抗滑动与耐磨损特性,有些加工的钢保持架经过表面处理。机削钢保持架多用于大型轴承或者使用黄铜保持架可能出现化学反应引起时效开裂的场合。钢保持架可以用于高达 300℃的工作温度。它们不受通常矿物或合成油基润滑剂的影响,也不受用有机溶剂的影响。

• 有色金属。在高温条件下工作,可采用硅青铜制造实体保持架,工作温度可达 315℃;由于铝材的强度比黄铜低,比重轻,因而常用铝代替黄铜制造实体保持架,主要适用于转速较高、密度较小、耐腐蚀等工况。

冲压铜保持架多用于小型和中型轴承。在使用氨的制冷压缩机等应用场合,冲压铜可能出现时效开裂,因此应当使用机削黄铜或钢保持架。

多数机削黄铜保持架是 CW612N 铸黄铜或锻压黄铜来加工的。

它们不受多数常用轴承润滑剂的影响,包括合成油和油脂,可以用通常的有机溶剂来清洗。黄铜保持架不应当用于超过 250℃的温度。

• 工程塑料。大多数注塑成型的保持架采用增强尼龙 66,它能持续工作的温度范围为−40～120℃;

聚四氟乙烯强度较高,自润滑性能好,持续工作温度可达 300℃;

酚醛树脂有很高的机械强度,良好的耐磨、耐热性能,但成本昂贵,适用于高速旋转,工作温度为−40～150℃,瞬时可高达 180℃。

③ 滚动轴承的热处理。滚动轴承热处理的过程:锻造→退火→车加工(或软磨)套圈(或滚动体)→淬火～回火→磨削→附加回火→精加工。

a. 退火的目的:获得均匀分布的细粒状球光体,使套圈的耐磨性、抗疲劳性最好,并兼有

好的弹性和韧性;

把硬度降低到最有利于切削加工的范围。轴承钢在热轧或锻造后,硬度在 225～340HB,太硬,不利于车削加工,经退火的硬度可在 170～207HB(GCr15)和 179～217HB(GCr15SiMn)。

b. 淬火～回火的目的:获得隐晶或细小结晶马氏体、细小而分布均匀的碳化物及少量残余奥氏体所组成的显微组织。在一般淬火、回火情况下,轴承钢显微组织中马氏体占 80%以上,碳化物占 5%～10%,残余奥氏体占 9%～15%左右。具有这种组织的轴承钢的硬度、强度、耐磨性和耐疲劳性都很好。经过回火,轴承钢可获得一定弹性、韧性、尺寸稳定性等良好的综合力学性能。

c. 附加回火(稳定处理)的目的:可以及时消除磨削应力,进一步稳定组织,提高套圈稳定性。

(5) 滚动轴承的加工工艺

① 滚动轴承的加工特点。

a. 专业化:轴承零件加工中,大量采用轴承专用设备,如钢球加工采用磨球机、研磨机等设备。专业化的特点还体现在轴承零件的生产上,如专业生产钢球的钢球公司、专业生产微型轴承的微型轴承厂等。

b. 先进性:由于轴承生产的大批量规模要求,使得其使用先进的机床、工装和工艺成为可能,如数控机床、三爪浮动卡盘及保护气氛热处理等。

c. 自动化:轴承生产的专业化为其生产自动化提供了条件。在生产中大量采用全自动、半自动化专用和非专用机床,且生产自动线逐步推广应用,如热处理自动线及装配自动线等。

② 滚动轴承的加工工艺路线。由于滚动轴承的类型、结构形式、公差等级、技术要求、材料及批量等的不同,其生产过程也不完全相同。滚动轴承各组成部分的制造基本流程为:

a. 滚动体(钢球)加工工艺路线:原材料→冷镦→光磨→热处理→硬磨→初研→外观→精研。

b. 保持架(钢板)加工工艺路线:原材料→剪料→裁环→光整→成形→整形→冲铆钉孔。

c. 套圈(内圈、外圈)加工工艺路线:原材料→锻造→退火→车削→淬火→回火→磨削→装配。

(6) 滚动轴承的装配

根据轴承结构、尺寸大小、工作条件和轴承部件的配合性质而定,装配时的压力应直接加在待配合的套圈端面上,不允许通过滚动体传递压力。

① 滚动轴承的装配要求。

a. 滚动轴承不宜从机件上拆下,如必须拆下时,应选用正确的工具和方法。

b. 在装配滚动轴承前,应根据滚动轴承的防锈方式,选用适当的清洗剂和方法清洗洁净。

c. 对清洗后的轴承应进行检查,轴承应无损伤、锈蚀,转动灵活无异响,核对轴承与轴颈及轴承座的配合类别和尺寸,符合要求后方可进行装配。

d. 在装配前,应用内、外径千分尺检查轴承套的内径及轴颈的直径,其配合公差必须符合图纸要求。

e. 装配时对轴承所加压力应均匀分布并垂直于端面,谨防单侧受力。根据装配关系选择受力点,如往轴颈上装配轴承则压力应加在轴承内圈上。

f. 装配时,应使轴承和轴肩靠紧,圆锥滚子轴承和向心推力轴承与轴肩的间隙不得大于 0.05mm,其他轴承不得大于 0.1mm。轴承盖和挡圈必须平整,并均匀地紧贴在轴承端面上,并按技术文件规定调整留出间隙。

g. 装配时,应尽量将轴承上注有规格的一端向外,便于检查更换。装配后用手转动检查有无卡涩现象,然后加注适量油脂。密封装置必须按规定装配,密封后不得有漏油现象。

h. 在安装轴承套圈时要特别注意安装顺序,精密轴承还要注意正反端,装反的话会破坏动平衡，影响轴承的性能。

i. 滚动轴承装在对开式轴承座内，轴承盖和轴承座的结合面间应无间隙，但轴承外圈与轴承座两侧的瓦口处应留出一定的间隙。瓦口的侧间隙可用塞尺测量检查，如果间隙太小或出现"夹帮"现象，可用刮刀刮削。

j. 加热时间不得少于15min，使内套膨胀到要求的数值后再装配。热装过程中不得停顿，应快速一次将轴承装到正确位置上。如轴承内钢球保持架为不耐油塑料，则宜用水加热，但装配后应及时将水分擦干。

② 滚动轴承的装配与拆卸方法。当轴承内孔与轴颈配合较紧，外圈与壳体配合较松时，应先将轴承装在轴上，如图3-33（a）所示；反之，则应先将轴承压入壳体上，如图3-33（b）所示。如轴承内孔与轴颈配合较紧，同时外圈与壳体也配合较紧，则应将轴承内孔与外圈同时装在轴和壳体上，如图3-33（c）所示。

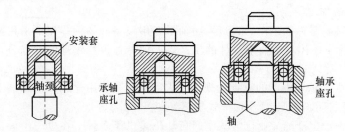

(a) 先将轴承装在轴上　　(b) 轴承先装在壳体上　　(c) 轴承同时装在轴和壳体上

图 3-33　滚动轴承内、外圈安装顺序

a. 打入法。打入法在锤击时，应采用紫铜棒或套管作为传递力的工具，使作用在轴承上的力对称。

在配合过盈量较小又无专用套筒时，可通过圆棒分别对称地在轴承的内环（或外环）上均匀敲入，如图3-34（a）所示。不能用软金属，因为容易将软金属屑落入轴承内。不可用锤子直接敲击轴承，敲击时应在四周对称交替均匀地轻敲，避免因用力过大或集中一点敲击，而使轴承发生倾斜。对于孔径尺寸到80mm的小轴承，可以考虑采用安装套筒，通过安装套筒，用锤子敲入，如图3-34（b）所示。也可以利用专用套筒将轴承内、外圈同时打入，如图3-34（c）所示。

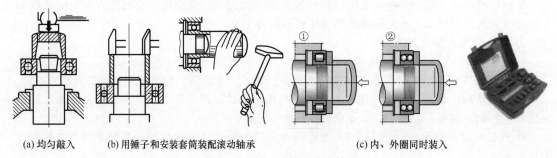

(a) 均匀敲入　　(b) 用锤子和安装套筒装配滚动轴承　　(c) 内、外圈同时装入

图 3-34　打入法装配滚动轴承

b. 机械法。

注意：不管采取何种安装或拆卸方式，应确保作用力仅施加到需要安装和拆卸的轴承套圈上；严禁通过滚动体传递安装力。

以圆柱孔滚动轴承为例，说明机械法装配滚动轴承。

不可分离式轴承安装时，首先安装需要配合的轴承套圈，如图3-35（a）所示，先将轴承装在轴上，再缓慢推入轴承座中。

分离式轴承，两个轴承套圈可分别安装，如图3-35（b）所示。在将内圈推入滚子时，要缓慢转动内圈以防止内圈产生划痕。

需要同时压入轴承的内圈和外圈时，采用一个环形体以防止外圈在轴承座中产生偏斜，如图 3-35（c）所示。此种方法注意：内外圈同时受力；安装前建议轴及轴承座与轴承的配合表面涂 FAG 安装膏。

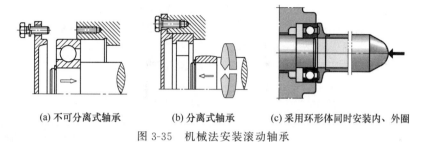

| (a) 不可分离式轴承 | (b) 分离式轴承 | (c) 采用环形体同时安装内、外圈 |

图 3-35 机械法安装滚动轴承

c. 压装法。压装法是用压力机代替锤击，仍然利用套管传递力量。

对于中大型轴承或批量安装轴承，可以采用压装法压入轴承紧配合套圈，此种方法安装平稳。但注意：压装力作用在紧配合套圈；轴要求与轴承、施加轴承上的作用力套圈在同一轴线上；压装前轴表面建议涂 FAG 的安装膏。用杠杆齿条式或螺旋式压力机压入，如图 3-36 所示。

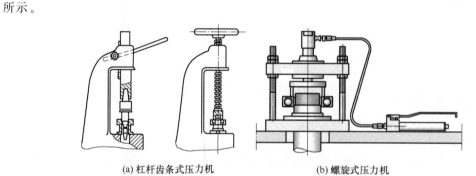

(a) 杠杆齿条式压力机　　　　　(b) 螺旋式压力机

图 3-36 用杠杆齿条式或螺旋式压力机压装滚动轴承

d. 温差法。有过盈配合的轴承常采用温差法装配。可把轴承放在 $80\sim100℃$ 的油池中加热，加热时应放在距油池底部一定高度的网格上 [图 3-37（a）]，对较小的轴承可用挂钩悬于油池中加热 [图 3-37（b）]，防止过热。取出轴承后，用比轴颈尺寸大 0.05mm 左右的测量棒测量轴承孔径，如尺寸合适应立即用干净布揩清油迹和附着物，并用布垫着轴承并端平，迅速将轴承推入轴颈，趁热与轴径装配，在冷却过程中要始终用手推紧轴承，并稍微转动外圈，防止倾斜或卡住 [图 3-37（c）]，冷却后将产生牢固的配合。如果要把轴承取下来，还得放在油中加热。也可放在工业冰箱内将轴承或零件冷却，或放在有盖密封箱内，倒入干冰或液氮，保温一段时间后，取出装配。

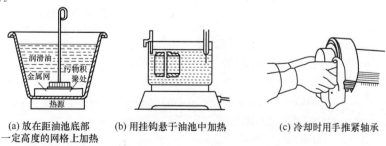

(a) 放在距油池底部　　　(b) 用挂钩悬于油池中加热　　　(c) 冷却时用手推紧轴承
一定高度的网格上加热

图 3-37 温差法装配滚动轴承

热装时严禁用火焰直接加热，应用 80～90℃ 热油加热，油温不宜超过 100℃。轴承加热时不得与加热油箱接触，应将轴承吊挂在油层中部，以免局部过热引起退火。

e. 液压套入法。液压套入法适用于轴承尺寸和过盈量较大，又需要经常拆卸的情况，也可用于不可锤击的精密轴承。装配锥孔轴承时，由手动泵产生的高压油进入轴端，经通路引入轴颈环形槽中，使轴承内孔胀大，再利用轴端螺母旋紧，将轴承装入，如图 3-38 所示。

也可以采用液压法拆卸滚动轴承，压力油注入配合面之间，用较小的轴向力就能拆卸轴承；如配合面有破坏，可采用更高黏度的润滑油。

f. 拉拔法。对于中小型圆柱孔轴承，可选择合适的拉拔器（拉拔力）作用在紧配合的套圈上拆卸轴承，如图 3-39 所示。

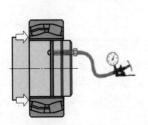

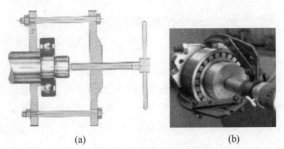

(a)　　　　　　　(b)

图 3-38　液压法装配或拆卸滚动轴承　　　　图 3-39　拉拔法拆卸轴承

3.9.2　滑动轴承

滑动轴承是用来支承零件并使承载面间做相对滑动，在滑动摩擦下工作的元件。

(1) 滑动轴承的分类

① 根据滑动轴承承受载荷方向的不同，可分为径向滑动轴承、止推滑动轴承和径向止推滑动轴承三种。

② 按摩擦状态的不同，可分为液体摩擦和非液体摩擦滑动轴承，液体摩擦滑动轴承又可分为动压轴承和静压轴承。

③ 按润滑剂种类不同，可分为油润滑轴承、脂润滑轴承、水润滑轴承、气体轴承、固体润滑轴承、磁流体轴承和电磁轴承等。

④ 按轴瓦材料不同，可分为青铜轴承、铸铁轴承、塑料轴承、宝石轴承、粉末冶金轴承、自润滑轴承和含油轴承等。

⑤ 按轴瓦形式不同，可分为整体式、剖分式和调心式三种。

⑥ 按润滑膜厚度不同，可分为薄膜润滑轴承和厚膜润滑轴承两类。

(2) 典型滑动轴承介绍

① 径向滑动轴承。

a. 整体式径向滑动轴承。只承受径向载荷。如图 3-40 所示，整体式径向滑动轴承由独立轴承座 1 和整体轴瓦 2 组成。其优点是结构简单、成本低、刚度大。其缺点是轴套磨损后，间隙无法调整；装拆时，需要轴承或轴做较大的轴向移动，不便于装拆。因此，其多用于低速、轻载或间歇性工作的机器中，如某些农业机械、手动机械等。

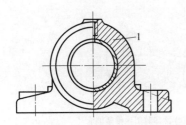

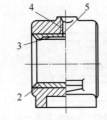

图 3-40　整体式滑动轴承
1—轴承座；2—轴瓦；3—油槽；4—油杯螺纹孔；5—油孔

b. 剖分式径向滑动轴承。只承受径向载荷。如图 3-41 所示，剖分式径向滑动轴承主要由轴承座 1、轴承盖 2、上轴瓦 6 和下轴瓦 8 等零件组成。剖分式径向滑动轴承中，轴承座和轴瓦均为剖分式结构，在轴承盖与轴承座的接合面上制成阶梯形，便于安装时定位和防止工作时错动。在接合面之间可放置垫片，以便磨损后调整轴承的径向间隙。轴瓦直接支承轴颈，因而轴承盖应适度压紧轴瓦，以使轴瓦不能在轴承孔中转动。轴承盖顶端制有螺纹孔，以便安装油杯或油管。剖分式径向滑动轴承结构较复杂，但装拆方便，主要用在重载大中型机器上，如冶金矿山机械、大型发电机、球磨机、活塞式压缩机及运输车辆等。

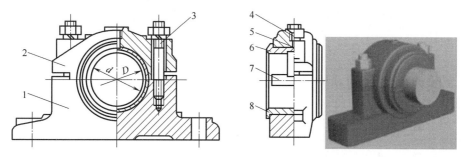

图 3-41　剖分式滑动轴承

1—轴承座；2—轴承盖；3—双头螺柱；4—油杯螺纹孔；5—油孔；6—上轴瓦；7—油槽；8—下轴瓦

c. 调心式径向滑动轴承。只承受径向载荷。如图 3-42 所示，调心式滑动轴承由轴承座 1、轴承合金 2、轴瓦 3 和轴承盖 4 等零件组成。其轴瓦和轴承座孔之间以球面形成配合，使轴瓦可以在一定角度范围内摆动，自动适应轴在弯曲时产生的偏斜，可以减少局部磨损。调心式滑动轴承一般用于轴承支座间跨距较大或轴颈较长的场合。

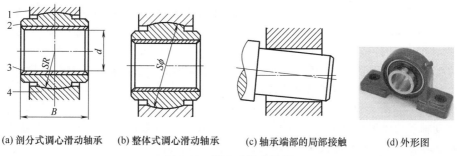

(a) 剖分式调心滑动轴承　　(b) 整体式调心滑动轴承　　(c) 轴承端部的局部接触　　(d) 外形图

图 3-42　调心式滑动轴承

1—轴承座；2—轴承合金；3—轴瓦；4—轴承盖

② 止推滑动轴承。止推滑动轴承只承受轴向载荷，一般由轴承座和止推轴瓦等零件组成，如图 3-43 所示。其常用的结构形式有实心式、空心式、单环式和多环式，如图 3-44 所示。

a. 实心式止推滑动轴承，结构最简单，但是轴颈端面的中部压强比边缘的大，润滑油不易进入，润滑条件差。

b. 空心式止推滑动轴承，轴颈端面的中空部分能存油，润滑条件较实心式轴承有所改善，压强也比较均匀，承载能力不大。

c. 单环式止推滑动轴承，是利用轴颈的环形端面止推，结构简单，润滑方便，广泛用于低速、轻载的场合。

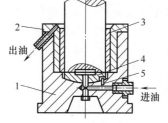

图 3-43　止推滑动轴承

1—轴承座；2—衬套；3—径向轴瓦；
4—止推轴瓦；5—销钉

d. 多环式止推滑动轴承，压强较均匀，能承受较大载荷，但各环承载不等，环数不能太多。

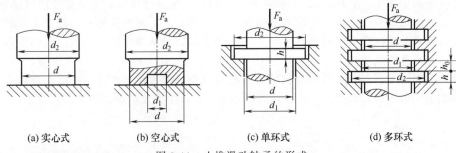

| (a) 实心式 | (b) 空心式 | (c) 单环式 | (d) 多环式 |

图 3-44 止推滑动轴承的形式

(3) 滑动轴承的特点及应用

① 滑动轴承的特点。

a. 工作平稳、可靠，噪声小，旋转精度高。

b. 能承受较大的冲击和振动载荷。

c. 使用寿命长，适用于高速。

d. 结构简单，装拆方便。

e. 承载能力大，可用于重载场合。

f. 油膜有一定的吸振能力。流体润滑时，摩擦、磨损较小。非液体摩擦滑动轴承，摩擦较大、磨损严重；液体摩擦滑动轴承设计、制造、维修费用较高；液体动力摩擦滑动轴承，在启动、停车、载荷、转速变化比较大的情况下难以实现液体摩擦。

② 滚动轴承与滑动轴承的区别。

a. 结构不同。滚动轴承是靠滚动体的转动来支承转动轴的，而接触部位是一个点，滚动体越多，接触点就越多；滑动轴承是靠平滑的面来支承转动轴的，因而接触部位是一个面。

b. 运动方式不同。滚动轴承的运动方式是滚动；滑动轴承的运动方式是滑动。

c. 摩擦力的影响因素不同。滚动摩擦力的大小主要取决于滚动轴承的制造精度；滑动轴承摩擦力的大小主要取决于轴承滑动面的材料。

③ 滚动轴承与滑动轴承相比，具有下列优点。

a. 滚动轴承的摩擦系数比滑动轴承小，传动效率高。一般滑动轴承的摩擦系数为 0.08～0.12，而滚动轴承的摩擦系数仅为 0.001～0.005。

b. 滚动轴承已实现标准化、系列化、通用化，适于大批量生产和供应，使用和维修十分方便。

c. 滚动轴承用轴承钢制造，并经过热处理，滚动轴承不仅具有较好的力学性能和较长的使用寿命，而且可以节省制造滑动轴承所用的价格较为昂贵的有色金属。

d. 滚动轴承内部间隙很小，各零件的加工精度较高，因此运转精度较高。同时，可以通过预加负荷的方法使轴承的刚性增加。这对于精密机械是非常重要的。

④ 滑动轴承的应用领域。

a. 工作转速特别高的轴承，如汽轮发电机；

b. 要求对轴的支承位置特别精确的轴承，如精密磨床；

c. 特重型轴承，如水轮发电机；

d. 承受很大的冲击和振动载荷的轴承，如破碎机；

e. 因装配原因必须做成剖分式的轴承，如曲轴轴承；

f. 在特殊条件下（如水中或腐蚀介质）工作的轴承，如舰艇螺旋桨推进器的轴承。

综上所述，滑动轴承的使用场合就是：高速、高精度、重载时，还有就是存在低速冲击的机器中，如航空发动机附件、车辆、仪表、机床、内燃机、雷达等。除此以外，大多数场合都是广泛使用滚动轴承。

(4) 滑动轴承的加工工艺

① 滑动轴承的材料。滑动轴承材料是指轴瓦和轴承衬的材料。其中，轴瓦是指与轴颈相配的零件；轴承衬是指为了改善轴瓦表面的摩擦性质，而在其内表面上浇铸的减摩材料层。

a. 滑动轴承材料的要求。滑动轴承的主要失效形式是磨损、胶合和疲劳破坏等，所以对轴承材料的要求，主要就是考虑轴承的这些失效形式。对轴承材料的要求如下。

- 减摩性：材料副具有较低的摩擦系数。
- 耐磨性：材料的抗磨性能，通常以磨损率表示。
- 抗胶合性：材料的耐热性和抗黏附性。
- 摩擦顺应性：材料通过表层弹性、塑性变形来补偿轴承滑动表面初始配合不良的能力。
- 嵌入性：材料容纳硬质颗粒嵌入，减轻轴承滑动表面发生刮伤或磨粒磨损的性能。
- 磨合性：轴瓦与轴颈表面经短期轻载运行后，形成相互吻合的表面形状和粗糙度的能力。
- 热化学性：传热性和热膨胀性。
- 调滑性：对油的吸附能力。
- 塑性：具有适应轴弯曲变形和其他几何误差的能力。

此外，还应具有足够的抗拉强度、疲劳强度和冲击能力；良好的耐腐蚀性；良好的工艺性和经济性等。

b. 常用的滑动轴承材料。

常用的滑动轴承材料分为金属材料和非金属材料两大类。

- 金属材料。工程上常用浇铸或压合的方法将两种不同的金属组合在一起，性能上取长补短。

轴承合金，又称白合金，主要是锡、铅、锑、铜等金属的合金，是以锡或铅为软基体适量加入硬金属颗粒锑或铜而形成的。软基体具有良好的跑合性、嵌藏性和顺应性，硬金属颗粒起到支承载荷和抗磨损的作用。按基体材料不同，可分为锡锑轴承合金和铅锑轴承合金两种。

锡锑轴承合金的摩擦系数小，抗胶和性能好，对油的吸附性强，耐腐蚀性好，容易跑合，是优良的轴承材料，常用于高速、重载下工作的重要轴承。但是，其价格高，机械强度较差，变载荷下易于疲劳，只能浇铸在钢、铸铁或青铜轴瓦上，形成较薄的涂层。

铅锑轴承合金的各种性能与锡锑轴承合金接近，但脆性大，不易承受较大的冲击载荷，一般用于中速、中载的轴承，可作为锡锑轴承合金的代替品。

铜合金是铜与锡、铅、锌或铝的合金，是传统使用的轴承材料，主要分为青铜和黄铜两种，其中青铜较为常用。

青铜强度高、承载能力大、耐磨性和导热性都优于轴承合金，工作温度高达 $250℃$。但是，其可塑性差，不易跑合，与之相配的轴颈必须淬硬。青铜可以单独制成轴瓦，也可以作为轴承衬浇注在钢或铸铁轴瓦上。用作轴瓦材料的青铜，主要有锡青铜、铅青铜和铝青铜。其中，锡青铜适用于中速、中载或重载及受变载荷的轴承；铅青铜适用于高速、重载及受变载荷冲击的轴承；铝青铜适用于润滑充分的低速、重载轴承，能承受一定的变载荷。

黄铜的减摩性能低于青铜，但具有良好的铸造及加工工艺性，并且价格较低，可用于低速、中载轴承。

普通灰铸铁或球墨铸铁都可以作为轴承材料。这类材料价格低廉，并且铸铁中的石墨可以在轴瓦表面形成一层起润滑作用的石墨层，具有一定的耐磨性。但铸铁材料的抗胶合性和跑合性较差，所以一般用于润滑充分的轻载、低速、不受冲击的轴承。

铝基轴承合金可做成单金属或双金属轴瓦的轴承衬，用钢做衬背，具有强度高、耐腐蚀性好、表面性能优良等特点，用于高速、中载轴承，可在一些场合（如增压柴油机轴承）取代价格较高的轴承合金和青铜。

多孔质金属是一种粉末材料，由铜、铁、石墨等材料压制、烧结而成。它具有多孔组织，使用前将其浸在润滑油中，使微孔中充满润滑油，变成含油轴承，具有自润滑性能。因为其可以储存润滑油，常用于加油不方便的场合。多孔质金属材料的韧性小，只适用于平稳的、无冲击载荷及中小速度的轴承。

常用的粉末冶金有铜基、铁基和铝基三种，其中铜基粉末冶金减摩性和抗胶合性好，铁基粉末冶金耐磨性好、强度高，铝基粉末冶金质量小、温升小、使用寿命较长。

• 非金属材料。

常用的轴承塑料有酚醛树脂、尼龙、聚四氟乙烯等，具有自润滑性能，摩擦系数小，跑合性良好，耐磨，耐腐蚀，可用水、油及化学溶液等润滑的优点，可用于金属轴承无法胜任的一些恶劣环境。但塑料导热性和耐热性差，高温条件下尺寸的稳定性较差；以及塑料的强度和屈服极限较低，在工作时能承受的载荷较低。

橡胶材料具有较大的弹性，能减轻振动使运转平稳，可用水润滑。但是橡胶导热性差，温度过高易老化，耐腐蚀性和耐磨性也较差。其常用于潜水泵、沙石清洗机、钻机等有水和泥沙的设备中工作的轴承。

碳-石墨材料由不同量的碳和石墨组合而成，石墨含量越大材料越软，摩擦系数也越小。这种材料具有自润滑性、耐腐蚀性和高温稳定性，常用于恶劣环境下工作的轴承。

② 轴瓦加工工艺。

a. 整体式轴瓦。整体式轴瓦一般称为轴套，按制造工艺和材料不同，可分为整体轴套和卷制轴套两种，如图 3-45 所示。卷制轴套由单层材料、双层材料或多层材料组成。非金属整体式轴瓦既可以是单纯的非金属轴套，也可以是在钢套上镶衬非金属材料，多用于修配或少量生产。

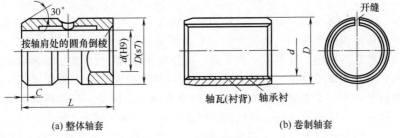

(a) 整体轴套　　　　　　　　(b) 卷制轴套

图 3-45　整体式轴瓦

b. 对开式轴瓦。对开式轴瓦由上、下两半轴瓦组成，有厚壁轴瓦和薄壁轴瓦两种，如图 3-46 所示。

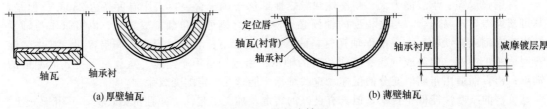

(a) 厚壁轴瓦　　　　　　　　(b) 薄壁轴瓦

图 3-46　对开式轴瓦

厚壁轴瓦可以铸造，为改善摩擦性能常附有轴承衬。轴承衬是采用离心铸造法将轴承合金浇铸在轴瓦表面上的薄层材料。为了使轴瓦与轴承衬贴合牢固，常在轴瓦内表面上制出各种形式的榫头、凹沟或螺纹。

薄壁轴瓦可以直接用双金属板连续轧制的工艺进行大批量生产，质量稳定、成本低。但薄壁轴瓦刚性差，装配后的形状完全取决于轴承座的形状，因此轴承座需要进行精加工。薄壁轴瓦常用于汽车发动机和柴油机中。

c. 轴瓦的加工路线。采用无缝钢管：下料→车外圆→铣切工件→铣分割面→车内孔→清洗内表面→电镀→车内孔→挂巴氏合金→钳→焊→车外圆、内孔、端面、倒角、油槽→钻油孔→铣定位槽→冲压定位槽凸台→钳→检验入库。

采用双金属板：下料→压弯成形→铣剖分面→车端面、倒角→钻油孔→车油槽→冲压定位槽凸台→钳→电镀→粗、精刮瓦→检验入库。

③ 轴承座加工工艺。轴承座一般选用铸铁材料，如 HT200。轴承孔可以用车床加工，也可以用铣床镗孔。其加工工艺路线为：铸造→清砂→热处理（时效处理）→划外形线→铣底面→刨轴承孔侧面、槽→划轴承孔加工线→铣轴承座侧面→车内孔、倒角→钻各孔（装配时再钻、扩、铰）→钳→检验入库。

(5) 滑动轴承的装配

① 滑动轴承的装配要求：轴与轴承配合表面的接触黏度应达到规定标准；配合间隙要求在工作条件下不致发热烧坏轴或轴承；润滑油通道的位置要正确、畅通，保证充分润滑。

② 整体式滑动轴承的装配。

a. 清理机体内孔，疏通油道，检查尺寸。

b. 压入轴套。

根据轴套的尺寸和结合的过盈大小，可以用压入法、温差法或加垫板将轴套敲入，压入时必须加油，以防轴套外圈拉毛或咬死等现象。

当轴套尺寸和过盈量都较小时，可在轴套上垫衬垫，用锤子直接敲入。为防止轴套歪斜，可采用导向套，控制轴套压入方向。压紧薄壁轴套时，可采用心轴导向。当尺寸过盈量较大时，则须用压力机压入或用拉紧工具把轴套压入。

压入轴承时必须去除毛刺，擦洗干净后在配合面上涂好润滑油。不带凸肩的轴套，当压入机座后要与机座孔端面平齐。有油孔的轴套要对准机座上的油孔，可在轴套表面通过油孔中心画一条线，压入时对准箱体油孔。

c. 轴套定位。

在压入轴套之后，对负荷较重的滑动轴承，轴套还应用紧定螺钉或定位销来固定，以防轴套在机体内转动。

d. 修整轴套孔。

对于整体式的薄壁轴套在压入后，内孔易发生变形如内径缩小或成为椭圆形、圆锥形等，必须修整轴套内孔的形状和尺寸，便于轴配合时符合要求。轴套孔可采用铰削、研磨等方法进行修整，使轴套与轴颈之间的间隙及接触点达到规定要求。

③ 剖分式滑动轴承的拆卸与装配。剖分式轴承的结构由轴承座、上轴瓦、下轴瓦、轴承盖、双头螺柱、螺母和调整垫片组成，如图 3-47 所示。

a. 拆卸。拆除轴承盖螺栓，卸下轴承盖，将轴吊出，卸下上瓦盖与下瓦座内的轴瓦。

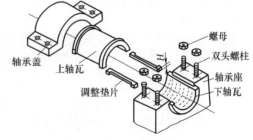

图 3-47　剖分式滑动轴承结构

b. 组装前。组装前应仔细检查各部尺寸是否合适，油路是否畅通，油槽是否合适。

c. 轴瓦与轴颈的组装。

• 上、下轴瓦构成圆形孔时，上、下轴瓦分别和轴颈刮配，以达到规定间隙，要求轴瓦全长接触良好，剖分面上可装垫片以调整上轴瓦与轴颈的间隙。

• 上、下轴瓦构成近似于圆形孔（其水平直径＞垂直直径）时，轴瓦经加工后抽去剖分面上的垫片，以保证轴颈与轴瓦的顶部及两侧间隙，如不符合要求，可继续配刮直至符合要求为止。

- 成形油楔面用加工保证，一般在组装时不宜修刮，组装时应注意油楔方向与主轴方向一致。
- 薄壁轴瓦不宜修刮。
- 主轴外伸长度较大时，考虑到主轴由于自身重量产生的变形，应把下轴瓦在主轴外伸端刮得低些，否则主轴可能会"咬死"。

d. 轴瓦与轴承座的组装。

- 配合间隙要求。要求轴瓦背与座孔接触良好而均匀，不符合要求时，厚壁轴瓦以座孔为基准进行刮研，修刮轴瓦背部；薄壁轴瓦不能进行修刮，需进行选配，要求轴瓦在自由状态下外径稍大于座孔直径，其过盈量应仔细检测。各部配合间隙达到要求后，将上瓦、下瓦分装入上盖与下座内，并将上瓦盖、下瓦座与轴组装在一起。轴瓦装入座孔后，其剖分面应比轴承平面高出 0.05～0.1mm，以便达到配合的紧密。
- 轴瓦的装配方法。用木片垫在轴瓦的部分面上，注意与轴承座两侧要对称，然后用木锤打击木块，使轴瓦装入轴承座孔中，轴瓦的配刮须分粗刮、精刮两步进行。

粗刮时，准备一根比真轴直径小 0.03～0.05mm 的工艺轴进行研点。粗刮后，配以适当的垫片，装上真轴研点后进行精刮。精刮时，在每次装好轴承盖后，稍稍扳紧螺母，用木锤在轴承盖的顶部均匀敲击几下，目的是使轴承盖更好地定位，然后紧固所有螺母，拧紧力矩大小应一致。

轴瓦在座孔中，无论在圆周方向或轴向都不允许有位移，故常用定位销和轴瓦上的凸台来定位。

3.10 联轴器

(1) 联轴器的用途

联轴器是用来把两根轴连接在一起，以传递运动和转矩，机器停止运转后才能接合或分离的一种装置。即在机器运转过程中，两轴不能连接或分离；只有当机器停止运转后，经拆卸，才能将两轴分开。联轴器可以起到过载保护作用。

(2) 被连接轴的相对偏移

用联轴器连接的两轴，由于制造及安装误差、承载后的变形以及温度变化的影响等原因，往往不能保证严格的对中，而是存在一定程度的相对偏移，如图 3-48 所示。两轴轴线的相对偏移，会在轴和轴承中产生附加载荷，引起剧烈振动。这就要求设计联轴器时，要从结构上采取各种不同措施，使之具有缓冲减振性能，以及补偿两轴偏移的能力。

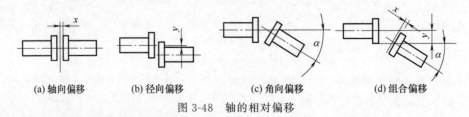

(a) 轴向偏移   (b) 径向偏移   (c) 角向偏移   (d) 组合偏移

图 3-48　轴的相对偏移

(3) 联轴器的类型及特点

联轴器分为机械式联轴器、液力联轴器和电磁式联轴器等，其中机械式联轴器又可分为刚性联轴器、挠性联轴器和安全联轴器三大类。

① 刚性联轴器。刚性联轴器不具有补偿被连两轴轴线相对偏移的能力，也不具有缓冲减振

性能；对中性要求高；但结构简单，加工便宜。只有在载荷平稳，转速稳定，且能保证被连两轴轴线严格对中、工作中不发生相对偏移的情况下，才可选用刚性联轴器。较常用的刚性联轴器有套筒联轴器、凸缘联轴器、夹壳式联轴器等。

a. 套筒联轴器。套筒联轴器是利用一个公用套筒通过键、销、紧定螺钉等连接方式与两轴相连，如图 3-49 所示。

套筒联轴器的主要特点是结构简单紧凑（特别是径向尺寸小），成本低廉，便于装拆维护，需要沿轴向移动较大的距离，可以在一定程度上起安全保护作用。其常用于要求径向尺寸紧凑或空间受限制、两轴严格对中的情况，在机床中应用很广，已有标准化设计资料。

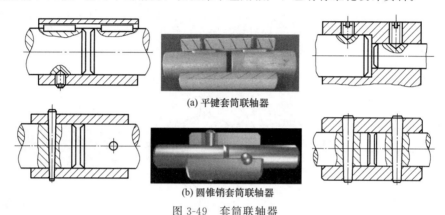

(a) 平键套筒联轴器

(b) 圆锥销套筒联轴器

图 3-49　套筒联轴器

b. 凸缘联轴器。凸缘联轴器是把两个带有凸缘的半联轴器用键分别与两轴连接，然后用螺栓把两个半联轴器连成一体，以传递运动和转矩，是应用最广的一种固定式刚性联轴器。

凸缘联轴器主要结构形式有普通凸缘联轴器和对中榫凸缘联轴器两种。

普通凸缘联轴器，如图 3-50（a）所示，该联轴器用铰制孔螺栓连接两个半联轴器的凸缘，靠螺栓杆承受剪切和挤压来传递转矩，拆卸时不需要轴向位移。

对中榫凸缘联轴器，如图 3-50（b）所示，该联轴器用普通螺栓来连接两个半联轴器的凸缘，靠接合面的摩擦力来传递转矩。一个半联轴器的凸肩与另一个半联轴器上的凹槽相配合而

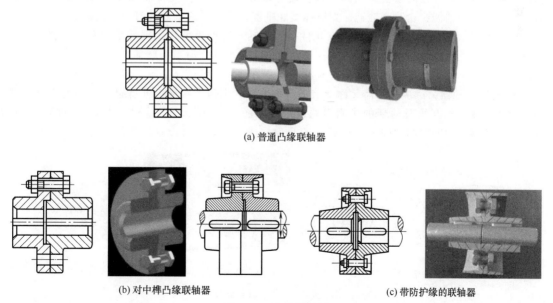

(a) 普通凸缘联轴器

(b) 对中榫凸缘联轴器

(c) 带防护缘的联轴器

图 3-50　凸缘联轴器

对中，拆卸时需要轴向位移。

为了安全起见，凸缘联轴器可以做成带防护边的，如图 3-50（c）所示。

凸缘联轴器的主要特点是结构简单，成本低，可传递较大的转矩，但不允许两轴有相对位移，无缓冲，要求在两轴严格对中情况下使用，在转速低、无冲击、轴的刚性大、对中性较好的场合应用较广。凸缘式联轴器已经标准化，其尺寸按标准选定，必要时应校核螺栓强度。

凸缘联轴器的材料有灰铸铁或碳钢，常用的有 35 钢、45 钢或 ZG310～570，重载时或圆周速度大于 30m/s 时应用铸钢或锻钢。

c. 夹壳联轴器。如图 3-51 所示，夹壳联轴器是利用沿轴向剖分的两半联轴器——夹壳，通过拧紧螺栓产生的预紧力使夹壳与轴连接，并依靠夹壳与轴表面之间的摩擦力来传递转矩。其广泛应用于冶金、矿山、起重机械、工程机械、轿车、纺织、造纸、有色金属、造船等各类机械的轴系传动。

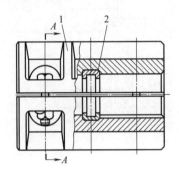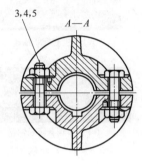

图 3-51　夹壳联轴器
1—夹壳体；2—半环；3—螺栓；4—螺母；5—外舌止动垫圈

② 挠性联轴器。挠性联轴器具有一定的补偿被连两轴轴线相对偏移的能力，最大量随型号不同而异，用于连接两轴有较大安装误差及工作时两轴有相对位移的场合，即凡被连两轴的同轴度不易保证的场合，都应选用挠性联轴器。

挠性联轴器又分为无弹性元件和有弹性元件两种。常用的无弹性元件联轴器有十字滑块联轴器、齿式联轴器、万向联轴器和链条联轴器等；常用的有弹性元件联轴器有弹性套柱销联轴器、弹性柱销联轴器、轮胎联轴器、蛇形弹簧联轴器、梅花形联轴器和簧片联轴器等。

a. 无弹性元件挠性联轴器。无弹性元件挠性联轴器又称为可移式刚性联轴器，是利用自身具有相对可动的元件或间隙而允许两轴存在一定的相对位移，但不能缓冲减振。其承载能力大，在高速或转速不稳定或经常正反转时，有冲击噪声，适用于低速、重载、转速平稳的场合。

• 滑块联轴器。滑块联轴器又称十字滑块联轴器，由两个端面上开有径向凹槽的半联轴器和一个两面带有相互垂直的牙的中间滑块组成，如图 3-52 所示。工作时，十字滑块随两轴转动，半联轴器上的凹槽与中间滑块两面上的凸块构成移动副，可以补偿两轴位移。如果两轴线

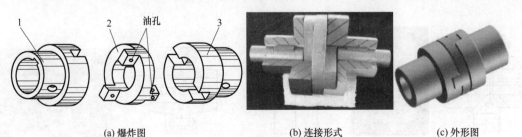

(a) 爆炸图　　　　　　　　　　(b) 连接形式　　　　　　　　(c) 外形图

图 3-52　十字滑块联轴器
1,3—半联轴器；2—滑块

不对中或偏移，滑块将在凹槽内滑动，所以对凹槽和凸块的工作面要求有较高的硬度，并需加润滑剂。

　　滑块联轴器的主要特点是无缓冲，移动副应加润滑；允许两轴有较大的径向偏移（$y \leqslant 0.04d$），并允许有不大的角向偏移（$\alpha \leqslant 30°$）和轴向位移，如图 3-53 所示。当两轴对中性差、转速较高时，滑块的偏心运动会产生较大的离心力，给轴和轴承带来较大的附加动载荷，并引起磨损。因此，滑块联轴器只适用于低速（一般不超过 300r/min）传动。

　　滑块联轴器常用 45 钢制造，要求较低时也可用 Q275 钢。

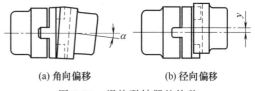

(a) 角向偏移　　　　(b) 径向偏移

图 3-53　滑块联轴器的偏移

　　• 齿式联轴器。齿式联轴器是由两个具有外齿的半联轴器（左、右）和两个具有内齿的外壳（左、右）组成，半联轴器与外壳通过外齿、内齿的相互啮合而相连，如图 3-54 所示。半联轴器与轴用键相连，两个外壳用螺栓连接，外壳与套筒之间有密封圈。工作时，靠轮齿的啮合传递转矩。为了减小轮齿的磨损和相对移动时的摩擦阻力，在外壳内贮有润滑油对齿面进行润滑，用密封圈密封。

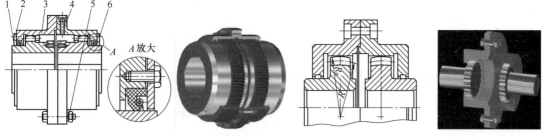

图 3-54　齿式联轴器

1—半联轴器；2—挡圈；3—外壳；4—油孔；5—螺栓；6—密封圈

　　齿式联轴器的主要特点是允许两轴发生综合位移，如图 3-55 所示。为了补偿两轴的相对位移，齿式联轴器内外轮齿啮合较普通齿轮传动具有较大的齿侧间隙，将外齿轮的齿顶制成球形，球面中心位于轴线上。因为很多齿同时工作，故传递转矩大、工作可靠，但结构复杂、制造困难，传递大转矩时，齿间的压力也随着增大，使联轴器的灵活性较低，在重型机械和起重设备中应用较广。

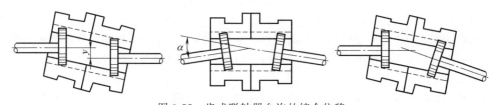

图 3-55　齿式联轴器允许的综合位移

　　齿式联轴器的材料，一般用 45 钢或 ZG45，轮齿须经热处理，以保证一定的硬度。用于高速传动时，必须进行高精度加工，并经平衡处理，还需要良好的润滑和密封。齿轮联轴器已经标准化，便于购得成品。

　　• 万向联轴器。万向联轴器又称为十字铰接联轴器，如图 3-56 所示。

　　万向联轴器由两个叉形接头、一个十字头和两个销轴组成，如图 3-57 所示。两销轴垂直并分别将两个叉形接头与十字头连接起来，构成铰链连接。两叉形接头均能绕十字头的轴线转动，从而使联轴器的两轴线能成任意角度 α，一般 α 最大可达 35°～45°。

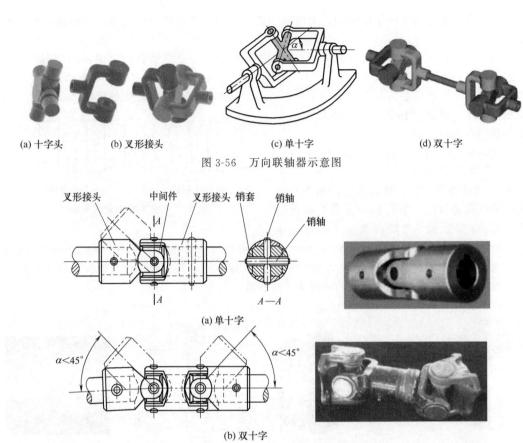

(a) 十字头　　　(b) 叉形接头　　　　　　(c) 单十字　　　　　　　(d) 双十字

图 3-56　万向联轴器示意图

(a) 单十字

(b) 双十字

图 3-57　万向联轴器的结构

万向联轴器的功用是可以在轴间夹角及相互位置经常发生变化的转轴之间传递动力。

单万向联轴器两轴的瞬时角速度并不是时时相等，即当主动轴以等角速度回转时，从动轴做变角速度转动，从而引起动载荷，对使用不利。在机器中很少使用单万向联轴器，而使用双万向联轴器。

双万向联轴器由两个单万向联轴器串联而成，必须保证两轴和中间轴的夹角相等，并且中间轴的两端叉形接头在同一平面内。当主动轴等角速度旋转时，带动中间件（十字头）做变角速度旋转，利用对应关系，再由中间件带动从动轴以与主动轴相等的角速度旋转。

万向联轴器的特点是传递转矩和运动可靠，结构紧凑，传动效率较高，维护保养方便。万向联轴器适用于相交两轴间的连接，或工作时有较大角位移的场合，广泛用于汽车、机床、建筑机械等传动系统中。

万向联轴器的主要零件通常采用 40Cr 或 40CrNi 等合金钢制造，以获得较好的耐磨性。

• 链条联轴器。如图 3-58 所示，链条联轴器利用公用的链条，同时与两个齿数相同的并列链轮啮合。不同结构形式的链条联轴器主要区别是采用不同链条，常见的有双排滚子链联轴器、

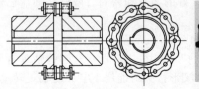

图 3-58　链条联轴器

单排滚子链联轴器、齿形链联轴器、尼龙链联轴器等。

链条联轴器具有结构简单、装拆方便、拆卸时不用移动被连接的两轴、尺寸紧凑、重量轻、有一定补偿能力、对安装精度要求不高、工作可靠、寿命较长、成本较低等优点，适用于高温、潮湿和多尘工况环境，不适用于高速、有剧烈冲击载荷和传递轴向力的场合。链条联轴器应在良好的润滑并有防护罩的条件下工作，可用于纺织、农机、起重运输、工程、矿山、轻工、化工等机械的轴系传动。

一般链条是有执行标准的，罩壳也有。罩壳一般是用铝铸造而成，制造程序是先用模型铸造成形，然后打孔、打磨毛刺、喷漆，因为制造工艺比较麻烦，所以罩壳价格比较高。

b. 有弹性元件挠性联轴器。有弹性元件联轴器是靠弹性元件的弹性变形来补偿两轴轴线的相对位移，以缓和载荷的冲击与吸收振动，适用于需要经常启动或反转的传动。

有弹性元件挠性联轴器按照弹性元件不同，可分为非金属和金属弹性元件联轴器两种。

非金属弹性元件的挠性联轴器在转速不平稳时有很好的缓冲减振性能；但由于非金属（橡胶、尼龙等）弹性元件强度低、寿命短、承载能力小、不耐高温和低温，故常用于高速、轻载和常温的场合。

金属弹性元件的挠性联轴器除了具有较好的缓冲减振性能外，承载能力较大，常用于速度和载荷变化较大及高温或低温场合。

Ⅰ. 弹性套柱销联轴器。弹性套柱销联轴器在结构上与凸缘联轴器相似，不同之处是用带有弹性圈的柱销代替了螺栓连接，弹性圈一般用耐油橡胶制成，剖面为梯形以提高弹性，如图3-59所示。柱销用45钢制造。弹性套有整体齿形式和整体鼓形式两种。

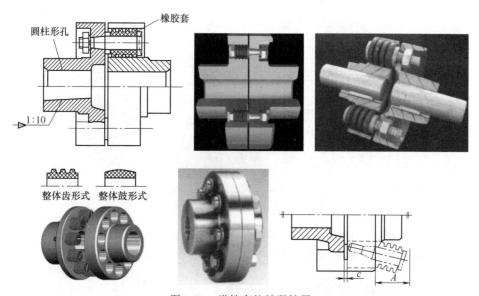

图 3-59　弹性套柱销联轴器

弹性套柱销联轴器靠橡胶套传递力并靠其弹性变形来补偿径向位移和角位移，靠安装时留的间隙 c 来补偿轴向位移。由于橡胶套为易损件，因此在设计时应留出距离 A，以便于更换橡胶套而免得拆移机器。

弹性套柱销联轴器的特点是结构简单，制造容易，不用润滑，弹性圈更换方便，具有一定的补偿两轴线相对偏移和缓冲减振性能。其多用于经常正反转，启动频繁，转速较高的场合。弹性套柱销联轴器已经标准化。

Ⅱ. 弹性柱销联轴器。弹性柱销联轴器与弹性套柱销联轴器结构相似，只是柱销材料为非金属材料（通常用尼龙）。柱销形状一端为柱形，另一端为腰鼓形，以增大角位移的补偿能力。

为防止柱销滑出，在柱销两端配置挡板，用螺钉固定，如图 3-60 所示。注意：装配时同样要留间隙。

弹性柱销联轴器的特点是结构简单，安装、制造方便，耐久性好，也有吸振和补偿轴向位移的能力。其多用于轴向窜动量较大、经常正反转、启动频繁、转速较高的场合，或带载启动的高、低速传动轴系，可代替弹性套柱销联轴器。

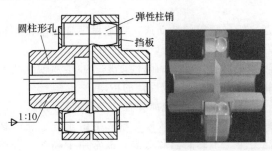
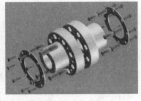

图 3-60　弹性柱销联轴器

Ⅲ．轮胎式联轴器。如图 3-61 所示，轮胎式联轴器的两半联轴器 3 分别用键与轴相连，1 为橡胶制成的特型轮胎，用压板 2 及螺钉 4 把轮胎紧压在左右两半联轴器上，通过轮胎来传递转矩。轮胎是由橡胶及帘线制成的轮胎形弹性元件。为了便于安装，在轮胎上开有切口。

轮胎式联轴器的特点是结构简单；弹性大，易于变形；允许较大的综合位移；耐久性好，不需要润滑；但径向尺寸大。其适用于有较大轴向位移、潮湿多尘的场合。

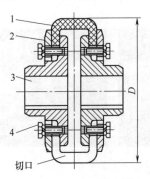

图 3-61　轮胎式联轴器
1—轮胎；2—压板；3—半联轴器；4—螺钉

Ⅳ．蛇形弹簧联轴器。蛇形弹簧联轴器为金属弹性元件联轴器，以蛇形弹簧片嵌入两个半联轴器的齿槽内，来实现主动轴与从动轴的链接，如图 3-62 所示。运转时，是靠主动端齿面对蛇簧的轴向作用力带动从动端，来传递转矩。这样在很大程度上避免了共振现象发生，且簧片在传递转矩时所产生的弹性变量，使机械系统能获得较好的减振效果，其平均减振率达 36％以上。

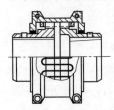

图 3-62　蛇形弹簧联轴器

蛇形弹簧片采用优质弹簧钢制造，经过严格的加工、热处理，具有良好的力学性能，使联轴器的寿命比非金属弹性元件联轴器大为延长。其适用于转矩变化不大的两轴连接，多用于有严重冲击载荷的重型机械。

Ⅴ．膜片联轴器。膜片联轴器属金属弹性元件联轴器，是依靠膜片的弹性变形来补偿所连两轴的相对位移。如图 3-63 所示，膜片联轴器至少由一组膜片用螺栓交错地与两半联轴器连接，称为单膜片。也有两组膜片的，中间有一个轴，两边再连在半联轴器上，称为双膜片。它们的不同之处是处理各种偏差能力的不同，单膜片联轴器不太适应偏心；而双膜片联轴器可以同时弯曲向不同的方向，以此来补偿偏心。

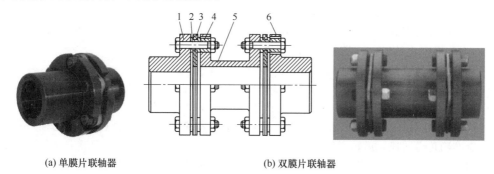

(a) 单膜片联轴器   (b) 双膜片联轴器

图 3-63　膜片联轴器

1,6—半联轴器；2—衬套；3—膜片组；4—垫圈；5—中间轴

ⅰ．膜片形式。膜片本身厚度比较薄，单层在 0.3～0.6mm。联轴器每组膜片由多层不锈钢材质薄片叠集而成，膜片孔数有 4、6、8、10 和 12 等，结构有分离连杆式和不同形状的整片式（有连续多边环形、圆环形、轮辐形、波形和成形膜片等），如图 3-64 所示。

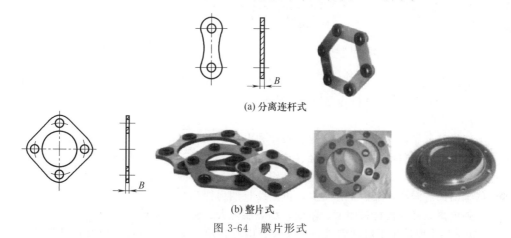

图 3-64　膜片形式

• 分离连杆形：每一膜片由单独的薄杆组成一个多边形，杆的形状简单，制造方便，但要求各孔距精确，其工作性能与连续多边环形基本相同，但强度和转速较低，适用于尺寸受限制的场合。

• 连续多边环形、圆环形：每一组膜片由若干等厚度薄片组成，各片外缘为圆弧形的弹性较好，且形状简单，加工方便。此外边数少的膜片弹性要比边数多的弹性要好，但边数太少的话，稳定性也降低。单向运转时，只有一半环边承载传递转矩。

• 轮辐形：每一由若干膜片组成，其外缘与内缘上的螺孔分别与主从动半联轴器连接，工作时发生扭转，膜片上的成形孔是为了增加弹性，而由于弹性的要求，膜片的内外径差值不宜过小。其一般适用于传递中小功率的联轴器。

• 波形膜片：膜片在轴向截面呈波形，弹性较高，补偿性能好。膜片的厚度有等厚与不等厚两种，其中不等厚的单片双曲线型膜片性能较好，目前应用较多。

• 成形膜片：每一联轴器由单独一个膜片构成，膜片厚度从内径向外按双曲线规律减小，可以保持等强度条件。其材料利用率高，整体性好，特别适用于高速传动，但膜片的制造精度要求较高。

　　联轴器的膜片属于关键件，要求具有高强度、耐疲劳性、耐热性、耐腐蚀性。膜片材质一般会选择不锈钢材质的，如 300 系列铬-镍奥氏体不锈钢，常用的为不锈钢 304、312、316 等。半联轴器的材料选用 45 号钢或 40Cr 材质的比较多，表面要做发黑处理（防锈、美观）。

　　ⅱ．膜片联轴器的主要特性。

- 补偿两轴线不对中的能力强，与齿式联轴器相比角位移可大一倍，径向位移时反力小，挠性大，允许有一定的轴向、径向和角向位移；
- 具有明显的减振作用，不需润滑、无噪声、无磨损；
- 适应高温（−80～＋300℃）和恶劣环境中工作，并能在有冲击、振动条件下安全运行；
- 传动效率高，可达 99.86％，特别适用于中、高速大功率传动；
- 结构简单、重量轻、体积小、装拆方便，不必移动机器即可装拆（指带中间轴形式）；
- 能准确传递转速，运转无转差。

　　基于以上特点，膜片联轴器适用于高温、高速、有腐蚀介质工况环境的轴系传动或精密机械的传动，是当今替代齿式联轴器及一般联轴器的理想产品。

　　Ⅵ．梅花联轴器。梅花联轴器是一种应用很普遍的弹性联轴器，也称爪式联轴器，由两个半联轴器加上中间弹性垫安装在一起，如图 3-65 所示。两个半联轴器爪的侧面是圆弧状的，中间的弹性垫形状是梅花形。

图 3-65　梅花联轴器

　　梅花联轴器一般采用 45 钢，在要求载荷灵敏的情况下也有用铝合金的。市面上还有一种爪盘是铸件，在高速或者是高负载的情况下容易发生"打牙"（爪齿脱落），在一些重要的场合下最好不要采用。弹性垫一般采用工程塑料或橡胶等材料，例如聚氨酯弹性垫。

　　梅花联轴器的特点如下：

- 工作稳定可靠，具有良好的减振、缓冲和电气绝缘性能；
- 结构简单、径向尺寸小、重量轻、转动惯量小，适用于中、高速场合；
- 具有较大的轴向、径向和角向位移补偿能力；
- 联轴器无需润滑，维护工作量少，可连续长期运行；
- 高强度聚氨酯弹性材料耐磨、耐油、承载能力大、使用寿命长。

　　梅花联轴器主要适用于启动频繁、正反转、中等转矩、要求可靠性高或有强烈振动的工作场合，如冶金、矿山、石油、化工、起重、运输、轻工、纺织等行业。

　　③ 安全联轴器。安全联轴器在结构上的特点是存在一个保险环节（如销钉可动连接等），只能承受限定载荷。当实际载荷超过事前限定的载荷时，保险环节就发生变化，截断运动和动力的传递，从而保护机器的其余部分不致损坏，即起安全保护作用。

　　剪切销安全联轴器与凸缘联轴器结构类似，将其中的螺栓连接改为销钉连接，销钉装在经过淬火的钢套内，过载时即被剪断，以防重要零件损坏。剪切销安全联轴器有单剪式和双剪式两种，如图 3-66 所示。

　　剪切销安全联轴器的特点是结构简单紧凑，成本低廉，便于装卸与维护；对中可靠，传递转矩大；但不消振。其适用于转速低，轴刚性大，载荷平稳，两轴严格对中，无冲击的场合。

　　（4）联轴器的加工工艺分析

　　① 联轴器的材料有 45 钢、40CrMo、不锈钢、铸钢、铸铁、铝合金等。一般情况下可以采用铸钢 55，主要考虑的是成本因素（翻砂成形），如果结构不大也可以采用 45 钢。中间的滑块一般采用铸型尼龙。

　　② 热处理工艺性能包括淬透性、变形与开裂倾向、过热敏感性、回火脆性、氧化脱碳倾向

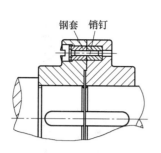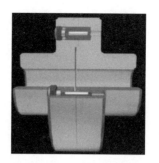

钢套　销钉

(a) 单剪式

销钉　钢套　套筒

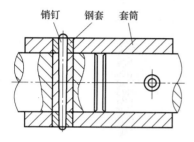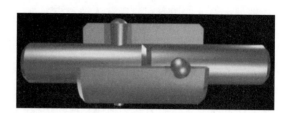

(b) 双剪式

图 3-66　剪切销安全联轴器

等。不同材料的热处理性能是不同的，一般有淬火、渗碳、表面发黑、热处理等工序。联轴器不淬火硬度小于 28HRC，比较软，不耐磨。淬火后硬度可以（注意是可以）大于 55HRC，耐磨性较好。

③ 加工工艺路线：备料→粗车→热处理→半精车→扩孔、铰孔→插键槽→铣凸爪→精车→磨→所有孔口倒角→检验→防锈处理→入库。

④ 典型联轴器加工特点。

a. 梅花联轴器：一般用车、铣加工（推荐用加工中心铣，精度高），再经过整体热处理，以保证足够的机械强度。市面上还有一种爪盘是铸件，能够大批量地生产，且免去了加工损耗，在价格方面比机加工要低很多，但铸件的性能不是很好。键槽可以线割或拉床拉削，插齿机加工。

b. 齿形联轴器：用车、铣、滚齿、插齿加工，齿面高频淬火要求高的用模锻成形再机加工，有些联轴器用铸钢或铸铁成形后，再机加工。

c. 非金属弹性联轴器：其中非金属的弹性体市场有卖不需要自己做，TL 弹性套柱销联轴器中的柱销也是可以买到的，MT 梅花弹性垫、GR 弹性体和尼龙柱销圈都是注塑机一次成型的，比较方便。材质有聚氨酯、橡胶、尼龙等，HL 柱销联轴器尼龙棒也可以是车加工，两半法兰盘常用车铣加工方法。

（5）联轴器的装拆

① 联轴器的装配以热套联轴器的操作为例。

a. 在加热炉内加热到指定温度，并检测工件温度。

b. 将联轴器取出后翻身，放入炉内继续加热。如用木柴加热大型联轴器，则经 2～3h 后，用量棒反复测量孔径，直至尺寸最大的量棒能自由进入联轴器孔内，加热即可结束。

c. 吊出联轴器，装上撞板或其他套装工具。

d. 校正位置，使联轴器孔垂直（垂直套装时）或呈水平（水平套装时），并清扫联轴器孔，使内孔无杂物。

e. 将联轴器吊近转轴处，再一次用量棒检查内孔尺寸是否有所需装配间隙，如量棒能通过，才能进行套装。

f. 在转轴的配合面上均匀地涂上机油。

g. 将联轴器平稳地移近转轴,对准轴与孔的位置,进行套装。待联轴器套进 1/3 左右,应再一次检查孔与轴的相对位置,是否有歪斜,如果正确,则继续将联轴器撞进。

h. 最后装上夹紧工具,防止联轴器在轴上移动,然后让其自然冷却。

② 联轴器的拆卸。

a. 拉紧法:采用专门工具(双拉杆拆卸器或三拉杆拆卸器)只要旋转手柄,联轴器就会慢慢拉出来。

b. 热拆法:用气割,先将联轴器外部加热,使之受热膨胀后,再用拉具将联轴器拉出。

c. 压力拆卸法:用专门压力机械进行拆卸。

(6) 联轴器的选用

① 联轴器的设计选用原则。所选联轴器应装拆方便、质量较小、尺寸较小、安装位置尽量靠近轴承。

a. 转矩 T:可以选刚性联轴器、无弹性元件或有金属弹性元件的挠性联轴器,如果有冲击振动,选有弹性元件的挠性联轴器。

b. 转速 n:非金属弹性元件的挠性联轴器。

c. 对中性:对中性好选刚性联轴器,需补偿时选挠性联轴器。

d. 装拆:考虑装拆方便,选可直接径向移动的联轴器。

e. 环境:若在高温下工作,不可选有非金属元件的联轴器。

f. 成本:同等条件下,尽量选择价格低、维护简单的联轴器。

② 选择联轴器应考虑的因素。

a. 动力机的机械特性。在固定的机械产品传动系统中,动力机大都是电动机;运动的机械产品传动系统(例如船舶、各种车辆等)中的动力机多为内燃机。当动力机为缸数不同的内燃机时,必须考虑扭振对传动系统的影响。此时一般应选用弹性联轴器,以调整轴系固有频率,降低扭振振幅,从而减振、缓冲、保护传动装置部件,改善对中性能,提高输出功率的稳定性。

b. 载荷类别。冲击、振动和转矩变化较大的工作载荷,应选择具有弹性元件的挠性联轴器即弹性联轴器,以缓冲、减振、补偿轴线偏移,改善传动系统工作性能。低速工况应避免选用只适用于中小功率的联轴器,例如弹性套柱销联轴器、轮胎式联轴器等。需要控制过载安全保护的轴系,宜选用安全联轴器。受变载荷或高速且有振动或冲击的轴,宜选择具有弹性元件且缓冲和减振效果较好的弹性联轴器。金属弹性元件弹性联轴器承载能力高于非金属弹性元件弹性联轴器;弹性元件受挤压的弹性联轴器可靠性高于弹性元件受剪切的弹性联轴器。

c. 联轴器的许用转速。高速时不应选非金属弹性元件弹性联轴器,高速时易造成非金属弹性元件变形,宜选用高精度的挠性联轴器,目前国外用于高速的联轴器不外乎膜片联轴器和高精度鼓形齿式联轴器。

d. 联轴器所连两轴相对位移。只有挠性联轴器才具有补偿两轴相对位移的性能,因此在实际应用中大量选择挠性联轴器。刚性联轴器不具备补偿性能,应用范围受到限制,因此用量很少。轴线相交的轴,宜选万向联轴器。有轴向窜动,并需控制轴向位移的轴系传动,应选用膜片联轴器。对于低速、刚性大的短轴,当两轴对中准确、工作时两轴线不会发生相对位移时可选择刚性固定式联轴器。

对于低速、刚性小的长轴,当两轴的轴线有相对偏移,或基础与机架的刚性较差,工作时不能保证两轴线精确对中时,可选择刚性可移式联轴器。对于有一定轴向位移和角偏移的轴,可选择弹性套柱销联轴器。对于有较大轴向位移和角偏移的轴,可选择弹性柱销联轴器。对于有一定轴向位移和较大角偏移的轴,或有严重冲击要求减振的轴,可选择轮胎式联轴器。

e. 联轴器的传动精度。

小转矩和以传递运动为主的轴系传动,要求联轴器具有较高的传动精度,宜选用金属弹性元件的挠性联轴器。大转矩和传递动力的轴系传动，对传动精度亦有要求，高转速时，应避免选用非金属弹性元件弹性联轴器和可动元件之间有间隙的挠性联轴器，宜选用传动精度高的膜片联轴器。

　　f. 联轴器尺寸、安装和维护。

　　联轴器外形尺寸（最大径向和轴向尺寸）必须在机器设备允许的安装空间以内。应选择装拆方便、不用维护、维护周期长或者维护方便、更换易损件不用移动两轴、对中间调整容易的联轴器。大型机器设备调整两轴对中较困难，应选择使用耐久性好和更换易损件方便的联轴器。金属弹性元件挠性联轴器一般比非金属弹性元件挠性联轴器使用寿命长。对于大功率、重载传动，长期连续运转和经济效益较高的场合，可以采用齿式联轴器、膜片联轴器。

　　g. 工作环境。对于高温，低温，有油、酸、碱介质的工作环境，不宜选用以一般橡胶为弹性元件材料的挠性联轴器，应选择金属弹性元件挠性联轴器，例如膜片联轴器、蛇形弹簧联轴器等。

　　h. 经济性。一般精度要求的联轴器成本低于高精度要求的联轴器；结构简单、工艺性好的联轴器成本低于结构复杂、工艺性差的联轴器；采用一般材料制作的联轴器成本低于采用特殊材料制作的联轴器；非金属弹性元件挠性联轴器的成本低于金属弹性元件挠性联轴器。

　　因此，在选择联轴器时应根据各自实际情况和要求选用，综合考虑上述各种因素，从现有标准联轴器中选取最适合于自己需要的联轴器品种、形式和规格。

第4章
传动类零件

一台完整的机器主要是由原动机、传动装置、控制装置和工作机等组成。工作机需要依靠原动机输入动力才能工作，但原动机的转速或速度和运动形式通常与工作机不同。为此，必须在原动机和工作机之间用传动装置来协调。传动装置的功能是改变转速或速度，同时改变力或力矩，还可实现一个或多个原动机驱动若干相同或不同速度的执行机构。

传动有多种类型，如机械传动、流体传动和电气传动以及它们的组合复合传动等几种。其中，机械传动是指通过带与带轮、链与链轮、齿轮与齿轮（或齿条）、蜗轮与蜗杆等零件直接把动力传送到执行机构的传递方式。

4.1 带和带轮

带和带轮可用于平行轴和交错轴的带传动。

4.1.1 概述

带传动是一种通过中间挠性件（传动带），将主动轴上的运动和动力传递给从动轴的机械传动方式。带传动一般由主动带轮、从动带轮和传动带组成。工作时，原动机驱动主动带轮转动，通过带与带轮之间产生的摩擦力或啮合作用，使传动带运动，再通过传动带带动从动带轮一起转动，从而实现运动与动力的传递。

(1) 带传动的类型

① 根据带的截面形状不同，可分为平带传动、V 带传动、多楔带传动、圆带传动和同步带传动等。

② 根据功能的不同，可分为摩擦型带传动和啮合型带传动两大类，如图 4-1 所示。

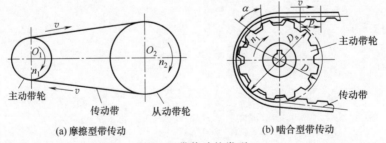

(a) 摩擦型带传动　　　　　　　　　　　(b) 啮合型带传动

图 4-1　带传动的类型

a. 摩擦型带传动是指主动带轮转动时，依靠带和带轮间的摩擦力拖动从动带轮一起转动，并传递运动或动力的传动，有平带传动、V 带传动、多楔带传动、圆带传动等。

b. 啮合型带传动是指主动带轮转动时，依靠带和带轮间的啮合拖动从动带轮一起转动，并传递运动或动力的传动，有同步齿形带（简称同步带或齿形带）传动等。

③ 按带轮轴线的位置和转动方向不同，可分为开口传动、交叉传动和半交叉传动等，如图4-2 所示。

a. 开口传动：两轴平行，两带轮转动方向相同；

b. 交叉传动：两轴平行，两带轮转动方向相反；

c. 半交叉传动：两轴交错，不能逆转。

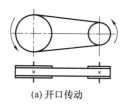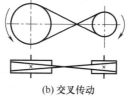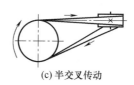

|　(a) 开口传动　　　　　　　　(b) 交叉传动　　　　　　　　(c) 半交叉传动

图 4-2　带传动形式

（2）摩擦型带传动的特点及应用

① 摩擦型带传动的优点：

a. 适用于中心距较大的传动；

b. 带具有弹性，能缓冲、吸振，传动平稳，噪声低；

c. 过载时，带与带轮会出现打滑，可防止传动零件损坏，起到过载保护作用；

d. 可以不用外罩，不用润滑，安装和维修简单；

e. 结构简单，制造和安装精度要求不高，成本低。

② 摩擦型带传动的缺点：

a. 由于带的弹性滑动，不能保证准确的传动比；

b. 传动效率较低，带的寿命较短；

c. 由于预紧力的作用，带传动即便不工作，轴仍受到较大的压力；

d. 不是完全弹性体，预紧力会发生变化，需要经常再张紧；

e. 不适用于高温、易燃及有腐蚀介质的场合；

f. 传动装置的外廓尺寸较大、结构不紧凑。

③ 摩擦型带传动的应用。摩擦型带传动一般适用于中小功率、无须保证准确传动比和传动平稳的远距离场合。在多级减速传动装置中，带传动通常置于与电动机相连的高速级。其中 V 带传动应用最为广泛，一般允许的带速 $v = 5 \sim 25 \mathrm{m/s}$，传动比 $i \leqslant 7$，传动效率 $\eta \approx 0.90 \sim 0.95$。

（3）带传动与链传动、齿轮传动的比较

① 链传动适用于中心距较大的平行轴传动。与带传动相比，链传动对湿度和温度不敏感，装拆简单，用一根链条可以驱动多个链轮。其寿命主要受铰链处的磨损限制（链条伸长），因此必须润滑，并尽可能防尘。采用多排链，能够传递较大功率，但需注意沿宽度方向的受力分布，成本比齿轮传动低。

② 齿轮传动是应用最多的传动形式，适用于各种轴的位置、功率、转速和传动比。它的优点为制造简单、运转可靠、维护简便、尺寸小和效率高；缺点为刚性传递，因啮合误差和轮齿刚度的波动产生振动及运转不均匀性，运转噪声较高（蜗杆传动例外），制造精度及安装精度要求高，加工成本高。

4.1.2　平带和平带带轮

（1）平带

平带的截面形状为扁平矩形，其工作面是与带轮轮面相接触的内表面，如图 4-3 所示。平带的规格已经标准化，通常整卷出售，使用时根据所需长度截取，并将其端部连接起来（采用硫化接头或机械接头）。平带的接头应保证平带两侧边的周长相等，以免受力不均，加速损坏。

平带有普通平带、高强度平带和高速环形平带等多种形式，其中以普通平带应用最广。

a. 普通平带。普通平带又称胶帆布带，是由数层纯棉或涤棉混纺帆布挂胶粘合在一起，经硫化而成的柔软胶带，有良好的耐屈挠性，其横截面结构如图 4-3 所示。普通平带的边缘有切边式和包边式两种形式，如图 4-4 所示。切边式的各层帆布不包叠，侧面为切割而形成的平面；包边式的最外一层或数层帆布包叠，侧面为弧形面。

普通平带抗拉强度较大，预紧力保持性能较好，耐湿性好，中心距大，成本低；但传动比小，传动效率较低，耐热、耐油性较差。

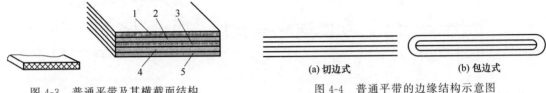

图 4-3　普通平带及其横截面结构　　　　图 4-4　普通平带的边缘结构示意图
1—外覆盖层；2,4—布层；3—片基层；
5—工作面覆盖层

b. 高强度平带。高强度平带即尼龙片复合平带，是以尼龙片作骨架材料，工作表面以橡胶、PVC、皮革或聚氨酯作覆盖层，非工作面则粘以橡胶布或特殊织物层。尼龙片的抗拉强度达 400MPa，并有较高的弹性模量，经定伸处理后，使复合平带有很高的综合力学性能。工作表面的覆盖层不但能增强带体的横向抗撕裂能力，而且可增大与带轮表面的黏附力。根据覆盖材质的不同，尼龙片复合平带与带轮表面的摩擦系数可达 0.4～0.7。高强度平带伸长小、效率高，有很高的承载能力，比普通平带传动节能 15％以上。

近年来，尼龙片的性能不断改进，产品性能进一步得到提高，且可不受温度影响。此外，还出现了用涤纶织物和芳纶织物作承载层的平带，由于改进了制作工艺，使平带的传动性能如强度、带体的柔软性和吸振性、传动的平稳性以及寿命等都有了较大提高，显示了良好的使用前景。

c. 高速平带。带速大于 30m/s、高速轴转速在 10000～50000r/min 之间的带传动称为高速带传动，带速大于 100m/s 称为超高速带传动。高速带传动都采用重量轻、厚度薄、屈挠性好的环形平带，无接头，这种带称为高速平带。根据材质的不同，分为麻织带、丝织带、尼龙编织带等。目前，高速平带普遍采用尼龙薄片为骨架，用橡胶将其与合成纤维粘合而成；也采用以涤纶绳作强力层的液体聚氨酯浇筑型高速平带。

这些高速平带薄、软、轻，抗弯性能好，强度高，摩擦系数大，主要用于增速（增速比一般为 2～4）以驱动高速机床、粉碎机、离心机等机器。

(2) 平带带轮

① 普通平带带轮。

a. 平带带轮的结构形式。常见的平带带轮有四种典型结构形式：实心式、腹板式、孔板式和轮辐式，如图 4-5 所示。

b. 平带带轮的加工工艺。平带轮的材料通常采用铸铁，常用材料的牌号为 HT150 或 HT200。铸铁件在能满足带轮的刚度和强度要求的情况下，不需要再进行热处理，所以对于小批量以上的都最好采用铸铁件。转速较高时，宜采用铸钢或用钢板冲压后焊接而成；小功率时可采用铸铝或塑料。

平带带轮应满足的要求有：质量小；无过大的铸造内应力；质量分布均匀，转速高时要经过动平衡处理；轮槽工作面要精细加工（表面粗糙度一般应为 3.2μm），以减少带的磨损；各槽的尺寸和角度应保持一定的精度，以使载荷分布较为均匀等。

② 高速平带带轮。高速平带带轮应力求重量轻、结构对称、强度高、运转时空气阻力小。带轮材料通常常用钢或铝合金，各表面均需精加工，并且进行动平衡处理。为防止带从带轮上滑

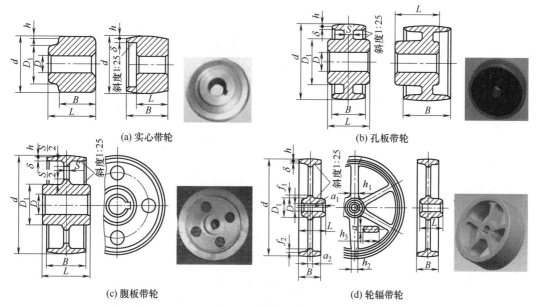

(a) 实心带轮   (b) 孔板带轮

(c) 腹板带轮   (d) 轮辐带轮

图 4-5 平带轮结构形式

落，主动带轮和从动带轮的轮缘表面应加工成中间凸起的鼓形或双锥面，如图 4-6（b）所示。为避免高速运转时带与轮缘表面形成空气层而降低摩擦系数，影响正常传动，可以在轮缘表面加工出环形槽，如图 4-6（c）所示。

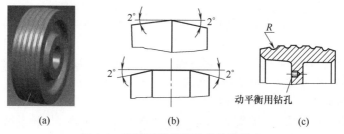

(a)   (b)   (c)

图 4-6 高速平带带轮及其轮缘形式

（3）平带传动的特点

平带传动是最简单的带传动形式，如图 4-7 所示。其特点是：平带质轻且挠性好；带轮结构简单，制造方便；容易打滑；工作时带的内面与圆柱形带轮工作面接触，属于平面摩擦传动。平带传动通常用于传动比不大于 4、传递功率不超过 500kW、带速范围 15～30m/s、中心距较大的传动，如压力机、轧机、矿山机械、纺织

图 4-7 平带传动

机械、农业机械、鼓风机、磁带录音机等的动力传动。

4.1.3 V带和V带带轮

（1）V带

① V带的类型。V带的截面形状为等腰梯形，与带轮环槽相接触的两侧面为工作面。V带类型很多，主要有普通 V 带、宽 V 带、窄 V 带、联组窄 V 带、接头 V 带、齿形 V 带及大楔角 V 带等多种，如图 4-8 所示。其中普通 V 带应用最广，窄 V 带的应用也日趋广泛。

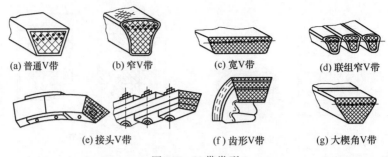

图 4-8　V 带类型

a. 普通 V 带。普通 V 带通常制成无接头的环形带，由包布层、伸张层、强力层和压缩层四部分组成，如图 4-9 所示。其中伸张层（顶胶）和压缩层（底胶）主要材料为氯丁橡胶，分别承受弯曲时的拉伸和压缩；强力层（抗拉体）为尼龙材料，是 V 带工作时的主要承载部分；包布层以棉帆布为主，对要求耐磨和耐弯曲性能更好的，开始使用棉的混纺帆布，甚至是全合成纤维帆布。

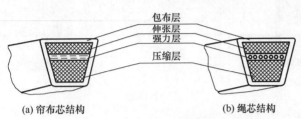

图 4-9　普通 V 带结构类型

普通 V 带具有对称的梯形横截面，截面高度与宽度之比约为 0.7，两侧与轮槽附着较好，当量摩擦系数较大，允许包角小，传动比较大，中心距较小，预紧力较小，传递功率可达 700kW，带速范围为 5～35m/s。

普通 V 带抗拉体有帘布芯和绳芯两种结构形式：帘布结构制造方便，抗拉强度高，但柔韧性较差，用于一般传动；绳芯结构柔韧性好，抗弯强度高，适用于转速高、带轮直径较小的场合。

b. 窄 V 带。窄 V 带的顶面呈弓形，两侧面内凹形，截面高度与宽度之比约为 0.9。窄 V 带不仅具有普通 V 带的传动特点，还有以下优点：

• 与轮槽接触面积增大，柔性增加；

• 带的两侧面内凹，受力弯曲后能与带轮槽面保持良好接触，且强力层仍保持整齐排列，故受力均匀；

• 其抗拉体是高强度的合成纤维绳，因而较普通 V 带能承受更大的拉力；

• 与普通 V 带相比，相同高度的窄 V 带宽度减少了 1/4，而承载能力提高了 1.5～2.5 倍；

• 在传递相同功率时，窄 V 带传动在结构上能缩小大约 50％的尺寸，费用比普通 V 带降低 20％～40％；

• 窄 V 带的带速范围为 5～50m/s，传递效率高，可达 97％，速度和可屈挠次数提高，寿命延长。

目前，窄 V 带的应用日益广泛，一般用于大功率且要求传动装置紧凑的场合。

c. 联组窄 V 带。它是窄 V 带的延伸产品，各 V 带长度一致，受力均匀，轴向尺寸更加紧凑，横向刚度大，运转平稳，消除了单根带的振动，承载能力较强，寿命较长，适用于脉动载荷和有冲击振动的场合，尤其是垂直地面的平行轴传动。目前只有 2～5 根的联组，要求带轮尺寸加工精度高，带速范围为 20～30m/s。

d. 宽 V 带。又称变速 V 带，相对高度约为 0.3。按其顶面和底面带齿或不带齿，可分为无齿宽 V 带、内齿形宽 V 带、内外齿宽 V 带和截锥形宽 V 带四种。由于其具有结构简单、制造容易、传动平稳、能吸收振动、维修方便、制造成本低等优点而得到广泛应用和迅速发展，通常用于带式无级变速器的动力传动。

② V 带使用的特点。

a. 使用 V 带时，如果一根 V 带达不到要求，或者不想采用宽 V 带时，可用多根带。此时，一定要保证其长度相等。但由于制造误差的存在，V 带长度偏差不可避免。如果其中的一根带长，它就不起作用，其他的带承受过量的载荷，带的寿命较低。

b. 若使用的多根带中，有一根带松弛或断裂，应全部换掉。因为，如果新旧混用，它们的伸长率、强度不同，还会出现长短不等的情况。

③ V 带加工流程，如图 4-10 所示。

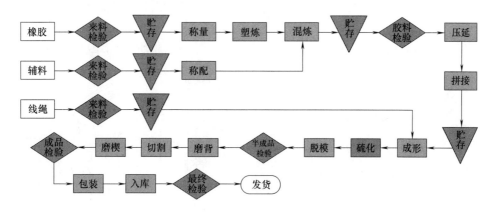

图 4-10　V 带加工流程图

(2) V 带带轮

① V 带带轮的结构。V 带带轮由轮缘、轮辐（或腹板）和轮毂三部分组成，如图 4-11 所示。轮缘是带轮的外缘部分，其上开有梯形槽，是安装 V 带及带轮工作的部分；轮辐是连接轮缘与轮毂的中间部分；轮毂是带轮与轴的安装部分。

根据轮辐结构的不同，分为实心式带轮、腹板式带轮、孔板式带轮和轮辐式带轮四种典型结构形式，如图 4-12 所示。

② V 带带轮加工工艺。

a. V 带带轮的材料常采用铸铁、铸钢、铝合金或工程塑料等。灰铸铁应用最广，常用的牌号为 HT150 （$v < 25\text{m/s}$）或 HT200 （$v = 25 \sim 35\text{m/s}$）；转速较高 （$v > 35\text{m/s}$）或特别重要

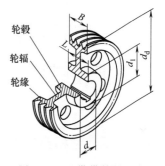

图 4-11　V 带带轮的组成

的场合，可采用球墨铸铁、铸钢或锻钢，也可采用钢板冲压后焊接带轮；直径较大、功率较大时，用 35 钢或 40 钢；高速、小功率时，可采用工程塑料；批量大时，可用压铸铝合金或其他合金。

b. V 带轮的加工工艺路线：铸造→热处理（人工时效处理）→涂漆（非加工表面）→粗车端面、内孔、轮槽、倒角→精车端面、内孔→划线（键槽中心线）→插铣键槽→精车轮槽→磨 V 面→终检入库。

(3) V 带传动特点

V 带传动也称三角带传动，如图 4-13 所示。V 带的两侧面是工作面，与带轮的环槽侧面接触，属于楔面摩擦传动。因此在相同的张紧力条件下，V 带传动的摩擦力比平带传动约大 70%，其承载能力因而比平带传动高。V 带允许的传动比较大（可到 10），结构紧凑。但 V 带的厚度尺寸较大，挠性较差，V 带轮制造比较复杂。在一般的机械传动中，V 带传动已取代平带传动成为常用的带传动装置。

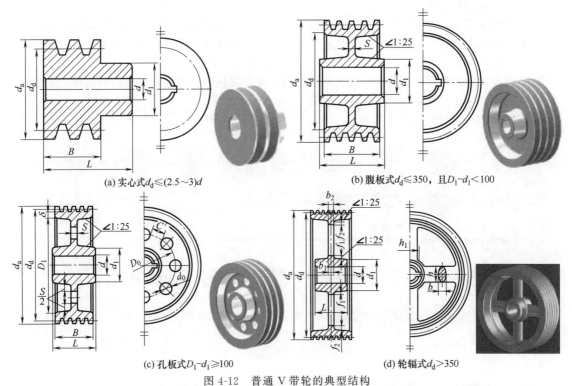

(a) 实心式$d_d \leqslant (2.5 \sim 3)d$

(b) 腹板式$d_d \leqslant 350$，且$D_1 - d_1 < 100$

(c) 孔板式$D_1 - d_1 \geqslant 100$

(d) 轮辐式$d_d > 350$

图 4-12   普通 V 带轮的典型结构

D—带轮轴直径；d_d—带轮基准直径；d_a—带轮（轮缘）外径；D_1—轮缘内径；d_1—轮毂外径

图 4-13   V 带传动

4.1.4 多楔带和多楔带带轮

(1) 多楔带

多楔带是在平带基体下接有若干纵向 V 形楔的环形带，如图 4-14 所示。多楔带相当于平带与多根等距纵向排列 V 带的组合，工作面为楔的侧面，工作接触面数量多。这种带兼有平带柔韧性好和 V 带摩擦力较大的优点，可以解决多根 V 带因制造精度误差造成带的长短不一而受力不均的问题。

多楔带有橡胶型和聚氨酯型两种。橡胶型多楔带的强力层采用高强度、低延伸率的特种聚氨酯线绳结构，带体其余部分采用橡胶，适用工作温度是$-40 \sim 100\,℃$；聚氨酯型多楔带的强力层也采用聚氨酯

图 4-14   多楔带

线绳结构，带体其余部分采用液体聚氨酯浇注而成，适用工作温度是$-20 \sim 80\,℃$。

(2) 多楔带带轮

多楔带带轮结构，如图 4-15 所示。带轮材料一般选用铸铁，常用 HT150、HT200；高速（$v > 30\mathrm{m/s}$）时采用铸钢。

(3) 多楔带传动特点

多楔带传动，如图 4-16 所示，与普通 V 带相比，多楔带的传动能力更强。在相同结构尺寸下，多楔带传动的功率可提高约 30%；在传递相同功率时，多楔带传动的尺寸可以减小大约

25％。多楔带传动允许较高的带速，可达 20～40m/s，工作时具有传动平稳、振动小、效率高、发热少等优点，多用于传递功率较大且要求结构紧凑的传动，尤其是要求 V 带根数多或轮轴垂直地面的传动，如高精度磨床、高速钻床、大功率机床等机械中。

图 4-15　多楔带轮

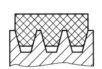

图 4-16　多楔带传动

4.1.5　圆带和圆带带轮

(1) 圆带

圆带是截面形状为圆形的传动带，如图 4-17 所示。圆带一般按材质分类，目前常用的圆带有皮带圆形带、橡胶圆形带、聚氨酯圆形带、麻丝圆绳带、锦纶丝圆绳带和涤纶丝圆绳带等。

① PU 圆带。圆形输送带常采用进口 PU（聚氨酯）作为原料，一般分为 PU 光面圆带和 PU 粗面圆带。PU 光面圆带的颜色一般为橙

图 4-17　圆带

色，表面光滑，光洁度均匀，色泽鲜艳。PU 粗面圆带的颜色一般为深绿色和淡绿色，表面粗糙，颗粒均匀，手感舒适。

采用热塑型优质聚氨酯材料只需要简单修改配方，便可获得不同的密度、弹性、刚性等物理性能，当然，也可以根据需要制成不同的颜色。

② PU 圆带特性：

a. 传动平稳，具有缓冲、减振能力，噪声低；

b. 传动准确，工作时无滑动，具有恒定的传动比；

c. 维护保养方便，不需润滑，维护费用低；

d. 低温下不容易断裂，耐温范围 -35～80℃，工作温度 20～60℃；

e. 可用于长距离传动，中心距可达 10m 以上；

f. 具有优良的耐屈挠、耐磨、耐冲击、防油、防水、耐化学腐蚀等特性，易接驳安装，使用寿命长；

g. 不适于高温、易燃等场合。

(2) 圆带带轮

圆带带轮的轮槽结构一般加工成半圆形，如图 4-18 所示。带轮常用材料为钢、铸铁、铝合金及工程塑料等。当最大圆周速度小于 25m/s 时，常用 HT150 或 HT200；当最大圆周速度大于 25m/s 时，常用 45 钢或铸钢等；当带轮公称直径 D 小于 50mm 时，且要求带轮的质量较轻时，可用铝合金或工程塑料。

带轮质量应分布均匀，当 $v≥5m/s$ 时，应做静平衡；当 $v≥15m/s$ 时，应做动平衡。

(3) 圆带传动特点

如图 4-19 所示，圆带与圆带轮一起组成圆带传动，是摩擦传动的一种。其特点是：传动能力小，结构简单、制造方便，抗拉强度高，耐磨损，耐腐蚀，使用温度范围广，易安装，使用

寿命长。圆带传动常用于低速（$v < 15\text{m/s}$，$i = 1/2 \sim 3$）、轻载的场合，如仪器、玩具、医疗器械、家用器械等的传动。

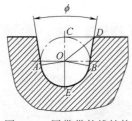

图 4-18　圆带带轮槽结构

图 4-19　圆带传动

4.1.6　同步带和同步带带轮

(1) 同步带

同步带是工作面上带齿的环状体，通常以钢丝绳或玻璃纤维绳为强力层（即承载层），氯丁橡胶或聚氨酯为基体。

① 同步带的类型。

a. 根据齿形的不同，同步带有梯形齿同步带和圆弧齿同步带两种形式，如图 4-20 所示。

• 梯形齿同步带。梯形齿应力集中在齿根部位，当带轮直径较小时，会使同步带的齿形变形，影响与带轮齿的啮合，易产生噪声和振动，这对于速度较高的主动来说是很不利的。因此，梯形齿同步带在数控机床，特别是加工中心的主传动中很少使用，一般仅在转速不高或小功率传动中使用。

• 圆弧齿同步带。圆弧齿齿根应力集中小，均化了应力，改善了啮合，传递功率比梯形齿高 1.2～2 倍，寿命长。因此，当需要用同步带传动时，优先考虑采用圆弧齿同步带。

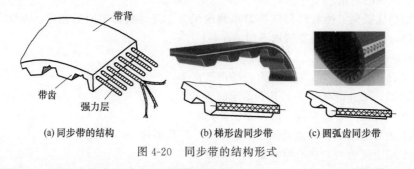

(a) 同步带的结构　　　　(b) 梯形齿同步带　　　(c) 圆弧齿同步带

图 4-20　同步带的结构形式

b. 根据同步带齿的分布不同，可分为单面同步带（见图 4-20）和双面同步带（见图 4-21）。

梯形齿双面同步带　　　圆弧齿双面同步带　　　　　　　交错双面齿同步带

(a) DⅠ型　　　　　　　　　　　　　(b) DⅡ型

图 4-21　双面同步带

c. 按用途不同，可分为一般用途同步带、高转矩同步带和特殊用途同步带三种。

• 一般用途同步带：齿形呈梯形，适用于中、小功率传动，如复印机、各种仪器、办公机械和医疗机械等。

• 高转矩同步带：齿形呈圆弧状，国外亦称为 HTD（High Torque Drive）、STPD（Super Torque Positive Drive）传动，适用于大功率的场合，如运输机械、石油机械和数控机床等传动中。

• 特殊用途同步带：用于耐温、耐油、低噪声和特殊尺寸等场合。

② 同步带的材料。同步带一般有三种材料：橡胶、聚氨酯和硅胶。

a. 橡胶同步带。橡胶同步带采用优质进口氯丁胶为主要原料，配入多种不同用途的辅料，骨架材料为进口优质玻璃纤维线绳，带齿表面采用尼龙 66 高弹力布做保护。橡胶同步带具有动态屈挠性好、抗龟裂性能好、臭氧性能优良、耐老化、耐热、耐油、耐磨损等特点。氯丁胶同步带广泛应用于纺织、汽车、化纤、卷烟、造纸、印刷、化工的机械设备，近年来，采矿冶金、钢铁机械、医疗设备中对该同步带的需求量日益增加。

• 玻璃纤维拉伸层：玻璃纤维拉伸层是由多根玻璃纤维构成的绳索，在带的节线处螺旋缠绕在带的宽度上，并且具有高强度、小伸长率、耐腐蚀性和良好的耐热性。

• 氯丁橡胶带背：氯丁橡胶带背部将玻璃纤维牢固地粘合到沥青线上，并起到保护拉伸材料的作用。在皮带的情况下，必须使用皮带背部以防止由摩擦引起的损坏，背面具有优异的耐水解性和耐热性。

• 氯丁橡胶带齿：齿由氯丁橡胶构成，具有高剪切强度和硬度。它需要精确地模制和精确地分布，以适当地与滑轮的凹槽啮合。齿的根部应保持在距节线的指定距离处。

• 尼龙布层：尼龙布层是保护带的抗摩擦部分，应具有优异的耐磨性，由摩擦系数小的尼龙布构成。

b. 聚氨酯同步带。采用聚氨酯带背＋拉伸层＋聚氨酯带齿。聚氨酯同步带拉伸层一般由尼龙线（或钢丝，铜线）作为拉伸体制成，聚氨酯经铸造，具有耐油、耐冲击、美观的特点。聚氨酯同步带坚硬耐磨，抗老化，耐大多数酸和碱腐蚀，但导轨不如橡胶同步带好。

c. 硅胶同步带。这种专用的硅胶同步带最大的特点就是耐高温，可以在 250～300℃ 的高温情况下长期使用，所以适用于需要在高温场所下工作的传动，比如高温烘烤同步带等。

(2) 同步带带轮

同步带带轮一般由齿圈、挡圈和轮毂三部分组成，如图 4-22 所示。

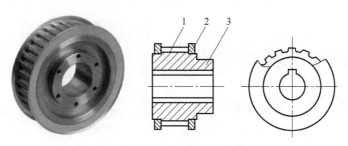

图 4-22　同步带轮
1—齿圈；2—挡圈；3—轮毂

① 同步带带轮的材料。同步带带轮一般采用铸铁、钢、铝合金和工程塑料等材料制造。其中灰铸铁应用最广，常用 HT150；当直径较大或线速度 $v \geqslant 25 \sim 30 \text{m/s}$ 时，可采用 HT200；当线速度 $v \geqslant 35 \text{m/s}$ 时，或传递功率较大时，可采用 35 钢或 45 钢；高速、小功率时可用铝合金压铸；小型轻载传动，可采用聚硅酸酯、尼龙等材料挤出成型。

金属制成的带轮，其齿面一般须进行硬化处理，以防止过早磨损。设计带轮结构时，应尽量使带轮的质量分布均匀，$v > 5 \text{m/s}$ 时应进行静平衡，$v > 25 \text{m/s}$ 时须进行动平衡。

② 同步带带轮的加工。同步带带轮的制造方法多半仿照齿轮加工，采用范成法或成形法。用范成法加工的同步带轮，精度较高，容易保证节距公差达到规定要求，且生产率较高，故推

荐优先采用范成法加工同步带轮。表面处理有本色氧化、发黑、镀锌、镀彩锌、高频淬火等。

（3）同步带传动特点

同步带是依靠带内表面上的等距横向齿与同步带带轮相应齿槽之间的啮合来传递运动和动力的，两者无相对滑动，从而使圆周速度同步，如图 4-23 所示。同步带传动是一种啮合传动，兼有齿轮传动和带传动的一些优点，应用广泛。

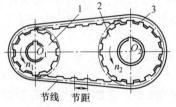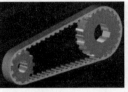

图 4-23　同步带传动
1—主动带轮；2—从动带轮；3—传动带

① 同步带传动的优点：

a. 带与带轮之间无相对滑动，带长不变，能保证稳定的传动比，可达 12～20；

b. 传动效率高，可达 98%～99%，节能效果明显；

c. 传动平稳，具有缓冲、减振能力，噪声低；

d. 传递功率范围大，最高可达 200kW；

e. 同步带薄而轻，允许的线速度范围大，最高速度可达 80m/s，适合高速传动；

f. 预紧力较小，所以作用于带轮轴和轴承上的载荷小；

g. 带的柔韧性好，可用于直径较小的带轮，使传动结构紧凑；

h. 不需润滑，省油且无污染；

i. 传动机构比较简单，维护保养方便，运转费用低。

② 同步带传动的缺点：制造工艺复杂，制造、安装精度要求高，成本高。

同步带传动主要用于要求传动比准确的中、小功率传动，高速传动以及精密传动中，如各种精密测试设备、录音机、电影机械、医疗机械、数控机床、汽车等，如图 4-24 所示。

(a) 纺织机　　　　　　(b) 有线文字传真机　　　　(c) 轿车发动机　　　　(d) 机器人关节

图 4-24　同步带传动的应用

4.2　链和链轮

链和链轮用于链传动。

4.2.1　概述

链传动是一种具有中间挠性件（链条）的啮合传动，是一种广泛使用的机械传动形式。它由链条、主动链轮和从动链轮组成，如图 4-25 所示，工作时，依靠链条链节与链轮轮齿的啮合来传递运动和动力。

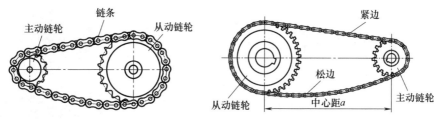

图 4-25　链传动的组成

(1) 链传动的特点

链传动是属于具有挠性件的啮合传动，它兼有齿轮传动与带传动的一些优点。

① 与带传动相比：

a. 链传动不存在弹性滑动和打滑现象，能保持准确的平均传动比；

b. 传动效率较高；

c. 不需要较大的张紧力，作用在轴上的径向压力小，可减少轴承的摩擦损失；

d. 链条的磨损伸长较缓慢，张紧调节工作量小；

e. 能够在高温、多尘、湿度大及有腐蚀等恶劣条件下工作；

f. 链传动结构紧凑。

② 与齿轮传动相比：

a. 链传动结构简单，制造与安装精度要求低，成本较低；

b. 适用的传动中心距大（可达 10 多米），结构简单，重量轻。

③ 链传动的主要缺点是：

a. 只能用于平行轴间的传动，且同向转动；

b. 瞬时速度和瞬时传动比是不断变化的，因此运转时不平稳，有冲击、振动和噪声；

c. 无过载保护作用；

d. 磨损后易发生跳齿、掉链；

e. 不宜在载荷变化很大和急速反向的传动中工作；

f. 制造费用和安装精度比带传动高。

(2) 链传动的应用

链传动主要用于要求工作可靠、转速不高，且两轴相距较远、工作条件恶劣，以及不宜采用齿轮传动或带传动的场合。目前，链传动最大传递功率达到 5000kW，最高速度可达 40m/s，最大传动比达到 15。由于经济及其他原因，链传动一般用于中、低速传动，传动比≤8，传递功率≤100kW，链速≤12～15m/s，如农业机械、矿山机械、石油机械、机床及摩托车中的动力传动。

4.2.2　链

(1) 链的类型

链按照用途不同，可分为传动链、输送链和起重链三种，如图 4-26 所示。传动链用于一般机械中的传动，通常工作速度 $v \leqslant 20m/s$；输送链主要用于链式输送机中输送物料，其工作速度 $v \leqslant 2 \sim 4m/s$；起重链主要用于起重机械中提起重物，其工作速度 $v \leqslant 0.25m/s$。有些链条既可作传动用，也可作输送用。

其中，传动链按结构形式不同，可分为短节距精密滚子链（简称滚子链）、短节距精密套筒链（简称套筒链）、齿形链和成形链等类型，如图 4-27 所示。

① 滚子链。滚子链通常传递功率在 100kW 以下，链速不超过 20m/s，其应用最广。现代先进的链传动技术已能使优质滚子链的传递功率达 400kW，链速达 35m/s。

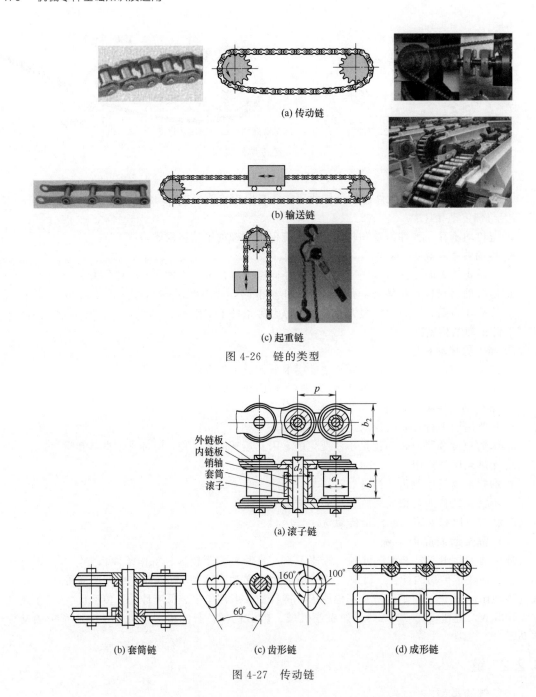

(a) 传动链

(b) 输送链

(c) 起重链

图 4-26 链的类型

(a) 滚子链

外链板
内链板
销轴
套筒
滚子

(b) 套筒链　　　　(c) 齿形链　　　　(d) 成形链

图 4-27 传动链

　　a. 滚子链的结构。滚子链是由滚子、套筒、销轴、内链板和外链板组成的环形链条，其结构如图 4-27（a）所示。外链板与销轴、内链板与套筒之间，均采用过盈配合，分别构成外链节和内链节。滚子与套筒、套筒与销轴之间，均采用间隙配合。链传动工作时，滚子沿着链轮齿廓在齿间滚动，并绕套筒和销轴自由转动，可以减轻链和链轮轮齿之间的磨损；同时，内、外链板可以做灵活的相对转动。

　　滚子链分为单排链、双排链和多排链，如图 4-28 所示。链的承载能力与排数成正比，排数越多，承载能力越强。但由于精度的影响，各排受载也越不均匀，所以，排数不宜过多，一般不超过 4 排，双排链应用最多。

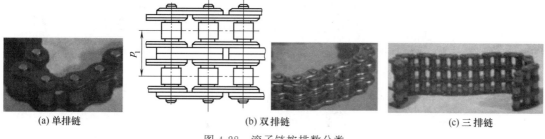

(a) 单排链　　　　　　　　　　(b) 双排链　　　　　　　　　　(c) 三排链

图 4-28　滚子链按排数分类

　　b. 滚子链的接头形式。为了形成首尾相连的环形链条，滚子链有三种接头形式，如图 4-29 所示。当链节数为偶数时，接头处可采用开口销来固定，用于大节距；也可采用弹簧锁片固定，用于小节距。当链节数为奇数时，需要采用过渡链节来形成环形。过渡链节受拉时，其链板要受附加弯矩的作用，因此应尽量避免采用奇数链节。

(a) 采用开口销　　　　(b) 采用弹簧锁片　　　　(c) 采用过渡链节

图 4-29　滚子链的接头形式

　　② 套筒链。套筒滚子链由内链板、外链板、套筒、销轴、滚子组成，其结构如图 4-27（b）所示。外链板固定在销轴上，内链板固定在套筒上，滚子与套筒间和套筒与销轴间均可相对转动，因而链条与链轮的啮合主要为滚动摩擦。套筒滚子链可单列使用和多列并用，多列并用可传递较大功率。套筒滚子链比齿形链重量轻、寿命长、成本低，在动力传动中应用较广，但套筒容易磨损，适用于链速不大于 $2m/s$ 的低速传动。

　　③ 齿形链。齿形链又称无声链，它是由许多以铰接连接的齿形链板和导板（防侧向窜动）构成的，其结构如图 4-27（c）所示。工作时链板的齿形与链轮轮齿相啮合而传递运动。与滚子链相比，齿形链传动平稳、无噪声、承受冲击能力强、工作可靠，但其结构复杂、加工困难及制造成本高，常用于高速传动或运动精度要求较高、传动比大和中心距较小的传动装置中。

　　齿形链上设有导板，以防止链条工作时发生侧向窜动。

　　a. 齿形链按导板位置不同，可分为内导板和外导板两种，如图 4-30 所示。内导板齿形链导向性好，工作可靠；外导板齿形链的链轮结构简单。

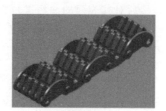

(a) 内导板齿形链　　　　　　　　　(b) 外导板齿形链

图 4-30　齿形链按导板位置不同分类

　　b. 齿形链按铰链结构不同，可分为圆销式、轴瓦式和滚柱式三种，如图 4-31 所示。圆销式的孔板与销轴之间为间隙配合，加工简便；轴瓦式的链板两侧有长短扇形槽各一条，并且在同一条轴线上，销孔装入销轴后，就在销轴两侧嵌入衬瓦，由于衬瓦与销轴为内接触，故压强低、磨损小；滚柱式没有销轴，孔中嵌入摇块，变滑动摩擦为滚动摩擦。

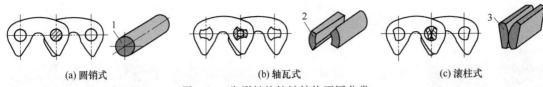

(a) 圆销式　　　　　　　　　(b) 轴瓦式　　　　　　　　　(c) 滚柱式

图 4-31　齿形链按铰链结构不同分类

1—圆销；2—轴瓦；3—滚柱

④ 成形链。如图 4-27（d）所示，其结构简单，装拆方便，常用于链速不大于 3m/s 的一般传动和农业机械中。

（2）链的加工工艺分析

① 链的材料。链条各零件由碳素钢或合金钢制造，如 35CrMo、GCr15、40Mn、40Mn2 等，通常经过热处理以达到一定强度、硬度和抗冲击能力。

a. 35CrMo：合金结构钢，有很高的静力强度、冲击韧性及较高的疲劳极限，淬透性良好，淬火变形小，可较好地解决原销轴因强度低、易产生金属疲劳而断裂的问题。

b. GCr15：高铬轴承钢，综合性能良好，具有高的淬透性，热处理后可获得高而均匀的硬度，接触疲劳强度高，有良好的尺寸稳定性和抗蚀性，若用于链条滚子上可进一步提高其耐磨性能。

c. 40Mn：碳素合金钢，较 45 钢有更高的强度、更好的韧性和耐磨性，如果采用一次冲压成形，厚度加厚至 8mm，更能保证链板的可靠性。

d. 40Mn2：合金结构钢，一般在调质状态下使用，用于直径小于 50mm 的小截面重要零件，这种钢的静强度和疲劳性能均与 40Cr 钢相当，故可作 40Cr 的代用钢。

② 链的加工工艺。链条是先制作零件，再热处理，再组装。比如链条的一个主要零件链板，是先进行板材冲压，冲压成为链片，再冲孔，当然也有一次成形的，然后进行热处理，之后进行喷砂、清洗、防锈，有的还进行发蓝（发黑）处理，最后成为零件，再根据长度、用途组装成一个单排或者多排的完整的链条。

a. 加工工艺路线：

- 带钢→冲压→滚毛刺→热处理→热油淬火→去油污→回火→装配→检验→成品。
- 轴料钢→轴销机处理→滚毛刺→热处理→水淬火→回火→装配→检验→成品。
- 套筒、滚子料→卷管→滚毛刺→热处理→水淬火→回火→装配→检验→成品。

b. 工艺流程说明。

- 带钢：首先经冲床、压床冲压成需要的形状与尺寸，经六角滚筒去除毛刺，然后热处理，之后用机油进行淬火，再经碱＋水＋工业砂，对其表面黏附的油污进行清洗后备用。
- 轴料钢：首先经轴销机处理制成需要的形状与尺寸，然后通过六角滚筒去除毛刺，再经热处理后用水淬火，然后对其表面的油污进行去除。
- 套筒、滚子料：经卷管处理，然后通过六角滚筒去除毛刺，再经热处理后用水淬火，然后对其表面的油污进行去除。

4.2.3　链轮

链轮是链传动的主要零件。

（1）链轮的结构形式

链轮按照尺寸大小不同，有四种结构形式，如图 4-32 所示。小直径的链轮采用实心式结构；中等直径的链轮采用孔板式结构；大直径的链轮可采用焊接式或螺栓连接的装配式结构。

（2）链轮的加工工艺分析

① 链轮的材料及热处理。链轮轮齿应具有足够的强度和良好的耐疲劳性及耐磨性。一般情况下，低速、轻载采用中碳钢；中速、中载采用中碳钢淬火；高速、重载采用低碳钢或低碳合

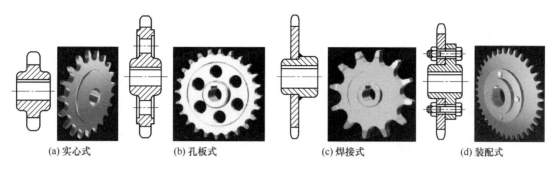

(a)实心式　　　　　(b)孔板式　　　　　(c)焊接式　　　　　(d)装配式

图 4-32　链轮的结构形式

金钢渗碳淬火，中碳钢或中碳合金钢表面淬火。小链轮轮齿啮合次数比大链轮的多，受冲击更严重，所以小链轮应采用较好的材料加工。链轮常用材料、热处理及应用范围，如表 4-1 所示。

表 4-1　链轮常用材料、热处理及应用范围

材料	热处理	热处理后硬度	应用范围
15、20	渗碳、淬火、回火	50～60HRC	齿数 $z \leqslant 25$，有冲击载荷的主、从动链轮
35	正火	160～200HBS	在正常工作条件下，齿数较多（$z > 25$）的链轮
45、50、45Mn、ZG310-570	淬火、回火	40～50HRC	无剧烈振动及冲击的链轮
15Cr、20Cr	渗碳、淬火、回火	50～60HRC	有动载荷及传递较大功率的重要链轮（齿数 $z < 25$）
40Cr、35SiMn、35CrMo	淬火、回火	40～50HRC	使用优质链条的重要链轮
Q235、Q275	焊接后退火	140HBS	中等速度、传递中等功率的较大链轮
普通灰铸铁(不低于 HT150)	淬火、回火	260～280HBS	$z > 50$ 的从动链轮
夹布胶木	—	—	功率小于 6kW、速度较高、要求传动平稳和噪声小的链轮

② 链轮的加工工艺路线。下料→锻造→热处理（正火）→粗加工→热处理（调质）→半精加工（车左右端）→插花键→划线→钳加工→铣端面槽→粗铣齿形→精铣齿形及链窝→钻孔→热处理（齿面淬火、花键淬火）→精加工（磨左右端面、精车左右端）→钳加工→组装。

③ 大型链轮的加工。大型链轮的加工主要分为两步。第一步是链轮体的加工，制造过程是铸造→切削加工→拼接；第二步是链轮的轮齿加工，一般采用铣削的方法。

大型链轮一般的制造方法是：用铸造工艺铸造出链轮体，其材料为 ZG310-570，铸造后先对链轮体进行退火热处理，再进行正火和回火热处理、加工螺孔等，完成后用螺栓与斗轮机机构的轮体安装成一体，并在大型铣齿机上进行链轮齿的加工，最后进行齿面的淬火。

a. 焊接结构：主要应用在中、大规格单、双凸缘链轮的加工。加工时，凸缘都采用棒料车成凸形。齿圈部分可采用板材切割后加工外径与轴孔，孔一端车出焊接坡口套入凸缘部分进行焊接。焊接时要两端焊。

b. 铸造链轮：主要应用在大型链轮的加工，加工时只加工齿圈、凸缘两端面、外径和内径及键槽，然后再加工齿形。环链轮都是铸造的。铸造链轮的材料一般有两种，铸铁和铸钢如HT150、HT200 和 ZG310-570。

c. 锻造链轮：主要应用在受力较大的中、大规格链轮的生产上。锻造时，一般都锻成凸形，可以是单凸缘式或双凸缘式，轴孔留出足够的加工余量，材料利用率较低，成本高。

4.3　齿轮

4.3.1　概述

齿轮传动属于直接接触的啮合传动，用于传递任意两轴间的运动和动力，是现代机械中应

用最广的一种机械传动，广泛应用于机床、汽车、飞机、船舶及精密仪器等行业中。

(1) 齿轮传动的特点

① 优点：

a. 传动比稳定且范围大，可用于减速或增速；

b. 传动效率高，一对高精度的渐开线圆柱齿轮，效率可达 99% 以上；

c. 可实现平行轴、任意角相交轴、任意角交错轴之间的传动，如图 4-33 所示；

d. 适用的功率、速度、直径范围广，目前齿轮技术可达到的指标为圆周速度 $v=300\text{m/s}$，转速 $n=10\text{r/min}$，传递的功率 $P=10\text{kW}$，模数 $m=0.004\sim100\text{mm}$，直径 $d=1\sim152.3\text{mm}$。

e. 结构紧凑，适用于近距离传动；

f. 工作可靠，寿命长。

(a) 平行轴直齿内啮合　　(b) 相交轴直齿外啮合　　(c) 相交轴曲齿外啮合　　(d) 交错轴斜齿外啮合

图 4-33　齿轮传动形式

② 缺点：

a. 制造成本较高，某些具有特殊齿形或精度很高的齿轮，因需要专用的或高精度的机床、刀具和量仪等，故制造工艺复杂，成本高；

b. 精度不高的齿轮，传动时的噪声、振动和冲击大，污染环境；

c. 不适于两轴之间远距离的传动；

d. 无过载保护作用。

(2) 齿轮的分类

① 齿轮按其外形不同，可分为圆柱齿轮、锥齿轮、齿条、蜗轮和蜗杆。

② 齿轮按照齿线形状不同，可分为直齿轮、斜齿轮、人字齿轮、曲线齿轮等，如图 4-34 所示。

(a) 直齿轮　　　　　　　　(b) 斜齿轮　　　　　　　　(c) 人字齿轮

(d) 曲线齿轮

图 4-34　按齿线形状分类

③ 齿轮按照齿廓曲线不同，可分为渐开线齿轮、摆线齿轮、圆弧齿轮等，如图 4-35 所示，其中渐开线齿廓较为常见。

(a) 渐开线齿轮　　　　　　　(b) 摆线齿轮　　　　　　　(c) 圆弧齿轮

图 4-35　按齿轮的齿廓曲线分类

④ 齿轮按照轮齿所在表面不同，可分为外齿轮和内齿轮，如图 4-33 所示。

⑤ 齿轮按照制造方法不同，可分为铸造齿轮、切制齿轮、轧制齿轮、烧结齿轮等。

(3) 齿轮材料及热处理

① 齿轮材料。齿轮材料的选择对齿轮的加工性能和使用寿命都有直接的影响。根据齿轮的受力特点，对齿轮材料性能的要求是，齿轮的齿体应有较高的抗折断能力，齿面应有较强的抗点蚀、抗磨损和较高的抗胶合能力，即要求齿面硬、心部韧。常用的齿轮材料有钢、铸铁和非金属材料。

a. 钢。钢含碳量为 $0.1\%\sim0.6\%$。钢通过热处理和化学处理可改善材料的力学性能，最适于用来制造齿轮。

锻钢强度高、韧性好、耐冲击，便于制造、热处理，因此大多数齿轮都是用锻钢制造。

Ⅰ. 软齿面齿轮的齿面硬度 $\leqslant350$HBS，常用中碳钢和中碳合金钢，如 45 钢、40Cr、35SiMn 等材料，进行调质或正火处理。软齿面的齿轮承载能力较低，但制造比较容易，跑合性好，多用于传动尺寸和重量无严格限制，以及少量生产的一般机械中。因为配对的齿轮中，小轮负担较重，因此为使大小齿轮工作寿命大致相等，小轮齿面硬度一般要比大齿轮的高。

Ⅱ. 硬齿面齿轮的齿面硬度 >350HBS，常用的材料为中碳钢或中碳合金钢，如 50 钢、38CrMoAlA、20CrMnTi 等材料，进行淬火、表面淬火或渗碳淬火处理。硬齿面齿轮的承载能力高，但在热处理中，齿轮不可避免地会产生变形，因此在热处理之后须进行磨削、研磨或精切，以消除因变形产生的误差，提高齿轮的精度，多用于一些重载、高速、有冲击载荷的齿轮。

当尺寸在 $400\sim600$mm，不便于锻造时，用铸造方法制成铸钢齿坯，再正火处理细化晶粒。对于低速轻载的开式齿轮传动，可选取 ZG45、ZG55 等铸钢材料。

b. 铸铁。对于尺寸 $\geqslant500$mm、低速、轻载的齿轮，可以制成铸铁齿坯、大齿圈或轮辐式齿轮。

• 灰铸铁，如 HT300、HT350 等。灰铸铁抗胶合及抗点蚀能力强；由于石墨的存在，具有良好的耐磨性、高消振性及优良的铸造工艺性和切削加工性能；但弯曲强度低，韧性差。其常用于低速、载荷平稳的大齿轮，或高速易产生齿面点蚀的齿轮。

• 球墨铸铁，如 QT600-3、QT700-2 等。球墨铸铁除具有灰铸铁的良好力学性能之外，还具有比灰铸铁高得多的强度、塑性、韧性，在一定场合可以代替铸钢。

c. 非金属材料。高速、轻载及精度要求不高的齿轮传动，为了降低噪声，常用非金属材料（如尼龙、夹布胶木等）做小齿轮，大齿轮仍用钢或铸铁。

② 齿轮材料的选择原则。选择齿轮材料主要考虑传动特点和工作条件，对于小模数齿轮，应用范围决定材料。

a. 为保持精度持久，选择耐磨材料。

　　b. 要求重量轻，选择铝合金或非金属材料。

　　c. 减小噪声或防腐蚀，选择非金属材料。

　　d. 传递大功率，选择硬度和强度较高的材料。

　　e. 抗腐蚀和高耐磨，选择合金钢。

　　f. 抗腐蚀性、防磁性和力学性能都好，选择青铜或黄铜。

　　g. 一般要求的齿轮传动，可采用两个软齿面齿轮组合；为了减少胶合的可能性，并使配对的大小齿轮寿命相当，通常使小齿轮齿面硬度比大齿轮齿面硬度高出 30～50HBW；对于高速、重载或重要的齿轮传动，可采用两个硬齿面齿轮组合，齿面硬度可大致相同。

　　③ 齿轮毛坯。齿轮毛坯的选择取决于齿轮的材料、形状、尺寸、使用条件、生产批量等因素，常用的毛坯形式有棒料、锻件和铸件。其中，棒料用于尺寸小、结构简单、受力不大的齿轮；锻件用于高速、重载、耐磨和耐冲击齿轮，生产批量小或尺寸大的齿轮采用自由锻造，批量较大的中小齿轮则采用模锻；铸件用于尺寸较大（直径大于 400～600mm）且结构复杂的齿轮，小尺寸而形状复杂的齿轮可以采用精密铸造或压铸方法制造毛坯。

　　④ 齿轮热处理。在齿轮加工工艺过程中，热处理工序的位置安排十分重要，它直接影响齿轮的力学性能及切削加工的难易程度，一般可分为齿坯的预备热处理和轮齿的表面淬硬热处理。

　　a. 齿坯的预备热处理。齿坯的热处理通常为正火和调质，正火一般安排在粗加工之前，调质则安排在齿坯加工之后。

　　铸钢毛坯要正火，可以消除铸造或锻造内应力，使组织重新结晶得到细化，从而改善材料的加工性能，安排在粗加工之前，刀具磨损小，加工表面粗糙度小。铸铁毛坯应进行退火，其作用与正火相同。中碳钢锻件毛坯要进行调质处理，消除粗加工内应力，材料综合性能好，安排在粗加工之后，由于材料稍硬，刀具磨损较大。

　　b. 齿面的热处理。为延长齿轮使用寿命，常常对轮齿进行表面淬硬处理，一般安排在滚齿、插齿、剃齿之后，珩齿、磨齿之前。根据齿轮材料不同，常用的热处理方式有以下几种。

　　Ⅰ. 正火。正火能消除内应力，细化晶粒，改善力学性能和切削性能。批量小、单件生产、对传动尺寸没有严格限制时，常采用正火处理。机械强度要求高的齿轮可采用中碳钢正火处理，大尺寸的齿轮可采用铸钢正火处理。

　　Ⅱ. 调质。调质处理后，齿面硬度不高，一般为 220～280HBW，易于跑合，可在热处理后进行齿形精切。常用于对尺寸精度要求不高的传动，对于中速、中等载荷的齿轮可采用中碳钢和中碳合金钢调质处理，如 45、40Cr、35SiMn 钢等。

　　Ⅲ. 表面淬火。表面淬火后，表面硬度可达 40HRC～55HRC，特点是抗疲劳点蚀、抗胶合能力高，耐磨性好。火焰加热比较简单，但齿面难以获得均匀的硬度，质量不易保证。因只在薄层表面加热，轮齿变形不大，可不最后磨齿；但若硬化层较深，则变形较大，应进行最后精加工。

　　中小尺寸齿轮可采用中频或高频感应加热，大尺寸齿轮可采用火焰加热。由于齿心部未淬硬，齿轮仍有韧性，能用于承受中等冲击载荷。一般用于中碳钢和中碳合金钢，如 45、40Cr 等。

　　Ⅳ. 渗碳淬火。表面渗碳淬火之后，表面层碳含量增高，淬火后齿面有较高硬度和耐磨性，可达 56～62HRC。心部仍是低碳合金钢，保持原有的强度和韧性。

　　采用渗碳的多为低碳钢或低碳合金钢，有 20、20Cr、20CrMnTi 等。低碳钢渗碳淬火后，因其心部强度较低，且与渗碳层不易很好结合，载荷较大时有剥离的可能。重要场合宜采用低碳合金钢，以提高齿心强度。齿轮经渗碳淬火后，轮齿变形较大，应进行磨齿。高速、中载或具有冲击载荷的重要传动中的齿轮，宜采用渗碳淬火。

　　Ⅴ. 表面氮化。表面氮化得到的均是硬齿面（硬度>350HBS），常用于高速、重载、精密传动。渗氮后齿面硬度高，可以提高钢的耐磨性和抗咬合性。由于氮化处理温度低，轮齿变形小，适用于内齿轮和难以磨削的齿轮，材料如 38CrMoAlA。碳氮共渗的工艺时间短，且有渗氮的优点，可以代替渗碳淬火。

当两齿轮材料相同时，应采用不同的热处理方式。

（4）齿轮的加工

齿轮加工过程可大致分为齿坯加工和齿形加工两个阶段。其主要工艺有两方面，一是齿坯内孔（或轴颈）和基准端面的加工精度，它是齿轮加工、检验和装配的基准，对齿轮质量影响很大；二是齿形加工精度，它直接影响齿轮传动质量，是整个齿轮加工的核心。

齿轮的机械加工工艺路线一般可归纳为：毛坯制造→齿坯热处理→齿坯加工→齿形粗加工（成形铣齿、滚齿、插齿）→齿端倒角→热处理前的齿形精加工（精滚齿、精插齿、剃齿、挤齿）→加工花键、键槽、油孔、螺纹孔等→（清洗、清理后）齿轮精度检查→热处理→（清理轮齿后）安装基准面的精加工→热处理后的齿形精加工→强力喷丸或磷化处理→（清洗、清理后）成品齿轮配对检验和最终检验。

4.3.2 圆柱齿轮

圆柱齿轮的轮齿均匀分布在圆柱表面上，是最为普遍的一种齿轮形式。

（1）圆柱齿轮的分类

① 圆柱齿轮根据轮齿的方向不同，可分为直齿、斜齿和人字齿圆柱齿轮，如图 4-34（a）～（c）所示。

② 圆柱齿轮按照轮体的结构形式不同，可分为盘类齿轮、套类齿轮、轴类齿轮等，如图 4-36 所示。

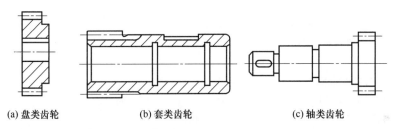

（a）盘类齿轮　　　　　（b）套类齿轮　　　　　（c）轴类齿轮

图 4-36　圆柱齿轮按轮体的结构形式分类

（2）圆柱齿轮传动的类型及特点

圆柱齿轮可用于两平行轴之间的传动，如图 4-37（a）～（d）所示；也可用于两交错轴之间的传动，如图 4-37（e）所示；或者将转动转变为移动、将移动转变为转动的齿轮齿条传动，如图 4-37（f）所示。

① 直齿圆柱齿轮传动的特点。

a. 大齿轮和小齿轮的轴线互相平行。

b. 齿轮齿长方向线与齿轮轴线平行。

c. 外啮合传动时，两齿轮转动方向相反；内啮合传动时，两个齿轮转动方向相同。外啮合因为易于加工，在动力传动上使用最为广泛。内啮合主要用于行星齿轮传动机构及齿轮联轴器上。

d. 齿形可以做成正常齿、短齿，并且可以变位。

② 斜齿圆柱齿轮传动的特点。

a. 大齿轮和小齿轮的轴线互相平行。

b. 外啮合传动时，两齿轮转动方向相反；内啮合传动时，两齿轮转动方向相同。

c. 齿形可以做成正常齿、短齿，并且可以变位。

(a) 平行轴直齿圆柱齿轮传动

(b) 平行轴斜齿圆柱齿轮传动

(c) 平行轴人字齿圆柱齿轮传动

(d) 平行轴直齿圆柱内齿轮传动

(e) 交错轴 螺旋齿圆柱齿轮传动

(f) 齿轮齿条传动

图 4-37　圆柱齿轮传动

d. 齿轮齿长方向线与齿轮轴线倾斜一个角度。

e. 啮合传动较直齿圆柱齿轮传动平稳，传递的力较大。

f. 制造上较直齿圆柱齿轮麻烦。

③ 螺旋齿轮传动的特点。

a. 大齿轮和小齿轮的轴线在空间可以互相平行、交错、垂直。

b. 大、小齿轮转动方向可以相同，也可以相反。

c. 大、小齿轮螺旋角可以相等，也可以不相等。

d. 当小齿轮螺旋角大到一定程度时，就成为螺杆。

由于螺旋线圆柱齿轮比直齿轮强度高且运转平稳，被广泛使用。

④ 齿轮与齿条传动的特点。

a. 与齿条相啮合的齿轮，可以是直齿轮或斜齿轮，且具有直齿轮或斜齿轮传动的特点。

b. 齿条与齿轮传动，是把转动变为直线移动或者把移动变为转动。

c. 齿条是齿轮直径无限大时形成的。

(3) 圆柱齿轮的加工工艺分析

① 圆柱齿轮的加工方法及特点。

a. 锻造齿轮。齿顶圆直径≤500mm 的大、中批量齿轮，常采用锻造齿轮，其综合力学性能较好。根据齿轮的大小，锻造齿轮有以下三种加工形式，如图 4-38 所示。

• 齿轮轴：当齿根圆直径与轴径相差不大时，或者说齿根圆到键槽底面的距离不大于 2.5mm 时，为了保证轮毂键槽足够的强度，应将轮齿与轴做成一体的齿轮轴。

• 实体齿轮：当齿顶圆直径 d_a≤160～200mm 或高速传动且要求低噪声时，可采用实体式结构。为保证齿轮在轴上的安装精度，可以使轮毂长度大于齿宽。

• 腹板齿轮：当齿顶圆直径 d_a≤200～500mm 时，常采用腹板式结构。腹板齿轮有开孔结构，开孔是为了减轻齿轮重量、节省材料，其数目及尺寸，根据齿轮直径来定，一般沿圆周方向均匀分布。腹板齿轮多选用锻造毛坯，也可以选用铸造毛坯及焊接结构。有时为了节省材料或解决工艺问题，可以采用组合装配式结构，如过盈组合和螺栓连接组合。

(a) 齿轮轴　　　　　　　(b) 实体齿轮　　　　　(c) 腹板齿轮

图 4-38　锻造齿轮

b. 铸造齿轮。齿顶圆直径 $d_a > 500mm$ 的大、中批量齿轮，常采用铸造轮辐式结构，如图 4-39 所示。

c. 焊接齿轮。对于单件或小批量生产的齿轮，为了缩短加工周期和降低加工成本，可以采用焊接结构，如图 4-40 所示。齿轮焊接完成，必须进行回火处理消除残余应力之后，才能进行切齿加工。

图 4-39　铸造齿轮　　　　　　　　　　　　　　图 4-40　焊接齿轮

② 圆柱齿轮加工工艺路线。影响齿轮加工工艺过程的因素很多，主要有精度要求、尺寸大小、结构形式、材料及热处理方式、生产批量、现有设备等。即使是同一齿轮，由于具体情况不同，采用的加工工艺过程也会有所差别。一般可以归纳为以下工艺路线：毛坯制造→齿坯热处理→齿坯加工→齿轮齿面的粗加工→齿轮热处理→齿轮齿面的精加工→检验。

a. 盘类齿轮齿坯加工方法为：车孔、端面和一部分外圆→精镗孔→车另一端面和其余外圆。

b. 套类齿轮齿坯加工方法为：钻、扩孔→拉孔→粗、精车齿坯外圆及端面。

c. 轴类齿轮的齿坯是个阶梯轴，加工方法为：毛坯下料→调质处理→粗车外圆及端面→粗制齿→去应力退火→精车外圆及端面→精车齿坯至尺寸。

d. 焊接齿轮工艺路线：

• 齿圈先开槽后调质焊接齿轮：锻→退火→粗加工→探伤→堆焊→退火→粗加工→探伤→焊接→探伤→退火→粗滚齿→调质→探伤→精加工。

• 齿圈先调质后焊接齿轮：锻→退火→粗加工→探伤→调质→半精加工→探伤→堆焊→退火→粗加工→探伤→焊接→探伤→退火→精加工。

• 渗碳淬火单幅板焊接齿轮：锻→退火→粗加工→正火→粗加工→探伤→堆焊→退火→粗滚齿→渗碳→粗加工→淬火→喷丸探伤→精加工。

4.3.3　圆锥齿轮

圆锥齿轮简称锥齿轮，它用来实现两相交轴之间的传动，两轴交角可根据传动需要确定，一般多采用 $90°$。

(1) 锥齿轮的类型及传动特点

锥齿轮的轮齿排列在截圆锥体上，轮齿由齿轮的大端到小端逐渐收缩变小。锥齿轮按其轮齿齿长形状可分为直齿、斜齿、弧齿等几种，如图 4-41 所示。

(a) 直齿圆锥齿轮   (b) 斜齿圆锥齿轮   (c) 弧齿圆锥齿轮

图 4-41　圆锥齿轮

① 直齿锥齿轮传动的特点。

a. 大齿轮和小齿轮的轴线相交于锥顶点。

b. 当大齿轮节锥角等于 90°时，即成为平面铲形齿轮；大于 90°时，即成为内啮合锥齿轮。

直齿锥齿轮设计、制造及安装均较简单，生产成本低廉，故应用最为广泛，但噪声较大，用于低速传动（小于 5m/s）。

② 斜齿锥齿轮传动的特点。

a. 齿线是斜的，与某圆相切，齿线不和锥顶相交。

b. 大、小齿轮的螺旋角相等，方向相反。

c. 较直齿锥齿轮传动平稳。

斜齿锥齿轮由于加工困难，应用很少，并逐渐被弧齿锥齿轮代替。

③ 弧齿锥齿轮传动的特点。

a. 传动平稳，承载能力强。

b. 大齿轮和小齿轮的螺旋角相等，方向相反。

c. 两齿轮轴线相交于锥顶点。

d. 弧齿锥齿轮又分为圆弧齿、延伸外摆线齿、准渐开线齿。

弧齿锥齿轮需要专门机床加工，但较直齿锥齿轮有传动平稳、噪声小及承载能力强等优点，正在汽车、拖拉机及煤矿机械等高速、重载的场合中广泛使用。

(2) 锥齿轮的加工工艺分析

① 锥齿轮的加工方法。对于精度要求高的，一般是在刨齿机上用展成法加工；精度要求较低的，在没有齿轮加工专用机床的情况下，通常在普通铣床上用成形铣刀加工。

② 锥齿轮的加工工艺路线。影响锥齿轮加工工艺的因素很多，主要有结构形式、尺寸大小、精度要求、生产类型、材料、热处理方式及现有设备等。即使同一锥齿轮，由于具体情况不同，工艺过程也会有差别。一般可以归纳为以下工艺路线：毛坯制造→齿坯热处理→齿坯加工→齿轮齿面的粗加工→齿轮热处理→齿轮齿面的精加工→检验。

4.3.4　齿条

齿条是一种轮齿分布于条形体上的特殊齿轮。

(1) 齿条的分类

齿条分为直齿齿条和斜齿齿条，如图 4-42 所示。直齿齿条与直齿圆柱齿轮啮合，可以看成是直齿轮的分度圆直径为无限大时的特殊情况，如图 4-43 所示；斜齿齿条与斜齿圆柱齿轮啮合，可以看成是斜齿轮的分度圆直径为无限大时的特殊情况。

齿条一般安装在机床两侧或上方，如图 4-44 所示。

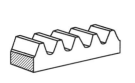

(a) 直齿条

(b) 斜齿条

图 4-42　齿条

图 4-43　齿轮齿条传动　　　图 4-44　齿条安装位置

(2) 齿条的主要特点

① 由于齿条齿廓为直线，所以齿廓上各点具有相同的压力角，且等于齿廓的倾斜角，此角称为齿形角，标准值为 $20°$。

② 与齿顶线平行的任一条直线上具有相同的齿距和模数。

③ 齿条一般做成规定的长度，比较常见的是 500mm 和 1000mm 的。但是齿条具有无限可接长性，因此齿条的长度是可以无限变化的。

(3) 齿条的加工工艺分析

① 齿条的加工方法。主要方法有：滚齿、插齿、剃齿、磨齿、珩齿等。

② 齿条的热处理。按照齿条目的和位置的不同，热处理工艺分为预先热处理和最终热处理，工序包括退火、正火和调质等，一般安排在毛坯生产之后，切削加工之前。

退火、正火的工序位置，加工工艺路线为：下料→锻造→正火（或退火）→粗加工→调质→精加工等。

最终热处理的工序，包括淬火、回火（低温、中温）、表面淬火、渗碳和渗氮等。

③ 齿条材料的选用。

a. 当结构尺寸要求紧凑、耐磨性高时，可采用合金钢。

b. 当受冲击载荷时，轮齿易折断，应选用韧性较好的材料，可选用低碳钢渗碳淬火。

c. 对于高速闭式传动，齿面易点蚀，应选用齿面硬度较好的材料，可选用中碳钢表面淬火。

d. 对于低速中载传动，轮齿易折断、点蚀、磨损，应选用机械强度、齿面硬度等综合力学性能好的材料，可选用中碳钢调质精切。

④ 齿条的加工工艺路线：下料→切齿→去毛边、倒棱→加压整形校直→端面加工→钻安装孔→整体淬火、低温回火→高频淬火、低温回火→磨削→防锈处理（表面染黑）→检验入库。

4.3.5　蜗轮和蜗杆

蜗轮和蜗杆组成蜗杆传动。

(1) 蜗杆传动的特点及应用

蜗杆传动用于传递空间交错两轴之间的运动和动力，通常两轴交错角为 $90°$，如图 4-45 所示。在一般蜗杆传动中，都是以蜗杆为主动件做减速传动；当反行程不自锁时，也可以蜗轮为主动件做增速传动。

① 蜗杆传动的优点。

a. 传动比大，结构紧凑。蜗杆头数用 Z_1 表示（一般 $Z_1=1\sim4$），蜗轮齿数用 Z_2 表示。从传动比公式 $i=Z_2/Z_1$ 可以看出，当 $Z_1=1$，即蜗杆为单头，蜗杆须转 Z_2 转蜗轮才转 1 转，因而可得到很大传动比。一般在动力传动中，通常取传动比 $i=10\sim80$；在分度机构中，i 可达 1000。这样大的传动比若用齿轮传动，则需要采取多级传动才行，所以蜗杆传动结构紧凑、体积小、重量轻。

b. 传动平稳，无噪声。因为蜗杆齿是连续不间断的螺旋齿，它与蜗轮

图 4-45　蜗杆传动

齿啮合时是连续不断的，蜗杆齿没有进入和退出啮合的过程，因此工作平稳，冲击、振动、噪声都比较小。

c. 具有自锁性。当蜗杆的螺旋升角很小时，蜗杆只能带动蜗轮传动，蜗轮不能带动蜗杆转动，呈自锁状态。手动葫芦和浇铸机械常采用蜗杆传动满足自锁要求。

② 蜗杆传动的缺点。

a. 轮齿间相对滑动速度较大，发热量大，齿面容易磨损。

b. 传动效率低。蜗杆蜗轮啮合处有较大的相对滑动，摩擦剧烈、发热量大，故效率低。一般蜗杆效率 $\eta = 0.7 \sim 0.9$，具有自锁性能的仅 0.4。

c. 蜗轮造价较高。为了减摩和耐磨，蜗轮常用青铜制造，材料成本较高。

③ 蜗杆传动的应用。蜗杆传动常用于两轴交错、传动比较大、传递功率不太大或间歇工作的场合。当要求传递较大功率时，为提高传动效率，常取 $Z_1 = 2 \sim 4$。此外，由于当螺旋升角较小时传动具有自锁性，故常用在卷扬机等起重机械中，起安全保护作用。它还广泛应用在机床的数控工作台、汽车转向器、冶金机械材料运输、矿山机械开采设备及其他机器或设备中，以减少力的消耗。

(2) 蜗杆传动的分类

蜗杆传动分为三大类：圆柱蜗杆传动、环面蜗杆传动和锥蜗杆传动。

① 圆柱蜗杆传动。圆柱蜗杆传动包括普通圆柱蜗杆传动和圆弧圆柱蜗杆传动，如图 4-46 所示。在各种蜗杆传动中，普通圆柱蜗杆的传动应用最广。

a. 普通圆柱蜗杆传动。普通圆柱蜗杆的齿面一般是在车床上用直线刀刃的车刀车制的，轴向切面上的齿形为直线，制造容易。其传动特点是：传动平稳，振动、冲击和噪声较小；传动结构紧凑，传动比大，减速比的范围是 $5 \sim 70$，增速比的范围是 $5 \sim 15$；蜗杆与蜗轮间啮合摩擦损耗较大，传动效率比齿轮传动低，且易产生发热和出现温升过高现象，传动件也较易磨损。

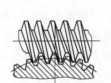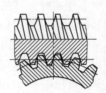

(a) 普通圆柱蜗杆传动　　　　(b) 圆弧圆柱蜗杆传动

图 4-46　圆柱蜗杆传动

b. 圆弧圆柱蜗杆传动。圆弧圆柱蜗杆的螺旋面是用刃边为凸圆弧形的车刀车制而成的。在中间平面上，蜗杆的齿廓为凹弧形，而与之相配的蜗轮的齿廓为凸弧形，两者之间为线接触。其传动特点是：传动效率高，一般可达 90% 以上，在滑动副蜗杆中是最高的；承载能力高，约为普通圆柱蜗杆传动的 $1.5 \sim 2.5$ 倍；与普通圆柱蜗杆传动相比，具有体积小、质量小、结构紧凑等优点，应用广泛。

② 环面蜗杆传动（图 4-47）。环面蜗杆体在轴向的外形是以凹弧面为母线所形成的旋转曲面。其传动特点是：蜗杆同时啮合的齿数多，传动平稳；齿面利于润滑油膜的形成，传动效率较高，一般可达 $85\% \sim 90\%$；承载能力强，约为阿基米德蜗杆的 $2 \sim 4$ 倍；制造和安装精度要求高。

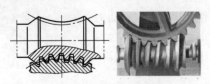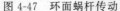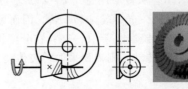

图 4-47　环面蜗杆传动　　　　　　　　　图 4-48　锥蜗杆传动

③ 锥蜗杆传动（图 4-48）。锥蜗杆是由在节锥上分布的等导程的螺旋形成的，而蜗轮在外观上就像一个曲线锥齿轮，它是用与锥蜗杆相似的锥滚刀在普通滚齿机上加工而成的。其传动特点是：同时啮合齿数多，重合度大；传动比范围大，一般为 10～360；承载能力和传动效率较高；制造安装简便，工艺性好，可节约有色金属。

（3）普通圆柱蜗杆、蜗轮的结构特点及加工工艺

① 普通圆柱蜗杆、蜗轮的结构特点。

a. 蜗杆。蜗杆常和轴做成一体，称为蜗杆轴，如图 4-49 所示。当蜗杆螺旋部分的直径较大（$d_f/d \geqslant 1.7$）时，可以将轴与蜗杆分开制作，采用蜗杆齿圈套装在轴上的形式。当蜗杆上有退刀槽时，$d = d_f - (2 \sim 4)$ mm，螺旋部分可铣削，也可车削，但是刚性较差。当蜗杆上没有退刀槽时，d 可大于 d_f，加工螺旋部分只能用铣削的方法，刚性较好。

(a) 蜗杆齿圈套装在轴上　　(b) 车制蜗杆　　(c) 铣削蜗杆

图 4-49　蜗杆结构形式

b. 蜗轮。从外形上看，蜗轮与圆柱齿轮类似。工作时，蜗轮轮齿沿着蜗杆的螺旋面做滑动和滚动。为了改善轮齿的接触情况，将蜗轮沿齿宽方向做成圆弧形，使之将蜗杆部分包住，这样蜗杆蜗轮啮合时是线接触而不是点接触。

蜗轮结构分为整体式和组合式两种，如图 4-50 所示。整体式蜗轮用于铸铁蜗轮及直径小于 100mm 的青铜蜗轮。组合式蜗轮通常有齿圈式、镶铸式和螺栓连接式三种形式。

(a) 整体式蜗轮　　(b) 齿圈式蜗轮　　(c) 镶铸式蜗轮　　(d) 螺栓连接式蜗轮

图 4-50　蜗轮结构形式

齿圈式蜗轮，轮心用铸铁或铸钢制造，齿圈用青铜材料，两者采用过盈配合（H7/s6 或 H7/r6）用热装法装配，并沿配合面安装 4～6 个紧定螺钉，该结构用于中等尺寸而且工作温度变化较小的场合；镶铸式蜗轮，是将青铜轮缘铸在铸铁轮心上然后切齿，适用于中等尺寸批量生产的蜗轮；螺栓式蜗轮，齿圈和轮心用普通螺栓或铰制孔螺栓连接，常用于尺寸较大的蜗轮。

② 普通圆柱蜗杆的分类。普通圆柱蜗杆根据车刀安装位置的不同，加工出的蜗杆齿面在不同截面中的齿廓形状也不同。根据不同的齿廓形状，普通圆柱蜗杆可分为以下四种，如图 4-51 所示。

a. 阿基米德蜗杆（ZA 蜗杆）：蜗杆齿面为阿基米德螺旋面，轴向截面齿廓为直线，法向齿廓为凸曲线，其齿形角 α 为 20°。在与之相啮合的蜗轮中间端截面中，蜗轮齿廓为渐开线，蜗杆轴向啮合类似于渐开线斜齿圆柱齿轮与齿条的啮合。ZA 蜗杆可在车床上用直线刀刃的单刀（当导程角 $\gamma \leqslant 3°$ 时）或双刀（当导程角 $\gamma > 3°$ 时）车削加工，制造和检验方便；在大批量生产中，也可采用斜齿渐开线刀具铣切；但采用砂轮磨削加工难以获得精确齿廓，不适于采用硬齿面加工工艺。

用这种基本蜗杆制成的滚刀，制造与检验滚刀齿形均比渐开线蜗杆简单和方便，但有微量

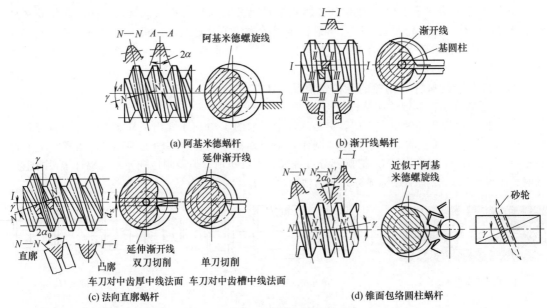

(a) 阿基米德蜗杆　　　　　　　(b) 渐开线蜗杆

(c) 法向直廓蜗杆　　　　　　　(d) 锥面包络圆柱蜗杆

图 4-51　圆柱蜗杆

的齿形误差。不过这种误差是在允许的范围之内，为此，生产中大多数精加工滚刀的基本蜗杆均用阿基米德蜗杆代替渐开线蜗杆。

b. 渐开线蜗杆（ZI 蜗杆）：蜗杆齿面为渐开线螺旋面，端面齿廓为渐开线；在切于基圆柱的轴截面内，齿廓一侧为直线，另一侧为凸曲线。ZI 蜗杆可视为齿数等于蜗杆头数、大螺旋角的渐开线圆柱斜齿轮，因此不仅可以车削，还可以像圆柱齿轮那样用齿轮滚刀滚削，并可用单面或单锥面砂轮磨削，制造精度较高，适用于成批生产和大功率传动。用这种基本螺杆制造的滚刀，没有齿形设计误差，切削的齿轮精度高，但是制造滚刀困难。

c. 法向直廓蜗杆（ZN 蜗杆）：蜗杆齿廓在法向截面中为直线，齿廓在蜗杆轴向截面中呈微凹形曲线，在端截面中，齿廓理论上为延伸渐开线。ZN 蜗杆也是用直线刀刃的单刀或双刀在车床上车削加工。ZN 蜗杆传动一般难以用磨削的方法加工出高精度的蜗轮滚刀，因此常用飞刀切出蜗轮。若用这种蜗杆代替渐开线蜗杆作滚刀，其齿形设计误差大，故一般作为大模数、多头和粗加工滚刀用。

d. 锥面包络圆柱蜗杆（ZK 蜗杆）：ZK 蜗杆是一种非线性螺旋曲面蜗杆，不能在车床上加工，只能在铣床上铣削，并在磨床上磨削加工。加工时，工件做螺旋运动，刀具做旋转运动。该蜗杆的精度较高，应用日渐广泛。

与上述各类蜗杆配对的蜗轮齿廓，完全随蜗杆齿廓而异。蜗轮一般是在滚齿机上用滚刀或飞刀加工。为了保证蜗杆和蜗轮能正确啮合，切削蜗轮的滚刀齿廓应与蜗杆的齿廓一致；深切时的中心距，也应与蜗杆传动的中心距相同。

③ 蜗杆、蜗轮的加工工艺分析。

a. 蜗杆、蜗轮的材料。根据蜗杆传动的主要失效形式可知，蜗杆和蜗轮材料要求具有足够的强度、良好的减摩性、耐磨性和抗胶合能力。

• 蜗杆材料。蜗杆一般选用碳钢或合金钢制造，表面光洁、硬度高。高速、重载传动蜗杆常采用 15Cr、20Cr、20CrMnTi 等，经渗碳淬火，表面硬度为 $58\sim63$HRC，须经磨削；或采用 40Cr、37SiMn2MoV，表面淬火到 $44\sim55$HRC，并经磨削。

对中速、中载传动，蜗杆材料可用 45、40Cr、35SiMn 等，经表面淬火，表面硬度为 $45\sim55$HRC，须经磨削。

对速度不高、载荷不大的蜗杆，材料可用 45 钢调质或正火处理，调质硬度为 220～270HBS。

·蜗轮材料。蜗轮材料可以参考其相对滑动速度来选择。

在滑动速度低于 2m/s 的低速、轻载传动中，可选用灰铸铁（HT150、HT200）制造，为防止变形，一般需要进行时效处理。

在滑动速度低于 4m/s 的传动中，可选用铸铝铁青铜 ZCuAl10Fe3，其抗胶合能力比锡青铜差，但强度较高，价格较低。

在滑动速度低于 12m/s 的传动中，可选用含锡量较少的铸锡锌铅青铜 ZCuSn5Pb5Zn5。

在滑动速度低于 25m/s 的传动中，可选用铸锡磷青铜 ZCuSn10P1，具有良好的减摩性、耐磨性和抗胶合性，易于切削加工，但价格较高。

b. 蜗杆、蜗轮定位基准的选择。

·蜗杆的定位基准：一般选取两端中心孔作为加工和测量的基准。

·蜗轮的定位基准：一般选取蜗轮内孔、端面作为加工和测量的基准。

c. 蜗杆、蜗轮的加工工艺。

Ⅰ. 蜗杆的加工工艺路线。

不淬硬套装蜗杆：备料→正火→粗车→调制→半精车外圆，粗车螺旋面→人工时效→精车（精磨）内孔端面→插键槽→半精车螺旋面→钳加工（修整不完全齿）→半精磨外圆→精磨螺旋面→低温时效→研中心孔→精磨外圆→精磨螺旋面。

渗碳淬火整体蜗杆：锻造→退火→粗车→正火→半精车外圆及螺旋面→钳加工（修整不完全齿）→渗碳→精车外圆（去不需渗碳部分）→淬火回火→研磨中心孔→车紧固螺纹→铣键槽→半精磨外圆→半精磨螺旋面→低温时效→研磨中心孔→精磨外圆及端面→精磨螺旋面。

Ⅱ. 蜗轮的加工工艺。蜗轮是一种与蜗杆相啮合、齿形特殊的齿轮，蜗轮的精度取决于蜗轮坯的加工精度和齿部的加工精度。

蜗轮在粗加工后进入人工时效处理，然后进行精加工和滚齿加工。加工时，左端的端面与蜗轮孔一次装夹车出，再以左端面和蜗轮孔定位，定好中心距、中心高后开始滚齿。精加工齿部外圆时，可以以孔定位。蜗轮齿部的切削加工一般用滚齿机完成，主要有滚齿和飞刀切齿两种方法。飞刀制造简单，但切齿的生产率低，适于在单件生产和修配工作中采用。制造精密蜗轮时，可在滚齿或切齿后再进行剃齿、珩齿或研齿等精整加工。蜗轮剃齿一般用滚齿机，由剃齿刀带动蜗轮自由剃齿，也可在机床传动链控制下强迫剃齿；珩齿工具是用磨料与塑料、树脂的混合物浇铸在基体上而制成的珩磨蜗杆；研齿时用铸铁制成的研磨蜗杆加研磨剂与蜗轮对研。

蜗轮加工工艺路线如下。

·铸件→热处理（对毛坯进行时效处理）→粗车端面、外圆、内孔→精车端面、外圆及内孔→粗铣端面槽→精铣端面槽→粗铣圆弧孔→精铣圆弧孔→用飞刀展成法铣蜗轮轮齿→去尖角、去毛刺→清洗、防锈→终检。

·锻件→正火→滚齿、剃齿→热处理→精磨齿轮→基准校正（以内孔和端面为基准进行磨孔和端面修正）→对蜗轮工件表面进行硬化处理→清洗、防锈→检验入库。

·齿圈式蜗轮：装配轮缘轮心→车端面→钻孔、攻螺纹、拧螺栓→磨端面、磨外圆→磨内孔→滚齿→去尖角、毛刺→清洗、防锈→检验入库。

4.4　摩擦轮

（1）摩擦轮传动的原理、特点及应用

① 摩擦轮传动的原理。摩擦轮传动是利用两轮直接接触所产生的摩擦力来传递运动和动力的一种机械传动。

最简单的两轴平行的摩擦轮传动，主要是由两个相互压紧的圆柱形摩擦轮组成，如图 4-52

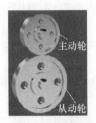

图 4-52　摩擦
轮传动

所示。在正常传动时，主动轮依靠摩擦力的作用带动从动轮转动，并应保证两轮面的接触处有足够大的摩擦力，使主动轮产生的摩擦力矩足以克服从动轮上的阻力矩。

摩擦轮传动和绝大多数的带传动一样，都是借助于摩擦力来传递运动和转矩。不同之处在于，摩擦轮传动是直接接触，而带传动是靠中间挠性件——传动带进行传动。

② 摩擦轮传动的特点。

a. 结构简单，使用维修方便。

b. 传动时噪声小，并可在运转中连续平缓地无级变速、变向。

c. 过载时，在两轮接触处会产生打滑，因而可防止薄弱零件的损坏，起到安全保护作用。

d. 在两轮接触处有产生打滑的可能，所以不能够保持准确的传动比。

e. 传动效率较低，不宜传递较大的转矩。

f. 当传递同样大的功率时，轮廓尺寸和作用在轴与轴承上的荷载都比齿轮传动大。

g. 不宜传递很大功率。

h. 干摩擦时磨损快、寿命低。

i. 必须采用压紧装置。

③ 摩擦轮传动的应用。摩擦轮传动可用于两平行轴、两相交轴之间，传递动力不大（传递功率不超过 20kW，圆周速度不超过 25m/s，传动比不超过 7）、两轴中心距不大的传动中。例如，摩擦轮传动除了在机械无级变速器中广泛采用外，在锻压、起重、运输、机床、仪表等设备中也常用到。

(2) 摩擦轮传动的类型

摩擦轮传动根据传动比是否固定，可分为定传动比和变传动比两大类。其中，定传动比摩擦轮传动常见的有两轴平行的圆柱平摩擦轮传动和圆柱槽摩擦轮传动、两轴相交的圆锥摩擦轮传动等；变传动比摩擦轮传动有圆柱-圆盘式摩擦无级变速传动等。

① 圆柱平摩擦轮传动。圆柱平摩擦轮传动可传递两平行轴之间的运动，分为外切和内切两种形式，如图 4-53 所示。外切时，主动轮和从动轮转向相反；内切时，主、从动轮转向相同。其优点是结构简单，加工容易，成本低；缺点是所需的压紧力较大。圆柱平摩擦轮传动适用于小功率传动的场合。

② 圆柱槽摩擦轮传动。圆柱槽摩擦轮表面具有 2β 角度的槽，主、从动轮槽的两侧面接触，如图 4-54 所示。其优点是在同样压紧力的作用下，可以增大切向摩擦力，提高传动功率；缺点是传动过程中易发热与磨损，传动效率较低，并且对加工和安装要求较高。圆柱槽摩擦轮传动适用于绞车驱动装置等机械中。

③ 圆锥摩擦轮传动。圆锥摩擦轮传动可传递两相交轴之间的运动，两轮锥面相切，如图 4-55 所示。其传动比可达到 7，传递的功率一般不超过 20kW，圆周速度最高可达 25m/s。其优点是结构简单，加工容易，成本低；缺点是安装要求较高。圆锥摩擦轮传动常用于摩擦压力机中。

(a) 外切　　(b) 内切

图 4-53　圆柱平摩擦轮传动

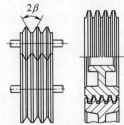

图 4-54　圆柱槽摩擦轮传动

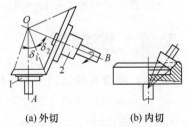

(a) 外切　　(b) 内切

图 4-55　圆锥摩擦轮传动

（3）摩擦轮材料

① 摩擦轮的材料要求如下：

a. 具有较大的弹性模量以减小接触面积，从而减少附加的弹性滑动和功率损耗；

b. 具有较大的摩擦系数，能提供更大的摩擦力，提高传动能力；

c. 接触疲劳强度高，耐磨性好，能够延长使用寿命；

d. 对温度、湿度敏感性小。

② 摩擦轮材料的配对。

a. 采用淬火钢—淬火钢：强度高，适用于高速、高效率、工作频繁、要求结构紧凑的传动中。如高碳铬轴承钢 GCr15，经淬火处理，硬度≥60HRC，并在油中工作。

b. 采用淬火钢—铸铁：强度较高，转速、功率中等，传动空间较大的摩擦轮传动，可以在油池或干燥的状态下使用。

c. 采用铸铁—铸铁：转速较低，多用于摩擦轮尺寸不受限制的开式传动和干摩擦状态下工作。为了提高传动的工作能力，铸铁表面可用急冷或表面淬火的方法进行硬化处理。

d. 采用钢或铸铁—木材、皮革、橡胶：具有较大的摩擦系数，但强度低、转速低，通常用于干摩擦下的小功率或间歇工作的传动中。

e. 采用钢—夹布胶木、塑料：具有较大的摩擦系数，强度中等，适用于干燥场合的传动。

一般来说，轮面较软的摩擦轮最好用作主动轮，否则打滑时，会使从动轮轮面受到局部磨损，影响传动质量。

4.5　丝杠

丝杠能精确地确定工作台坐标位置，其主要功能是将旋转运动转换成直线运动，将转矩转换成往复轴向作用力。

（1）丝杠的结构特点及分类

① 丝杠的结构特点。丝杠是细长轴（指轴的长度与直径之比大于 25 的轴类零件），如图 4-56 所示。它的长度 L 与直径 d 的比值很大，一般为 25～50，刚性较差，在加工过程中因机床及刀具等多因素的影响，极易产生变形。L/d 值越大，切削加工越困难。丝杠形状复杂，还有阶梯、沟槽等结构。

② 丝杠的分类。机床丝杠按其摩擦特性可分为三种类型：滑动丝杠、滚动丝杠及静压丝杠。

图 4-56　梯形丝杠

a. 滑动丝杠。如图 4-57（a）所示，滑动丝杠结构简单，制造方便，所以在机床上应用比较广泛。滑动丝杠的牙型多为梯形，具有效率高、传动性能好、精度高、加工方便等优点。滑动丝杠传动过程中的发热量比较大（长时间用时需冷却），从而寿命短。滑动丝杠一般情况下仅用于传递力、没有较高定位要求且不长时间连续使用的场合。

b. 滚动丝杠。滚动丝杠又分为滚珠丝杠和滚柱丝杠两大类，如图 4-57（b）、（c）所示。

(a) 滑动丝杠　　　　(b) 滚珠丝杠　　　　(c) 行星滚柱丝杠　　　　(d) 静压丝杠

图 4-57　机床丝杠的类型

滚珠丝杠与滚柱丝杠相比，摩擦力小，传动效率高，传动灵活，而且精度保持性也好，因而比较常用，但是其制造工艺比较复杂。滚珠丝杠的精度是滑动丝杠远远不能及的，因此在高精度要求的检测仪器上面只能安装滚珠丝杠。滚珠丝杠大多数用在数控机床、定位工作台等需要精密定位传动的场合，多配合伺服电机与步进电机使用。

行星滚柱丝杠具有高承载、耐冲击、体积小、高速度、噪声低、高精度、长寿命等优点，一些飞机的起落架就用这种行星滚柱丝杠，加工精度要求很高。

c. 静压丝杠。如图 4-57 (d) 所示，静压丝杠中静压油腔位于螺母上，静压油膜位于静压螺母和精密丝杠之间，静压螺母和丝杠本身并不接触，因此没有磨损。静压丝杠的摩擦力和速度成正比，低速时几乎为零。静压丝杠极佳的减振性，能完全消除滚珠丝杠具有的振动和噪声。其螺纹牙型与标准梯形螺纹牙型相同，但牙型高于同规格标准螺纹 1.5～2 倍，目的在于获得良好密封及提高承载能力。由于静压丝杠调整比较麻烦，而且需要一套液压系统，工艺复杂，成本较高，常被用于精密机床和数控机床的进给机构中。

(2) 丝杠的加工工艺分析

① 丝杠材料的要求。丝杠材料的选择是保证丝杠质量的关键，一般要求是：

a. 具有优良的加工性能，磨削时不易产生裂纹，能得到良好的表面粗糙度和较小的残余内应力，对刀具磨损较小；

b. 抗拉强度一般不低于 588MPa；

c. 有良好的热处理工艺性，淬透性好，不易淬裂，组织均匀，热处理变形小，能获得较高的硬度，从而保证丝杠的耐磨性和尺寸的稳定性；

d. 材料硬度均匀，金相组织符合标准。

② 丝杠的材料。常用的材料有：不淬硬丝杠常用 T10A 、T12A 及 45 钢等；淬硬丝杠常用 9Mn2V、CrWMn 等。其中 9Mn2V 有较好的工艺性和稳定性，但淬透性差，常用于直径≤50mm 的精密丝杠；CrWMn 的优点是热处理后变形小，适用于制作高精度零件，但其容易开裂，磨削工艺性差。丝杠的硬度越高越耐磨，但加工时不易磨削。

③ 丝杠加工工艺路线的选择。淬硬长丝杠和滚珠丝杠的螺纹通常要经过 2～4 次的机械加工，才能达到尺寸、牙型和表面质量的要求，避免"欠磨"和"过磨"以及"过磨"引起的局部烧伤和牙型畸变。常用的加工路线有：

a. 粗车螺纹（校正螺纹）→淬硬（滚珠丝杠用中频淬火）→粗磨螺纹（单线砂轮）→半精磨螺纹→精磨螺纹；

b. CNC 旋风铣（校正螺纹）→中频淬火→粗磨螺纹（单线或多线砂轮）→半精磨螺纹→精磨螺纹；

c. 淬硬（滚珠丝杠用中频淬火）→螺纹粗磨开槽（单线或多线砂轮）→半精磨螺纹→精磨螺纹；

d. 光杠淬硬（滚珠丝杠用中频淬火）→高速车螺纹（硬质合金刀）→粗磨螺纹→精磨螺纹；

e. 粗车或旋风铣螺纹（校正螺纹）→沿轨道螺纹槽中频淬火→粗磨螺纹→半精磨螺纹→精磨螺纹。

4.6　离合器

(1) 离合器的用途、要求和分类

① 离合器的用途。离合器同联轴器一样，主要用来连接两根轴，使它们一起转动并传递转矩。二者的不同点在于，离合器可以根据需要在机器运转或停车过程中，随时将主动轴与从动轴接合或分离，而且迅速可靠，达到操纵机器传动系统的启动、停止、变速及换向等；但是，联轴器必须在机器停止运转后，经拆卸才能分离连接的两轴。

② 对离合器的基本要求：

a. 分离、接合迅速，平稳无冲击，分离彻底，动作准确可靠；

b. 结构简单，重量轻，惯性小，外形尺寸小，工作安全，效率高；

c. 接合元件耐磨性好，使用寿命长，散热条件好；

d. 操纵方便省力，制造容易，调整维修方便。

③ 离合器的分类。

a. 按离合的工作原理不同，可分为嵌合式和摩擦式两类。

• 嵌合式离合器：利用牙齿啮合传递转矩。可保证两轴同步运转；适用于低速、大转矩；只能在停车或相对转速很低时接合，接合中有冲击；一般无过载保护作用；尺寸较小，结构简单，维护修理方便。

• 摩擦式离合器：利用工作表面的摩擦传递转矩。不能保证两轴同步运转；适用于高速、小转矩；能在任何转速下接合、脱开；有过载保护性能；尺寸较大，结构复杂，维护修理不便。

b. 按实现接合和分离的过程不同，可分为操纵式和自动式两类。

• 操纵式离合器，按操纵方法不同可分为机械式、电磁式、液压式和气动式等。机械离合器：用简单的机械方法自动完成接合或分开动作。电磁离合器：用励磁电流产生磁力来传递转矩。磁粉离合器：用励磁线圈使磁粉磁化，形成磁粉链以传递转矩。空气柔性离合器：用压缩空气膨胀、压缩以操纵摩擦件接合或分离。常用的有牙嵌式离合器和圆盘摩擦离合器等。

• 自动式离合器，可分为超越离合器、离心离合器和安全离合器等。超越离合器：单向传动，反转时自动分离。离心离合器：当转速达到一定值时，两轴能自动接合或分离。安全离合器：转矩超过允许值时，两轴自动分离。

(2) 操纵式离合器

① 牙嵌式离合器。

a. 牙嵌式离合器的组成。如图 4-58 所示，牙嵌式离合器是由两个端面上有齿的半离合器组成，通过啮合的齿面来传递转矩。其中，半离合器 2 用平键固定在主动轴 1 上；可动的半离合器 3 用导向平键（或花键）与从动轴 4 连接，并通过操纵机构移动滑环 5 使其沿着导向平键做轴向移动，利用两半离合器端面上的牙互相嵌合或脱开，来实现离合器的接合与分离。为使两个半离合器准确对中，在固定的半离合器上装有对中环 6，从动轴可以在对中环中自由转动。离合器的操纵可以通过手动杠杆、液压、气动或电磁的吸力等方式进行。

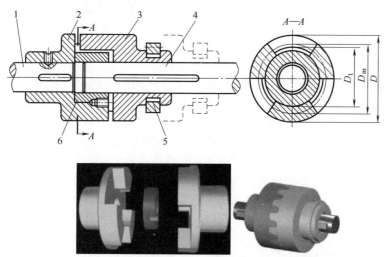

图 4-58　牙嵌式离合器
1—主动轴；2,3—半离合器；4—从动轴；5—滑环；6—对中环

b. 牙嵌式离合器的齿形。牙嵌式离合器的齿形有三角形、梯形、锯齿形、矩形和螺旋形等几种形式，如图 4-59 所示。

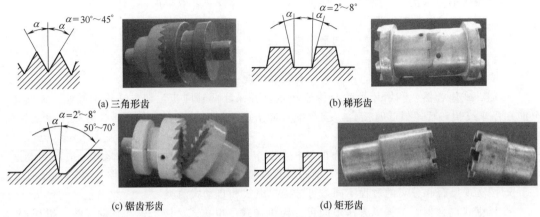

(a) 三角形齿

(b) 梯形齿

(c) 锯齿形齿

(d) 矩形齿

图 4-59   牙嵌式离合器的齿形

• 三角形齿：齿数一般取 15～60，接合和分离容易，但齿的强度低、易损坏，用于轻载、低速离合器。

• 梯形齿：齿数一般取 3～15，接合和分离较容易，强度高，能传递较大的转矩，可以补偿齿面磨损后的齿侧间隙，从而减少冲击，应用较广。

• 锯齿形齿：齿数一般取 3～15，接合和分离较容易，强度最高，齿磨损后能自动补偿，冲击小，但只能传递单向转矩，反转时工作面将受较大的轴向力，会迫使离合器自行分离，以使载荷均匀分布，常用于特定工作场合。

• 矩形齿：齿形制造容易，但须在齿与槽对准时才能接合，齿的嵌入和脱开困难，同时，接合以后齿与齿接触的工作面间无轴向分力作用，不便于分离，磨损后无法补偿，所以应用较少。

c. 牙嵌式离合器的特点。离合器齿数一般取 3～60 个，由于同时参与嵌合的齿数多，故承载能力较强，适用范围广泛。要求传递大转矩时，应取较少齿数；要求接合时间短时，应取较多齿数。但齿数越多，载荷分布越不均匀。

牙嵌式离合器的优点是结构简单，外廓尺寸小，接合后所连接的两轴不会发生相对转动，能传递较大的转矩，应用较多；缺点是运转中接合会有冲击和噪声，必须在两轴不转动或相对转速差较小时进行接合或分离，否则齿与齿可能会发生很大冲击，影响齿的寿命。该离合器宜用于主动轴和从动轴要求完全同步的轴系。

d. 牙嵌式离合器的加工工艺分析。牙嵌式离合器的常用材料为低碳合金钢（如 20Cr、20MnB），经机械加工后再进行渗碳淬火处理，使牙面硬度达到 56～62HRC；有时也采用中碳合金钢（40Cr、45MnB），经机械加工后再进行表面淬火等处理，使牙面硬度达到 48～54HRC；不重要的和静止状态接合的离合器，也可以采用铸铁（如 HT200）。

以矩形齿离合器为例。矩形齿离合器也称为直齿离合器，根据离合器齿数分为奇数齿和偶数齿两种。这两种离合器齿的侧面都通过工件中心。为保证两个离合器能够正确啮合，齿形必须准确；由于是成对使用，同轴精度要求也要高；表面粗糙度值要小；齿部要淬火，具有一定的强度和耐磨性。矩形齿离合器的齿顶面和槽底面相互平行且均垂直于轴线，沿圆周展开齿形为矩形。

Ⅰ. 奇数矩形齿离合器的铣削。

• 铣刀选择。铣奇数矩形齿离合器时选用三面刃铣刀或立铣刀，如图 4-60 所示。为了使离合器的小端齿不被铣伤，三面刃铣刀的宽度或立铣刀的直径应略小于齿槽小端的宽度。

• 工件的安装、校正。工件装夹在三爪卡盘上，应校正工件使其径向跳动和端面跳动符合要求。如果是用心轴装夹工件，应将心轴校正后，再将工件装夹在心轴上进行加工。

• 对中心。铣削时应使三面刃铣刀的端面刃或立铣刀的周刃通过工件中心。一般情况下装夹校正工件后，在工件上划出中心线，然后按线对中心，工件直径较小时要用刀侧面擦外圆的方法。

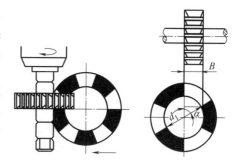

图 4-60　铣削奇数矩形齿离合器

• 铣削方法。对中心铣削工件时使铣刀切削刃轻轻与工件端面接触，然后退刀。按齿高调整切削深度，将不使用的进给及分度头主轴紧固，使铣刀穿过整个端面一次铣出齿的各一个侧面，退刀后松开分度头紧固手柄，分度铣第二刀，以同样的方法铣完各齿，走刀次数等于奇数齿离合器的齿数。

Ⅱ. 偶数矩形齿离合器的铣削。

• 铣刀选择。铣偶数矩形齿离合器也用三面刃铣刀或立铣刀，如图 4-61 所示。

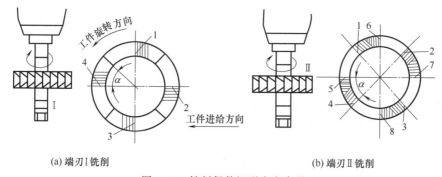

(a) 端刃Ⅰ铣削　　　　　　　　　　　(b) 端刃Ⅱ铣削

图 4-61　铣削偶数矩形齿离合器

• 铣削方法。工件的装夹、校正、划线、对中心线方法与铣奇数矩形齿离合器相同。铣偶数矩形齿离合器时，铣刀不能通过工件整个端面。每次分度只能铣出一个齿的一个侧面，因此注意不要铣伤对面的齿。铣削时首先使铣刀的端面Ⅰ对准工件中心分度铣出齿侧 1、2、3、4，然后将工件转过一个槽角 α，再将工作台移动一个刀宽的距离，使铣刀端面Ⅱ对准工件中心，再依次铣出每个齿的另一个侧面 5、6、7、8。

Ⅲ. 铣矩形齿离合器齿侧间隙。为了使离合器工作时能顺利地嵌合和脱开，矩形齿离合器的齿侧应有一定的间隙。间隙是采取将离合器的齿多铣去一些，使齿槽大于齿牙的方法来保证。铣齿槽间隙的方法有两种：偏移重心法和偏移转角法，如图 4-62 所示。

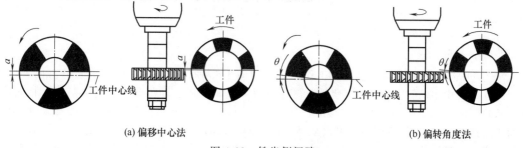

(a) 偏移中心法　　　　　　　　　　　(b) 偏转角度法

图 4-62　铣齿侧间隙

• 偏移中心法：铣刀侧面对准中心后使三面刃铣刀的端面刃或立铣刀的周刃向齿侧方向超

过中心 0.2～0.3mm 铣削，使离合器略为减小。齿侧产生间隙致使齿侧不通过工件中心，因此只用于精度要求不高的离合器加工。

　　• 偏转角度法：铣刀对中后依次将全部齿槽铣完，然后将工件转过一个角度 θ（$\theta=2°\sim4°$ 或按图纸要求），再对各齿一侧铣一次，这样齿牙就变小，而齿侧仍通过工件中心。这种方法适用于精度要求较高的离合器加工。

　　② 摩擦式离合器。

　　a. 摩擦式离合器工作原理及特点。

　　Ⅰ. 工作原理：踩下离合器踏板前，摩擦盘在压盘的作用下，迫使摩擦盘与飞轮一起转动，传递动力，即利用主动盘和从动盘接触面间产生的摩擦力，使主、从动轴接合和传递转矩，如图 4-63 所示。

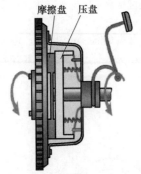

图 4-63　摩擦式离合器
工作原理示意图

　　Ⅱ. 特点：摩擦离合器在接合过程中由于接合面的压力是逐渐增加的，故能在主、从动轴有较大转速差的情况下平稳地进行接合；过载时工作面打滑，具有过载保护作用；在接合与分离过程中，主、从动轴不能同步回转，两摩擦盘间磨损较大；外形尺寸大；适用于在高速下接合，而主、从动轴同步要求较低的场合。摩擦离合器的类型很多，有单盘式、多片式和圆锥式等。

　　b. 单盘式摩擦离合器。

　　Ⅰ. 单盘式摩擦离合器的组成及工作原理。如图 4-64 所示，单盘式摩擦离合器由两个半离合器组成。主动摩擦盘 2 固定安装在主动轴 1 上，从动摩擦盘 3 利用导向平键或花键安装在从动轴 5 上，操纵滑环 4 可以使从动摩擦盘沿从动轴移动，实现两圆盘接合或分离。接合时，轴向力 F_a 将从动盘压在主动盘上，使两盘压紧，转矩通过两盘接触面间产生的摩擦力矩由主动轴传至从动轴。

　　Ⅱ. 单盘式摩擦离合器的特点：结构简单，散热性好；能在不停车或两轴具有任何大小转速差的情况下进行接合；能调节从动轴的加速时间，减少接合时的冲击和振动，实现平稳接合；过载时，摩擦面间将发生打滑，可以避免其他零件的损坏；传递的转矩较小，可通过增加摩擦盘直径或轴向压紧力增加传递的转矩。

　　单盘式摩擦离合器常用于轻型机械上。

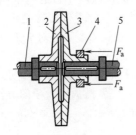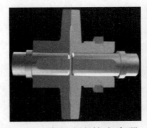

图 4-64　单盘式摩擦离合器
1—主动轴；2—主动摩擦盘；3—从动摩擦盘；4—滑环；5—从动轴

　　c. 多片式摩擦离合器。

　　Ⅰ. 多片式摩擦离合器的组成及工作原理。如图 4-65 所示，多片式摩擦离合器有内、外两组摩擦片，其中主动轴 1、主动轴套筒 2 与外摩擦片组 4 组成主动部分，套筒 2 与轴 1 相固连，外摩擦片可沿主动套筒的槽做轴向移动；从动轴 9、从动套筒 10 与内摩擦片组 5 组成从动部分，套筒 10 与轴 9 相固连，内摩擦片可沿从动套筒的槽做轴向移动。当滑环 8 向左轴向移动时，使杠杆 7 绕支点顺时针转动，压板 3 将两组摩擦片压紧并产生摩擦力，使主、从动轴一起转动。当滑环向右轴向移动时，杠杆下面的弹簧片 11 的弹力使其绕支点反转，两组摩擦片松开，于是主动轴与从动轴脱开。压紧力的大小可通过从动轴套筒上的调节螺母 6 来控制。

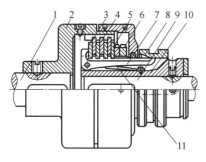
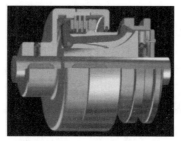

图 4-65　多片式摩擦离合器

1—主动轴；2—主动轴套筒（外鼓轮）；3—压板；4—外摩擦片组；5—内摩擦片组；6—调节螺母；
7—杠杆；8—滑环；9—从动轴；10—从动轴套筒（内套筒）；11—弹簧片

Ⅱ.多片式摩擦离合器中摩擦片的结构。摩擦片的结构形状，如图 4-66 所示，其中内摩擦片可以采用碟形，具有一定的弹性，离合器分离时摩擦片能自行弹开，接合时也比较平稳。

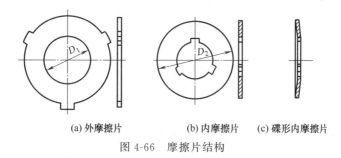

(a) 外摩擦片　　　　　(b) 内摩擦片　　(c) 碟形内摩擦片

图 4-66　摩擦片结构

Ⅲ.多片式摩擦离合器的特点：被连接的两轴，在不停车或任何转速差下都可以进行接合；接合和分离的过程平稳；过载时，摩擦面间将发生打滑，可以避免其他零件的损坏；可通过改变摩擦片面间的压力，调节从动轴的加速时间和所传递的最大转矩；结构复杂，外形尺寸较大；接合、分离过程中不可避免产生相对滑动，引起摩擦盘的磨损和发热，不能保证两轴准确地同步转动。

多片式摩擦离合器多用于传递较大转矩的中、重型汽车等机械。

d.圆锥式摩擦离合器。

Ⅰ.圆锥式摩擦离合器的组成及工作原理。图 4-67 所示为单摩擦锥盘离合器。外锥盘 4 上有若干棉基摩擦材料制成的衬块，用圆柱销 2、连接圆盘 1 与外锥盘 4 相连。若向左移动加压环 6 使内锥盘 5 向左移动与外锥盘 4 压紧，离合器接合。若向右移动加压环 6，则内、外锥盘分离，离合器处于脱开状态。

圆锥式离合器的工作原理：靠轴向小推力能产生锥面大接触压力，从而产生大摩擦力，形成足够的转矩。

Ⅱ.圆锥式摩擦离合器的特点。圆锥式摩擦离合器的结构简单，接合比较平稳，在传递同样转矩的情况下，当直径相同时，所需的接合力比单盘摩擦离合器约小 2/3，而且脱开后能保持摩擦面间完全分离。但是，圆锥摩擦离合器的摩擦面积小，当需传递大转矩时，其外形尺寸较大，结构不紧凑，而且增加惯性，导致启动和分离不易，锥盘轴向移动困难，接合平稳性降低。这种离合器主要用

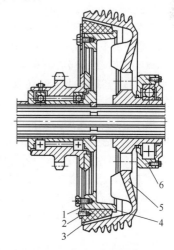

图 4-67　圆锥式摩擦离合器

1—连接圆盘；2—圆柱销；3—摩擦衬块；
4—外锥盘；5—内锥盘；6—加压环

于中、小功率的传动轴系,如挖掘机等工程机械。

(3) 自动式离合器

自动离合器是一种能根据机器运转参数的变化而自动完成接合与分离动作的离合器,常见的有超越离合器、离心离合器和安全离合器等。

① 超越离合器。超越离合器是指根据主动和从动部分的相对运动速度或回转方向的变化,能自动接合或分离的离合器。超越离合器中应用较广泛的是滚柱式超越离合器。

a. 滚柱式离合器的组成及材料。滚柱式超越离合器由星轮1、外圈2、滚柱3和弹簧顶杆4等组成,如图4-68所示。星轮和外圈分别装在主动件和从动件上,星轮和外圈间的楔形槽内装有滚柱(滚柱数目一般为3~8个),每个滚柱都被弹簧顶杆以不大的推力向前推进而处于半楔紧状态。

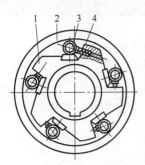

图 4-68 滚柱式超越离合器
1—星轮;2—外圈;3—滚柱;4—弹簧顶杆

滚柱式超越离合器的材料常用轴承钢或渗碳钢,表面硬度60HRC以上,以保证离合器有良好的耐磨性和高的接触强度。

b. 滚柱式超越离合器的工作原理。滚柱式超越离合器的星轮或外圈均可作为主动件,但无论哪一个是主动件,当从动件转速超过主动件时,从动件都不可能反过来驱动主动件,这种作用称为超越作用。现以星轮为主动件来分析:当星轮1沿顺时针方向旋转时,滚柱3在摩擦力的作用下滚向楔形槽的小端而被楔紧在槽内,从而带动外圈2随星轮一起旋转,离合器处于接合状态;当星轮沿逆时针方向旋转时,滚柱在摩擦力作用下滚向楔形槽的大端,星轮与外圈处于分离状态,星轮带动不了外圈,由于外圈只能沿一个方向转动,所以又称为定向离合器;当星轮仍沿顺时针方向旋转,而在外圈加一个与星轮无关但转向相同的快速转动时,由于外圈的转速高于星轮,使滚柱在摩擦力的作用下滚向楔形槽的大端,外圈与星轮自动脱开,并按各自转速转动而互不干扰,此时,如果将加在外圈上的快速转动撤除,则滚柱又被楔紧在楔形槽内,使星轮又带动外圈一起旋转。所以,超越离合器可以使同一轴线上的两轴同时有两种不同的转速。

c. 滚柱式超越离合器的特点:只能按一个转向传递转矩,反向时,自动分离,在机械中用来防止逆转及完成单向传动(因此又称为定向离合器);工作时,平稳没有噪声,可用于高速传动,但制造精度要求较高。其常用于汽车、拖拉机和机床等设备中。

② 离心离合器。离心离合器是指当主动轴转速达到某一定值时,由于离心力的作用能使传动轴间自行连接或超过某一转速后能自行分离。

a. 离心离合器的工作原理。如图4-69所示,在静止状态下,弹簧力 F_s 使闸块受拉,离合器分离;当主动轴达到一定转速时,离心力 $F_c >$ 弹簧力 F_s,到某一值后,离合器进入接合。调整弹簧力的大小,可以控制需要接合或分离的转速。

b. 离心离合器的特点及应用。

离心离合器启动过程平稳,过载时能打滑,有安全保护作用。但因为其传

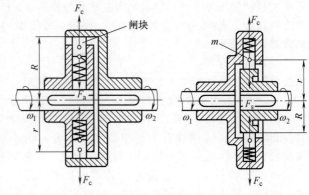

图 4-69 离心离合器

递转矩能力与转速平方成正比，因此不宜用于变速传动和低速传动系统，也不宜在打滑时间长的工况条件下工作。

其典型应用包括小型工程机械、园林机械、钻探机械、风机、离心机、压缩机和压力机等。如，轻纺工业中纺织机需要平稳启动的地方；重载工作中煤炭及砂石运输要求避免传送带抖动或急剧振动的设备中。

③ 安全离合器。安全离合器是指当传递的转矩或转速超过某限定值时，传动轴能够自动分离，从而防止过载，避免机器中重要零件损坏。安全离合器常用于安装在动力传动的主、从动侧之间，当转矩超过设定允许值，安全离合器便会产生脱离，从而有效保护了驱动机械（如电机、减速机、伺服电机）以及负载。

a. 滚珠式安全离合器。

Ⅰ. 滚珠式安全离合器的组成及工作原理。如图 4-70 所示，滚珠式安全离合器由主动齿轮 1、滚珠 2、从动盘 3、外套筒 4、弹簧 5 和调节螺母 6 等组成。主动齿轮传来的转矩通过滚珠、从动盘、外套筒而传给从动轴。当转矩超过许用值时，弹簧被过大的轴向力压缩，使从动盘向右移动，原来交错压紧的滚珠因内放松而相互滑动，此时主动齿轮空转，从动轴即停止转动。当载荷恢复正常，又可重新传递转矩。弹簧压力的大小可用调节螺母控制。

Ⅱ. 滚珠式离合器的特点。过载时，主动轴、从动轴自动脱开；负载正常后恢复正常结合。它仅用于传递转矩较小的场合。

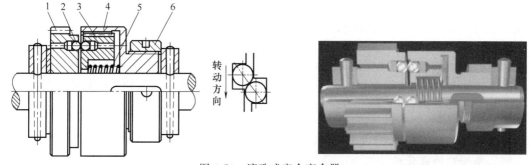

图 4-70　滚珠式安全离合器

1—主动齿轮；2—滚珠；3—从动盘；4—外套筒；5—弹簧；6—调节螺母

b. 摩擦式安全离合器。摩擦式安全离合器通过调节弹簧压紧力来限定摩擦片传递的转矩。

Ⅰ. 摩擦式安全离合器的组成及工作原理。如图 4-71 所示，其结构与一般摩擦离合器基本相同，只是没有操纵机构。通过调整螺钉 1 来调整弹簧 2 对内摩擦片组 3 和外摩擦片组 4 的压紧力，从而控制离合器所能传递的极限转矩。过载时，摩擦片打滑，传动中断，当载荷下降时，自动恢复工作。

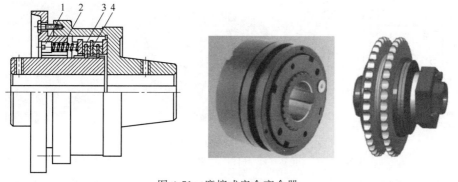

图 4-71　摩擦式安全离合器

1—调整螺钉；2—弹簧；3—内摩擦片组；4—外摩擦片组

Ⅱ.摩擦式离合器的分类及特点。摩擦式安全离合器有圆盘式、圆锥式和圆周式三类,可在干式或湿式条件下工作,按摩擦面数,可分为单片和多片等多种结构。

特点是:承载能力大,外形尺寸小;一旦产生过载,主、从动侧之间产生打滑,能够有效避免由于过载产生的各种机械损害;有自动恢复工作的能力,维护简单,其结构较复杂,受摩擦系数稳定性影响,动作精度不太高,经常过载时摩擦片易发热,影响摩擦片性能与强度。摩擦式安全离合器适用于经常过载或有冲击载荷的传动系统。

4.7 制动器

制动器的主要作用是降低机器的运转速度或迫使机械停止运转。

(1) 制动器的工作原理及组成

制动器的工作原理是:利用摩擦副中产生的摩擦力矩来消耗机器运动部件的动能,从而实现制动。其动作迅速、可靠;摩擦副耐磨性好、易散热。制动器广泛运用于各种起重机、皮带运输、港口装卸及冶金等机械中各种重任务工作制机构的减速和停车制动。

制动器主要由制动架、制动件和操纵装置等组成。制动器通常装在机构中转速较高的轴上,这样所需的制动力矩和制动器尺寸可以小一些,但对安全性要求较高的大型设备(如矿井提升机、电梯等)则应装在靠近设备工作部分的低速轴上。

(2) 制动器的分类

① 按照制动件的结构特征不同,可分为块式、带式、盘式等形式的制动器。

② 按照机构不工作时制动件所处状态不同,可分为常闭式和常开式两种制动器。

a. 常闭式制动器:常处于紧闸状态,需施加外力才能解除制动作用,例如提升机构中的制动器。

b. 常开式制动器:常处于松闸状态,需施加外力才能实现制动,例如多数车辆中的制动器。

③ 按照控制方式不同,可分为自动式和操纵式两类。

a. 自动式:如各类常闭式制动器。

b. 操纵式:包括用人力、液压、气动及电磁来操纵的制动器。

(3) 典型制动器介绍

① 块式制动器。块式制动器是依靠制动块与制动轮之间的摩擦力来实现制动。单个制动块对制动轮轴的压力大而不均匀,故通常多用一对制动块,使制动轮轴上所受制动块的压力抵消。块式制动器有外抱式和内张式两种。

如图 4-72 所示,通电时,电磁线圈 1 的吸力吸住衔铁 2,再通过弹簧 4 和杠杆 3 使制动块 5 松开,将制动轮释放,机器便能自由运转;断开电路,电磁线圈释放衔铁,在弹簧的作用下,通过杠杆使制动块抱紧制动轮,实现制动。

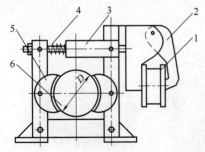

图 4-72 块式制动器

1— 电磁线圈;2—衔铁;3—杠杆;4—弹簧;5—制动块;6—制动轮

制动块常用金属(铸铁、铜、钢)或非金属(碳、玻璃)纤维与铁粉、石墨等材料压制而成。

块式制动器的特点是：结构简单，尺寸小，重量轻，制造与安装方便，制动和开启迅速，双制动块无轴向力，更换制动块、电磁铁方便，易于调整制动块和制动轮之间的间隙；但制动时冲击力较大，开启时所需的电磁铁吸引力大，电磁铁的尺寸和电能消耗因此较大。其应用于各种大型绞车、起重运输机械、矿山机械、建筑机械等。

② 内张蹄式制动器。内张蹄式制动器是利用内置的制动蹄在径向向外挤压制动轮，产生制动转矩来制动。内张蹄式制动器分为单蹄、双蹄和多蹄。

如图 4-73 所示，两个制动蹄 2、7 分别通过两个销轴 1、8 与制动架的制动底板铰接，制动轮 6 与被制动轴固连。制动轮内表面装有耐磨材料制成的摩擦片 3。当压力油进入油缸 4 时，推动左、右两个活塞，两制动蹄在活塞的推力作用下，克服弹簧 5 的作用，压紧制动轮内圆柱面，从而实现制动。松闸时，将油路卸压，弹簧收缩，使两个制动蹄离开制动轮，实现松闸。

内张蹄式制动器的特点是：结构紧凑，效能高，摩擦系数大；但是轮毂进水后不容易排出，影响制动，散热不好，高温会造成刹车失灵。其常用于轮式起重机、各种车辆以及结构尺寸受限的场合。

图 4-73　内张蹄式制动器

1,8—销轴；2,7—制动蹄；3—摩擦片；4—油缸；5—弹簧；6—制动轮

③ 带式制动器。带式制动器是由包在制动轮上的制动带与制动轮之间产生的摩擦力矩来制动的。带式制动器分为简单带式、差动带式和综合带式。

如图 4-74 所示，当施加外力 F 至杠杆 3 上时，利用杠杆作用，制动带 2 紧包在制动轮 1 上，从而实现制动。松闸时，通过提升杠杆来实现。为了增强摩擦力，制动带一般是在钢带上覆以石棉基摩擦材料制成的。

带式制动器的特点是：结构简单、紧凑、包角大（200°～250°）、制动力矩大；但制动轮轴受较大的作用力，带与轮之间的压力和磨损不均匀，容易断裂，且受摩擦系数变化的影响，散热差。其适用于中、小载荷的起重、运输机械和人力操纵的场合。

④ 盘式制动器。盘式制动器，如图 4-75 所示。固定元件安装于固定件，制动盘与转动件相连。制动时，固定元件压紧在制动盘上，利用摩擦力，实现制动。盘式制动器散热快、重量轻、

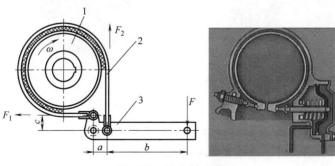

图 4-74　带式制动器

1—制动轮；2—制动带；3—杠杆

图 4-75　盘式制动器

构造简单、调整方便，特别是高负载时耐高温性能好，制动效果稳定，而且不怕泥水侵袭。盘式制动器沿制动盘方向施力，制动轴不受弯矩，适用于起重、冶金、港口、建筑、电力等多个行业。

a. 盘式制动器的分类。盘式制动器按照摩擦中固定元件的结构不同，可分为全盘式和钳盘式两种形式。

Ⅰ. 全盘式制动器。在全盘式制动器中，摩擦副的旋转元件与固定元件都是圆盘形，分别称为固定盘和旋转盘，如图4-76所示。制动时，两盘摩擦表面完全接触，其结构原理与摩擦离合器相同。由于这种制动器散热条件较差，其应用远远没有钳盘式制动器广泛。

Ⅱ. 钳盘式制动器。在钳盘式制动器中，由工作面积不大的摩擦块与其金属背板组成制动块，每个制动器中一般有2～4块。这些制动块及其促动装置都装在横跨制动盘两侧的夹钳形支架中，称为制动钳，如图4-77所示。制动块与制动盘接触面积很小，散热能力强，热稳定性好，故广泛应用于大多数轿车和轻型货车上。

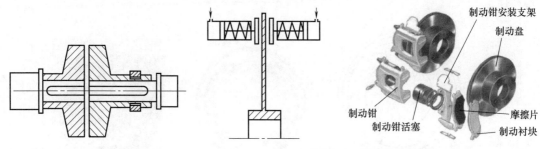

图 4-76　全盘式制动器　　　　　　　图 4-77　钳盘式制动器

钳盘式制动器按照制动钳的结构形式不同，分为定钳盘式和浮动钳盘式（又分为滑动钳盘式和摆动钳盘式）两种。

定钳盘式制动器的制动钳体固定不动，制动盘在制动钳体开口槽中旋转，如图4-78所示。制动块处于制动盘的两侧，并且两侧有液压缸。制动时有一定压力的制动油液进入制动钳体内的液压缸，驱动活塞将制动块推出，使制动盘在两侧制动块的挤压下，产生摩擦力矩而制动。其性能特点是：除活塞和制动块外无滑动件，易于保证制动钳的刚度；制造容易，能适应多回路制动系的驱动要求；但是，两侧液压缸间用油道或油管连通，难以把制动机构附装在一起，布置困难，钳体尺寸较大，外侧的轮缸散热差、热负荷大，油液易汽化膨胀。

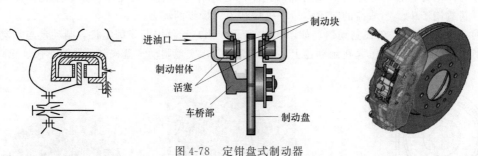

图 4-78　定钳盘式制动器

浮动钳盘式制动器的制动钳体是不固定的，如图4-79所示，仅在制动盘的内侧有液压缸，且数目只有固定式的一半。制动器的内制动块是可以随活塞运动的，外制动块是固定在钳体上的。制动时，油液被压入液压缸中，活塞在液压作用下将内制动块推出，使其压向制动盘，此时，钳体会在反作用力下向制动盘一侧移动，从而使两制动块紧压制动盘，产生摩擦力矩而制动。其性能特点是：因液压缸只存在于内侧，故而其结构简单、易于布局；缩小了整体尺寸，

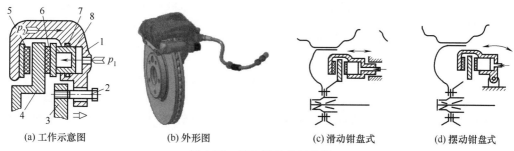

(a) 工作示意图　　(b) 外形图　　(c) 滑动钳盘式　　(d) 摆动钳盘式

图 4-79　浮动钳盘式制动器

1—制动钳体；2—滑销；3—制动钳支架；4—制动盘；5—外制动块；
6—内制动块；7—活塞密封圈；8—活塞

减少了总质量，成本大大降低；可以利用内侧活塞附装制动机构；没有跨越制动盘的油道或油管，液压缸冷却条件好，所以制动液汽化的可能性小；浮动盘的制动块可兼用于驻车制动。

·滑动钳盘式：制动钳体沿滑销做轴向滑移。因其容易实现密封润滑，制动盘间隙的回位能力稳定，故使用较广。

·摆动钳盘式：制动钳体与固定座铰接，并可绕销轴摆动。

b. 盘式制动器的性能特点。

Ⅰ. 优点：制动稳定性好；制动力矩与运动方向无关；易于构成双回路系统，有较高的可靠性和安全性；尺寸小、质量小、散热良好；制动衬块上压力分布均匀，衬块磨损均匀；更换衬块工作简单容易；衬块与制动盘间的间隙小，缩短了制动协调时间；易于实现间隙自动调整。

Ⅱ. 缺点：难以避免杂物沾到工作表面；兼作驻车制动器时，驱动机构复杂；在制动驱动机构中需装助力器；衬块工作面积小、磨损快、寿命低。

c. 盘式制动器的主要元件。

Ⅰ. 制动盘。制动盘一般由珠光体灰铸铁（HT250）制成，珠光体类型的灰铸铁非常符合制动盘的性能要求，灰铸铁不仅强度高，耐磨性和耐热性也很好，其铸造性能优越，而且减振性非常好。钳盘式制动器用礼帽形结构，其圆柱部分长度取决于布置尺寸。为了改善冷却，有的钳盘式制动器的制动盘铸成中间有径向通风槽的双层盘，可大大增加散热面积，但盘的整体厚度较大。

制动盘在铸造过程中，必须很好地控制铸型中水分的含量、砂芯和型砂中的湿度，这样就减少出现气孔，从而减少铸造中的砂眼缺陷出现，降低废品率，提高企业的生产效益。

制动盘经过铸造成形后进入机械加工车间，刚开始采用普通车床加工制动盘，影响整体加工效率。随着制动盘的产量和质量要求的提高，数控车床逐渐代替普通车床加工制动盘，可一次加工完成，效率相对得到了提高。

加工制动盘时工序有：粗车（最大外圆面、孔、小端外圆端面、制动盘的右侧面孔及右侧面、左端制动面及所有内侧孔）→半精车（最大外圆面、左端制动面及各内孔、小端外圆面、外圆端面、中孔及右端制动面）→精车（中间大槽及右端制动面、左端制动面及小圆端面、左端底部面、孔部分的倒角）→精钻孔→去制动盘的毛刺→检验入库。

Ⅱ. 制动钳。制动钳由可锻铸铁 KTH370-12 或球墨铸铁 QT400-18 制造，制动钳体应有高的强度和刚度。一般多在钳体中加工出制动油缸，也有将单独制造的油缸装嵌入钳体中的。为了减少传给制动液的热量，多将杯形活塞的开口端顶靠制动块的背板。有的活塞的开口端部切成阶梯状，形成两个相对且在同一平面内的小半圆环形端面。活塞由铸铝合金或钢制造。为了提高耐磨损性能，活塞的工作表面进行镀铬处理。当制动钳体由铝合金制造时，减少传给制动液的热量成为必须解决的问题。为此，应减小活塞与制动块背板的接触面积，有时也可采用非金属活塞。

Ⅲ. 制动块。制动块由背板和摩擦衬块构成，两者直接压嵌在一起。活塞应能压住尽量多的制动块面积，以免衬块发生卷角而引起尖叫声。制动块背板由钢板制成。许多盘式制动器装有衬块磨损达极限时的警报装置，以便及时更换摩擦衬片。

Ⅳ. 摩擦材料。

摩擦材料的要求：制动摩擦材料应具有高而稳定的摩擦系数，抗热衰退性能好，不能在温度升到某一数值后摩擦系数突然急剧下降；要有尽可能小的压缩率和膨胀率；材料的耐磨性好，吸水率低，有较高的耐挤压和耐冲击性能，以及足够的抗剪切能力；制动时不产生噪声和不良气味，应尽量采用少污染和对人体无害的摩擦材料；热传导率应控制在一定范围。

摩擦材料的分类如下。

• 石棉摩阻材料：由增强材料（石棉及其他纤维）、黏结剂、摩擦性能调节剂组成；制造容易、成本低、不易刮伤对偶；耐热性能差，随着温度升高而摩擦系数降低、磨耗增高和对环境污染。

• 半金属摩阻材料：由金属纤维、黏结剂和摩擦性能调节剂组成；有较高的耐热性和耐磨性，没有石棉粉尘公害。

• 金属摩阻材料：粉末冶金无机质；耐热性好、摩擦性能稳定；但制造工艺复杂、成本高、容易产生噪声和刮伤对偶。

各种摩擦材料摩擦系数的稳定值约为 0.3～0.5，少数可达 0.7。设计计算制动器时一般取 0.3～0.35。选用摩擦材料时应注意，一般说来，摩擦系数愈高的材料其耐磨性愈差。

(4) 制动器的选用

制动器是用于机构或机器减速或使其停止的装置，有时也用于调节或限制机构或机器的运动速度。它是保证机构或机器正常安全工作的重要部件。制动器类型的选择应考虑以下几点。

① 对于水平运行的起重机械，为了控制动转矩的大小以便准确停车，应多采用常开式制动器。

② 充分注意制动器的任务，对于安全性有高要求的机构，需装设双重制动器。

③ 应考虑应用的场所。例如，安装制动器的地点有足够的空间时，则可选择外抱式制动器；空间受限制处，则可采用内蹄式、带式或盘式制动器。

④ 运行机构的制动器，应安装在电动机的轴端。这是因为车体质量和惯性大，制动时高速轴能起一部分缓冲作用，以减少制动时的冲击。

第 5 章
液压与气压传动零部件

5.1　液压与气压传动简述

5.2　液压泵和气源装置

5.2.1　液压泵

5.2.2　气源装置

5.3　液压马达和气动马达

5.3.1　液压马达

5.3.2　气动马达

5.4　液压缸和气缸

5.4.1　液压缸

5.4.2　气缸

5.5　液压控制阀和气动控制阀

5.5.1　液压控制阀

5.5.2　气动控制阀

第**6**章
其他类零件

6.1 挡圈

挡圈的作用是在轴上或孔中将零件进行轴向定位、锁紧或止动。

(1) 挡圈的分类

按照挡圈的功能和结构特点不同，可分为以下五种。

① 轴类零件用锁紧挡圈。轴类零件用锁紧挡圈用于防止轴上零件的轴向移动，主要有两种：用锥销锁紧的挡圈和用螺钉锁紧的挡圈。

a. 锥销锁紧挡圈，是利用圆锥销将挡圈固定在轴上，起到止动定位作用。挡圈上的锥销孔（仅钻一面）与轴上的锥销孔，在装配时配钻并铰锥孔。这种锁紧方式能承受较大的轴向力，结构如图 6-1 所示。

b. 螺钉锁紧挡圈，是利用平端和锥端紧定螺钉，通过挡圈上的一个或两个螺钉孔将挡圈固定在轴的圆柱面上，起到止动定位作用。这种锁紧方式装配简单，但挡圈所能承受的轴向力较小，结构如图 6-2 所示。

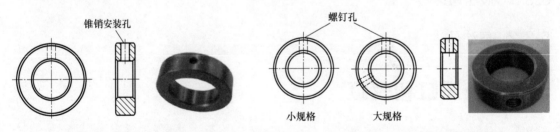

图 6-1　锥销锁紧挡圈　　　　　　　　　　图 6-2　螺钉锁紧挡圈

② 轴端挡圈。轴端挡圈是将螺钉或螺栓穿入挡圈端面的孔，将挡圈固定在轴的端面上，主要用来锁紧固定在轴端的零件。螺钉和螺栓紧固轴端挡圈的结构，如图 6-3 和图 6-4 所示。

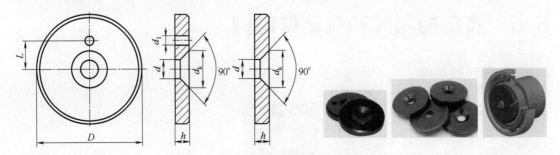

图 6-3　螺钉紧固轴端挡圈

③ 轴肩挡圈。轴肩挡圈是将挡圈贴到轴肩上，依靠轴肩的支承起到定位和承力作用（轻、中系列径向推力轴承的轴向力），结构如图 6-5 所示。

④ 弹性挡圈。弹性挡圈是使用弹性材料制成的挡圈，一般用弹簧钢制成。弹簧钢经热处理后具有较高的硬度、强度以及较好的弹性。为了防止锈蚀，挡圈表面通常需要进行电镀处理（镀锌或镀镉）或

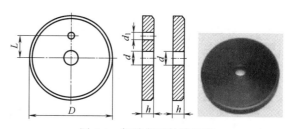

图 6-4　螺栓紧固轴端挡圈

氧化处理，但电镀处理的产品容易产生氢脆断裂。弹性挡圈装拆时需要有专用工具，只要挡圈能够进入就行，要求并不十分严格。

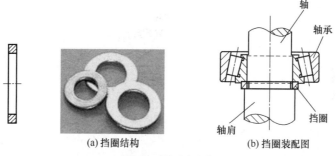

(a) 挡圈结构　　　　(b) 挡圈装配图

图 6-5　轴肩挡圈

a. 孔用弹性挡圈。孔用弹性挡圈被安装在大于孔的公称直径而小于挡圈外径的孔沟槽中，以挡圈的侧面和与之相配的轴端接触，限制轴的轴向位移。挡圈形状由制造者确定，如图 6-6 所示。安装时须用卡簧钳，将钳嘴插入挡圈的钳孔中，夹紧挡圈将其压小，才能放入预先加工好的圆孔内槽，钳孔在内圈。

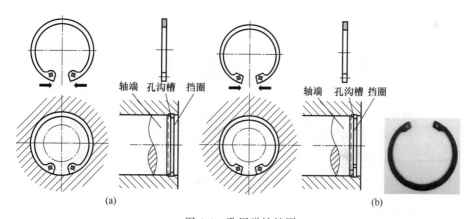

(a)　　　　　　　　　　　　　(b)

图 6-6　孔用弹性挡圈

b. 轴用弹性挡圈。轴用弹性挡圈被安装在小于轴公称直径而大于挡圈内径的轴沟槽中，以挡圈的侧面和与之相配的孔端面接触，限制孔件的轴向位移。挡圈形状由制造者确定，如图 6-7（a）所示。轴用挡圈还可以用来固定滚动轴承内圈，如图 6-7（b）所示。安装时须用卡簧钳，将钳嘴插入挡圈的钳孔中，扩张挡圈，才能使其嵌入预先加工好的轴槽上，钳孔在外圈。

c. 开口挡圈。开口挡圈主要用来卡在轴槽中作零件定位用，但不能承受轴向力，实际上也

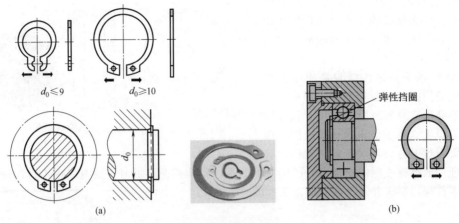

图 6-7　轴用弹性挡圈

是一种轴用挡圈。它是利用其弹性和喇叭形开口将挡圈压入小于轴公称直径而不小于开口挡圈内径的沟槽中，以挡圈的侧面通过孔的端面定位，限制零件沿轴向位移，结构如图 6-8 所示。

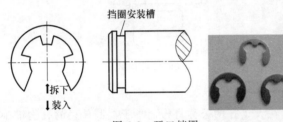

图 6-8　开口挡圈

其装拆不需要专用工具，横向推动挡圈，就可装入，反推就可拆下。

⑤ 钢丝挡圈。钢丝挡圈有孔用和轴用两种，装在轴槽或孔槽中供零件定位用，同时也可承受一定的轴向力，如图 6-9 所示。

a. 孔用钢丝挡圈。孔用钢丝挡圈被安装在大于孔公称直径而小于钢丝挡圈外径的孔沟槽中，以钢丝挡圈的内径通过轴端或者轴肩定位，限制零件沿轴向位移。

b. 轴用钢丝挡圈。轴用钢丝挡圈被安装在小于轴公称直径而大于钢丝挡圈内径的轴沟槽中，以挡圈的外径通过孔的端面定位，限制零件沿轴向位移。

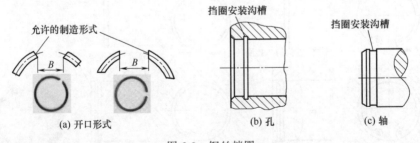

图 6-9　钢丝挡圈

(2) 挡圈的加工工艺分析

① 挡圈的材料及热处理。挡圈材料一般有两种：碳素弹簧钢和不锈钢。如 65Mn，具有较高的强度、硬度、弹性和淬透性，热处理时有过热敏感性和回火脆性，水淬时易开裂，一般采用油淬、中温回火后使用，硬度值可达 47～54HRC。要求高的，还要进行表面处理（发黑、镀锌）。

② 挡圈的加工。挡圈加工工序是：车成片、线切割、成形后再热处理。

加工工艺路线为：坯料切断→加热→轧制→冷却→卷圆→划线→切断→收口校平→精整、检验→压标识→冲长孔→冲撬口→去除毛刺→包装。

6.2　弹簧

弹簧是机械和电子行业中广泛使用的一种弹性元件，弹簧在受载时能产生较大的弹性变形，把机械功或动能转化为变形能，而卸载后弹簧的变形消失并恢复原状，将变形能转化为机械功或动能。

(1) 弹簧的应用

① 控制机械的运动或零件的位置，如内燃机中的阀门弹簧、离合器中的控制弹簧等。

② 缓冲吸振，如车辆中的减振弹簧、各种缓冲器中的缓冲弹簧等。

③ 存储及输出能量作为动力，如钟表弹簧、枪械中的弹簧等。

④ 用作测力元件，如测力器、弹簧秤中的弹簧等。

(2) 弹簧的类型

弹簧的种类很多。弹簧按照受力性质不同，可分为拉伸弹簧、压缩弹簧、扭转弹簧、弯曲弹簧等；按照形状不同，可分为螺旋弹簧、涡卷弹簧、板弹簧、碟形弹簧、环形弹簧等；按照制作过程不同，可分为冷卷弹簧和热卷弹簧。

① 螺旋弹簧。螺旋弹簧是由弹簧丝卷绕而成，制作简单，价格较低。广泛应用的螺旋弹簧有拉伸弹簧、压缩弹簧和扭力弹簧，如图 6-10 所示。

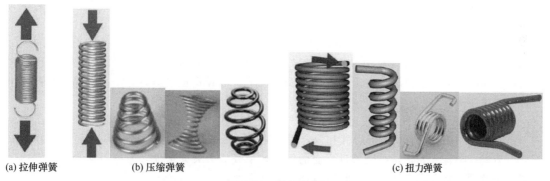

(a) 拉伸弹簧　　　　　　(b) 压缩弹簧　　　　　　　　　　　　　(c) 扭力弹簧

图 6-10　螺旋弹簧

a. 拉伸弹簧。也叫拉力弹簧，简称拉簧。拉伸弹簧一般用圆形截面材料制造，承受轴向拉力。大多数的拉伸弹簧，即使是在没有任何负载的情况下，也通常具有一定程度的张力，这种初始的张力决定了在不承受负荷时，拉伸弹簧的圈与圈之间一般都是并紧的没有间隙。弹簧在伸展或拉开的时候反向作用，试图将它们拉回在一起，用于吸收与储存能量。拉伸弹簧广泛地应用于国防、海洋、计算机、电子、汽车、模具、医学、生物化学、航天、铁路、核电、风电、火电、工程机械、矿山机械、建筑机械、电梯等领域。

b. 压缩弹簧。简称压簧。压缩弹簧所用的材料截面多为圆形，也有用矩形的，其外形有圆柱形、圆锥形、中凸形和中凹形等。压缩弹簧是承受轴向压力的螺旋弹簧，在压紧的时候反向作用，用来储存变形能。压缩弹簧的圈与圈之间有一定的间隙，当受到外载荷时弹簧收缩变形，对外部压力提供反抗力量，即回推以反抗外部压力。根据不同的应用领域，压缩弹簧可用于抵抗压力和（或）存储能量。其主要应用于医疗呼吸设备、医疗移动设备、手工工具、家庭护理设备、减振、发动机气门弹簧等。

以上这两种弹簧刚度稳定，结构简单，制造方便，应用最为广泛。

c. 扭力弹簧。扭力弹簧通过对材质柔软、韧度较大的弹性材料的扭曲或旋转进行蓄力，使被发射物具有一定的机械能。扭力弹簧结构简单，主要用于各种机械装置中的压紧和储能。现代的扭力弹簧多用弹性极好的钢材制造，形式也有很大变化，有机械表里面的游丝，有玩具陀

图 6-11 涡卷弹簧

螺枪里的动力弹簧，也有坦克、汽车里的扭力杆等。

② 平面涡卷弹簧。又名发条弹簧，是用细长弹簧材料，绕制成平面螺旋线形的一种弹簧，如图 6-11 所示。平面涡卷弹簧一端固定，而另一端在转矩作用下材料产生弯曲弹性变形，使弹簧在平面内产生扭转。由于卷绕圈数可以很多，能在较小体积内储存较大的能量，常用于钟表发条或玩具中的动力装置等。

图 6-12 板弹簧

③ 板弹簧。简称板簧，是由不少于 1 片的弹簧钢板叠加组合而成的板状弹簧，如图 6-12 所示。压缩时叶片伸长，使弹性更好，变形大，吸振能力强，可以承受很大的载荷，主要用于各种车辆的缓冲和减振装置，通常用于轮式车辆悬架上。它既是悬架的导向装置，又是悬架的弹性元件。它的一端与车架铰接，可以传递各种力和力矩，并决定车轮的跳动轨迹；同时它本身也有一定的摩擦减振作用。

板弹簧的缺点是：只能用于非独立悬架，重量较重，刚度大，舒适性差，纵向尺寸较长，不利于缩短汽车的前悬和后悬，与车架连接处的板弹簧销容易磨损等。尽管缺点不少，但板弹簧仍在各种汽车上大量使用。为了改进板弹簧的性能，减轻重量，提高寿命，出现了变截面板弹簧、单片弹簧等。

④ 碟形弹簧。碟形弹簧是用钢板冲制而成的空心截锥形压缩弹簧，往往将多个弹簧组合使用。组合形式一般有对合式、叠合式和复合式三种，如图 6-13 所示。对合式弹簧，变形量增加，承载力不变；叠合式弹簧，在变形量不变的同时，承载能力大大增加，摩擦阻尼大，特别适用于缓冲和吸振；复合式弹簧，可同时增加变形量和承载能力。

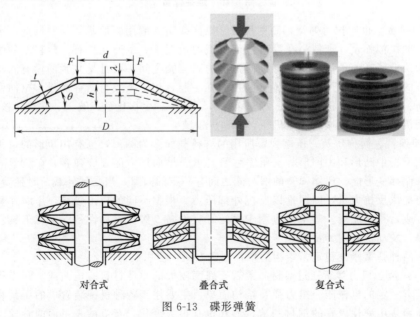

对合式　　　　叠合式　　　　复合式

图 6-13 碟形弹簧

碟形弹簧的优点是：制造和维护方便，刚度大、变形小，缓冲及减振能力强，在受载方向空间尺寸小，适用于轴向空间要求小的场合。其缺点是：用作高精度控制弹簧时，对材料和制造工艺（加工精度、热处理）要求高，制造困难。它常用于重型机械、飞机等的强力缓冲弹簧，以及在离合器、减压阀、密封圈、自动控制机构中的缓冲和减振装置等。

⑤ 环形弹簧。它是由若干具有配合锥面的内、外圆环相互叠合而组成的一种压缩弹簧，如图 6-14 所示。环形弹簧若损坏或磨损后不需要全部更换，只需更换报废的个别圆环即可，修理较容易，也比较经济。环形弹簧的内、外环，由优质碳钢或耐磨的合金钢制成。各环按所需的外形先进行滚压，以提高其承载能力，然后再进行热处理。环形弹簧是一种强力弹簧，可承受较大的压力，具有很大的缓冲吸振能力，常用在空间受限且需要强力缓冲的重型车辆、火炮和飞机起落架等的缓冲装置中。

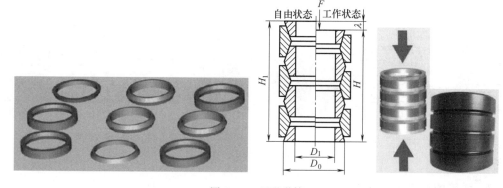

图 6-14　环形弹簧

⑥ 非金属弹簧。大多数弹簧由金属材料制造，也有非金属弹簧，如橡胶弹簧和空气弹簧。

a. 橡胶弹簧。橡胶弹簧包括橡胶弹簧和复合橡胶弹簧，如图 6-15 所示。橡胶弹簧常用在机械设备、车辆行走机构和悬架中，起减振和缓冲作用。橡胶弹簧也可根据工作需要设计成各种结构形式。

图 6-15　橡胶弹簧

Ⅰ. 橡胶弹簧是一种高弹性体，制作材料通常为普通橡胶，如有特殊要求可用耐油橡胶制成。橡胶弹簧弹性模量小，受载后有较大的弹性变形，借以吸收冲击和振动。橡胶弹簧形状不受限制，有较大的弹性变形，容易实现非线性要求，减振降噪效果良好，使用寿命长、成本低，还有良好的耐寒性，优良的气密性、防水性、电绝缘性，是减振的最佳选择。它能同时受多向载荷，但耐高温性和耐油性比钢弹簧差。

Ⅱ. 复合橡胶弹簧是由金属螺旋弹簧及其外边包裹的优质硫化橡胶复合在一起的圆筒状弹性体，集金属弹簧和橡胶弹簧的优点于一体，克服了金属弹簧刚性大、工作噪声高及橡胶弹簧承重量小、形状及力学性能稳定性差等缺点，具有更高的载荷量和大变形量、减振降噪效果更好、工作平稳、共振区间短等优点。该产品优于金属弹簧，具有抗腐蚀性好、寿命长等优点，与其他金属弹簧相比，减振能力强，缓冲效果好，噪声小。

复合橡胶弹簧相比于橡胶弹簧，前者形状受金属螺旋弹簧限制，线性要求高，重量重，但是其承重载荷量大的优点却不是纯橡胶弹簧可比拟的。

b. 空气弹簧。空气弹簧是在柔性密封容器中加入压缩空气，利用气体的可压缩性实现弹性作用的一种非金属弹簧，俗称气囊，可以起支承、缓冲、制动、高度调节及角度调节等功能。工作原理是：在密闭的压力缸内充入稀有气体或者油气混合物，使腔体内的压力高于大气压的几倍或者几十倍，利用活塞杆的横截面积小于活塞的横截面积从而产生的压力差，来实现活塞杆的运动。

由于原理上的根本不同，空气弹簧比普通弹簧有着很显著的优点：工作时无需外界动力，举力稳定，可以自由伸缩（可锁定气弹簧，可以任意定位），速度相对缓慢，动态力变化不大（一般在 1∶1.2 以内），容易控制。缺点是：相对体积没有螺旋弹簧小，成本高，寿命相对短。其广泛地应用于汽车、航空、医疗器械、家具、机械制造等领域。

根据压缩空气所用容器不同，空气弹簧又有囊式和膜式两种形式，如图 6-16 所示。囊式空气弹簧是由夹有帘线的橡胶气囊和封闭在其中的压缩空气组成。气囊的内层用气密性好的橡胶制成，而外层则用耐油橡胶制成。节与节之间围有钢制的腰环，使中间部分不会有径向扩张，并防止两节之间相互摩擦。而膜式空气弹簧的密闭气囊由橡胶膜片和金属制件组成，会产生径向扩张。在量产车上我们见到的大都是膜式空气弹簧，而在改装领域更多应用的是囊式空气弹簧。

图 6-16　空气弹簧

(3) 弹簧的加工工艺分析

① 弹簧的材料及热处理。为了使弹簧能可靠地工作，弹簧材料必须具有高的弹性极限和疲劳极限，同时具有足够的冲击韧性和塑性，以及良好的热处理性。常用的弹簧材料有：碳素弹簧钢、合金弹簧钢、铜合金和弹簧用不锈钢等。

a. 碳素弹簧钢：含碳量在 $0.6\% \sim 0.9\%$ 之间，如 60、75、65Mn。热处理后具有较高的强度，适宜的韧性和塑性。当弹簧丝直径≥12mm 时，不易淬透，所以仅适用于小尺寸的弹簧。

b. 合金弹簧钢：有硅锰钢、铬钒钢等。如：60Si2Mn，弹性和回火稳定性好，易脱碳，用于制造承受重载的弹簧；50CrVA，有高的疲劳极限，弹性、淬透性和回火稳定性好，常用于承受变载的弹簧；4Cr13，耐腐蚀、耐高温，适用于工作温度较高、较大的弹簧。

c. 铜合金：有硅青铜、锡青铜、铍青铜等。如：QSi3-1，有高的强度、弹性和耐磨性，塑性好，低温下仍不变脆，用于在腐蚀介质中工作的弹簧；QSn4-3，耐磨性和弹性高，抗磁性良好，能很好地承受热态或冷态压力加工，在硬态下，可切削性好，易焊接和钎焊，在大气、淡水和海水中耐蚀性好；QBe2，具有很高的硬度、弹性极限、疲劳极限和耐磨性，还具有良好的耐蚀性、导热性和导电性，受冲击时不产生火花，广泛用于重要的弹簧。

d. 弹簧用不锈钢：耐腐蚀、耐高温，有良好的工艺性，用于小弹簧。如：12Cr18Ni9、10Cr18Ni9Ti、06Cr17Ni12Mo2 等。

② 弹簧的加工。弹簧由板材、棒材、线材或管材经过各种塑性加工而成。

a. 弹簧的加工工序。螺旋弹簧的加工工序为：卷绕→端面加工（压簧）或拉钩制作（拉簧或扭簧）→热处理→工艺试验→强压处理或喷丸处理等。

弹簧的卷绕是将弹簧丝卷绕在芯子上成形，分为冷卷和热卷两种。冷卷是指在常温下卷绕；热卷是指在高温（800~1000）℃下进行卷绕。当弹簧丝直径＜10mm 时，采用冷卷，并进行低温回火处理，以消除内应力。当弹簧丝直径≥10mm 时，采用热卷，并进行淬火及中温回火处理。

b. 弹簧的特殊处理。

Ⅰ.为了提高弹簧的承载能力,可以采用强压处理。将弹簧预先压缩到超过材料的屈服极限,并保持一定时间后卸载,使弹簧丝表面层产生与工作应力相反的残余应力,受载时可抵消一部分工作应力,从而提高弹簧的承载能力。

Ⅱ.为了提高弹簧的疲劳强度,可以采用喷丸处理。将高速弹丸流喷射到弹簧表面,使弹簧表层发生塑性变形,从而形成一定厚度的强化层,强化层内形成较高的残余应力,由于弹簧丝表面压应力的存在,当承受载荷时可以抵消一部分应力,从而提高弹簧的疲劳强度。

6.3 导轨

6.3.1 概述

导轨就是将运动构件约束到只有一个自由度的装置,这一个自由度可以是直线运动或者是回转运动。导轨装置是机械中使用频率较高的零部件,起到导向和承载作用,即保证运动部件在外力的作用下(运动部件本身的重力、工作重力、切削力及牵引力等),能准确地沿着一定的方向运动。导轨是机械的关键部件之一,其性能的好坏对机械的工作精度、承载能力和使用寿命都有很大的影响,如机床加工精度就是导轨精度的直接反映。

(1) 导轨的组成

导轨是由运动导轨和固定导轨组成导轨副来实现功能的,如图 6-17 所示。固定导轨设在支承构件上,其导轨面为承导面,比较长,用来支承和限制运动件,使其只能按给定方向运动;运动导轨设在运动件上,导轨面一般比较短,做直线运动。

一般情况下,运动导轨在上,固定导轨在下,使得固定导轨具有良好的支承刚度,而运动导轨便于拆卸维修。

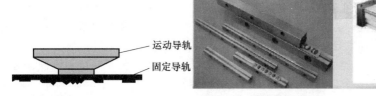

运动导轨
固定导轨

图 6-17 导轨的组成

(2) 导轨的分类

① 按摩擦性质不同,可以分为滑动导轨和滚动导轨两种。

a. 滑动导轨是指两导轨面间的摩擦性质是滑动摩擦。滑动导轨又可以分为静压导轨、动压导轨和普通滑动导轨三种。

b. 滚动导轨是指两导轨面间的摩擦性质是滚动摩擦。滚动导轨是在两导轨面间装有球、滚子或滚针等滚动元件而形成的导轨副,广泛应用于进给运动导轨和旋转主运动导轨。

② 按受力情况不同,可以分为开式导轨和闭式导轨两种,如图 6-18 所示。开式导轨不能承受较大颠覆力矩的作用,必须借助于运动件的自重或外载荷,才能保证在一定的空间位置和受力状态下,运动导轨和固定导轨的工作面保持可靠的接触,从而保证运动导轨的规定运动。闭式导轨能承受较大的颠覆力矩作用,需要借助于导轨副本身的封闭式结构,保证在变化的空间位置和受力状态下,运动导轨和固定导轨的工作面都能保持可靠的接触,从而保证运动导轨的规定运动。

③ 按导轨的运动轨迹不同,可以分为直线运动导轨(导轨副的相对运动轨迹为一直线,如普通车床的溜板和床身导轨)和圆周运动导轨(导轨副的相对运动轨迹为一圆,如立式车床的花盘和底座导轨)两种,如图 6-19 所示。直线运动导轨中,支承导轨各处使用机会难以均等,

且修复困难、不易防护，要求耐磨性好、硬度高；运动导轨总是全长接触，且较短，磨损后易于维修。圆周运动导轨中，运动导轨常用较软的材料制成，花盘或圆工作台导轨比底座加工方便些，磨损后可在机床上加工，以减少修理的工作量。

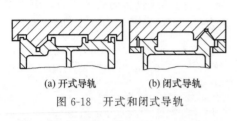

(a) 开式导轨　　　(b) 闭式导轨

图 6-18　开式和闭式导轨

(a) 直线运动导轨　　　(b) 圆周运动导轨

图 6-19　导轨按运动轨迹分类

④ 按导轨的材料不同，可以分为贴塑导轨和镶金属导轨两种。

(3) 导轨的基本要求

① 导向精度。指运动部件沿导轨运动时的准确度，包括垂直面内的直线度、水平面内的直线度和两导轨之间的平行度。它是保证导轨工作质量的前提，是对导轨的基本要求。其主要影响因素是导轨的几何精度和接触精度、结构形式、装配质量、导轨与支承件的刚度、热变形及油膜刚度（指动、静压导轨）等。

② 精度保持性。指导轨在工作过程中保持原有几何精度的能力。其主要影响因素是磨损，还与导轨的材料、热处理、加工的工艺方法、摩擦性质及受力情况（即导轨的比压、润滑和防护）等有关。

③ 运动精度。指当动导轨做低速运动或微量位移时，应保证导轨运动的平稳性，即不出现爬行现象，定位准确。其主要影响因素是导轨的结构、材料、润滑；动、静摩擦系数的差值；运动部件的质量；传动导轨运动的传动链的刚度等。

④ 足够的刚度。导轨的刚度是机床工作质量的重要指标，它表示导轨在承受动、静载荷下抵抗变形的能力。若刚度不足，会直接影响部件之间的相对位置精度和导向精度，另外还使得导轨面上的比压分布不均，加重导轨的磨损。

⑤ 结构的工艺性好。在可能的情况下，应尽量使导轨结构简单，便于制造和维护。对于刮研导轨，应尽量减少刮研量；对于镶装导轨，应做到更换容易。

⑥ 具有良好的润滑和防护装置。

6.3.2　滑动导轨

滑动导轨是最常见的导轨，其动、静导轨面直接接触，其他类型的导轨都是在滑动导轨的基础上逐步发展起来的。

(1) 滑动导轨的特点及应用

滑动导轨结构简单，有良好的工艺性，刚度和精度易于保证；但是摩擦阻力大、磨损快、低速运行时易产生爬行现象。其在一般机床上应用广泛。

滑动导轨由凸形和凹形两种形式的导轨组成导轨副，如图 6-20 所示。当凸形导轨做下导轨时，不易积存切屑、脏物，但也不易储存润滑油，常用于低速移动的场合，如车床的车身导轨；凹形导轨做下导轨时，易储存润滑油，润滑条件好，用于速度较大的场合，如磨床的床身导轨，但是需要有良好的保护装置，以防切屑、脏物掉入。

(2) 滑动导轨截面的基本形状及特点

按导轨的截面形状不同，滑动导轨可分为 V 形、矩形、燕尾形和圆形等，如图 6-20 所示。

① V 形导轨。对称形截面，制造方便、应用较广，两侧压力不均时采用非对称形。在垂直载荷作用下，导轨磨损后能自动补偿，故导向精度较高。V 形导轨的导向性能与顶角有关，顶

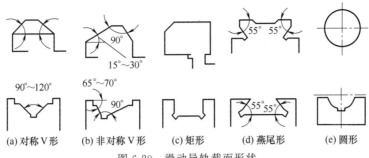

(a) 对称 V 形　　(b) 非对称 V 形　　(c) 矩形　　(d) 燕尾形　　(e) 圆形

图 6-20　滑动导轨截面形状

角越小，导向性能越好；顶角加大，承载能力增加，但导向精度差。大型或重型机床的顶角常采用 $110°\sim120°$，精密机床常采用小于 $90°$。

② 矩形导轨。制造简单，刚度和承载能力大，水平方向和垂直方向上的位移互不影响，因此安装、调整都较方便。水平面是保证在垂直面内直线移动精度的导向面，又是承受载荷的主要支承面；垂直面是保证水平面内直线移动精度的导向面。导向面磨损后不能自动补偿间隙，所以需要有间隙调整装置——镶条，调整后会降低导向精度。矩形导轨主要用于普通精度的机床或重型机床等。

③ 燕尾形导轨。结构紧凑，高度较小，制造较麻烦。它可以看成是 V 形导轨的变形，两个导轨面间的夹角为 $55°$。其磨损后不能自动补偿间隙，必须用间隙调整装置。两燕尾面起压板作用，用一根镶条就可以调整水平、垂直方向的间隙。导轨制造、检验和修理较复杂，摩擦阻力大。当承受垂直作用力时，它以支承平面为主要工作面，它的刚度与矩形导轨相近；当承受颠覆力矩时，其斜面为主要工作面，刚度降低。燕尾形导轨一般用于要求高度小的多层移动部件，广泛用于仪表机床等。

④ 圆形导轨。制造简单，内孔可珩磨，外圆经过磨削可达到精密配合，但磨损后调整间隙困难。为防止转动，可在圆柱表面上开键槽或加工出平面（如图 6-21 所示），但不能承受大的力矩。圆柱形导轨主要用于受轴向载荷的场合，适用于同时做直线运动和转动的场合，如拉床、钻床的主轴和导向套组成的导轨副等。

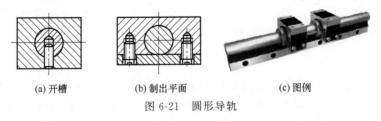

(a) 开槽　　　　　(b) 制出平面　　　　(c) 图例

图 6-21　圆形导轨

(3) 常见的直线运动导轨组合形式及特点

从限制自由度的角度出发，采用一条导轨即可。但一条导轨，移动部件无法承受颠覆力矩，所以直线运动导轨一般由两条导轨组合。在重型机械中，常用三条或三条以上的导轨组合。常用滑动导轨的组合形式有以下 8 种，如图 6-22 所示。

① 双 V 形组合。这种导轨同时起着支承和导向作用，两条导轨磨损均匀，能自行补偿磨损，导向精度高。但这种导轨加工检修困难，而且床身与运动部件热变形不一样时，不易保证四个表面刮研或磨削后同时接触。其主要用于导向精度要求高的机床，如坐标镗床、精密丝杠车床等。

② 一个 V 形和一个平面组合。这种导轨构成 V 形的两个平面的交线与平面平行。这种组合不需要用镶条调整间隙，导向精度高，承载能力大，加工装配方便，应用广泛。温度变化不会改变导轨面的接触情况，但热变形会使移动部件水平偏移，通常用于卧式车床、龙门刨床、磨

床等。

③ 双矩形组合。这种导轨主要承受与主支承面相垂直的作用力。此外，侧导向面要用镶条调整间隙，接触刚度低，承载能力大，导向性差。双矩形组合导轨制造、调整简单，常用于重型普通精度机床，如升降台铣床、龙门铣床等。

④ 矩形和燕尾形组合。这种导轨能承受倾覆力矩，用矩形导轨承受大部分压力，用燕尾形导轨作侧导向面，可减少压板的接触面。其调整间隙简便，多用于横梁、立柱和摇臂导轨，以及多刀车床刀架导轨等。

⑤ 双燕尾形组合。这种导轨是闭式导轨接触面个数最少的一种结构，用一根镶条即可调节各接触面的间隙，常用于牛头刨床、插床的滑枕导轨、车床刀架导轨以及仪表机床导轨等。

⑥ V形和矩形组合。这种导轨兼有导向性好、制造方便等优点，应用最为广泛。V形导轨作主要导向面，导向性比双矩形好，且磨损后不能调整，对位置精度有影响。其常用于车床、磨床、精密镗床、滚齿机等机床上。

⑦ 双圆形组合。这种导轨结构简单，圆柱面既是导向面又是支承面，导向性好，对两导轨的平行度要求严。导轨刚度较差，磨损后不易补偿。主要用于轻型机械，或者受轴向力的场合，如四柱油压机的导柱、模具的导杆等。

⑧ 平面-V形-平面组合。这种组合导轨中，V形导轨主要起导向作用，平导轨主要起承载作用，不需用镶条调整间隙。这是用于重型龙门刨床工作台导轨的一种形式。

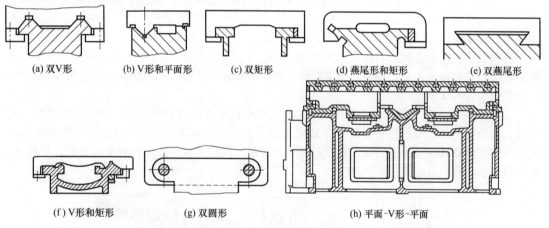

(a) 双V形　　(b) V形和平面形　　(c) 双矩形　　(d) 燕尾形和矩形　　(e) 双燕尾形

(f) V形和矩形　　　　(g) 双圆形　　　　　(h) 平面-V形-平面

图 6-22　滑动导轨的组合形式

目前，数控机床常用的直线运动滑动导轨截面形状组合形式主要有两种：V形-矩形组合和双矩形组合；使用的导轨主要有三种：静压导轨、塑料滑动导轨和滚动导轨。导轨副是数控机床的重要部件之一，必须具有较高的导向精度、高刚度、高耐磨性，机床在高速进给时不振动、低速进给时不爬行等特性。

（4）常见的圆周运动导轨形式及特点

圆周（回转）运动导轨要求在径向切削力和离心力的作用下，运动部件能保持较高的回转精度。这种导轨常常与主轴联合使用，用于圆形工作台、转盘和转塔头架等旋转运动部件。其主要类型，如图 6-23 所示。

① 平面环形导轨。承载能力大、工作精度高、结构简单、制造方便、用得较多，但只能承受轴向载荷，必须与主轴联合使用，由主轴承受径向载荷。其适用于主轴定心的回转运动导轨的机床，如立式车床、齿轮加工机床和平面磨床等。

② 锥面环形导轨。可以承受一定的径向载荷，但工艺性差，制造较困难。用于花盘直径小于 3m 的立式车床和其他机床，有被平面环形导轨取代的趋势。

③ V 形面环形导轨。可承受较大的径向力和一定的颠覆力矩，但是由于既要求保证导轨的接触，又要保证导轨面与主轴同心，所以工艺性差，制造困难，有被平面环形导轨取代的趋势，目前应用于 3m 以上的立式车床。

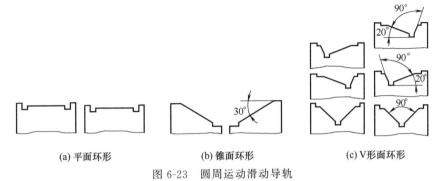

(a) 平面环形　　　　　　(b) 锥面环形　　　　　　(c) V 形面环形

图 6-23　圆周运动滑动导轨

(5) 常见滑动导轨的特点及应用

① 静压导轨。如图 6-24 所示，静压导轨的滑动面之间开有油腔，将有一定压力的润滑油通过节流器输入到导轨面上的油腔，形成承载油膜，使导轨工作表面处于纯液体摩擦状态。静压导轨主要用于各种重型机床、精密机床、数控机床等的工作台。

图 6-24　静压导轨

a. 静压导轨的特点：摩擦系数小，驱动力小，机械效率高；导轨面被油膜隔开，不产生黏着磨损，导轨精度保持性好；导轨的油膜较厚，有均化表面误差的作用；导轨运动不受速度和负载的限制，低速运动平稳无爬行，承载能力大，刚度好；油膜的阻尼比大，导轨的抗振性能良好，导轨摩擦发热也小；静压导轨结构复杂、调整困难，需要一套完整的供油系统，对润滑油的清洁程度要求很高。

b. 静压导轨的分类。

Ⅰ. 静压导轨按结构形式不同，可分为开式和闭式两种。

i. 开式静压导轨。如图 6-25 所示，开式静压导轨的工作原理是：将具有一定压力的润滑油，经节流器输入导轨的各个油腔，

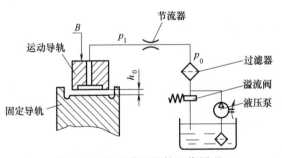

图 6-25　开式静压导轨工作原理

使运动部件浮起，导轨面被油膜隔开，油腔中的油不断地通过封油边而流回油箱。当运动导轨受到外载荷作用向下产生一个位移时，导轨间隙变小，增加了回油阻力，使油腔中的油压升高，以平衡外载荷。

ii. 闭式静压导轨。如图 6-26 所示，在上、下导轨面上都开有油腔，能够承受双向外载荷，保证运动部件工作平稳。

Ⅱ. 静压导轨按供油情况不同，可分为定量式和定压式两种。

i. 定压式静压导轨，指节流器进口处的油压压强是一定的，这是目前应用较多的静压导轨。

ii. 定量式静压导轨，指流经油腔的润滑油流量是一个定值，这种静压导轨不用节流器，而是对每个油腔均有一个

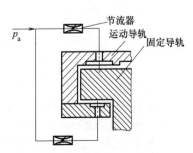

图 6-26　闭式静压导轨工作原理

定量油泵供油。由于流量不变，当导轨间隙随外载荷的增大而变小时，则油压上升，载荷得到平衡。载荷的变化，只会引起很小的导轨间隙变化，因而油膜刚度较高，但这种静压导轨结构复杂。

② 动压导轨。当导轨面间的相对滑动速度较高（1.5～10m/s），液体的动压效应使导轨油腔处形成压力油楔，把两导轨面分开，从而形成液体摩擦。优点是：阻尼大、抗振性好；结构简单，不需要复杂供油系统，使用维护方便。缺点是：油膜厚度随载荷与速度而变化，影响加工精度；低速、重载易出现导轨面接触。其主要用于速度高、精度要求一般的机床主运动导轨。

③ 普通滑动导轨。即平常所说的滑动导轨。优点是：结构简单，使用维修方便。缺点是：未形成完全液体摩擦时，低速易爬行；磨损大、寿命差、运动精度不稳定。其广泛应用于普通机床、冶金设备上。

(6) 滑动导轨的材料及热处理

滑动导轨的材料有铸铁、钢、有色金属和塑料等。其主要要求是：耐磨性好、工艺性好和成本低。对于塑料镶装导轨的材料，还应保证：在温度升高（主运动导轨120～150℃，进给导轨60℃）和空气湿度增大时的尺寸稳定性；在静载压力达到5MPa时，不发生蠕变；塑料的线胀系数应与铸铁接近。

① 铸铁。导轨常用的铸铁有：灰铸铁、孕育铸铁和耐磨铸铁等。灰铸铁常选用HT200。孕育铸铁常选用HT300，其耐磨性高于灰铸铁，但较脆硬，不易刮研，且成本较高，常用于较精密的机床导轨。耐磨铸铁中应用较多的是高磷铸铁、铜钛铸铁及钒钛铸铁，与孕育铸铁相比，其耐磨性提高1～2倍，但成本较高，常用于精密机床导轨。

为了提高铸铁导轨的硬度，以增强抗硬粒磨损的能力和防止撕伤，铸铁导轨经常采用高频淬火、中频淬火和电接触自冷淬火等表面淬火方法。高频淬火，淬硬层深度可达1.5～3mm，表面硬度达48～55HRC，可使普通铸铁耐磨性提高2倍左右。中频淬火，淬硬层深度可达2～3mm，表面硬度达40～50HRC。高频及中频淬火的优点是淬火质量稳定，生产效率高，缺点是淬火后必须进行磨削加工。电接触自冷淬火的淬硬层深度可达0.2～0.4mm，表面硬度达48～55HRC。这种淬火方法具有设备简单、操作方便、成本低、淬火变形小等优点，但由于淬硬深度较浅，对导轨耐磨性提高幅度不大，目前主要用于维修。

② 钢。耐磨性要求较高时，采用淬硬钢制成的镶钢支承导轨，如图6-27所示。其优点是：可以大幅度地提高导轨的耐磨性，比普通铸铁高5～10倍，改善摩擦或满足焊接床身结构的需要。其缺点是：导轨工作面上不能钻孔，以免积存杂质导致磨损；工艺复杂，加工较困难、成本也高，尤其是不能刮研。它常用于重型机床，如立车、龙门铣床的导轨上。

镶钢导轨常用材料有：45钢或40Cr，整体表面淬硬或全淬透，硬度达到52～58HRC；20Cr、20CrMnTi等，经渗碳并淬硬至56～62HRC。

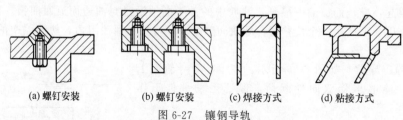

(a) 螺钉安装　　(b) 螺钉安装　　(c) 焊接方式　　(d) 粘接方式

图6-27　镶钢导轨

③ 有色金属。常用有色金属板材镶装在重型机床（如立车、龙门铣床）的运动导轨上，与铸铁的支承导轨搭配，可以防止咬合磨损，保证运动的平稳性，提高耐磨性和运动精度。常用材料有：锡青铜ZQSn6-6-3、铝青铜ZQAl9-4和锌合金ZZnAl10-5等。

④ 塑料。在运动导轨上镶装塑料软带，与淬硬的铸铁支承导轨和镶钢支承导轨组成导轨副。常用的塑料材料有：锦纶、酚醛夹布塑料、环氧树脂耐磨涂料和氟塑料导轨软带等。塑料

导轨主要有贴塑导轨和注塑导轨两类。

a. 贴塑导轨。贴塑导轨软带以聚四氟乙烯为基材，青铜粉、二硫化钼、石墨及铅粉等填充剂混合制成，并做成软带状。聚四氟乙烯是现有材料中摩擦系数最小（0.04）的一种，但纯的聚四氟乙烯不耐磨，因此需要添加一些填充剂。

导轨软带可切成任意形状和大小，一般固定在滑动导轨副的短导轨（运动导轨或上导轨）上，使它与长导轨（固定导轨或下导轨）配合滑动，如车床可粘贴在床鞍导轨或尾座导轨上。如图 6-28 所示，由于这类导轨软带采用粘接方法，习惯上称贴塑导轨。

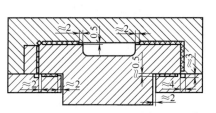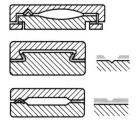

图 6-28　贴塑导轨

Ⅰ. 聚四氟乙烯导轨软带的特点。

• 摩擦特性好。由于对金属的摩擦系数小，因而能降低滑动件驱动力，提高传动效率；且动、静摩擦系数差别很小，使得滑动平稳；低速时能防止爬行，还能提高移动部件的定位精度。

• 减振性好。塑料的阻尼性能好，其减振效果、消声性能较好，有利于提高导轨副的相对运动速度。

• 自润滑性、耐磨性好。塑料导轨材料中含有青铜粉、二硫化钼和石墨等，有自润滑作用，可使润滑装置简化，对润滑油的供油量要求不高，润滑油偶尔中断也不会导致导轨面研伤。此外，塑料质地较软，即使嵌入金属碎屑、灰尘等，也不会损伤金属导轨面和软带本身，抗磨损性能好，可延长导轨副的使用寿命。

• 工艺性好。贴塑工艺简单，且塑料易于加工（铣、刨、刮、磨）。可修复性好，需修复时只需拆除旧的塑料层，更换新的即可。

• 与其他导轨相比，结构简单，运行费用低。

• 刚度较差、耐热性差，容易蠕变。

基于以上特点，贴塑导轨主要应用于中、大型机床压强不大的导轨，且应用日趋广泛。

Ⅱ. 导轨软带的粘贴工艺。导轨软带使用工艺简单，它不受导轨形式限制，各种组合形式的滑动导轨均可粘贴。

粘贴的工艺过程是：首先将导轨粘贴面加工至表面粗糙度 $Ra3.2\sim1.6\mu m$，并加工成 $0.5\sim1mm$ 深的凹槽；然后用汽油或金属清洁剂或丙酮清洗粘贴面，将已经切割成形的导轨软带清洗后用胶黏剂粘贴；固化 $1\sim2h$ 后，合拢到配对的固定导轨或专用夹具上，施加一定的压力；在室温下固化 24h 后，取下清除余胶，即可开油槽和精加工。

b. 注塑导轨。注塑导轨的涂层是以环氧树脂和二硫化钼为基体，加入固化剂，混合成以液状或膏状为一组分，以固化剂为另一组分的双组分塑料涂层。

Ⅰ. 注塑导轨的特点。

• 良好的可加工性，可经车、铣、刨、钻、磨削或刮削加工。

• 良好的摩擦特性和耐磨性，较高的硬度和热导率，而且抗压强度比聚四氟乙烯导轨软带要高，固化时体积不收缩，尺寸稳定。

• 在无润滑情况下，能防止爬行，改善导轨的运动特性，特别是低速运动平稳性较好。

• 可在调整好固定导轨和运动导轨间的相对位置精度后注入涂料，这样可以节省许多加工工时。

注塑导轨适用于重型机床和不能用导轨软带的复杂配合型面。

Ⅱ. 注塑工艺。首先将导轨涂层表面粗刨或粗铣成如图 6-29 所示的粗糙表面，以保证有良好的黏附力。然后，与塑料导轨相配的金属导轨面（或模具）用溶剂清洗后，涂上一薄层硅油或专用脱模剂，以防与耐磨涂层粘接。将按配方加入固化剂调好的耐磨涂层材料抹于导轨面上，然后叠合在金属导轨面（或模具）上进行固化。叠合前可放置形成油槽、油腔用的模板，固化 24h 后，即可将两导轨分离。涂层硬化三天后可进行下一步加工。涂层面的厚度及导轨面与其他表面的相对位置精度可借助于等高块或专用夹具保证。由于这类塑料导轨采用刮涂或注入膏状塑料，故习惯上称为"涂塑导轨"或"注塑导轨"。

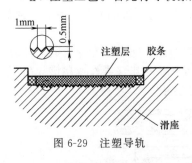

图 6-29　注塑导轨

(7) 滑动导轨副的材料

① 滑动导轨副材料的选用原则。

a. 对于导轨副，为了提高耐磨性和防止咬焊，运动导轨和支承导轨应尽量采用不同材料。

b. 如果采用相同材料，也应采用不同的热处理，使双方具有不同的硬度。

c. 在直线运动导轨中，运动导轨的材料应比较软，支承导轨的材料应耐磨、硬度较高，它们的硬度相差 15～45HB。

② 滑动导轨副中，常用材料匹配。

a. 运动导轨采用镶装氟塑料导轨软带或有色金属，支承导轨采用淬火钢或淬火铸铁；

b. 运动导轨采用不淬火铸铁，支承导轨采用淬火钢或淬火铸铁；

c. 高精度机床，因需采用刮研进行导轨的精加工，可采用不淬火的耐磨铸铁导轨副；

d. 移置导轨或不重要的导轨，可采用不淬火的普通灰铸铁导轨副。

6.3.3　滚动导轨

滚动导轨是在滑动导轨的两导轨面之间放置滚动体（滚珠、滚柱、滚针、滚锥等）而形成的导轨副。

(1) 滚动导轨的特点及应用

① 与滑动导轨比较，滚动导轨的优点如下。

a. 摩擦系数小，动、静摩擦系数差很小，因而运动灵敏度高，低速运动平稳性好，不易出现爬行现象。

b. 磨损较小，精度保持性好，导向精度和定位精度高。

c. 润滑系统简单，多数为油脂润滑，也可以用油雾润滑。高速运动时不会像滑动导轨那样因动压效应而使导轨浮起。

d. 牵引力小，移动轻便。

e. 维修方便，使用寿命长。

② 与滑动导轨比较，滚动导轨的缺点如下。

a. 结构复杂，加工困难，成本较高。

b. 刚性和抗振性较差，接触压力大，对导轨表面硬度、精度，滚动体精度要求高。

c. 对脏物敏感，必须有良好的防护装置。

③ 滚动导轨的应用。滚动导轨广泛应用于各类精密机床、数控机床、纺织机械等，特别适用于机床的工作部件要求移动均匀、运动灵敏及定位精度高的场合。例如：数控机床、坐标镗床、仿形机床和外圆磨床砂轮架导轨等采用滚动导轨，可以实现低速平稳无爬行和精确位移；工具磨床的工作台采用滚动导轨，使得手摇轻便；平面磨床工作台采用滚动导轨，可以防止高速时因动压效应使工作台浮起，以便提高加工精度；立式车床工作台采用滚动导轨，可以提高

速度；等。

④ 滚动导轨的类型：

a. 按滚动体形式的不同，可分为滚珠导轨、滚柱导轨和滚针导轨等；

b. 按运动轨迹的不同，可分为直线运动导轨和圆运动导轨；

c. 按滚动体是否循环，可分为循环式滚动导轨和非循环式滚动导轨；

d. 按导轨加工形式不同，可分为开式滚动导轨和闭式滚动导轨。

(2) 典型滚动导轨的结构特点及应用

① 滚珠导轨。如图 6-30 所示，滚珠导轨的滚动体为球体，与导轨之间为点接触，导向面常设计成夹角 90°的 V 形槽，力封式结构。其结构相对紧凑，制造容易，成本较低；由于导轨面和滚珠接触面积小，摩擦阻力小，故运动轻便灵活；但刚度低，承载能力差，不能承受大的水平力和颠覆力矩，经常工作部位容易压出沟槽。通过合理设计滚道圆弧可大幅度降低接触应力，提高承载能力。滚珠导轨一般适用于运动部件质量小于 200kg，切削力矩和颠覆力矩都较小的机床等。

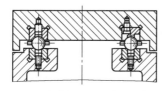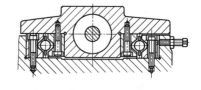

图 6-30　滚珠导轨

② 滚柱导轨。如图 6-31 所示，滚柱导轨的滚动体为圆柱体，与导轨之间是线接触，承载能力较同规格滚珠导轨高一个数量级，刚度也高。滚柱导轨对导轨面的平行度敏感，制造精度要求比滚珠导轨高。安装的要求也高，若安装不良，会引起偏移和侧向滑动，使导轨磨损加快、降低精度。目前数控机床、特别是载荷较大的机床，通常都采用滚柱导轨。

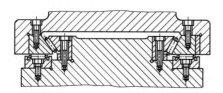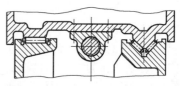

图 6-31　滚柱导轨

③ 滚针导轨。如图 6-32 所示，滚针导轨的滚针比同直径的滚柱长度更长。滚针导轨的特点是尺寸小、结构紧凑、承载能力大和刚度最高；但是对导轨面的平行度更敏感，对制造精度的要求更高。为了提高工作台的移动精度，滚针的尺寸应按直径分组。其摩擦系数较大，适用于导轨尺寸受限制的机床等。

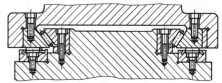

图 6-32　滚针导轨

④ 滚柱交叉导轨。如图 6-33 所示，滚柱交叉导轨副是由一对导轨、保持架和滚珠等组成。一对导轨之间是截面为正方形的空腔，在空腔里装滚柱，前后相邻的滚柱轴线交叉 90°，使导轨无论哪一方向受力，都有相应的滚柱支承。为避免端面摩擦，取滚柱的长度比直径小 0.15～

0.25mm，每个滚柱由保持架隔开。

滚柱交叉导轨的优点是：刚度和承载能力都比滚珠导轨大，精度高、动作灵敏，结构比较紧凑。缺点是：由于滚柱是交叉排列的，在一条导轨面上实际参加工作的滚柱只有一半。其适用于行程短、载荷大的机床等。

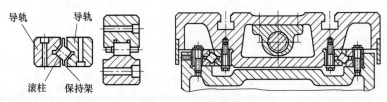

图 6-33　滚柱交叉导轨

⑤ 直线滚动导轨。

a. 直线滚动导轨副的结构。直线滚动导轨副由导轨、滑块、滚珠、返向器、保持架及密封端盖等组成，如图 6-34 所示。滑块 7 内有四组滚珠 2，当导轨 3 与滑块做相对运动时，每一组滚珠都在各自的滚道内滚动，在滑块端部滚珠又通过返向器 6 进入反向孔后再进入滚道，滚珠就这样循环进行滚动运动。返向器两端装有防尘密封端盖 5，可有效地防止灰尘、碎屑进入滑块内部。

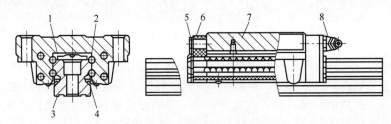

图 6-34　直线滚动导轨

1—保持架；2—滚珠；3—导轨；4—侧密封垫；5—密封端盖；6—返向器；7—滑块；8—油杯

b. 直线滚动导轨的特点。

• 动、静摩擦力之差很小、摩擦阻力小。有利于提高数控系统的响应速度和灵敏度。驱动功率小，只相当于普通机械的 1/10。精度高，安装和维修都方便。

• 承载能力大，刚度高。因为导轨副采用圆弧沟槽，所以承载能力和刚度比平面与滚珠接触大大提高。

• 能实现高速直线运动，其移动速度可达 60m/min，比滑动导轨提高 10 倍。

• 由于导轨副具有"误差均化效应"，从而降低导轨安装面的加工精度要求，既不需要淬硬也不需磨削或刮研，只要精铣或精刨即可满足要求。

• 抗振性也不如滑动导轨，为提高其抗振性，有时装有抗振阻尼滑座。有过大的振动或冲击载荷的机床不宜应用直线导轨副。

直线滚动导轨在数控机床和加工中心上得到广泛应用。

c. 直线滚动导轨的安装。其通常是两条成对使用，可以水平安装，也可以竖直或倾斜安装。有时也可以多个导轨平行安装，当长度不够时，可以多根接长安装如图 6-35 所示。

d. 直线滚动导轨的定位方式。

Ⅰ. 单导轨定位。为保证两条（或多条）导轨平行，通常把一条导轨安装在床身的基准面上作为基准导轨，称为单导轨定位。另一条导轨为非基准导轨，床身上没有侧向定位面，固定时以基准导轨为定位面固定，如图 6-36 所示。单导轨定位易于安装，容易保证平行，对床身没有侧向定位面平行的要求。

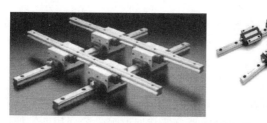

图 6-35　直线滚动导轨的安装

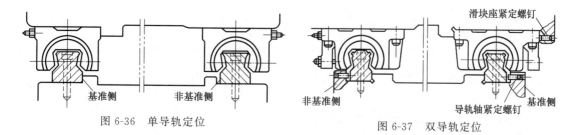

图 6-36　单导轨定位

图 6-37　双导轨定位

Ⅱ. 双导轨定位。在同一平面内平行安装两条导轨时，如果振动和冲击较大，精度要求较高时，两条导轨的侧面都要定位，称为双导轨定位，如图 6-37 所示。双导轨定位要求定位面平行度高。当用调整垫进行调整时，对调整垫的加工要求较高，调整难度较大。

⑥ 滚动轴承滚动导轨。

a. 滚动轴承滚动导轨的结构。用滚动轴承作滚动体制作的滚动导轨在各种机械中广泛应用，因为任何能承受径向力的滚动轴承都可以作为这种导轨的滚动元件，例如深沟球轴承、成对使用的角接触球轴承、圆柱滚子轴承配深沟球轴承等，如图 6-38 所示。

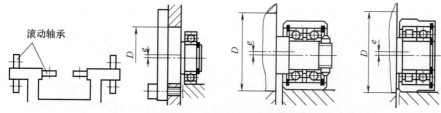

图 6-38　滚动轴承滚动导轨

b. 滚动轴承滚动导轨的特点。

• 滚动轴承是一种标准件，使用经济，便于维护保养和更换。

• 润滑容易，因为滚动体是在轴承环内循环的，所以只需在轴承内填充永久性润滑脂即可。

• 由于与导轨面直接接触的是直径较大的轴承外圈，所以对导轨面的接触压强小，可降低对导轨面的硬度要求，一般达到 42HRC 即可。

• 承载能力强，有较高的刚度。

• 抗振性较其他滚动导轨高。这是由于滚动轴承的外圈是一个很好的弹性体，能够起到吸振和缓冲的作用。

• 轴承组可预加载荷，所以可提高滚动精度。

• 轴承的规格多，可设计成任意尺寸和承载能力的导轨，导轨行程可以很长。

• 结构尺寸较大，滑鞍（或工作台）上的轴承组安装孔的加工较困难。

滚动轴承滚动导轨特别适合大载荷、高刚度、行程长的导轨，如大型的磨头移动式平面磨床的纵向导轨、绘图机、高精度测量机的导轨，等。

c. 典型滚动轴承滚动导轨的应用。

Ⅰ. 使用深沟球轴承。这种导轨的轴承外圈直接与导轨面接触，结构简单，在一般情况下均采用这种用法。可以利用安装部位"D"与轴承内孔的偏心距"e"调节导轨间隙或预加载荷。但是，事先不能对轴承预加载荷，影响了轴承的承载力。

Ⅱ. 使用成对的角接触球轴承。这种导轨是利用内、外隔套对轴承预加载荷，外圈套圈与导轨面接触，利用偏心距"e"调整导轨间隙或预加载荷，适用于高精度的场合。

Ⅲ. 使用滚柱轴承。这种导轨使用滚柱轴承受径向载荷，必须用起轴向限位作用的深沟球轴承，外圈套圈与导轨面接触。利用偏心距"e"调整导轨间隙或预加载荷。外圈套圈可以与滚柱轴承过盈配合，此结构适用于承载能力高的场合。

⑦ 花键滚动导轨副。

a. 花键滚动导轨副的结构。如图 6-39 所示，花键滚动导轨副是一种能够传递转矩的直线运动导轨副。在花键轴的外圆上有 120°等分排列的三条凸起轨道部分，与花键套相应部位将滚珠夹持在滚道凸起的左右两侧，形成六条承载滚珠列。

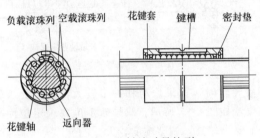

图 6-39　花键滚动导轨副

b. 花键滚动导轨副的特点。滚道槽经精密磨削加工成近似滚珠直径的 R 形，当转矩由花键轴施加到花键套上，或由花键套施加到花键轴上时，三列转矩方向上的承载滚珠便平稳、均匀地传递转矩。当转矩方向改变时，则另外三列承载滚珠传递转矩。花键轴与花键套进行相对直线运动时，滚珠在滚道中经返向器往复循环。

c. 花键滚动导轨副的应用。花键滚动导轨副可以将旋转运动方向的间隙控制在零间隙或过盈，可进行高速旋转、高速直线运动，结构紧凑、组装简单，即使花键轴抽出，滚珠也不会脱落。花键轴采用优质合金钢中频淬硬到 58HRC，花键套采用优质合金结构钢渗碳淬硬到58HRC，因此具有较高的使用寿命和强度，能传递较大的载荷和动力。一般情况下，凸缘式的花键副传递转矩及承受的径向载荷都比凹槽式的大些。

花键滚动导轨副应用广泛，主要用在既要求传递转矩，又要求直线运动的机械上。例如，刀架、分度轴、工业机器人的摇臂、各种自动装卸机、包装机及弯板机主轴上等。

(3) 滚动导轨的材料和热处理

对滚动导轨材料的主要要求是硬度高、性能稳定以及良好的加工性能。常用的导轨材料是低碳合金钢、合金结构钢、合金工具钢、氮化钢及铸铁等。主要工艺措施：消除内应力，表面硬化处理，表面及安装面精磨。

滚动体的材料一般采用滚动轴承钢，如 GCr6、GCr9、GCr15、GCr15SiMn 等，淬火后硬度可达 60～66HRC。

6.4　密封件

在机械加工过程中，机械产品的表面必然存在各种缺陷以及形状、尺寸偏差，因此在机械零件连接处不可避免地会产生间隙。为了防止流体或固体颗粒等工作介质从两零件的结合面间泄漏，以及防止外界尘埃和异物侵入机器设备内部，必须对结合面间的间隙进行密封。在机器设备中，起密封作用的零部件称为密封件，较复杂的密封件称为密封装置。

(1) 密封的分类

密封可分为静密封和动密封两大类。

① 静密封。静密封是指两密封面在工作时没有相对运动的密封。静密封主要有垫片密封、密封胶密封和接触式密封三大类。静密封一般应用于静设备，如减速器箱体与箱盖之间、汽车发动机的缸体与缸盖之间、轴承端盖与轴承座孔之间的密封等。

a. 垫片密封。垫片密封是靠外力压紧密封垫片，使其本身发生弹性或塑性变形，以填满密封面上的微观凹凸不平来实现密封的，广泛应用于管道、压力容器以及各种壳体结合面的密封中。密封垫有金属密封垫、非金属密封垫、金属与非金属组合密封垫三大类。

根据工作压力，静密封又可分为中低压静密封和高压静密封。中低压静密封常用材质较软、宽度较宽的垫片密封；高压静密封常用材质较硬、接触宽度较窄的金属垫片密封。

b. 密封胶密封。这是用密封胶涂敷或渗浸在两结合面上，将两结合面胶接在一起，从而堵塞泄漏缝隙，阻止泄漏的一种静密封，常用于机械产品结合面的密封，也可用于结合面较复杂的螺纹等部位的密封。密封胶在涂敷前是一种具有流动性的黏稠物，能容易地填满金属两个结合面之间的缝隙，具有良好的密封性能。密封胶品种多，按其主要成分分类有聚硫橡胶密封胶、硅橡胶密封胶、非硫化型密封胶和液态密封胶等。

c. 接触式密封。其包括毡圈密封、油封密封、填料密封及密封环密封。由于在此类密封装置中，密封件与轴或其他配合件直接相接触，因此，在工作中不可避免地产生摩擦和磨损，并使温度升高，故一般适用于中、低速运转条件下轴承的密封。

② 动密封。动密封是指两密封面在工作时有相对运动的密封，通常一个面静止、一个面运动，用于运动设备的密封。

a. 动密封按照相对运动的类型不同，可分为移动式密封和旋转式密封。移动式密封主要用于做直线运动或往复运动的机械中，如液压千斤顶等液压机械，内燃机、发动机的气缸和活塞之间的密封等；旋转式密封用于做旋转运动的机械中，如汽轮机、航空发动机中的密封。

b. 动密封按密封件与被密封件之间是否接触，可以分为接触式密封和非接触式密封。接触式密封的密封性能好，但受摩擦磨损限制，适用于密封面线速度较低的场合；非接触式密封的密封性能较差，适用于较高速度运动的场合。其中，接触式密封按密封件的接触位置不同，可分为圆周密封和端面密封，端面密封又称为机械密封。

在实际使用过程中，密封形式的选择，要根据使用场合、工作条件合理地选择。

（2）对密封件的基本要求

密封的好坏，直接影响到一个机器的工作质量和使用寿命，比如飞机和航天器上的密封，以及毒气、毒液储罐，易燃、易爆气体储罐，等的密封。因此，要求密封件：密封性能一定要好；安全可靠，使用寿命长；结构紧凑；制造、维修、更换方便，成本低廉；保证互换性，实现标准化、系列化。

（3）常用密封件的特点及应用

比较常用的密封件有密封圈、密封垫、机械密封件及涨圈等。

① 密封圈。密封圈根据产品的用途划分了以下几种类型。有毛毡圈、O 形密封圈、唇形密封圈、V 形密封圈等，密封圈的类型不同，耐介质性能、硬度、使用范围也不同。

a. 毛毡圈。毛毡圈主要用于油脂润滑结构的密封。在轴承端盖上开出梯形槽，将矩形剖面的细毛毡放置在梯形槽中与轴紧密接触，达到密封的目的。毛毡圈密封结构简单，使用简便，但摩擦较严重，主要用于轴颈圆周速度小于 4～5m/s 的场合。毛毡圈的尺寸需要按照轴的直径确定，也可将两个毡圈并排放置加强密封效果，如图 6-40 所示。

b. O 形密封圈。O 形密封圈简称 O 形圈，是一种截面为圆形的橡胶圈，如图 6-41 所示。

Ⅰ. 密封原理。O 形密封圈是一种双向作用的挤压型密封元件，在液压与气压传动系统中使用最广泛，一般安装在外圆或内圆上截面为矩形的沟槽内，如图 6-42 所示。挤压型密封的基本工作原理是依靠密封件发生弹性变形，在密封接触面上造成接触压力，接触压力大于被密封介质的内压，则不发生泄漏，反之则发生泄漏。

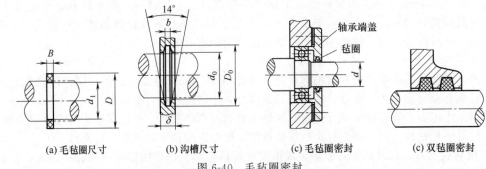

(a) 毛毡圈尺寸　　(b) 沟槽尺寸　　(c) 毛毡圈密封　　(c) 双毡圈密封

图 6-40　毛毡圈密封

图 6-41　O 形密封圈

d_1—O 形圈内径；d_2—O 形圈截面直径

O 形圈装入密封槽后，其截面受到压缩后变形。在无液压力时，靠 O 形圈的弹性对接触面产生预接触压力，实现初始密封；当密封腔充入压力油后，在液压力的作用下，O 形圈挤向沟槽一侧 [见图 6-42 (c)]，封闭住需要密封的间隙，达到密封的目的。由液压力和初始密封力一起合成的总密封力，随介质压力的提高而增大。密封面上的接触压力上升，提高了密封效果。任何形状的密封圈在安装时，必须保证适当的预压缩量。预压缩量过小不能密封，预压缩量过大则摩擦力增大，且易于损坏，因此，安装密封圈的沟槽尺寸和表面精度必须按有关手册给出的数据严格保证。

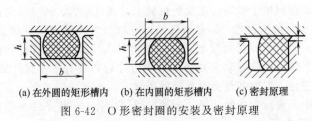

(a) 在外圆的矩形槽内　　(b) 在内圆的矩形槽内　　(c) 密封原理

图 6-42　O 形密封圈的安装及密封原理

Ⅱ. 使用特点。O 形圈有良好的密封性，可用于静密封、往复运动密封，当圆周速度低于 2m/s 时，还可用于旋转密封（用得较少），如图 6-43 所示。

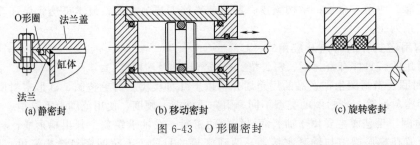

(a) 静密封　　　　(b) 移动密封　　　　(c) 旋转密封

图 6-43　O 形圈密封

在动密封中，当压力大于 10MPa 时，O 形圈就会被挤入间隙中造成咬伤而损坏，为此需在 O 形圈低压侧（与工作压力相对的一侧）设置聚四氟乙烯或尼龙制成的保护挡圈，其厚度为 1.25～2.5mm。如果承受双向压力，密封圈的两侧都应加保护挡圈，如图 6-44 所示。

O 形密封圈与其他形式密封圈比较，具有以下特点。

• 密封部位结构简单、安装部位紧凑、装拆方便、重量较轻。

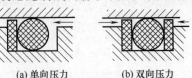

(a) 单向压力　　(b) 双向压力

图 6-44　O 形密封圈的保护挡圈

• 静、动密封均可使用，用作静密封时，几乎可以做到没有泄漏；动密封很难做到不泄漏，只能控制渗漏量不大于规定许可值。

• 运动摩擦阻力很小，对于压力交变的场合也能适应。

• 有自密封作用，使用单件 O 形密封圈，可对两个方向起密封作用。

• 尺寸和沟槽已标准化，价格便宜，便于使用和外购。

• 密封装置机械部分的精度要求高，启动阻力较大。

• 当设备闲置时间过久再次启动时，O 形密封圈的摩擦阻力会因其与密封副结合面的黏附而陡增，并出现蠕动现象。

• 与唇形密封圈相比使用寿命较短，如果使用不当，容易引起 O 形圈切、挤、扭、断等事故。

Ⅲ. 应用范围。O 型密封圈是最基本的一种密封件，它的适用范围也最广。其广泛用于内燃机车、工程机械、机床及各种液压气动元件等的密封，可承担固定、往复和旋转运动的密封，在机械产品的密封中 O 型密封圈占 50％以上。

• O 型密封圈多用于静密封处。

• 用于往复动密封时，最适合小直径、短行程、中低压力（10MPa 左右）的应用场合，如气动缸、气动滑阀等往复运动元件中。O 形圈不适合用作速度非常低的往复动密封和单独作为高压往复动密封。这主要是因为在这种条件下摩擦较大，会导致密封过早失效。

• 用于旋转运动密封时，仅限于低速（<4m/s）回转密封装置。

O 形圈使用温度随材料的不同而不一样，硅胶圈的低温会在－40℃以下；氟胶圈的高温要远在 100℃以上。

c. 唇形密封圈。唇形密封圈的种类很多，它可制成 Y 形、V 形、U 形、J 形、L 形等形状，如图 6-45 所示。

Ⅰ. 唇形密封圈的特点。

• 唇形密封圈具有自密封作用，是依靠工作压力作用于唇部，使唇部压紧被密封面进行密封的。

• 能够自动补偿磨损量，工作压力来源于预紧力和流体工作压力。

图 6-45　唇形密封圈

• 只能单向密封，需要双向密封时要求两个密封圈配套使用。

• 主要用于往复运动密封，如液压缸活塞和活塞杆的动密封。

• 与 O 形密封圈相比，结构复杂、沟槽尺寸较大、摩擦阻力大。

Ⅱ. Y 形密封圈。Y 形密封圈横截面呈 Y 形，如图 6-46 所示。

图 6-46　Y 形密封圈

其密封原理（自封作用）为：随着工作压力不断增加，接触压力分布形式和大小不断改变，唇部与密封面配合得更加紧密，密封性能更好，这就是 Y 形密封圈的"自封作用"。安装唇形密封圈时，必须将密封圈的开口面向有压力的工作介质一侧，介质压力越大，唇口与密封面贴合得越紧密，密封效果越好，如图 6-47 所示。

Y 形密封圈广泛应用于往复运动密封装置中，其密封可靠，摩擦阻力小，耐压性能好，安装方便，价格低廉，密封性能和使用寿命高于 O 形密封圈。工作压力不大于 40MPa，工作温度

(a) 没压力　(b) 开始接触　(c) 压力变大　(d) 达到工作压力

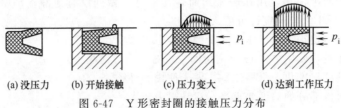

图 6-47　Y 形密封圈的接触压力分布

－30～80℃，工作速度范围：采用丁腈橡胶制作时为 0.01～0.6m/s；采用氟橡胶制作时为 0.05～0.3m/s；采用聚氨酯橡胶制作时为 0.05～0.1m/s。

Y 形密封圈根据截面高宽比例不同，可分为宽型、窄型、Yx 型、等高型和不等高型；按用途可分为孔用、轴用和通用。改进的 Y 形密封圈有带副唇的、镶嵌有挡圈的、带防尘圈的、双向 H 形等。

• 宽型密封圈。如图 6-48 所示宽型 Y 形圈，当压力变化较大、滑动速度较高时，安装要使用支承环，以固定密封圈。一般适用于工作压力 $p \leqslant 20$MPa、工作温度－30～＋100℃、使用速度≤0.5m/s 的场合。

• 窄型密封圈。如图 6-49 所示窄型密封圈，是宽型圈的改型产品，其截面的长宽比在两倍以上，因而不易翻转，稳定性好，它有等高唇 Y 形圈和不等高唇 Y 形圈两种，后者又有孔用和轴用之分。其短唇与运动表面接触，滑动摩擦阻力小，耐磨性好，寿命长；长唇与非运动表面接触有较大的预压缩量，摩擦阻力大，工作时不窜动。窄型圈一般适用于工作压力 $p \leqslant 32$MPa，使用温度为－30～＋100℃的条件下工作。

(a) Y形圈　(b) 带支承的Y形圈

图 6-48　宽型密封圈

(a) 等高唇通用型　(b) 轴用型　(c) 孔用型

图 6-49　窄型密封圈

• Yx 形密封圈。Yx 形密封圈是 Y 形密封圈的改进型，如图 6-50 所示。它是在 Y 形密封圈的基础上，增加了截面的高宽之比，故增加了支承面积。其应用与 Y 形密封圈的应用范围一致，当运动速度高时，采用 Yx 形密封圈更优。Yx 形密封圈的两个唇边为非对称形，主唇的高度高于副唇的高度，因此在类型上有轴用和孔用之分。其材料多采用聚氨酯橡胶。

• 带副唇的 Y 形密封圈。主唇泄漏的油膜由副唇刮取，经反复运动，在主副唇间形成充满残留液体的“围困区”。主唇处于工作状态时，由于“围困区”内液体不可压缩，其间压力大于工作腔压力。此时副唇与偶合面的接触应力大于主唇与偶合面的接触应力，当轴外伸时迫使“围困区”内部的液体压回工作腔，从而形成可靠的密封状态。

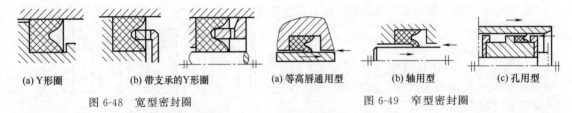

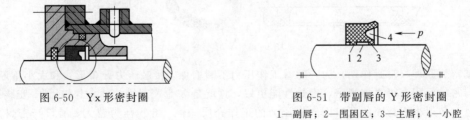

图 6-50　Yx 形密封圈

图 6-51　带副唇的 Y 形密封圈

1—副唇；2—围困区；3—主唇；4—小腔

• 镶嵌挡圈的 Y 形密封圈。镶嵌的挡圈有矩形、方形、三角形、L 形或 J 形、U 形等，如图 6-52 所示。此类密封圈的性能优点是：可以防止 Y 形圈扭转根部被挤入间隙而被咬坏，提高了密封圈的使用寿命。其工作压力超过 25MPa。

• 带防尘唇的 Y 形密封圈。图 6-53 所示的带防尘唇的 Y 形密封圈，一般广泛用于往复运动的油缸、气缸中活塞杆或阀杆处，起到密封和防尘的作用。

• 双向 H 形 Y 形密封圈。图 6-54 所示的双向 H 形 Y 形密封圈，可视为两个唇形密封圈背靠背的组合。这种结构适用于活塞缸密封，只需要一个就可以实现双向密封，有利于简化密封装置，减小液压元件的尺寸。

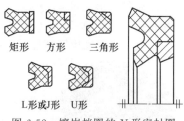

矩形　　方形　　三角形

L形或J形　　U形

图 6-52　镶嵌挡圈的 Y 形密封圈

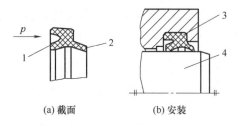

(a) 截面　　　　　(b) 安装

图 6-53　带防尘唇的 Y 形密封圈
1—内唇；2—防尘唇；3—密封圈；4—轴

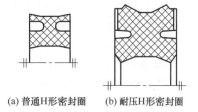

(a) 普通H形密封圈　　(b) 耐压H形密封圈

图 6-54　双向 H 形 Y 形密封圈

Ⅲ. V 形密封圈。V 形密封圈的截面呈 V 形，其密封装置由压环、V 形密封圈和支承环三部分组成，如图 6-55 所示。安装时，V 形圈的开口应面向压力高的一侧。

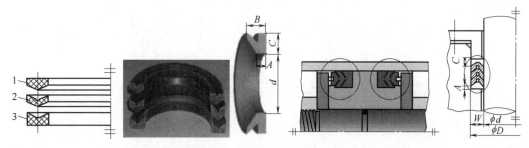

图 6-55　V 形密封装置及安装
1—压环；2—V 形密封圈；3—支承环

• 应用特点。V 形密封圈是一种典型的唇形密封装置，对压力的作用方向有严格的要求。作用的机理与 Y 形密封圈类似，但由于它是成组使用，可以通过调节压环的位置来调整密封圈的预压缩量，所以能有更好的密封效果。

V 形密封圈主要用于液压缸活塞和活塞杆处的往复运动密封，很少用于转动中或作静密封。相比 Y 形密封圈，其轴向尺寸较大，摩擦阻力大，适合高压密封，能防止间隙咬伤，提供良好的润滑条件。

使用时，可以根据密封装置的不同要求，交替安装不同材质的 V 形密封圈。当工作压力高于 10MPa 时，可增加 V 形圈的数量，多圈重叠使用，并通过调节压紧力来获得最大密封效果；当填料不能从轴向装入时，可以开切口使用，只要安装时将切口互相错开，就不影响密封效果。最高工作压力可达 60MPa，工作温度 $-30 \sim +80$℃。工作速度范围：采用丁腈橡胶制作时为 $0.02 \sim 0.3$m/s；采用夹布橡胶制作时为 $0.005 \sim 0.5$m/s。

• 常用材料。V 形圈的材料以丁腈橡胶和氯丁橡胶最为常用，丁基橡胶用于不燃性液压油和磷酸酯系液压油，氯基橡胶用于各种化学品和高温，天然橡胶用于对水和空气的密封，当要求耐磨时用聚氨酯橡胶。夹织物橡胶也是 V 形圈常用材料，其特点是增加密封圈的刚度和强度，防止发生胶料挤出，间隙咬伤现象，使之适用于高压环境。同时，在磨损过程中，橡胶先于织物产生磨损，当接触压力大的部位扩展，这样整个密封面的磨损趋于均匀，而摩擦却没有明显变化。但是，夹织物橡胶密封圈的唇容易把滑动面上的油膜刮去，故润滑性比较差。压环和支承环一般由较硬的胶布压制而成，支承环有时也用硬塑料压制。

图 6-56　U 形密封圈

Ⅳ．U 形密封圈。U 型密封圈截面为 U 形，具有对称配置的密封唇，简称 U 形密封，如图 6-56 所示。U 形密封圈分为橡胶型和夹布型两种。纯胶型 U 形密封使用条件和 Y 形密封大体相同。夹布型 U 形密封往往和一个纯橡胶支撑环组合使用，主要用于液压缸的活塞杆和液压柱塞上，介质为液压油、水和乳化油等。由于胶布具有良好的表面结构，其在金属表面滑动时可保持良好的润滑，降低摩擦和磨耗，提高使用性能；在低压下因支撑环对唇部的预压而有良好的密封，高压下有自封作用。

与 Y 形密封圈相比较，U 型密封圈结构紧凑，轴向尺寸小，运动平稳性好，抗扭曲，刚性好，工作压力可达 40MPa，最高往复速度 0.5m/s，常用于液压系统中的往复密封，如液压缸的密封等。

Ⅴ．J 形和 L 形密封圈。图 6-57、图 6-58 所示，分别为 J 形和 L 形密封圈。其应用特点是：都是用于工作压力不大于 1MPa 的气压或液压机械设备的密封；J 形密封圈用于活塞杆密封；L 形密封圈用于活塞密封。

J 形密封圈适合低压和要求低摩擦的场合，并有抗冲击作用，密封性能较差，常用作防尘圈；L 形密封圈摩擦阻力小于 V 形密封圈，密封性能好，便于安装。

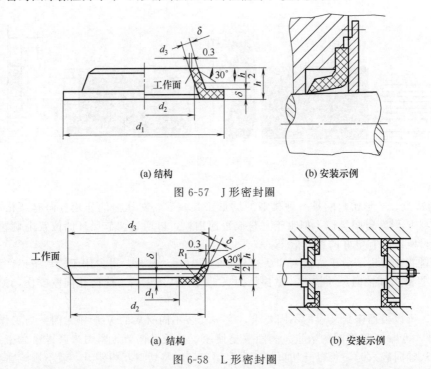

(a) 结构　　　　　　　　　　(b) 安装示例

图 6-57　J 形密封圈

(a) 结构　　　　　　　　　　(b) 安装示例

图 6-58　L 形密封圈

Ⅵ．油封。油封是指用于旋转轴上的唇形密封圈，典型油封的剖面形状如图 6-59 所示。油封安装在旋转轴和静止件之间，利用弯折后的弹性力和附加的弹簧对轴的抱紧力，使得油封的唇缘能始终紧贴于轴的表面，达到密封的目的。油封广泛用于汽车、机床等机械上。

安装油封时，密封唇的开口方向要朝向密封介质。若是为了防止泄漏，密封唇应对着轴承；

若是主要为了防止外物侵入，密封唇应背着轴承；若两个作用都要，应背对背放置两个油封，如图 6-60 所示。

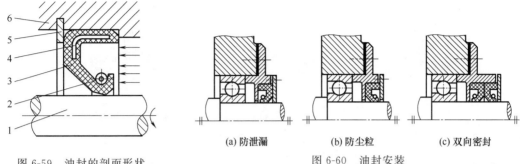

图 6-59　油封的剖面形状
1—轴；2—弹簧；3—油封体；4—骨架；
5—挡圈；6—壳体

(a) 防泄漏　　(b) 防尘粒　　(c) 双向密封

图 6-60　油封安装

油封的常用材料有：丁腈橡胶、氟橡胶、硅橡胶、丙烯酸酯橡胶、聚氨酯、聚四氟乙烯等。选择油封的材料时，必须考虑材料对工作介质的相容性、对工作温度范围的适应性和唇缘对旋转轴高速旋转时的跟随能力。一般油封工作时其唇缘的温度高于工作介质温度 20～50℃。油封的工作范围与油封使用的材料有关：材料为丁腈橡胶（NBR）时为 -40～120℃，亚力克橡胶（ACM）-30～180℃，氟橡胶（FPM）-25～300℃。普通油封的使用压力小于 0.5MPa，耐压油封的工作压力可达 1～1.2MPa。

② 密封垫。密封垫是静密封中最常用的一种零件，如图 6-61 所示。密封垫有非金属密封垫、非金属与金属组合密封垫以及金属密封垫三种。其常用材料有橡胶、皮革、石棉、软木、聚四氟乙烯、钢、铁、铜和不锈钢等。

图 6-61　密封垫

a. 密封垫的选用原则。对于要求不高的场合，可凭经验来选取，不合适时再更换。但对于要求严格的场合，例如易燃、易爆和剧毒气体以及强腐蚀的液体设备、反应罐和输送管道系统等，则应根据工作压力、工作温度、密封介质的腐蚀性及结合面的形式来选用。一般来讲，在低压常温时，选用非金属密封垫；在中压高温时，选用非金属与金属组合密封垫或金属密封垫；在压力、温度有较大波动时，选用弹性好的或自紧式密封垫；在低温、腐蚀性介质或真空条件下，应考虑密封垫的特殊性能。

b. 密封垫的使用。在两连接件（如法兰）的密封面之间垫上不同形式的密封垫片，然后将螺栓拧紧，拧紧力使垫片产生弹性和塑性变形，填满密封面的不平处，达到密封的目的。密封垫的形式有平垫片、齿形垫片、透镜垫、金属丝垫等。

密封垫密封广泛应用于管道、压力容器及各种壳体结合面的静密封中，如容器法兰和法兰盖之间、减速器箱体和箱盖之间都属于密封垫密封，如图 6-62 所示。

③ 机械密封件。机械密封件是指由一对或数对垂直于轴线做相对滑动的端面，在流体压力和补偿机构弹力（或磁力）的共同作用下，保持贴合并配以辅助密封，从而达到阻漏的轴向端面密封装置。机械密封主要用于离心泵、离心机、反应釜、压缩机等设备的旋转轴上的密封。

a. 机械密封件的组成。机械密封件由四部分组成，如图 6-63 所示。

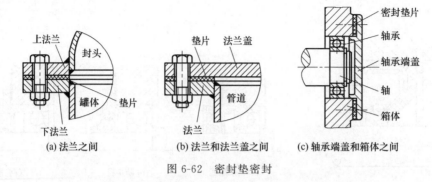

图 6-62　密封垫密封

第一部分是主要密封件：由动环和静环组成的密封端面，也叫摩擦副。

第二部分是辅助密封件：即辅助密封圈，包括动环和静环密封圈。

第三部分是压紧件：由弹性元件弹簧、推环为主要零件组成的缓冲补偿机构，其作用是使密封端面紧密贴合。

第四部分是传动件：使动环随轴旋转的传动机构，包括弹簧座及键或固定螺钉。

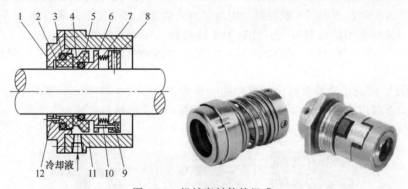

图 6-63　机械密封件的组成

1—压盖；2—静环；3—静环密封圈；4—动环；5—动环密封圈；6—推环；7—弹簧；
8—固定螺钉；9—弹簧座；10—传动螺钉；11—壳体；12—防转销

b. 机械密封原理及应用。机械密封是将易泄漏的轴向密封改为不易泄漏的端面密封，是一种主要的轴密封方式。其密封原理是：如图 6-63 所示，静环 2 被压盖 1 压紧静止不动，由静环密封圈 3 密封住它们之间的间隙。弹簧座 9 支承着弹簧 7 顶着推环 6，使动环 4 紧压在静环上，使动环和静环的端面紧密贴合，端面间形成一层极薄液体膜而达到密封的目的。在使用过程中，动环密封圈 5 封住了推环与动环之间的间隙，而且动、静环之间做相对运动产生的磨损，在弹簧力的作用下，也能保证贴合，因此密封可靠。

机械密封件密封可靠、泄漏少、寿命长、摩擦功耗小、适用范围广（高温、低温、高压、真空、不同旋转频率、含腐蚀介质和含磨粒介质），但结构复杂，加工制造要求高，造价高。

c. 机械密封件的材料选用。摩擦副一般都选择一软一硬配对，硬环的端面宽度要比软环宽。软环一般选用纯石墨材料，或选用浸渍树脂石棉、浸渍金属石墨等；硬环选用 WC（碳化钨）、SiC（碳化硅）等材料。在特殊情况下，如潜污泵、砂泵输送含有颗粒的介质，有结晶析出或高黏度流体中，要选用硬对硬配对，如 WC/WC、WC/SiC、SiC /SiC。

机械密封用辅助密封圈包括动、静环密封圈，如 O 形圈、波纹管、L 形密封圈等，常用的材料有丁腈橡胶、氟橡胶、硅橡胶、乙丙橡胶、聚四氟乙烯等。

d. 机械密封的类型。机械密封的结构类型很多，可以根据不同的特点进行分类。按摩擦副数目及布置不同，可分为单端面、双端面、串联多端面机械密封；按弹簧与介质是否接触不同，可分为内装式和外装式机械密封；按照介质泄漏方向不同，可分为内流式（向心方向）和外流式（离心方向）机械密封；按照介质压力平衡情况不同，可分为平衡型和非平衡型机械密封；按缓冲补偿元件的形式不同，可分为弹簧式和波纹管式机械密封，其中弹簧式又可按弹簧的数量分为单弹簧和多弹簧。

　　e. 常用机械密封的结构形式及选用。

　　Ⅰ. 单端面、双端面和串联多端面机械密封。

　　• 单端面密封。如图 6-64（a）所示，单端面密封只有一对由静环和动环组成的摩擦面，结构简单，装拆方便，应用广泛。

　　• 双端面密封。如图 6-64（b）所示，双端面密封有两对摩擦面 A 和 B 形成一个密封腔 C，可在密封腔中通入带压的密封液，将气相密封变为液相密封，又因为密封液的压力通常高于需要密封的介质压力，所以可以有效地防止介质外漏。同时，密封液还可以起到润滑、冷却的作用。其适用于强腐蚀，高温，带悬浮颗粒及纤维介质，气体介质，易燃易爆、易挥发的低黏度介质，高真空密封。但是，双端面密封结构较为复杂且体积较大。

　　• 串联多端面密封。如图 6-64（c）所示，串联多端面密封由两级或多级串联安装，使每级密封承受的介质压力递减，适用于高压密封。

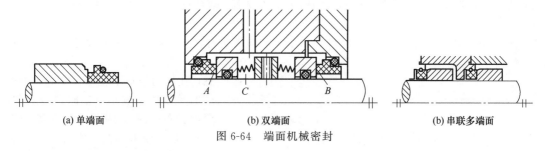

(a) 单端面　　　　　　　　　(b) 双端面　　　　　　　　　(b) 串联多端面

图 6-64　端面机械密封

　　Ⅱ. 内装式和外装式机械密封。

　　• 内装式机械密封。如图 6-63 所示，内装式机械密封的静环安装在压盖内侧，静环端面面向工作腔，弹簧置于工作介质之内。内装式受力情况较好、泄漏量小、冷却与润滑好，常用于温度、压力较高，介质腐蚀性不高的场合，使用广泛。

　　• 外装式机械密封。如图 6-65 所示，外装式机械密封的静环安装在压盖外侧，静环端面背向工作腔，弹簧置于工作介质之外。其弹簧不与介质接触，便于观察、安装和维修，但介质的作用力与弹簧力相反，当介质变动较大时，会引起不良的后果。当介质的压力较大，弹簧的弹簧力余量不够大时，可能会引起泄漏；当介质的压力较小

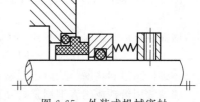

图 6-65　外装式机械密封

时，弹簧力可能会很大，使得静环和动环压得过紧，引起摩擦面的擦伤。其通常用于强腐蚀性、高黏度、低压力的结晶性介质，及安装要求不高的场合。

　　Ⅲ. 平衡型和非平衡型机械密封。根据摩擦副接触端面的比压（单位面积上所受的力）与被密封介质压力的关系，机械密封分为平衡型和非平衡型。

　　• 平衡型机械密封。如图 6-66（a）、（b）所示，能使介质作用在密封端面上的压力部分或全部平衡的称为平衡型机械密封，通常采用部分平衡。当介质压力高时，需要从密封结构上设法消除一部分压力对摩擦面的作用，在这种密封中，介质作用在动环上的有效面积小于动、静环的接触面积。平衡型机械密封，介质压力增减对密封端面比压的影响较小，适用于密封腔介质中、高压（大于 0.5MPa）的场合。平衡型成本高于非平衡型，应多用非平衡型。

　　• 非平衡型机械密封。如图 6-67 所示，不能平衡介质压力对端面的作用，介质作用在动环

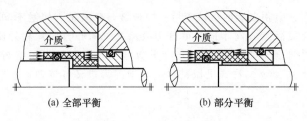

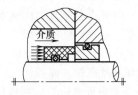

（a）全部平衡　　　　　（b）部分平衡

图 6-66　平衡型机械密封　　　　　　　图 6-67　非平衡型机械密封

上的有效面积（去掉作用压力相互抵消部分的面积），等于或大于动、静环接触面积。端面比压随密封介质增减成正比，这样当介质压力高时，端面上产生很大比压，会加速摩擦面的磨损、发热，破坏端面的液体膜而形成干摩擦。非平衡型机械密封端面所受的力随介质压力的变化较大，因此介质压力较低（小于 0.7MPa）时采用。但对于黏度较小、润滑性能较差的介质，压力在 0.3～0.5MPa 时，不用非平衡型。

Ⅳ. 单弹簧和多弹簧机械密封。

• 单弹簧机械密封。如图 6-68（a）所示，只装有一个弹簧，轴向尺寸大、径向尺寸小，又称大弹簧，耐腐蚀，脏物结晶对弹簧性能影响小，但比压不均匀，轴颈大时更突出，转速大时离心力引起弹簧变形，加工要求较高。常用于载荷较小、轴颈较小（一般不超过 80～150mm），有腐蚀性介质的场合。

• 多弹簧机械密封。如图 6-68（b）所示，沿圆周装有多个小弹簧，径向尺寸大、轴向尺寸小，耐腐蚀性差，对脏物结晶敏感，比压均匀且不受轴径影响，弹簧变形受转速影响小，轴向弹力均匀，缓冲性好，便于调节（改变弹簧数目），加工要求不高。常用于较大载荷、较大轴径的场合。

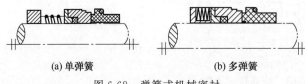

（a）单弹簧　　　　　（b）多弹簧

图 6-68　弹簧式机械密封

一般来讲，轴径小、窜动量大的宜用单弹簧结构即大弹簧，补偿性能好；轴径大的机械密封考虑用多弹簧结构即小弹簧，密封端面压力比较均匀。

④ 涨圈。涨圈是一个有切口的金属弹性环。涨圈密封可用于往复运动或旋转运动，如图 6-69 所示。

涨圈在自由状态时切口张开，装入缸体后切口合拢，涨圈外圆借本身的弹力与缸体内表面贴紧，不随轴转动。工作时，涨圈受工作介质压力的作用紧压在涨圈槽的一侧，产生相对运动，用液体进行润滑和堵漏，从而达到密封的目的。

涨圈常用铸铁或锡青铜制造，主要用于操作温度较高的往复压缩机和内燃机的活塞密封，以及汽轮机的转轴密封。

（4）密封件的材料

密封件的材料分为非金属和金属材料，由于被密封的介质不同，以及设备的工作条件不同，要求密封材料具有不同的适应性。下面介绍几种常用的密封件材料。

① 普通橡胶。橡胶因具有组织致密，质地柔软，回弹性好，容易剪切成各种形状，且便宜、易购等特点而被广泛使用于容器和管道的密封

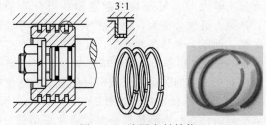

图 6-69　涨圈密封结构

中。但它不耐高压，容易在矿物油中溶解和膨胀且不耐腐蚀，在高温下容易老化，失去回弹性。

② 丁腈橡胶。具有优良的耐燃料油及芳香溶剂等性能，使用温度范围一般为 −40～

+120℃。此外，耐热、耐磨性好，但不耐酮、酯和氯化氢等介质。因此耐油密封制品以采用丁腈橡胶为主，用于制造 O 形圈、油封，适用于一般液压、气压系统的密封。因耐候性不佳，应避免在阳光直射的场合，或产生臭氧的电气装置附近使用。

③ 聚氨酯橡胶。具有优异的耐磨性和良好的不透气性，使用温度范围一般为 $-20 \sim +120℃$。此外，还具有中等耐油、耐氧及耐臭氧老化特性，但不耐碱、水、蒸汽和酮类等。用于制造各种橡胶密封制品，如油封、O 形圈和防尘圈等，应用于工程机械及高压液压系统的密封。

④ 氟橡胶。具有耐热、耐酸碱及其他化学药品、耐油（适用于所有润滑油、汽油、液压油、合成油）的优点，使用温度范围一般为 $-20 \sim +200℃$。适用于耐高温、化学药品、耐燃液压油的密封，在冶金、电力等行业用途广泛。

⑤ 硅橡胶。具有良好的耐热、耐寒性，压缩永久变形小，但机械强度低，使用温度范围一般为 $-60 \sim +230℃$。适用于高、低温下高速旋转密封及食品机械的密封。

⑥ 乙丙橡胶。耐气候性好，在空气中耐老化、耐压性一般，可耐氟利昂及多种制冷剂，使用温度范围一般为 $-50 \sim +150℃$。适用于冰箱及制冷机械的密封。

⑦ 聚四氟乙烯。化学性能稳定，耐热、耐寒性好，除受熔融碱金属以及含氟元素气体侵蚀外，它能耐多种酸、碱、盐、油脂类溶液介质的腐蚀；机械强度高，抗冲击性能好，有较好的自润滑性能，尺寸稳定性好，不燃烧，吸水性近乎为零，使用温度范围一般为 $-55 \sim +260℃$。适用于制造耐磨环、导向环、挡圈、垫片等，为机械上常用的密封材料，广泛用于冶金、石化、工程机械、轻工机械的密封。

⑧ 尼龙。耐油、耐温、耐磨性好，抗压强度高，抗冲击性能好，但尺寸稳定性差，使用温度范围一般为 $-40 \sim +120℃$。用于制造导向环、支承环、压环、挡圈等。

⑨ 石棉。正常使用温度在 550℃ 以下，直径较大的低压容器可以使用石棉带或石棉绳。在使用石棉绳时，通常浸渍水玻璃，酸、碱溶剂等介质也可使用此类垫片。

⑩ 柔性石墨。是一种常用的填料材料，具有良好的回弹性、柔软性、耐温性，在化工企业应用广泛。主要用于高温、高压、耐腐蚀介质下阀门、泵、反应釜的密封。适用于高温、高压下的动密封。

⑪ 金属材料。在高温、高压以及载荷循环频繁等操作条件下，各种金属材料仍是密封垫片的首选材料。常用的材料有铜、铝、低碳钢、不锈钢、铬镍合金钢、钛蒙奈尔合金等。

从密封件的使用情况来看，主要反映为密封件在高温时容易变形，耐高温性能差；在低温时，脆性大，容易碎裂等缺陷。在实际应用中，以橡胶和金属密封件应用较多。

(5) 密封圈的加工工艺路线

① 橡胶类密封圈的加工工艺路线：

密封圈硫化成型→去除密封圈的毛边→用水清洗→二次硫化→冷却密封圈（经过了高温的二次硫化后，温度较高，一定要等 1h 后再做下一道工序）→检查（尺寸、外观、硬度、耐油、耐温、耐老化、耐腐蚀性、拉伸强度、断裂伸长率、低温脆性温度、压缩变形等性能参数）→包装→出货。

② 金属类密封圈的加工工艺路线：

落料→热处理（固溶强化处理）→拉伸→切割→热处理（固溶强化处理）→树脂挤胀成形→切割（粗加工）→热处理（时效处理）→切割（精加工）→热处理（加荷处理）→研磨→超声波清洗→无损探伤、密封性、强度试验→镀银→研磨→超声波清洗→包装。

6.5　机架

机架是指在机器（或仪器）中支承或容纳零部件的部件，包括底座、机体、床身、立柱、壳体以及基础平台等。

（1）机架的作用

机架是支承机器整体的基础部件，也是机器中各个部件、总成的安装基础，是固定不动的。其作用主要有：

① 直接或间接承受机器自重和各类工作载荷；

② 为机器中的运动部件提供导向和基准作用；

③ 保证各部件之间的相对位置；

④ 吸收或减轻机器运行中的振动和冲击等。

（2）机架的类型

① 机架按结构形状不同，可分为网架式、框架式、梁柱式、板块式和箱壳式，如表 6-1 所示。

表 6-1　机架结构形状分类

外形类别	网架式	框架式	梁柱式	板块式	箱壳式
举例					

(a) 制药机械　　　　　　　(b) 包装机械

图 6-70　网架及框架式机架

a. 网架式和框架式机架，又分为开框式机架，如开式压力机机身等；闭框式机架，如轧钢机机架、锻压机机身、桥式起重机桥架和汽车车架（卧式闭框）等两种。一般在轻型、小载荷设备中用作部件定位件、支承件；多用各类型材制作，如槽钢、角钢、铝合金型材等；采用焊、铆、螺栓等连接方式，如图 6-70 所示。

b. 梁柱式机架，如图 6-71 所示。大多数金属切削机床的床身、立柱及横梁等都属于梁柱式机架。对于立柱和横梁，为保证其刚性和稳定性，多用整体铸造（铸铁或铸钢）。

(a) 卧式车床　　　　　(b) 铸铝基座　　　　　(c) 立柱　　　　　(d) 梁

图 6-71　梁柱式机架

c. 板块式机架，如图 6-72 所示。水压机的基础平台、机器的底座、金属切削机床的工作台等都属于板块式机架。由于设备承载的复杂性，机座一般由若干承载构件组成，组装后固化成一体。钢板分体焊接存在较大的内应力，通常不用于机床机座。

d. 箱壳式机架，如齿轮传动箱箱体、泵体及动力机械的机身（如柴油机机体）等，如图 6-73 所示，详细内容见 6.7 节。

梁柱式、板块式和箱壳式机架，采取整体成形工艺或部分成形组装固化工艺，常用铸铁、铸钢制作。其特点是尺寸较大，结构相对复杂。通常用于重型、高精密、承受较大载荷或冲击载荷的设备，具有承载、运动导向等综合功能。

② 按机架材料的不同，可分为金属机架和非金属机架。机架的金属材料有铸铁、钢、铁合

(a) 大型机床基座

(b) 龙门刨机座

(c) 立式车床机座

(d) 落地数控车床机座

图 6-72　板块式机架

(a) 变速箱箱体

(b) 泵体

(c) 柴油机机体

图 6-73　箱壳式机架

金、铝合金及铜合金等；机架的非金属材料有混凝土、花岗岩、塑料、玻璃纤维等。机架材料应根据其结构、工艺、成本、生产批量和生产周期等要求正确选择。

花岗岩复合材料用于机座具有突出的优势：缓冲、消能性能良好；无内应力，温度敏感度低，稳定性好；具有绝缘特性，抗电磁干扰能力强；工艺成熟，具有良好的加工工艺性；耐酸、碱、盐、氧化等腐蚀，易保养；价格便宜，性价比高；绿色环保，低碳环保，如图 6-74 所示。

(a) 花岗岩安装平台

(b) 花岗岩机座

(c) 组合机座

图 6-74　人造花岗岩机座

③ 按机架的制造方法不同，可分为铸造机架、焊接机架、螺栓连接机架或铆接机架、冲压机架等。

a. 铸造机架。铸造机架的结构特点是轮廓尺寸较大，多为箱型结构，有复杂的内外形状，尤其是内腔往往设置凸台和加强肋等，如图 6-73 所示。铸造机架常用材料有铸铁、铸钢、铸铝合金和铸铜等。

Ⅰ. 铸铁。目前，由于铸铁流动性好，体收缩和线收缩小，易铸成形状复杂的零件；价格较便宜；铸铁的内摩擦大，阻尼作用强，故动态刚性好，有良好的抗振性；切削性能好，易于大量生产等的优点，所以铸铁是使用最多的一种材料。其缺点是生产周期长，单件生产成本较高；铸件易产生废品，质量不易控制；铸件的加工余量大，机械加工费用大。而且当铸件的壁厚超过临界值时，其力学性能会显著下降，故不宜设计成很厚大的铸件，常用于大批量生产的中小型机架。铸铁机架常用材料有灰铸铁（如 HT100～HT300 等）、球墨铸铁（如 QT800-2、QT400-18 等）。

Ⅱ. 铸钢。铸造碳钢的吸振性低于铸铁但其弹性模量大，强度也比铸铁高，故用于受力较大的机架。由于钢水流动性差，在铸型中凝固冷却时体收缩和线收缩都较大，故不宜设计较复杂形状的铸件。铸钢机架常用材料有 ZG200-400、ZG270-500、ZG310-570 等。

Ⅲ. 铸铝合金及压铸铝合金。铸铝合金密度小、重量轻，可以通过热处理强化，使其具有足够高的强度、较好的塑性、良好的低温韧性和耐热性。常用的铸铝合金有 ZL101、ZL401 等，常用的压铸铝合金有 YL112、YL102 等。

Ⅳ. 铸铜。铸铜可以制造较复杂的结构形状，有较好的吸振性和机加工性能，常用于成批生产的中、小型机架。

b. 焊接机架。如图 6-75 所示，焊接机架由钢板、型钢或铸钢件焊接而成。其优点是：钢的弹性模量比铸铁大，焊接机架的壁厚较薄，其重量比同样刚度的机架轻 20％～50％；在单件小批量生产情况下，生产周期较短，所需设备简单。故在机架制造业中，焊接机架日益增多。焊接机架的缺点是：钢的抗振性较差，在结构上需采取防振措施；钳工工作量较大；成批生产时成本较高。因此，焊接机架适用于单件、小批量生产大、中型机架，以及特大型机架，如大型水压机横梁、底座及立柱等。

(a) 小型焊接机架　　　　　　　　　　　　(b) 重载焊接机架

图 6-75　焊接机架

c. 螺栓连接机架或铆接机架。如图 6-76 所示，这两种机架大部分被焊接机架代替，但螺栓连接机架仍被广泛用于需要拆卸移动的场合。工作载荷较小的室内办公设备、小型工作机等，常采用美观轻便的铝合金机架。

d. 冲压机架。如图 6-77 所示，冲压适用于大批量生产小型、轻载和结构形状简单的机架。

图 6-76　螺栓连接、焊接、铆接机架　　　　　图 6-77　冲压机架

(3) 机架的热处理及时效处理

铸件一般都要进行热处理，其目的是消除铸造内应力和改善力学性能。铸钢机架的热处理方法一般有正火加回火、退火、高温扩散退火和焊接后回火等。结构比较复杂，对力学性能要求较高的机架多用正火加回火；形状简单的机架如钻座等采用退火；对于表面粘砂严重、不易清砂的铸钢机架可用高温扩散退火。

铸造或焊接、热处理及机加工等都会产生高温，因各部分冷却速度不同而收缩不均匀，使金属内部产生内应力，如果不进行时效处理，将因内应力的逐渐重新分布而变形，使机架丧失原来的精度。时效处理就是在精加工之前，使机架充分变形，消除内应力，提高尺寸的稳定性。

常见的方法有自然时效、人工时效和振动时效等几种，其中以人工时效应用最广。

（4）机架的设计要求

① 刚度要求。刚度是评定大多数机架工作能力的主要准则。在机床中刚度决定着机床生产效率和产品精度；在齿轮减速器中，箱体的刚度决定了齿轮的啮合情况和它的工作性能；薄板轧机的机架刚度直接影响钢板的质量和精度。

② 强度要求。强度是评定重载机架工作性能的基本准则。机架的强度应根据机器在运转过程中可能发生最大载荷或安全装置所能传递的最大载荷来校核其静强度，此外还要校核其疲劳强度。

③ 稳定性要求。机架受压结构及受弯结构都存在失稳问题，有些构件制成薄壁腹式也存在局部失稳。稳定性是保证机架正常工作的基本条件，必须进行校核。

④ 抵抗热变形要求。对于机床、仪器等精密机械还应考虑热变形。热变形将直接影响机架原有精度，从而使产品精度下降。如平面磨床，立柱前壁的温度高于后壁，使立柱后倾，其结果是磨出的零件工作表面与安装基面不平行；有导轨的机架，由于导轨与底面存在温差，在垂直平面内导轨将产生中凸或中凹热变形。因此，机架结构设计时，必须使热变形尽量小。

⑤ 精度要求。保证关键表面的尺寸、形状、位置精度，以及对有相对运动的表面有较高的表面质量要求。例如，机座上的导轨、重要部件安装面等。

⑥ 抗振性要求。机器内部和外界都存在不同强度的振源，将引发整体或局部摆动、弯曲、扭转等形式的振动。例如振动机械的机架；受冲击的机架；考虑地震影响的高架等，一定要满足抗振的要求。提高机架抗振能力，可以采取提高机架构件的静刚度、控制固有频率、加大阻尼、减轻重量等措施。

⑦ 结构要求。要求结构设计合理，工艺性良好，便于铸造、焊接和机械加工，便于安装、维护、储运等，造型美观。

⑧ 经济性要求。机架重量要求轻便、成本低。

6.6 汽车覆盖件

（1）概述

① 覆盖件的定义。汽车覆盖件是指构成汽车车身或驾驶室、覆盖发动机和底盘的薄金属板材制成的异形体表面以及内部的零件，如图 6-78 所示。

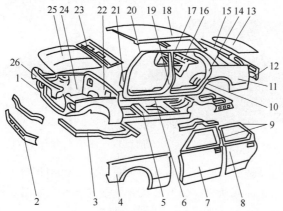

图 6-78 轿车白车身结构及覆盖件

1—固定框架；2—前裙板；3—前框架；4—前翼子板；5—地板总成；6—门槛；7—前门；
8—后门；9—门窗框；10—车轮挡泥板；11—后翼子板；12—后围板；13—行李舱盖；14—后立柱；
15—后围上盖板；16—后窗台板；17—上边梁；18—顶盖；19—中立柱；20—前立柱；21—前围侧板；
22—前围板；23—前围上盖板；24—前挡泥板；25—发动机罩；26—发动机罩前支撑板

② 覆盖件的作用。汽车覆盖件组装后构成了车身或驾驶室全部的外部和内部形状,它既是外观装饰性的零件,又是封闭薄壳状的受力零件。覆盖件的制造是汽车车身制造的关键环节。

③ 覆盖件的分类。

a. 按功能和部位不同,可分为外部覆盖件、内部覆盖件和骨架类覆盖件三类。其中车身部分约 70～100 个件,底盘部分约 15～25 个件。

Ⅰ. 外部覆盖件,是指人们能直接看到的汽车车身外部的裸露件,有四门、两盖、左右翼子板、左右侧围、顶盖等,如图 6-79 所示。

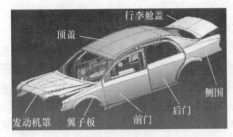

图 6-79 外部覆盖件

Ⅱ. 内部覆盖件,是指车身内部的覆盖件,它们被覆盖上内饰件或被车身的其他零件挡住不能被直接看到,有发动机舱总成、行李舱总成、侧围内板总成、地板总成等,如图 6-80 所示。

Ⅲ. 骨架覆盖件,是指车体框架,可以理解为支撑车体的骨骼,如图 6-78 所示。

外部覆盖件和骨架覆盖件的外观质量有特殊要求,内部覆盖件的形状往往更复杂,但表面质量要求相对稍低一些。

(a) 内部覆盖件　　(b) 发动机舱总成　(c) 行李舱总成　(d) 侧围内板总成　　　(e) 地板总成

图 6-80 内部覆盖件

b. 按加工工艺不同,可分为对称件、不对称件、成双冲压件、凸缘平面件和压弯成形件等五种类型。

Ⅰ. 对称的覆盖件,即对称于一个平面的汽车覆盖件。如行李舱盖、发动机罩、散热器罩和前地板等都属于对称件。对称件又可分为深度浅的、深度深的、深度均匀但形状比较复杂的和深度相差大且形状复杂的等几种。如图 6-81 所示,是对称件中的前地板零件。

图 6-81 前地板零件

Ⅱ. 不对称的覆盖件,如车门的内板和外板、翼子板、侧围板等。这类覆盖件又可分为深度深的、深度浅且比较平坦的和深度均匀但形状较复杂的几种。如图 6-82 所示的前围板,就是不对称的汽车车身覆盖件。

Ⅲ. 成双冲压的覆盖件,是指左右件组成一个便于成形的封闭件,也指切开后变成两件的半封闭型的覆盖件。如图 6-83 所示的顶盖内侧纵梁,就是成双冲压的汽车车身覆盖件。

Ⅳ. 具有凸缘平面的覆盖件,在冲压工艺设计时可以将其凸缘面作为压料面。如图 6-84 所示的轮罩零件就是具有凸缘平面的汽车车身覆盖件。

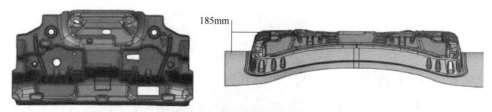

图 6-82 前围板

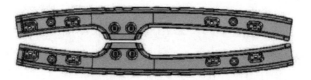

图 6-83 顶盖内侧纵梁

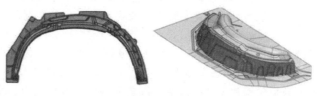

图 6-84 轮罩

Ⅴ. 压弯成形的覆盖件, 大多形状简单, 质量要求不高。该类汽车车身覆盖件可以直接压弯成形, 节省生产成本。如图 6-85 所示的侧门边梁加强件, 就是压弯成形的汽车车身覆盖件。

图 6-85 侧门边梁加强件

④ 覆盖件的基本形状。覆盖件的基本形状有: 法兰形状、轮廓形状、侧壁形状及底部形状等, 如图 6-86 所示。

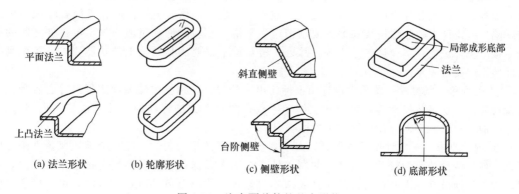

图 6-86 汽车覆盖件的基本形状

⑤ 覆盖件的主要冲压工序, 有落料、拉延、校形、修边、切断、翻边、冲孔等。其中, 最关键的工序是拉延, 生产设备有闭式双动拉伸压力机等, 如图 6-87 所示。

(a) 闭式双动拉伸压力机　　　　　(b) 安装在上海通用汽车公司的自动化冲压线

图 6-87　覆盖件冲压生产设备

(2) 汽车覆盖件的特点

汽车覆盖件与一般冲压件相比，其主要特点有以下几点。

① 尺寸大。汽车是消费品中较大的工业产品，汽车覆盖件结构尺寸的大小，取决于车身分块的大小。从覆盖件本身的功能角度考虑，分块是越大越好。从车身的整体制造工艺性角度分析，也应该是越大越好。因此，覆盖件结构尺寸一般都比较大。如，驾驶室顶盖的毛坯尺寸可达 2800mm×2500mm。

② 板材薄。为了减轻汽车自重，覆盖件选用的板材都比较薄。板材的厚度一般为 0.6～1.2mm，覆盖件的周长 (m) 与所用板材厚度 (mm) 的比值一般都在 1.0 以上。

③ 形状复杂。为了满足功能和美观的需要，汽车覆盖件一般都是由三维规则曲面和不规则曲面组合而成的复合曲面。有些轮廓内部带有局部形状 [见图 6-86 (d) 中的窗口形状]，而这些内部形状的成形往往对整个冲压件的成形有很大影响，甚至是决定性的影响。

④ 用模型表达。汽车覆盖件的形状多为复杂的空间曲面，其形状很难在覆盖件图上完整准确地表达出来，一般都用模型来表示。表示汽车覆盖件形状尺寸的模型称为主模型，有物理主模型和数学主模型。主模型是覆盖件设计图必要的补充，全面反映覆盖件的尺寸形状和结构。主模型是制造和检验覆盖件的主要依据。

(3) 汽车覆盖件的要求

汽车覆盖件的特点决定了它的特殊要求。汽车车身外形是由许多轮廓尺寸较大且具有空间曲面形状的覆盖件焊接而成，因此对覆盖件的表面质量和尺寸稳定性有较高要求，此外还要求具有足够的刚性和良好的工艺性。

① 表面质量要求。覆盖件表面上任何微小的缺陷都会在涂漆后引起光线的漫反射而损坏外形的美观，因此覆盖件表面不允许有波纹、皱褶、凹痕、擦伤、边缘拉痕和其他破坏表面美感的缺陷。覆盖件上的装饰棱线和筋条要求清晰、平滑、左右对称和过渡均匀，覆盖件之间的棱线衔接应吻合流畅，不允许参差不齐。总之，覆盖件不仅要满足结构上的功能要求，更要满足表面装饰的美观要求。

② 尺寸和形状要求。覆盖件设计图上标注出来的尺寸，包括立体曲面定形尺寸、各种孔的位置尺寸、形状过渡尺寸等，都应和主模型一致，图面上无法标注的尺寸要依赖主模型量取，覆盖件的尺寸形状必须与设计图和主模型吻合。

③ 刚性要求。覆盖件拉延成形时，由于其塑性变形的不均匀性，往往会破坏覆盖件刚性的平衡，使某些部位刚性较差。刚性差的覆盖件，汽车在高速行驶时就会发生振动或空洞声，造成覆盖件早期破坏，因此覆盖件的刚性要求不可忽视。检测覆盖件刚性的方法，可以依靠经验法：一是敲打零件以分辨其不同部位声音的异同，二是用手按看其是否发生松弛和鼓动现象。当然，也可以使用设备检测覆盖件材料的变薄程度和刚度对比。

④ 工艺性要求。覆盖件的结构形状和尺寸决定该件的工艺性。覆盖件的工艺性关键是拉延工艺性，覆盖件一般都采用一次性拉延的永久塑性变形工艺，来形成覆盖件的主体形状。为了

创造一个良好的拉延条件，通常将翻边展开，窗口补满，对其轮廓或深度等进行工艺补充，构成一个拉延件。

工艺补充是拉延件不可缺少的组成部分，它既是实现拉延的条件，又是增加变形程度获得刚性零件的必要补充。工艺补充的多少取决于覆盖件的形状和尺寸，也和材料的性能有关，形状复杂的深拉延件，要使用 08ZF 钢板。工艺补充的多余料需要在以后的工序中去除。

拉延工序以后的工艺性，仅仅是确定工序次数和安排工序顺序的问题。工艺性好可以减少工序次数，进行必要的工序合并。审查后续工序的工艺性要注意定位基准的一致性或定位基准的转换，前道工序为后续工序创造必要的条件，后道工序要注意和前道工序衔接好。

（4）汽车覆盖件的材料及性能

汽车覆盖件基本上都是通过冲压手段生产的金属薄板类零件，所以选用的材料除了要保证足够的强度和刚性以满足覆盖件的使用性能外，还要求必须满足冲压过程的变形要求。材料主要为冷轧钢板、铝合金及塑料等。

① 冷轧钢板。汽车覆盖件所用材料一般是冷轧钢板。冷轧钢板按冲压级别可分为：最复杂拉深级（用 ZF 表示）、很复杂拉深级（HF）、复杂拉深级（F）、最深拉深级（Z）、深拉深级（S）、普通拉深级（P）。按强度级别可分为：普通强度、高强度和超高强度钢板。

外、内覆盖件一般是由厚度为 0.7mm、0.8mm、0.9mm、1.0mm 和 1.5mm 的钢板冲压而成，多数骨架类覆盖件使用厚度为 1.1mm、1.2mm、1.5mm 和 2.5mm 的钢板冲压。

② 冷轧铝镇静钢板。这是目前汽车覆盖件用量最大的冷轧钢板之一。

a. 加磷铝镇静钢板，主要特点是：具有较高强度，比普通冷轧钢板高 15%～25%；良好的强度和塑性平衡，即随着强度的增加，伸长率和应变硬化指数下降甚微；具有良好的耐腐蚀性，比普通冷轧钢板提高 20%；具有良好的点焊性能。

b. 加磷铝镇静烘烤硬化钢板。经过冲压、拉延变形及烤漆高温时效处理，其屈服强度得以提高。这种烘烤硬化钢板简称 BH 钢板，既薄又有足够的强度，是车身外板轻量化设计首选材料之一。

③ 超深冲 IF 冷轧钢板。在超低碳钢（C≤0.005%）中加入适量的钛或铌，以保证钢板的深冲性能，再添加适量的磷以提高钢板的强度。其实现了深冲性与高强度的结合，特别适用于一些形状复杂而强度要求高的冲压零件。

④ 镀锌钢板。为了提高覆盖件的耐腐蚀性能，镀锌钢板在汽车上得到越来越多的应用。

6.7　箱体

6.7.1　概述

箱体类零件一般是指具有一个以上孔系，内部有一定型腔或空腔，在长、宽、高方向有一定比例的零件。

（1）箱体类零件的作用

箱体类零件是机器或部件的基础零件，它将机器或部件中的轴、套、齿轮等有关零件组装成一个整体，使它们之间保持正确的相互位置，并按照一定的传动关系协调地传递转矩或改变转速。组装后的箱体部件，用箱体的基准平面安装在机器上。因此箱体的加工质量，不但直接影响本身的装配精度，还会直接影响机器的工作精度、使用性能和寿命。其主要作用如下。

① 支承并包容各种传动零件，如齿轮、轴和轴承等，使它们能够保持正常的运动关系和运动精度；还可以储存润滑油，实现各种运动零件的润滑。

② 安全保护和密封作用，使箱体内的零件不受外界环境的影响，又保护机器操作者的人身安全，并有一定的隔振、隔热和隔音的作用。

③ 使机器各部分分别由不同的箱体组成，各成单元，便于加工、装配、调整和维修。

④ 改善机器造型，协调机器各部分比例，使整体造型美观。

(2) 箱体类零件的结构特点

箱体类零件由于内部需要安装各种零件，因此结构比较复杂，如图6-88所示。箱体类零件大多数为铸造件，虽然结构多种多样，但从工艺分析上看，它们也有共同之处。

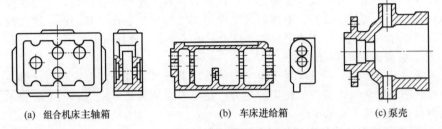

(a) 组合机床主轴箱　　　　　　(b) 车床进给箱　　　　　(c) 泵壳

图 6-88　几种箱体类零件的结构

① 外形上通常是由四个或四个以上的平面组成的封闭式多面体。根据箱体零件的结构形式不同，可分为整体式和分离式两种。前者是整体铸造、整体加工，加工较困难，但装配精度高；后者可分别制造，便于加工和装配，但增加了装配工作量。

② 结构形状比较复杂，加工部位多。内部常有空腔形，壁薄且厚薄不均匀；某些部位有"隔墙"；箱壁上通常布置有平行或垂直孔系。

③ 重量和外形尺寸较大。为确保零件的载荷与作用力，应尽量缩小体积；为了减少机械加工量或减轻零件的重量，而又要保证足够的刚度，常在铸造时减小壁的厚度，再在必要的地方加筋板、凸台、凸边等结构来满足工艺和力的要求。

④ 壳壁部分常设计有安装轴、密封盖、轴承盖、油杯、油塞等零件的凸台、凹坑、沟槽、螺孔等结构。

⑤ 既有许多精度要求较高的轴承孔和装配用的基准平面，也有精度要求不高的紧固孔及次要表面，因此加工难度比较大。

因此，一般中型机床制造厂用于箱体类零件的机械加工劳动量约占整个产品加工量的15%～20%。

(3) 箱体类零件的分类

① 按箱体的功能不同可分为：

a. 传动箱体，如减速器、汽车及拖拉机中的变速箱，金属切削机床中的主轴箱、进给箱，等。其主要功能是包容和支承各传动件及其支承零件，如齿轮、轴、轴承以及变速箱中的操纵机构等。这类箱体要求有密封性、强度和刚度，如图6-89所示。

(a) 减速器箱体　　　　　　(b) 机床主轴箱　　　　　(c) 进给箱

图 6-89　传动箱体

b. 泵体和阀体，如齿轮泵的泵体、各种液压阀的阀体，主要功能是改变液体流动方向、流动量大小或改变液体压力。这类箱体，除有对前一类箱体的要求外，还要求能承受箱体内液体的压力，如图6-90所示。

(a) 泵体

(b) 阀体

图 6-90　泵体和阀体

c. 发动机箱体，如图 6-91 所示，主要功能是保证内燃机正常工作。除前面要求外，还要有一定的耐高温性。

d. 支架箱体，如机床的支座、立柱等，要求有一定的强度、刚度、精度和外观造型。这部分内容在 6.5 节已介绍，不再赘述。

② 按箱体的制造方法不同可分为：

a. 铸造箱体，常用的材料是铸铁，有时也用铸钢、铸铝合金和铸铜。铸铁箱体的特点是机构形状较复杂，有较好的吸振性和机械加工性能，常用于成批生产的中、小型箱体。

图 6-91　发动机箱体

b. 焊接箱体，由钢板、型钢或铸钢件焊接而成，机构要求较简单，生产周期较短。焊接箱体适用于单件、小批量生产，尤其是大件箱体，采用焊接可大大降低成本。

c. 其他箱体，如冲压和注塑箱体，适用于大批量生产小型、轻载和结构形状简单的箱体。

(4) 箱体类零件的加工

箱体类零件一般都需要进行多工位孔系及平面加工，精度要求较高，通常要经过铣、钻、扩、镗、铰、锪、攻螺纹等工序。

① 箱体类零件上的孔系加工。孔系是指箱体上一系列具有相互位置关系的孔。孔系可分为平行孔系、同轴孔系和交叉孔系，如图 6-92 所示。保证孔系的位置精度是箱体加工的关键。

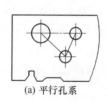

(a) 平行孔系　　　　(b) 同轴孔系　　　　(c) 交叉孔系

图 6-92　孔系的分类

a. 平行孔系的加工。平行孔系是指轴线互相平行且孔距也有精度要求的一系列孔。平行孔系主要保证各孔轴线之间、孔轴线与基准面之间的距离精度和平行度要求；以及孔的尺寸精度、形状精度和表面粗糙度要求。根据箱体生产批量和精度要求的不同，有以下几种加工方法。

Ⅰ. 找正法。这是在通用机床（镗床、铣床）上，利用辅助工具来找正所要加工孔的正确位置，按找正位置进刀加工。找正法按找正方法不同可分为三种：划线找正、心轴和量块找正、样板找正。

• 划线找正法。加工前按设计图样要求在箱体毛坯上，划出各孔的位置轮廓线，加工时按所划的线一一找正，同时结合试切法进行加工。这种方法所用设备简单、成本低，但找正费时，操作难度大，生产效率低。该方法加工的孔距精度一般为 ±0.3mm，且只用于单件、小批量生产和精度要求不高的孔系加工。

• 心轴和量块找正法。首先，镗第一排孔时将心轴插入主轴孔内或直接利用镗床主轴，然后根据孔和定位基准的距离组合一定尺寸的块规来校正主轴位置。校正时用塞尺测定块规与心轴之间的间隙，以避免块规与心轴直接接触而损伤块规，如图 6-93（a）所示。镗第二排孔时，分别在机床主轴和已加工孔中插入心轴，采用同样的方法来校正主轴轴线的位置，以保证孔心距的精度，如图 6-93（b）所示。采用心轴和量块找正法，其孔心距精度可达 ±0.03mm。

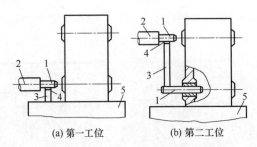
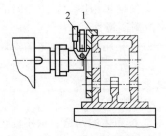

(a) 第一工位　　　　(b) 第二工位

图 6-93　心轴和量块找正法示意图
1—心轴；2—镗床主轴；3—块规；4—塞尺；5—镗床工作台

图 6-94　样板找正法示意图
1—样板；2—百分表

• 样板找正法。如图 6-94 所示，用 10~20mm 厚的钢板制成样板 1，装在垂直于各孔的端面上或固定于机床工作台上，样板上的孔距精度较箱体孔系的孔距精度较高，一般为 ±（0.01~0.03）mm，样板上的孔径较工件的孔径大，以便于镗杆通过。样板上的孔径要求不高，但要有较高的形状精度和较小的表面粗糙度值，当样板准确地装到工件上后，在机床主轴上装一个百分表 2，按样板找正机床主轴，找正后，即换上镗刀加工。此法加工孔系不易出差错，找正方便，孔距精度可达 ±0.05mm。这种样板的成本低，仅为镗模成本的 1/9~1/7，单件、小批量生产中，大型的箱体加工可用此法。

Ⅱ. 镗模法。在成批生产中，广泛采用镗模加工孔系，如图 6-95 所示。工件 5 装夹在镗模上，镗杆 4 被支承在前后镗套 6 之间，镗套的位置决定了镗杆的位置，装在镗杆上的镗刀 3 将工件上相应的孔加工出来。当用两个或两个以上的支承 1 来引导镗杆时，镗杆与机床主轴 2 必须浮动连接。当采用浮动连接时，机床精度对孔系加工精度影响很小，因而可以在精度较低的机床上加工出精度较高的孔系。孔距精度主要取决于镗模，一般可达 ±0.05mm。能加工公差等级 IT7 的孔，其表面粗糙度可达 $Ra5~1.25\mu m$。当从一端加工、镗杆两端均有导向支承时，孔与孔之间的同轴度和平行度可达 0.02~0.03mm；当分别由两端加工时，可达 0.04~0.05mm。

用镗模法加工孔系，既可在通用机床上加工，也可在专用机床上或组合机床（如图 6-96 所示）上加工，适用于中批和大批量生产。

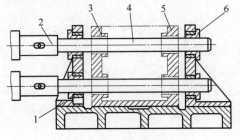
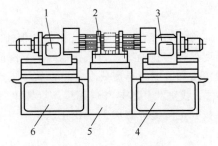

图 6-95　用镗模加工孔系
1—镗架支承；2—镗床主轴；3—镗刀；
4—镗杆；5—工件；6—镗套

图 6-96　在组合机床上用镗模加工孔系
1—左动力头；2—镗模；3—右动力头；
4,6—侧底座；5—中间底座

Ⅲ．坐标法。坐标法适用于坐标镗床和数控镗床，借助于精密测量装置，精确调整机床主轴与工件间在水平和垂直方向的相对位置，来保证孔心距精度的一种镗孔方法，现场使用最多。

采用坐标法加工孔系时，要特别注意选择基准孔和镗孔顺序。首先加工的第一排孔（又称原始孔）应位于箱壁的一侧，依次加工其他各孔时，工作台只朝一个方向移动。原始孔还应有较高的尺寸精度和较低的表面粗糙度，以保证加工过程中重新校验坐标原点的准确性。另外，安排加工顺序时要把有孔距要求的两孔紧密地连在一起，以减少坐标尺寸的累积误差对孔距精度的影响。

b. 同轴孔系的加工。同轴孔系的加工主要保证各同轴孔的同轴度。单件、小批量生产中，在通用机床上加工，一般不采用镗模，其同轴度用下面几种方法来保证。成批生产中，箱体上同轴孔的同轴度几乎都由镗模来保证。

Ⅰ．利用已加工孔作支承导向。如图 6-97 所示，当箱体前壁上的孔加工好后，在孔内装一导向套，借以支承和引导镗杆来加工后壁上的孔，从而保证两孔的同轴度要求。这种方法只适用于小批生产，加工前后两壁相隔较近时的同轴孔，一般需要专用的导向套。

Ⅱ．利用镗床后立柱上的导向套作支承导向。如图 6-98 所示，利用镗床后立柱上的导向套作支承导向是镗杆两端支承，刚性好，解决了因镗杆悬伸过长而挠度大，进而影响同轴度的问题。但需用较长的镗杆，且后立柱导套的调整麻烦、费时。适用于大型箱体或孔间距离较大的孔系加工。

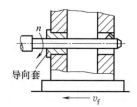

图 6-97　利用已加工孔导向

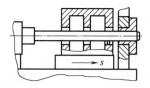

图 6-98　利用镗床后立柱的导向套支撑镗杆加工

Ⅲ．采用调头镗。当箱体箱壁相距较远时，可采用调头镗，即从箱体两侧进行镗孔，采用两次装夹的办法。工件在一次装夹下，镗好一端孔后，将镗床工作台回转 $180°$，调整工作台位置，使已加工孔与镗床主轴同轴，然后再加工另一端孔。当箱体上有一较长并与所镗孔轴线有平行度要求的平面时，镗孔前应先用装在镗杆上的百分表对此平面进行校正，如图 6-99（a）所示，使其和镗杆轴线平行。校正后加工孔 B，孔 B 加工后，回转工作台，并用镗杆上装的百分表沿此平面重新校正，这样就可保证工作台准确地回转 $180°$，如图 6-99（b）所示。然后再加工孔 A，从而保证孔 A 和孔 B 同轴。

c. 交叉孔系的加工。交叉孔系又称垂直孔系，主要保证各孔轴线的交叉角度（多为 $90°$）及孔距要求。

Ⅰ．成批生产时，采用镗模或坐标镗床、加工中心加工。

Ⅱ．单件、小批量生产时，可采用组合夹具或角度对准装置，配合找正法保证加工要求。有两种方法。

• 在普通镗床上用工作台上的直角对准装置进行加工控制。利用工作台的定位精度，先

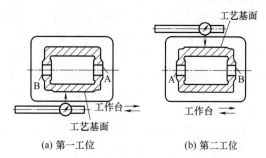

(a) 第一工位　　(b) 第二工位

图 6-99　调头镗孔时工件的校正

镗好一个端面上的孔，然后将工作台回转 $90°$，镗削另一垂直端面上的孔。由于它是挡块装置，结构简单，但换位时接触的松紧程度对位置精度很关键，因此对准精度较低。

　　• 用心轴校正法。当有些镗床工作台 90°对准装置精度很低时，可用心棒与百分表找正来提高其定位精度，即在加工好的孔中插入与该孔孔径相同的检验心棒，工作台转位 90°，摇工作台用百分表找正，如图 6-100 所示。如果工件结构许可，可在镗削第一端面上的孔后，同时铣出与镗床主轴相垂直的找正基面，然后转动工作台，找正该基面，使它与镗床主轴平行。

　　注意，加工时应先将精度要求高或表面粗糙度要求较低的孔全部加工好，然后加工另外与之交叉（或相交）的孔。

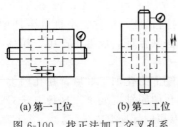

(a) 第一工位　　(b) 第二工位

图 6-100　找正法加工交叉孔系

　　② 箱体类零件上的平面加工。可用粗刨→精刨、粗刨→半精刨→磨削、粗铣→精铣或粗铣→磨削（可分粗磨和精磨）等方案。其中刨削生产率低，多用于中小批生产。铣削生产率比刨削高，多用于中批以上生产。当生产批量较大时，可采用组合铣和组合磨的方法来对箱体零件各平面进行多刃、多面同时铣削或磨削。

　　③ 箱体类零件加工的注意事项。

　　a. 当生产批量较大时，可在组合机床上采用多轴、多面、多工位和复合刀具等方法来提高生产率；次要孔（如连接孔、螺纹孔、销孔等）的加工，可在摇臂钻床、立式钻床或组合专用机床上加工；小批生产可划线加工，大批生产可用钻模加工。

　　b. 当加工工位较多，需工作台多次旋转角度才能完成的箱体类零件时，一般选卧式镗铣类加工中心；当加工的工位较少，且跨距不大时，可选立式加工中心，从一端进行加工。在加工中心上加工，一次装夹可完成普通机床 60%～95%的工序内容，零件各项精度一致性好，质量稳定，同时节省费用，缩短生产周期。

　　c. 当既有面又有孔时，应先加工面，后加工孔。由于箱体加工和装配大多以平面为基准，先以孔为粗基准加工平面，切去铸件的硬皮和凹凸不平的粗糙面，有利于后续支承孔的加工，也可以为精度要求较高的支承孔提高基准精度。

　　d. 一般粗加工和精加工要分开进行。对于刚度差、批量大、精度要求较高的箱体，在主要平面和各支承孔的粗加工之后再进行主要平面和支承孔的精加工，以便于消除由粗加工所造成的内应力、切削热等对加工精度的影响。但是，粗、精加工分开会使机床、夹具的数量及工件安装次数增加，从而使成本提高，所以对单件、小批量精度要求不高的箱体，常常将粗、精加工合在一起。

　　e. 一般情况下，孔径大（直径＞φ30mm）的孔都应铸造出毛坯孔，加工宜用镗孔。在普通机床上先完成毛坯的粗加工，给加工中心加工工序的留量为 4～6mm（直径），再上加工中心进行面和孔的粗、精加工。通常为：粗镗→半精镗→孔端倒角→精镗，四个工步完成。

　　f. 孔径小（直径＜φ30mm）的孔可以不铸出毛坯孔，孔和孔的端面全部加工都在加工中心上完成，孔加工宜用铰孔。可采用：锪平端面→（打中心孔）→钻→扩→孔端倒角→铰等工步。有同轴度要求的小孔（直径＜φ30mm），须采用：锪平端面→（打中心孔）→钻→半精镗→孔端倒角→精镗（或铰）等工步来完成，其中打中心孔需视具体情况而定。

　　g. 在孔系加工中，先加工大孔，再加工小孔，特别是在大小孔相距很近的情况下，更要采取这一措施。

　　h. 对于跨距较大的箱体的同轴孔加工，尽量采取调头加工的方法，以缩短刀具的长径比，增加刀具刚性，提高加工质量。

　　i. 螺纹加工。一般情况下，M6～M20 的螺纹孔可在加工中心上完成攻螺纹；M6 以下，M20 以上的螺纹可在加工中心上完成底孔加工，攻螺纹可通过其他手段加工。这是因为加工中心的自动加工方式在攻小螺纹时，不能随机控制加工状态，小丝锥容易折断，从而产生废品；由于刀具、辅具等因素影响，在加工中心上攻 M20 以上大螺纹有一定困难。但这也不是绝对的，可视具体情况而定，在某些机床上可用镗刀片完成螺纹切削。

j. 箱体经过粗加工后，应存放一段时间再进行精加工，以消除粗加工积聚的内应力。

④ 箱体类零件的加工工艺路线。

a. 工艺路线安排一般遵循以下原则：先面后孔、先主后次、粗精分开、工序集中。

b. 整体式箱体类零件加工的一般工艺路线。

Ⅰ. 对于中小批生产，其加工工艺路线大致是：铸造→划线→平面加工→孔系加工→钻小孔→攻螺纹→钳工去毛刺。

Ⅱ. 对于大批量生产，其加工工艺路线大致是：铸造→粗加工精基准平面及两工艺孔→粗加工其他各平面→精加工精基准平面→粗、精镗各纵向孔→加工各横向孔和各次要孔→钳工去毛刺。

c. 分离式箱体零件的加工，同样按"先面后孔"及"粗、精分阶段加工"这两个原则安排工艺路线。

整个加工过程分为两个阶段。第一阶段先对箱盖和底座分别加工，主要完成对合面及其他平面，紧固孔和定位孔的加工，为箱体的合装做准备；第二阶段在合装好的箱体上加工孔及其端面。在两个阶段之间安排钳工工序，将箱盖和底座合装成箱体，并用两销定位，使其保持一定的位置关系，以保证轴承孔的加工精度和拆装后的重复精度。

(5) 箱体类零件的毛坯、材料及热处理

① 箱体的毛坯。

箱体毛坯制作方法有两种：铸造和焊接。

a. 铸造毛坯。对金属切削机床的箱体，由于形状较复杂，而铸铁具有成形容易、可加工性良好、吸振好、成本低等优点，所以一般都采用铸铁。

• 对于单件、小批量生产，一般采用木模手工砂型铸造，毛坯的精度低，加工余量大，其平面余量一般为7～12mm，孔在半径上的余量为8～14mm。

• 对于大批量生产，通常采用金属模机器造型铸造，毛坯的精度较高，加工余量小，平面余量为5～10mm，孔半径上的余量为7～12mm。

• 为了减少孔的加工余量：单件小批生产，直径大于50mm的孔；成批生产直径大于30mm的孔，一般都要在毛坯上预先铸出。

• 毛坯铸造时，应防止砂眼和气孔的产生。

• 为了减小毛坯制造时产生的残余应力，应尽量使箱体壁厚均匀，并在浇注后安排时效或退火工序。

b. 焊接毛坯。对于承受重载和冲击的工程机械、锻压机床的一些箱体，可采用铸钢或钢板焊接。允许有薄壁和大平面，一般比铸造箱体轻

在特定条件下选用铝镁合金或其他铝合金制作箱体毛坯。

② 箱体的材料。

a. 铸铁。多数箱体类零件的材料为HT200～HT400的各种牌号的灰铸铁。最常用的材料是HT200，而对于较精密的箱体零件（如坐标镗床主轴箱），则选用耐磨铸铁。铸铁流动性好，收缩较小，容易获得形状和结构复杂的箱体。铸铁的阻尼作用强，动态刚性和机加工性能好，价格适度，加入合金元素可以提高耐磨性。

b. 钢材。在产品试制或单件、小批生产时可采用低碳钢板和型钢焊接结构。大负荷的箱体零件有时采用铸钢件毛坯。铸钢有一定的强度，良好的塑性和韧性，较好的导热性和焊接性，机加工性能也较好，但铸造时容易氧化与热裂。

c. 铝镁合金。用于要求减小重量且荷载不太大的箱体，如航空、汽车发动机箱体等，多数可通过热处理进行强化，有足够的强度和较好的塑性。

③ 箱体的热处理。箱体类零件结构一般较复杂，壁厚不均匀，铸造残余应力大。为了消除

内应力、减少使用过程中的变形、保持精度稳定，铸造后一般均需进行热处理。箱体的热处理主要是时效处理，以稳定组织和尺寸，改善力学性能等。

a. 对于普通精度的箱体，一般在铸造之后进行一次人工时效处理。

b. 对于高精度或形状特别复杂的箱体零件，在粗加工之后还要安排一次人工时效处理，以消除粗加工所造成的残余应力。

c. 对于精度要求不高的箱体，可以不安排人工时效处理，而是利用粗、精加工工序间的停放和运输时间，使之得到自然时效。

d. 箱体人工时效的方法，除了加热保温法外，也可采用振动时效来达到消除内应力的目的。

e. 此外，对于箱体零件上的导轨面，为增加其耐磨性，应当对其进行局部表面淬火处理。

6.7.2　减速器箱体

(1) 减速器箱体的作用与结构

减速器箱体在整个减速器总成中起支承和连接的作用，它把各个零件连接起来，支承传动轴，保证各传动机构的正确安装，是安置齿轮、轴及轴承等零件的底座和基础，并存放润滑油起到润滑和密封箱体内零件的作用。因此减速器箱体的加工质量的优劣，将直接影响到轴和齿轮等零件位置的准确性，也会影响减速器的使用寿命和性能。

一般卧式减速器箱体常做成分体式，即箱体用一个剖分面沿轴心线水平剖分成箱盖和箱座两部分，用螺栓连接成一体，如图 6-101 所示。这样，轴与轴上零件可预先在箱体外组装好再装入箱体，方便轴系零部件的安装和拆卸。大型立式减速器箱体考虑制造、安装、运输方便等原因，而采用两个剖分面。

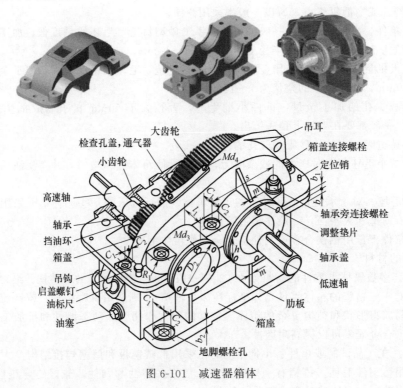

图 6-101　减速器箱体

(2) 减速器箱体结构设计中应考虑以下问题

① 箱体应具有足够的刚度。

a. 箱体是薄壁件，为了提高箱壁支承处的局部刚度，在轴承座上下设置加强筋。

b. 箱体上的孔，将使箱体刚度降低。如图 6-102 所示，轴承座旁设计的凸台结构，可使轴承座旁的连接螺栓靠近座孔，减少孔对刚度的影响。凸台高度的确定应以保证足够的螺母扳手空间为准则；凸台连接螺栓与轴承盖连接螺钉不要互相干涉；对有油沟箱体（轴承采用润滑油润滑），凸台螺栓孔不要与油沟相通，以免漏油。

图 6-102　轴承座凸台结构

c. 地脚螺栓孔应开在箱座底部凸缘与地基接触的部位，不能悬空。

d. 箱座是受力的重要零件，应保证足够的箱座壁厚，且箱座凸缘厚度可稍大于箱盖凸缘厚度。

② 确保箱体接合面的定位、密封和内部传动零件的润滑。

a. 为保证箱体轴承座孔的加工和装配的准确性，在接合面的凸缘上必须设置两个定位用的圆锥销。两锥销距离应远一些，一般宜放在对角位置。对于结构对称的箱体，定位销不宜对称布置，以免箱盖盖错方向。

b. 为保证箱盖、箱座的接合面之间的密封性，接合面凸缘连接螺栓的间距不宜过大，一般不大于 150～180mm，并尽量对称布置。如果滚动轴承靠齿轮飞溅的润滑油润滑，则箱座凸缘上应开设集油沟，集油沟要保证润滑油流入轴承座孔内，再经过轴承内、外圈间的空隙流回箱座内部，而不应有漏油现象发生。

③ 箱体结构应具有良好的工艺性。

a. 铸造工艺性的要求。

• 箱壁不宜太薄（≥8mm），以免浇铸时铁水流动困难，出现充不满型腔的现象。

• 壁厚应均匀和防止金属积聚，避免产生缩孔、裂纹等缺陷。

• 避免出现狭缝结构应连成整体，否则砂型易碎裂。

• 箱壁沿拔模方向应有 1：（10～20）的拔模斜度。

b. 机械加工工艺性的要求。

• 轴承座孔应为通孔，最好两端孔径一样以利于加工。两端轴承外径不同时，可以在座孔中安装衬套，使支座孔径相同，利用衬套的厚度不等，形成不同的孔径以满足两端轴承不同外径的配合要求。

• 同一侧的各种加工端面尽可能一样平齐，以便于一次调整刀具进行加工。

• 加工表面与非加工表面必须严格区分，并尽量减少加工面积。因此，轴承座的外端面、观察孔、透气塞、吊环螺钉、油标尺和油塞以及凸缘连接螺栓孔等处均应制出凸台（凸出非加工面 3～5mm）以便加工。螺栓头部和螺母的支承面也可以通过锪平方法加工局部平面。

• 箱座是受力的重要零件，应保证足够的箱座壁厚，且箱座凸缘厚度可稍大于箱盖凸缘厚度。

• 地脚螺栓孔应开在箱座底部凸缘与地基接触的部位，不能悬空。

• 为保证减速器安置在基础上的稳定性，并尽可能减少箱座底面的机械加工面积，箱座底面一般不采用完整平面，而是采用纵向长条、环形凸台或局部凸台等形式，如图 6-103 所示。

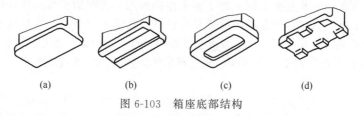

(a)　　　　(b)　　　　(c)　　　　(d)

图 6-103　箱座底部结构

(3) 减速器箱体的加工

① 定位基准的选择。

a. 粗基准的选择。分体式减速箱的粗基准，是指在加工箱盖和底座的对合面之前，划加工参照线所依据的基准。分体式箱体一般不能以轴承孔的毛坯面作为粗基准，而是选择箱盖和底座凸缘的不加工面为粗基准。这样既可以保证不加工的凸缘至对合面间的高度一致，还可以保证对合面加工凸缘的厚薄均匀，减少箱体合装时对合面的变形。

b. 精基准的选择。分体式箱体的对合面与底面（装配基准面）有一定的尺寸精度和相互位置精度要求；轴承孔轴线应在对合面上，与底面也有一定的尺寸精度和相互位置精度要求。为了保证以上精度要求，加工底座的对合面时，应以底面为精基准，使对合面加工时的定位基准与设计基准重合；箱体合装后加工轴承孔时，仍以底面为主要精基准，并与位于底面对角线上的两孔组成典型的一面两孔定位方式。这样轴承孔的加工，其定位基准既符合基准统一的原则，也符合基准重合的原则，有利于保证轴承孔轴线与对合面的重合度及与装配基准面的尺寸精度和平行度。

② 减速器箱体的材料。箱体通常用灰铸铁 HT150 或 HT200 制造，灰铸铁具有很好的铸造性能和减振性能。对于重载或有冲击载荷的减速器也可以采用球墨铸铁或铸钢箱体。单件生产的减速器，特别是大型减速器，可采用钢板焊接的箱体，以减轻重量，缩短生产周期。焊接箱体一般用低碳钢（如 Q235-A）焊成，根据结构和承载的需要，轴承座的材料也可采用铸钢，如 ZG270-500 钢等。

③ 减速器箱体热处理的安排。减速器整个箱体壁薄，容易变形，在加工前要进行人工时效处理，以消除铸件内应力。加工时，要注意夹紧位置和夹紧力的大小，防止变形。

④ 减速器箱体加工顺序的安排。

a. 分体式箱体虽然遵循一般箱体的加工原则，但由于结构上的可分离性，有些不同之处。分体式箱体整个加工过程可分为三个阶段：第一阶段加工箱盖凸台面、上下箱体对合面、箱盖窥视孔面以及钻孔、攻螺纹；第二阶段是对底座的加工，主要是加工底座底面，上下箱体对合面、钻锪底座螺栓孔、排油孔和油标孔；第三阶段是将箱盖和底座合装后，完成两侧端面和轴承孔的加工。由于各对轴承孔的轴线在箱盖和底座是对合面上，所以两侧端面及轴承孔必须待对合面加工后装配成整体箱体再进行加工。顺序一般是：钻铰定位销孔、钻连接孔，以底面为基准铣轴承孔端面和镗轴承孔，最后钻轴承孔端面的螺钉孔。

b. 在第二和第三阶段之间应安排钳工工序，将箱盖和底座合装成箱体，并用两锥销定位，以保证轴承孔和螺栓连接孔的加工精度和拆装后的重复精度。为保证效率和精度的兼顾，就孔和面的加工还需粗、精分开。

c. 安排箱体的加工工艺，首先需按"先面后孔"的工艺原则加工。由于轴承孔及各主要平面，都要求与对合面保持较高的位置精度，所以在平面加工方面，应先加工对合面，然后再加工其他平面，体现先主后次原则。然后，还应遵循组装后镗孔的原则。因为如果不先将箱体的对合面加工好，轴承孔就不能进行加工。另外，镗轴承孔时，必须以底座的底面为定位基准，所以底座的底面也必须先加工好。

d. 此外，安排加工顺序时，还应考虑箱体加工中的运输和装夹。箱体的体积、重量较大，故应尽量减少工件的运输和装夹次数。为了便于保证各加工表面的位置精度，应在一次装夹中尽量多加工一些表面。箱体零件上相互位置要求较高的孔系和平面，一般尽量集中在同一工序中加工，以减少装夹次数，从而减少安装误差的影响，有利于保证其相互位置精度要求。

⑤ 减速器箱体零件机加工工艺路线。减速器箱体机加工工艺路线分箱盖、箱座、合箱加工来表达。

a. 减速器箱盖加工工艺路线：铸造→清砂（清除浇铸系统、冒口、型砂、飞边等）→热处理（人工时效）→涂漆（非加工面涂防锈漆）→划线（划结合面加工线、轴承孔以及轴承孔端面的加工线、顶斜面加工线）→刨（刨削顶部斜面）→刨（刨削结合面）→钻（钻、铰、锪孔）→钻攻螺纹→磨（磨削结合面至图样精度要求）→检验各部分精度。

　　b. 减速器箱座加工工艺路线：铸造→清砂（清除浇铸系统、冒口、型砂、飞边等）→热处理（人工时效）→涂漆（非加工面涂防锈漆）→划线（划结合面加工线、轴承孔以及轴承孔端面的加工线、底面加工线）→刨（刨削结合面）→刨（刨削底面）→钻（钻、铰、锪，底面孔、侧油孔、底孔）→钻攻螺纹→磨（磨削结合面至图样精度要求）→钳（箱体底面用煤油做渗透试验）→检验各部分精度。

　　c. 减速箱零件的合箱加工艺路线：钳（将箱盖、箱座对准合箱，用螺栓、螺母紧固）→钻（钻、铰锥销孔，装入锥销）→钳（将箱盖、箱座做标记编号）→铣（铣削轴承孔两端面）→划线（划轴承孔加工线）→镗（粗镗、半精镗轴承孔至图样精度要求，镗环槽）→钳（拆箱，清理毛刺）→检验各部分精度→入库。

6.7.3　车床主轴箱箱体

（1）车床主轴箱箱体的作用与结构

　　CA6140 型车床主轴箱箱体，如图 6-104 所示，是用于布置车床工作主轴及其传动零件和相应的附加机构的壳体，是车床的基础零件。由它将一些轴、轴承、齿轮、离合器、手柄和盖板等零件组装在一起，使它们保持正确的相互位置，彼此按照一定的传动关系协调地运动，构成车床主轴箱部件，以箱体底面和导向面为装配基准平面安装到床身上。

　　车床主轴箱体是典型的整体式箱体，大多数箱体内有隔板、结构复杂、壁薄且不均匀、加工部位多、加工难度大，是车床几个箱体中精度要求最高的一个。

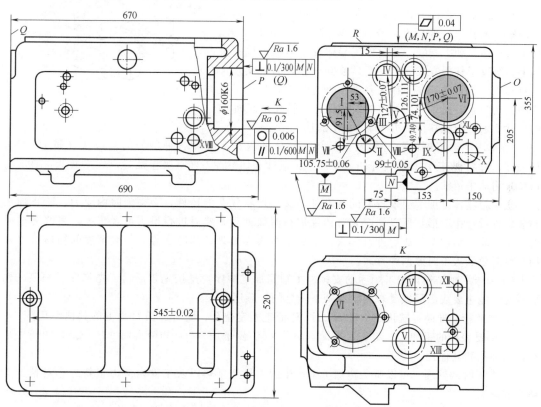

图 6-104　CA6140 型车床主轴箱箱体简图

（2）车床主轴箱箱体的加工工艺分析

　　① 车床主轴箱箱体定位基准的选择。

　　a. 粗基准的选择。主轴箱箱体加工选主轴孔毛坯面和距主轴孔较远的一个轴孔作为粗基准。

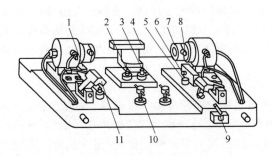

图 6-105　以主轴孔为粗基准的铣夹具

1,3,5—支承；2—辅助支承；4—支架；6—挡销；

7—短轴；8—活动支柱；9,10—操纵手柄；11—夹紧块

保证主轴孔加工余量均匀以免因加工余量不均匀而在加工时引起振动和产生加工误差，还可保证箱体内壁与装配的旋转零件间有足够的间隙。在中、小批量生产中，毛坯精度较低，一般采用划线找正法安装工件，是以主轴孔的毛坯孔中心线作为找正基准来调整划线的；在大批量生产中，直接以主轴孔为粗基准在专用夹具上定位，工件安装迅速，生产率高，如图 6-105 所示。

b. 精基准的选择。主轴箱加工的精基准按基准重合原则和基准统一原则选取，通常优先考虑基准统一原则。

Ⅰ. 在中、小批量生产中，以箱体底面导轨 M 面和 N 面为基准定位，符合基准重合原则，装夹误差小。加工时，箱体开口朝上，便于安装调整刀具、测量孔径等。但加工箱体中间壁上的孔时，需要加中间导向支承。由于结构的限制，中间导向支承只能采用挂架方式，如图 6-106 所示。每加工一件需要装卸一次，吊架与镗模之间虽有定位销定位，但刚度较差，经常装卸也容易产生误差，且使加工的辅助时间增加。因此，这种定位方式只适用于单件、小批量生产。

Ⅱ. 在大批量生产中，按基准统一原则，采用顶面 R 和两定位销孔（一面两孔）作定位基准。这种定位方式加工时箱体口朝下安装。这时中间导向支承可以紧固在夹具上，解决了挂架方式问题，工件装卸方便，易于实现加工自动化。不足之处在于存在基准不重合误差，且加工过程中无法观察、测量和调整刀具。为保证主轴孔至底面 M 的尺寸要求，须提高顶面 R 至底面 M 的加工精度。

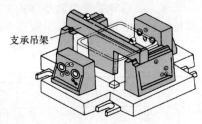

支承吊架

图 6-106　吊架式镗模

② 车床主轴箱箱体的材料及热处理。箱体的材料常选用各种牌号的灰铸铁（如 HT200、HT250），因为灰铸铁具有较好的耐磨性、铸造性和切削性，而且吸振性好，成本又低，要求高一点就采用球墨铸铁。

主轴箱箱体是加工要求较高的基准件，又是形状复杂的铸件，必须消除内应力，防止加工和装配以后产生变形。所以，应先对铸件进行时效处理，然后进行退火或者正火，来改善金属的加工性能，精加工完成后进行淬火，最后进行表面处理，如防腐等。一般精度的箱体可以采用自然时效和人工时效两种方式。

③ 车床主轴箱箱体加工顺序的安排。主轴箱加工顺序，是按先粗后精、先基准后一般、先面后孔、先主要表面后次要表面的原则来安排的，顺序如下。

a. 加工精基准面：铣顶面 R 和钻、铰 R 面上两定位孔，同时加工 R 面上的其他小孔。

b. 主要表面的粗加工：粗铣底平面（M、N）、侧平面（O）和两端面（P、Q），粗镗、半精镗主轴孔和其他孔。

c. 人工时效处理：可以避免粗加工中产生的大量切削热以及工件内应力重新分布对精加工精度的影响。

d. 次要表面加工：在两侧面上钻孔、攻螺纹，在两端面上和底面上钻孔、攻螺纹。

e. 精加工精基准面：磨顶面 R。

f. 主要表面精加工：精镗、金刚镗主轴孔及其他孔，磨箱体主要表面。

但中、小批量箱体加工时，如果安排粗、精加工分开，则机床、夹具数量要增加，工件运转也费时费力，所以实际生产中是将粗、精加工放在一道工序内完成。但从工步上讲粗、精加

工还是分开的，如粗加工后将工件松开一点，然后用较小的夹紧力夹紧工件，使工件因夹紧力而产生的弹性变形在精加工时得以消除。龙门刨床刨削主轴箱箱体基准面时，粗刨后将工件放松一点，然后再精刨基准面就是这个道理。又如导轨磨床磨削主轴箱箱体基准面时，粗磨后进行充分冷却，然后再进行精磨。

④ 车床主轴箱箱体加工方法的选择。

a. 加工一般平面用：粗铣→精铣。

b. 定位用的统一基准面用：粗铣→半精铣→粗磨→精磨方案，以达到高的生产效率和高的定位精度。

c. 孔系加工采用：粗镗→半精镗→精镗方案。

d. 主轴孔的加工精度和表面粗糙度的要求比较高，采用：粗镗→半精镗→精镗→浮动镗（精铰）方案。

⑤ 车床主轴箱箱体加工工艺路线。整体式箱体的加工工艺路线，一般根据生产规模的大小分为两种情况。

a. 对于中、小批量生产，其加工工艺路线大致是：毛坯铸造→清砂→时效处理→漆底漆→划线→粗、精铣顶、底面→粗、精铣各侧面→钻、扩各纵向孔→镗各横向孔（轴孔）→钻、攻螺纹孔→清洗、去毛刺、倒角→检验。

b. 对于大批量生产的工艺路线大致是：毛坯铸造→清砂→时效处理→漆底漆→划线（轴孔中心线、各面加工线）→粗、精铣箱体顶、底面→粗、精铣各侧面→精磨顶面→划线（其余孔加工线）→粗镗、半精镗、精镗各横向孔（轴孔）→钻、扩、铰其余各孔及钻、攻螺纹孔→清洗、去毛刺、倒角→检验。

第7章
通用机械部件

部件是机械的一部分，由若干装配在一起的零件组成，以实现某个动作（或功能）。通用部件按功能不同有：动力部件是为组合机床提供主运动和进给运动的部件，如动力箱、切削头和动力滑台等；支承部件是用以安装动力滑台、带有进给机构的切削头或夹具等的部件，如底座、支架和立柱等；控制部件是用以控制机床的自动工作循环的部件，如液压站、电气柜和操纵台等；能量转换部件是把其他形式的能转换为机械能的部件，如发动机、电动机等；动力传达部件是起匹配转速和传递转矩作用的部件，如减速器等；输送或搬运部件，如分度回转工作台、起重机和机械手等；辅助部件有润滑装置、冷却装置和排屑装置等。

7.1 发动机

发动机是一个能量转换装置，其作用是把其他形式的能转换为机械能。

(1) 发动机的分类

发动机包括热力发动机和电动机等。热力发动机是将燃料燃烧所产生的热能转化为机械能的动力装置；电动机是把电能转换成机械能的一种动力装置，在7.2节中详细介绍。

① 发动机按燃料燃烧部位的不同，分为内燃机和外燃机两种，如图7-1所示。

a. 内燃机是一种动力机械，它是通过燃料在机器内部燃烧，并将其放出的热能直接转换为机械能的热力发动机。

内燃机分类：广义上的内燃机不仅包括往复活塞式内燃机、旋转活塞式发动机和自由活塞式发动机，也包括旋转叶轮式的燃气轮机、喷气式发动机等，但通常所说的内燃机是指活塞式内燃机。常见的有柴油机和汽油机，是通过做功改变内能，将内能转化为机械能。

内燃机优点：热能利用率高；功率范围广，适应性能好；结构紧凑，重量轻，体积小；燃料和水的消耗量少；使用操作方便，启动快。

内燃机缺点：对环境的污染严重，由于一般使用石油燃料，同时排出的废气中含有害气体的成分较高；对燃料要求较高，高速内燃机一般利用汽油或轻柴油作为燃料，并且对燃料的洁净度要求严格。

内燃机应用：地面上各类运输车辆、矿山机械、建筑机械、石油勘探、船舶的主机和辅机；在军事方面，如坦克、装甲车、步兵战车、重兵器牵引车和各类水面舰艇等都大量利用内燃机。

b. 外燃机是利用燃料在机器外部的燃烧，加热循环工质（如蒸汽机将锅炉里的水加热，产生高温高压水蒸气输送到机器内部），使热能转化为机械能的一种闭式循环往复活塞式热力发动机，又称斯特林发动机。如蒸汽机、汽轮机。

外燃机优点：由于外燃机避免了传统内燃机的爆震做功问题，从而实现了高效率、低噪声、低污染和低运行成本。外燃机可以燃烧各种可燃气体、液体燃料、木材，以及利用太阳能等。外燃机最大的优点是出力和效率不受海拔高度影响，非常适合于高海拔地区使用。

外燃机缺点：由于热源来自外部，热量损失是内燃发动机的 2～3 倍；热量传导时间长，需要时间暖机；不能快速改变其动力输出；在运转前需要额外增加启动力，而启动力也需要动能储备。

外燃机应用：用于建筑采暖、空调制冷；利用固体燃料、太阳能发电；余热回收，在炼油厂、化工厂、焦化厂、冶炼厂等，均可使用；可用在汽车、潜水艇、宇宙飞船上，充分发挥其体积小、排热量低、噪声小等特点，应用十分广泛。

(a) 内燃机

(b) 蒸汽机

(c) 汽轮机

图 7-1　发动机按燃烧部位不同分类

② 按活塞运动方式不同，活塞式内燃机可分为往复活塞式和转子活塞式两种，如图 7-2 所示。

③ 按照使用燃料不同，可分为汽油机和柴油机，如图 7-3 所示。

④ 按工作循环分不同，可分为四冲程发动机和二冲程发动机，如图 7-4 所示。发动机的曲轴转一圈就完成一个工作循环的就是二冲程，如果是转两圈才完成一个工作循环就是四冲程。

⑤ 按照冷却物质不同，可分为风冷式和水冷式两种，如图 7-5 所示。

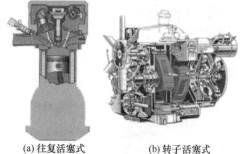
(a) 往复活塞式　　　(b) 转子活塞式

图 7-2　活塞式内燃机

⑥ 按气门位置不同，可分为侧置式和顶置式两种，如图 7-6 所示。

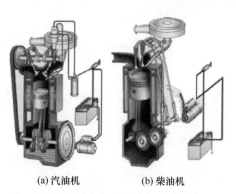
(a) 汽油机　　　(b) 柴油机

图 7-3　发动机按燃料不同分类

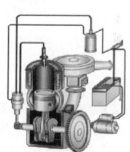
(a) 四冲程　　　(b) 二冲程

图 7-4　发动机按冲程不同分类

⑦ 按气缸排列不同，可分为直列式发动机和 V 型发动机，如图 7-7 所示。

⑧ 按气缸数量不同，可分为单缸发动机和多缸发动机，如图 7-8 所示。

(2) 发动机的总体构造

发动机由两大机构五大系统共七大块组成，两大机构是指曲柄连杆机构和配气机构；五大系统是指冷却系、润滑系、燃料供给系、点火系和启动系。注意：柴油机没有点火系。

总体构造如图 7-9 所示。发动机的每一部分都有自己的功能，下面分别介绍。

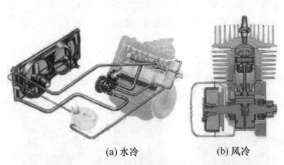

(a) 水冷　　　　(b) 风冷

图 7-5　发动机按冷却物质不同分类

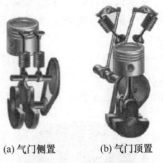

(a) 气门侧置　　(b) 气门顶置

图 7-6　发动机按气门位置不同分类

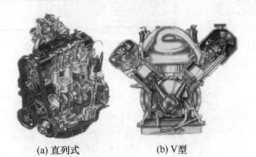

(a) 直列式　　　(b) V型

图 7-7　发动机按气缸排列不同分类

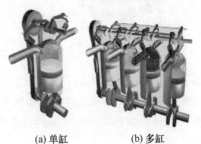

(a) 单缸　　　　(b) 多缸

图 7-8　发动机按气缸数量不同分类

图 7-9　发动机

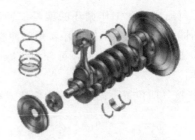

图 7-10　曲柄连杆机构

① 曲柄连杆机构。

作用：将燃料燃烧时产生的热量转变为活塞往复运动的机械能，再通过连杆将活塞往复运动变为曲轴的旋转运动而对外输出动力。

组成：由气缸体和曲轴箱组、活塞连杆组、曲轴飞轮组成，如图 7-10 所示。

② 配气机构。

作用：使可燃混合气及时充入气缸并及时从气缸排出废气。

组成：由进气门、排气门、挺柱、推杆、摇臂、凸轮轴以及凸轮轴正时齿轮（由曲轴正时齿轮驱动），如图 7-11 所示。

③ 冷却系。

作用：把受热零件的热量散到空气中去，延缓零件的强度和硬度的下降所导致的变形损坏，维持相互配合零件间合适的配合间隙，避免润滑油受高温而变质，保证发动机的正常工作。

组成：它由水泵、风扇、散热器、分水管、水套等组成，如图 7-12 所示。

④ 润滑系。

作用：将润滑油供给做相对运动的零件以减少它们之间的摩擦阻力，减轻机件的磨损，并部分地冷却摩擦零件，清洗摩擦表面，能够起到防腐、密封的作用。

组成：主要包括机油泵、限压阀、机油滤清器、润滑油道等，如图 7-13 所示。

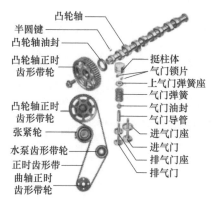

凸轮轴
半圆键
凸轮轴油封
凸轮轴正时齿形带轮
挺柱体
气门锁片
上气门弹簧座
气门弹簧
气门油封
凸轮轴正时齿形带轮
气门导管
张紧轮
进气门座
进气门
水泵齿形带轮
排气门座
正时齿形带
排气门
曲轴正时齿形带轮

图 7-11　配气机构

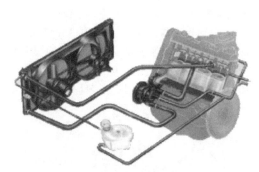

图 7-12　冷却系

图 7-13　润滑系

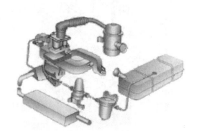

图 7-14　燃料系

⑤ 燃料供给系。

a. 汽油车。

作用：按需要，定时、定量、定压地向气缸内供应已配置好的可燃混合气，燃烧后排出废气。

组成：主要由燃油箱、汽油泵、进排气管、滤清器等组成，如图 7-14 所示。

b. 柴油车。

作用：向气缸内供应纯空气并在规定时刻向气缸内喷入柴油，燃烧后排出废气。

组成：由燃油箱、喷油泵、喷油器、进排气管、滤清器等组成。

⑥ 点火系。

作用：按规定时刻及时点燃气缸内的混合气。

组成：由蓄电池、分电器、点火线圈、火花塞等组成，如图 7-15 所示。

⑦ 启动系。

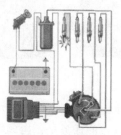

图 7-15　点火系

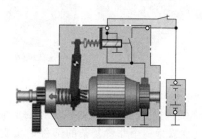

图 7-16　启动系

作用：使静止的发动机启动。

组成：由起动机及附属装置组成，如图 7-16 所示。

(3) 发动机机械机构组成及作用

发动机机械机构分为三大系统：发动机壳体、曲轴传动机构和气门机构，这三个系统始终处于相互配合的状态，如图 7-17 所示。

① 发动机壳体及缸体。发动机壳体是由气缸盖罩、气缸盖、气缸盖密封垫、曲轴箱、油底壳密封垫和油底壳等主要零件组成，如图 7-18 所示。

壳体的工作任务主要包括：吸收发动机运行过程中产生的各种作用力；对燃烧室、发动机油和冷却液起到密封作用；安装固定曲轴传动机构、气门机构以及其他部件。

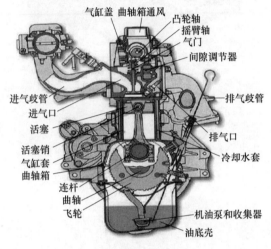

图 7-17 发动机机械机构

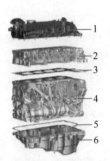

图 7-18 发动机壳体

1—气缸盖罩；2—气缸盖；3—气缸盖密封垫；4—曲轴箱；
5—油底壳密封垫；6—油底壳

a. 气缸体。气缸体是发动机的主体，它将各个气缸和曲轴箱连成一体，是安装活塞、曲轴以及其他零件和附件的支承骨架。如图 7-19 所示，气缸体上部圆柱形空腔为气缸，它和气缸盖、活塞一起组成燃烧室，并引导活塞做往复运动；气缸体的下部是曲轴箱，用来安装曲轴，其外部还可安装发电机、发动机支架等各种附件。

气缸体的作用是提供各发动机及其部件的安装、支承，保证活塞、连杆、曲轴等运动部件工作时的准确位置，以及保证发动机的换气、冷却和润滑。

图 7-19 气缸体

图 7-20 气缸盖

b. 气缸盖。气缸盖安装在缸体的上面，从上部密封气缸并构成燃烧室，如图 7-20 所示。

气缸盖是一个非常复杂的部件，负责执行多项功能。气缸盖的任务是：构成燃烧室顶；固定气门机构；固定换气通道；吸收燃烧产生的作用力；固定冷却液和润滑油输送通道及曲轴箱通风通道；固定安装件。

c. 气缸盖罩。气缸盖罩，如图 7-21 所示。气缸盖罩的功能是：遮盖并密封气缸盖，将机油保持在内部，同时将污垢和湿气等污染物隔绝于外；将机油与空气隔离；固定曲轴箱通风系统；充当机油加注口；固定安装件。

为了达到较好的减振效果，气缸盖罩与气缸盖以非刚性方式连接。使用螺栓连接时，通过弹性密封垫和去耦元件达到上述目的。气缸盖罩可由铝合金、塑料或镁合金制成。

图 7-21　气缸盖罩

图 7-22　发动机油底壳
1—油底壳；2—导流板

d. 发动机油底壳。油底壳是发动机壳体的底部，用于存储发动机机油，如图 7-22 所示。

油底壳的作用是：发动机回流机油的收集容器；曲轴箱的底部；固定安装件。

② 曲轴传动机构。曲轴传动机构主要包括三个部件：活塞、连杆和曲轴，如图 7-23 所示。此外曲轴传动机构还包括一些外围设备，这些设备并不执行主要功能而是提供相关辅助。辅助设备基本包括飞轮、带轮（带有扭转减振器）和正时链链轮。

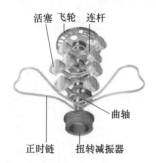

图 7-23　曲轴传动机构
1—曲轴；2—活塞；3—连杆

曲轴传动机构是一个将燃烧室压力转化为动能的功能分组，在此过程中，活塞的往复运动转化为曲轴的转动。曲轴传动机构部件的运动方式包括：活塞在气缸内上下运动（往复运动）；连杆通过小连杆头以可转动方式连接在活塞销上，也进行往复运动；大连杆头连接在曲柄轴颈上并随之转动；连杆轴在曲轴圆周平面内摆动；曲轴绕自身轴线转动。

a. 曲轴。曲轴将活塞的直线运动转化为转动，主要由扭转减振器的固定装置、用于驱动机油泵的齿轮、主轴颈、连杆轴颈、输出端、平衡块、油孔和正时链链轮等零件组成，如图 7-24 所示。

b. 活塞。活塞是汽油发动机所有传动部件的第一个环节。活塞的任务是吸收燃烧过程中产生的压力并通过活塞销和连杆将其传至曲轴，在此过程中将燃烧热能转化为动能。活塞的主要部分包括活塞顶、活塞环部分、活塞销座和活塞裙，如图 7-25 所示。

图 7-24　曲轴传动机构（曲轴）
1—扭转减振器的固定装置；2—用于驱动机油泵的齿轮；3—主轴颈；4—连杆轴颈；5—输出端；6—平衡块；7—油孔；8—正时链链轮

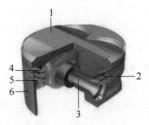

图 7-25　曲轴传动机构（活塞）

1—活塞顶；2,4—气环；3—活塞销；5—刮油环；6—活塞裙

图 7-26　曲轴传动机构（连杆）

1—油孔；2—滑动轴承；3—连杆；4—上轴瓦；
5—下轴瓦；6—连杆轴承盖；7—连杆螺栓

c. 连杆。连杆负责连接活塞和曲轴，活塞的直线运动通过连杆转化为曲轴的转动。此外，连杆还要将燃烧压力产生的作用力由活塞传至曲轴上。连杆主要由油孔、滑动轴承、连杆、轴瓦、连杆轴承盖和连杆螺栓等零件组成，如图 7-26 所示。

③ 气门机构。气门机构由下列部件共同构成：凸轮轴、传动元件（压杆、挺杆）、气门（整个总成），还可能包括液压气门间隙补偿器（HVA），如图 7-27 及图 7-28 所示。

气门的主要作用是进气和排气。进气门是将空气吸入发动机内，与燃料混合燃烧；排气门是将经活塞压缩和火花塞点火燃烧后的废气排出并散热，排气门必须能够抵抗废气的高温。

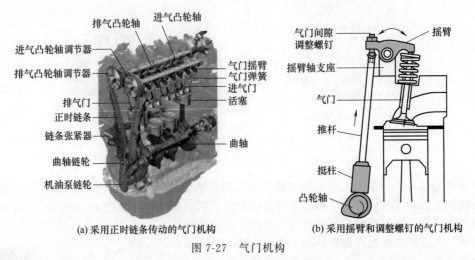

(a) 采用正时链条传动的气门机构　　　(b) 采用摇臂和调整螺钉的气门机构

图 7-27　气门机构

气门运动的时间和顺序由凸轮轴决定，负责将凸轮行程传给气门的机械机构称为气门机构。气门机构承受较高的加速度和减速度，由此产生的惯性力随发动机转速增加而增大，并使结构承受很大负荷。

(4) 发动机主要组成零件的加工工艺

① 气缸体。

a. 气缸体的结构特点。气缸体是一个近似六面体的结构，壁薄，加工面、孔系较多，属典型的箱体类零件。主要加工的结构有气缸孔、主轴承孔、凸轮轴孔、安装螺孔等多种孔系，有润滑油道、冷却水道，有多种连接、密封用的凸台和小平面。它们的加工精度直接影响发动机的装配精度和工作性能，同时为提高缸体刚度和强度，还分布有许多加强筋。

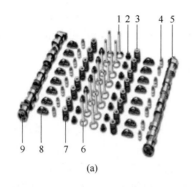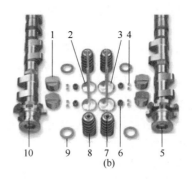

1—进气门；2—底部气门弹簧座（带有气门杆
密封件）；3—上部气门弹簧座；4—HVA 元件；
　　5—进气凸轮轴；6—排气门；7—气门弹簧；
　　　8—滚子式气门摇臂；9—排气凸轮轴

1—挺杆；2—排气门；3—进气门；4—气门
　锁夹；5—进气凸轮轴；6—气门杆密封件；
　　7—上部气门弹簧座；8—气门弹簧；
　　　9—气门弹簧座；10—排气凸轮轴

图 7-28　气门机构组件

b. 气缸体的材料。气缸体材料应具有足够的强度、良好的浇铸性和切削性，且价格要低。因此常用的缸体材料是铸铁、合金铸铁。但铸铁有着很多先天的不足：质量大、散热性差、摩擦系数高。

铝合金缸体重量轻，导热性良好，冷却液的容量可减少。启动后，铝合金缸体能很快达到工作温度，并且和铝合金活塞热膨胀系数完全一样，受热后间隙变化小，可减少冲击噪声和机油消耗；而且和铝合金缸盖热膨胀系数相同，工作时可减少冷热冲击所产生的热应力。

c. 气缸体及其各部位加工路线。

• 缸孔加工：采用粗镗、半精镗及精镗、珩磨方式加工。

主要工艺流程：粗镗缸孔底孔→半精镗缸孔底孔→精镗缸孔底孔→压装缸套→精镗缸孔→粗珩缸孔→精珩缸孔。

• 主轴承孔的加工：一般采用粗加工半圆孔，再与凸轮轴孔等组合精加工。

主要工艺流程：粗镗半圆孔→装配瓦盖→半精镗主轴承孔→精镗主轴承孔。

• 凸轮轴孔的加工：一般采用粗镗，再与主轴承孔等组合精加工。

主要工艺流程：粗镗、半精镗凸轮轴孔→精镗凸轮轴孔→压衬套。

• 挺杆孔的加工：一般采用钻、扩（镗）及铰孔的加工方式。

主要工艺流程：钻挺杆孔→扩挺杆孔→铰挺杆孔。

• 主油道孔的加工：传统的加工方法是采用麻花钻进行分级进给方式加工，其加工质量差、生产效率低，目前工艺常采用枪钻进行加工。

• 气缸体加工路线：

毛坯上线、检查→粗铣缸体前后端面→粗铣缸体顶平面→粗铣缸体底平面、瓦盖结合面及止口面→粗镗缸体曲轴半圆孔→半精铣底平面、钻铰底面定位销孔→钻凸轮轴孔、主油道孔→粗镗缸孔→粗、精铣缸体两侧面→前后端面孔系加工→顶面水孔、缸盖定位销孔及深油孔加工→缸体挺杆孔、缸盖紧固螺栓孔加工→精铣底平面、瓦盖结合面，缸盖紧固螺栓孔及瓦盖螺栓孔加工→零件中间清洗→瓦盖装配→凸轮轴孔、挺杆体定位销孔及前后端面销孔加工→前后两端面精铣→精镗主轴孔、第四主轴承止推面、凸轮轴孔→精铣顶平面、精镗缸孔→缸孔珩磨→零件最终清洗→缸体油道、水道密封试验→压凸轮轴套→总成检查及下线。

② 气缸盖。

a. 气缸盖的结构特点。气缸盖形状一般为六面体，系多孔薄壁件，其上有气门座孔、气门导管孔、各种光孔及螺纹孔、凸轮轴孔等。汽油机缸盖有火花塞孔，柴油机缸盖有喷油器孔。

根据缸盖在一台发动机上的数量可分为整体式缸盖和分体式缸盖等。只覆盖一个气缸的称为单体气缸盖，覆盖两个以上气缸的称为块状气缸盖（通常为两缸一盖，三缸一盖），覆盖全部气缸的称为整体气缸盖（通常为四缸一盖，六缸一盖）。

根据气缸盖上凸轮轴的个数可分为单顶置凸轮轴式（SOHC）气缸盖、双顶置凸轮轴式（DOHC）气缸盖。

根据缸盖每缸的气门数量可分为2气门、4气门等。

b. 气缸盖的材料选用。由于气缸盖在发动机做功过程中需承受燃气爆发力及螺栓紧固力所产生的热应力和机械应力，所以要求缸盖本体有足够的强度、刚性及耐热性，以保证在气缸体的压力和热应力的作用下能可靠地工作。它与气缸垫的结合面应具有良好的密封性，其内部的进排气通道应使气体通过时流动阻力最小，还应冷却可靠，并保证安装在其上的零件能可靠地工作。

常用的缸盖材料有灰铸铁、合金铸铁、铝合金及镁合金等。卡车用发动机的缸盖材料多以灰铸铁、合金铸铁或低铜铬铸铁等为主，其力学性能、铸造性能和耐热性能较好；小型发动机的缸盖多采用铝合金材料，充分发挥其比重小、导热性能好的特点。

随着市场对高马力、高转矩、低废气排放以及降低燃料使用量等需求的持续增长，这迫使大功率柴油发动机需要不断提高点火峰压，使发动机的热负荷和机械负荷大幅度增加。热负荷及机械负荷的同时升高，使目前使用的常规铸铁和合金铸铁发动机已达到或超过了其使用上限。目前蠕墨铸铁已逐渐在发动机缸盖的铸造生产领域得到应用。

c. 气缸盖的加工路线。

Ⅰ. 缸盖安排加工顺序时总的原则是：先面后孔、先粗后精、先主后次、先基准后其他。

Ⅱ. 大致过程是：顶底平面、过渡定位基准加工→主定位基准加工→前后端面及两侧面加工→各面一般孔系加工→精铣底面→导管阀座底孔及精加工。

Ⅲ. 主要加工工艺：

缸盖的平面加工一般采用机夹密齿铣刀进行铣削加工，孔系一般采用摇臂钻床、组合机床、加工中心等分别进行钻、扩、铰方式加工；导管及阀座采用冷冻或常温压装方式进行组装，常温压装过程中一般采用位移-压力控制法对装配过程进行控制。

Ⅳ. 气缸盖加工路线：

毛坯上线、检查→顶面定位基准及弹簧座面加工→粗铣、半精铣进排气面→粗铣、半精铣前后端面→粗铣、半精铣顶底平面→缸盖螺栓孔加工→进排气阀座底孔、导管底孔粗加工→前后端面燃油道、回油孔加工→前后端面和进气面及其孔系加工→导管底孔和阀座底孔加工→进排气导管压装→压装进排气阀座→顶平面及其孔系精加工→底平面及其孔系精加工→清洗→总成试漏→终检下线。

③ 曲轴。

a. 曲轴的结构特点。曲轴属细长杆件，主要由主轴颈、连杆轴颈、油封轴颈、齿轮轴颈组成，在主轴颈、连杆轴颈上有油孔，两端有螺纹孔。

根据发动机的结构，曲轴主要有直列和V型曲轴。主轴颈用于支持整个曲轴，连杆轴颈与连杆相连，带动连杆活塞做上下往复运动。

b. 曲轴的材料选用。

Ⅰ. 材料选择原则。曲轴受到旋转质量的离心力、周期变化的气体惯性力和往复惯性力的共同作用，使曲轴承受弯曲扭转载荷的作用。因此要求曲轴有足够的强度和刚度，轴颈表面需耐磨、工作均匀、平衡性好。曲轴材料选择的原则，首先是要能满足使用性能，然后再考虑成本、轻量化、环保等一系列要求。

Ⅱ. 常用材料。根据发动机的工作状况，曲轴常用材料有：球墨铸铁、合金钢。对于汽油机曲轴和小型柴油机曲轴，由于功率较小，曲轴毛坯一般采用球墨铸铁和优质碳素钢，常用材料有：QT700-2、45 钢等。中、重型柴油机曲轴毛坯一般采用合金钢，常用材料有：48MnV、35CrMo 等。

Ⅲ. 曲轴强化工艺。

为提高曲轴的强度、增加表面耐磨性，曲轴一般需要对轴颈表面、圆角等处进行强化处理，常用的强化工艺有淬火、滚压、氮化等，由于淬火适用范围广、效率高、强化效果好，因此淬火成为目前主要的强化工艺。

钢制曲轴一般都使用圆角滚压工艺，球墨铸铁曲轴除使用圆角滚压工艺外，还要进行氮化处理，氮化处理过的曲轴颜色发乌。

c. 曲轴的加工路线：铣端面打中心孔（毛坯厂加工）→毛坯上线、检查→车止推轴颈外圆→粗磨止推轴颈外圆→主轴颈粗加工→两端轴颈粗加工→连杆轴颈粗加工→油孔加工→中间清洗→热处理→校直→止推面磨削→轴颈磨削→两端螺纹孔、定位销孔加工→铣键槽→动平衡→探伤→抛光→清洗→下线检查。

④ 凸轮轴。

a. 凸轮轴的结构特点。凸轮轴是发动机中配气机构的重要部件，在发动机工作循环中，它合理地控制进排气门的开启、关闭时间和开合量，使经过压缩的燃油混合气充分燃烧，推动活塞运动做功，然后将废气排出燃烧室，因此它影响着发动机的动力性、经济性和排放。

凸轮轴属于细长轴类零件，刚性差、易变形，要准确控制发动机的进排气门定时开启和关闭，凸轮应具有很高的轮廓精度、相位角度要求和良好的耐磨性能及整体刚性。

b. 凸轮轴的材料选用。凸轮轴常用材料有球墨铸铁、合金铸铁、冷激铸铁、中碳钢、合金钢等，球墨铸铁一般用于单缸凸轮轴，合金铸铁一般用于高速凸轮轴。

传统的凸轮轴大多是由铸造或锻造生产，个别也有用碳钢切削加工制造的。铸造式凸轮轴主要使用冷硬铸铁、淬火铸铁等。为了减轻重量，有些凸轮轴采用型芯铸造，使轴呈空心状。冷激铸铁取消热处理，节约能源，加工余量较小，常用于轿车发动机或汽油机凸轮轴。对于少量生产或试制时，也可利用相应的棒料切削加工成形，但这样材料的利用率很低。

凸轮轴的轴颈和凸轮加工成为整个凸轮轴加工工艺的重点，其加工多以车削、铣削和磨削工艺及表面强化（淬火、喷丸、氮化）等辅助工艺相结合。

c. 凸轮轴的加工路线。

Ⅰ. 主轴颈的加工。凸轮轴主轴颈的加工常采用车削、热处理、磨削、抛光的加工工艺。传统粗加工多采用多刀车削工艺，但由于加工变形大、设备柔性差等问题，目前已逐步被 CNC 车削、外铣等加工方式替代。磨削加工根据产量的大小，常采用多砂轮或单砂轮磨削。

Ⅱ. 凸轮轴颈的加工。凸轮轴颈的形状似桃子，其形状设计目的是保证进、排气充分，而且气门在开、闭过程中不要产生过大的冲击，凸轮轴颈的形状直接影响发动机整机动力性能、燃油经济性和排放指标，因此凸轮轴中凸轮轴颈的加工至关重要。

凸轮轴颈的粗加工常用凸轮仿形车床车削加工或 CNC 铣削加工，精加工采用凸轮磨床进行磨削。传统磨削采用靠模方式磨削，目前随着数控技术的发展，已采用无靠模的 CNC 轨迹跟踪磨削。机床砂轮进给轴和工件旋转轴进行插补磨削，完全取消了机械靠模，从而具有良好的柔性、较高的加工精度。

凸轮轴颈传统加工流程：仿形多刀车→粗磨→淬火→半精磨、精磨→靠模砂带抛光，目前的加工流程：CNC 无靠模外铣机床铣削凸轮→淬火→CNC 无靠模磨床 CBN 砂轮磨削凸轮→柔性抛光凸轮。

Ⅲ. 凸轮轴的主要加工路线：铣端面、打中心孔→粗车主轴颈→凸轮轴颈粗加工→热处理→校直→磨轴颈、凸轮等→精磨轴颈、凸轮等→探伤→抛光→清洗→下线检查。

⑤ 连杆。

a. 连杆的功用及结构。

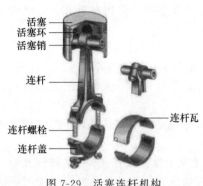

图 7-29 活塞连杆机构

Ⅰ. 连杆的功用。连杆是连接活塞与曲轴的动力功能件。连杆小头通过活塞销与活塞相连（构成活塞连杆机构，如图 7-29 所示），连杆大头与曲轴的连杆轴颈相连，并把活塞承受的气体压力传给曲轴，使活塞的往复运动转变成曲轴的旋转运动。

Ⅱ. 连杆的结构组成。

连杆结构分为三部分：连杆小头、连杆杆身、连杆大头，如图 7-30（a）所示。

连杆组件的构成：连杆体、连杆盖、螺栓与螺母、衬套。

连杆的结构类型，通常按结合面结构形式分为平切口和斜切口两类，如图 7-30（b）、（c）所示。

平切口：结合面与连杆杆身轴线垂直，通常用于汽油发动机。一般汽油机连杆大头的直径小于气缸的直径，采用平切口。

斜切口：结合面与连杆杆身轴线成一定夹角，通常用于柴油发动机。柴油机受力大，其大头直径较大，超过气缸的直径，采用斜切口。

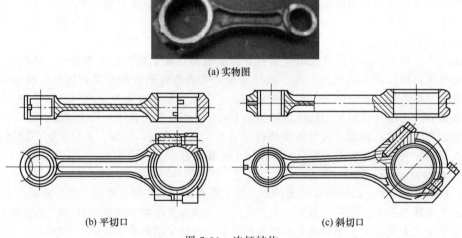

(a) 实物图

(b) 平切口   (c) 斜切口

图 7-30 连杆结构

b. 连杆的材料选用。连杆工作时，承受活塞顶部气体压力和惯性力的作用，而这些力的大小和方向都是周期性变化的。因此，连杆受到的是压缩、拉伸和弯曲等交变载荷。这就要求连杆强度高、刚度大、重量轻，一般连杆常用材料有 QT700-2、40MnV、38MnSiV35 等。

c. 连杆的加工路线。

Ⅰ. 两端面加工。连杆的两端面是加工过程中主要的定位基准面，而且在许多工序中反复使用，所以应先加工它，并随着工艺过程的进行要逐渐精化以提高其定位精度。大批量生产中，连杆两端面多采用磨削和拉削加工。

两端面加工工艺流程常为：粗铣→精铣→粗磨→精磨。

Ⅱ. 大小头孔加工。连杆大、小头孔的中心距影响发动机的压缩比，因此其中心距要求较高，一般在±0.05mm 以内，这也是连杆加工中的关键工序。为保证与其他孔或平面的位置精度，精加工通常采用镗削加工，而且大、小头孔的精镗一般都在专用的双轴镗床同时进行，多采用双面、双轴金刚镗床，有利于提高加工精度和生产率。

大、小头孔加工工艺流程常为：钻→扩→粗镗→精镗→珩磨。

Ⅲ.连杆的主要加工路线：铣两端面→镗小头孔→铣小头斜面→镗大头上下半圆→钻油孔并倒角→铣断→粗磨连杆、连杆盖对口面→钻杆、盖螺栓孔→精磨连杆、连杆盖对口面→扩铰杆盖螺栓孔→铣瓦槽→连杆盖配对并装配→自动拧紧→精磨两端面→精镗小头底孔、半精镗大头孔→压衬套→称重→精镗大头孔、衬套孔→珩磨大头孔→总成清洗→终检。

⑥ 活塞组。

a.活塞。

Ⅰ.活塞的结构特点。活塞是薄壁壳体，见图 7-25，顶面加工有气门坑、开口结构；头部有环槽、径向油孔；销孔内、外侧常加工出较大的内、外孔倒角。

Ⅱ.活塞的材料选用。活塞材料一般按其工作条件来确定，汽车活塞一般很少用铸铁活塞，一般只有在重负荷、低速、低级燃料的发动机中用铸铁材料活塞；对于高速发动机要求活塞要具有很小的质量，来保持很小的惯性力，所以此类活塞多采用铜硅铝合金材料。

与铸铁材料相比铜硅铝合金材料主要有以下优点：

• 导热性良好，能够使活塞顶面的温度快速降低，提高发动机的压缩比，并且使混合气体不会产生自燃，从而提高发动机的功率；

• 重量轻，工作时惯性力矩小，运行平稳；

• 可切削性较好；

但是铜硅铝合金也有一些缺点，其主要缺点如下：

• 与铸铁相比铝合金价格较贵；

• 铝合金的热膨胀系数大，受热变形大；

• 铝合金的耐磨性以及强度和刚度与铸铁相比都较差。

总的来说，铝合金的优点更多，更适合用来做活塞材料。并且，其耐磨性差的缺点可以通过镶嵌高镍铸铁环的措施来改进，因此铜硅铝合金在活塞中应用更为广泛。汽油机活塞材料普遍采用硅铝合金；柴油机活塞则多用铜镍镁铝合金；还有一些活塞采用青铜合金。

此外，对于尺寸较大、结构较为复杂的铸件，为了消除残余应力，需在粗加工之前或粗加工之后进行一次时效处理，即将活塞加热至 $180\sim200℃$，然后保温 $6\sim8h$ 后，自然冷却。铝合金热处理一般安排在机加工前，在机加工前要切去冒口，然后进行时效处理，消除铸造时因冷却不均匀而带来的内应力，增加活塞的强度和硬度。

Ⅲ.活塞的加工路线：粗车止口、端面→粗镗销孔→粗车外圆顶面、环槽→钻油孔→精车止口、打中心孔→精切环槽→精车外圆→精镗销孔→精车外圆→精车顶面及倒角→滚压销孔。

b.活塞环。

Ⅰ.活塞环是与活塞配合的密封件，如图 7-31 所示。

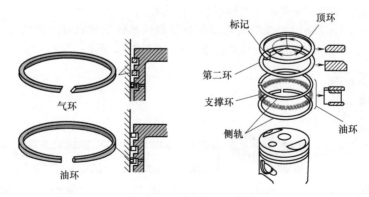

图 7-31　活塞环及安装

活塞环的作用如下。

• 保持密封：保持活塞与气缸壁之间的密封，不让燃烧室的气体漏到曲轴箱，把气体的泄漏量控制在最低限度，提高热效率。

• 调节机油（控油）：不断提供润滑油使缸壁上布有薄薄的油膜，同时把气缸壁上多余的润滑油刮下，保证气缸和活塞的正常润滑。

• 导热：通过活塞坏将活塞的热量传导给气缸壁，经由气缸壁散发出去，即起到冷却作用。

• 导向（支承）：活塞略小于气缸内径，要保证活塞正常运动，防止活塞与气缸壁直接接触，活塞环要支承活塞。

Ⅱ．活塞环的材料。活塞环在极其恶劣的条件下工作，所用材料应具有下列条件。

• 良好的耐磨性，主要指材料要滑动性能好，咬合倾向小，初期磨合性能良好，在润滑不足时，有一定的"自润"储备能力，磨损后表面不产生塑性变形（毛刺或飞边）。

• 足够的力学性能。活塞环是一种弹性零件，弹性模量应当高，残留变形应当小，有相应的弯曲疲劳强度及适当的硬度。

• 足够的弹性，良好的抗腐性能。

• 良好的热稳定性，在热负荷下能保持力学性能和疲劳强度。

• 比重应尽可能小。材料供应方便，成本低。

• 良好的机械加工性能。

通常，活塞环用的材料一般有三种：球墨铸铁、合金铸铁和不锈钢（又分马氏体不锈钢和奥氏体不锈钢）。活塞环材料以铸铁为主，是因为铸铁中含有石墨，它是优良的固体润滑剂，当活塞环处于临界摩擦或干摩擦状态下，铸铁材料就显示出其优越的自润滑性能。如摩擦或润滑问题能解决，钢材也可以用来制作活塞环，现在还有半可锻铸铁材料。

在汽车、拖拉机中的活塞环大多数采用合金铸铁，在重型车辆中的第一道环采用球墨铸铁。传统车用柴油发动机的活塞环一般使用球墨铸铁或合金铸铁，汽油发动机的活塞环一般采用钢制。

Ⅲ．活塞环的加工路线：毛坯铸造→双体磨→割片→粗磨面→调质处理→粗磨侧面→校平→中磨侧面→精磨侧面→清洗脱脂→中间检查→内外仿形→切向扩口→修口及去开口毛刺→精磨侧面→清洗脱脂→涂色标→理环→成形车外圆→理环→修口去开口毛刺→去内圆毛刺→磷化→精磨侧面→确认珩磨→清洗脱脂→理环喷色标→中间检查→脱磁→磷化→理环→激光打标→终检→上油→包装。

c. 活塞销。

Ⅰ．活塞销的结构。活塞销就是装在活塞裙部的圆柱形销，它的中部穿过连杆小头孔，用来连接活塞与连杆，把活塞承受的气体作用力传给连杆。

为了减轻重量，活塞销用低碳钢或低碳合金钢制成厚壁的管状体。其内孔形状有圆柱形、两段截锥形和组合形（两段截锥与一段圆柱组合），如图 7-32 所示。

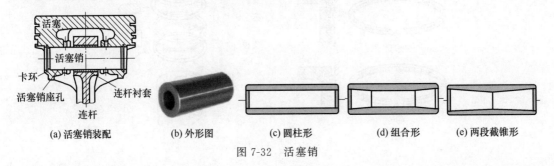

(a) 活塞销装配   (b) 外形图   (c) 圆柱形   (d) 组合形   (e) 两段截锥形

图 7-32　活塞销

Ⅱ．活塞销的材料。活塞销的材料一般为低碳钢或低碳合金钢，如 20 钢、15Cr、20Cr 或

20CrMnTi 等。

为使活塞销外层硬并耐磨，需要对活塞销进行热处理。对于低碳钢材料的活塞销外表面进行渗碳淬硬，再经精磨和抛光等精加工，这样既提高了表面硬度和耐磨性，又保证有较高的强度和冲击韧性。根据活塞销的尺寸大小，渗碳层的深度一般在 0.5～2mm 范围内。对于 45 钢的活塞销则是进行表面淬火，淬火层的深度为 1～1.5mm，注意淬火时不能将活塞销淬透，否则活塞销将变脆。

Ⅲ. 活塞销的加工路线。活塞销的制造工艺路线有多种，主要分为三个类别：

挤压成形：棒料→退火→磷化→冷挤压→渗碳→淬火→回火→精加工→成品；

钻削加工成形：棒料→粗车外圆→渗碳→钻内孔→淬火→回火→精加工→成品；

管料制造：棒料→热轧管→粗车外圆→渗碳→淬火→回火→精加工→成品。

⑦ 气门。

a. 气门的结构特点。气门是配气机构的关键基础件，主要由气门头部和气门杆两部分组成，如图 7-33 所示。

Ⅰ. 气门头部。气门头部制成带 30°或 45°锥面的圆盘，与气门座锥面研配使贴合面十分紧密，防止漏气。气门尾部制有环槽或锥面，用来装气门锁夹固定气门弹簧座。有的尾部还制有装安全卡簧的锁夹槽，防止因气门弹簧折断或锁夹脱落使气门落入气缸造成机械故障。气门主要分为单一金属气门、双金属气门和空心气门，无论哪种气门，其构造都基本相同。

Ⅱ. 气门杆。气门杆用于气门在气门导管内导向和传热作用。为传导热量，气门杆可以采用空心，空腔容积 60％的部分填充有

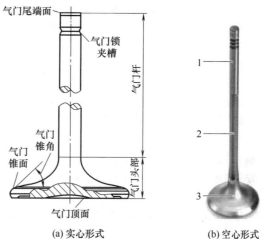

图 7-33　气门结构及各部分名称
1—气门杆；2—空腔；3—气门头

可自由移动的金属钠，利用液态钠（钠在 97.5℃时熔化）将内圆角和气门头处产生的部分热传至气门导管并进入冷却循环回路，从而显著降低气门温度。空心气门可采用单一金属或双金属气门结构，一般用于排气门侧。

b. 气门的材料选用。在选择气门材料时，必须考虑工作温度、腐蚀情况、冲击载荷、气门杆部和端面的耐磨性等。进气门温度较低，常用材料为 40Cr9Si2 、4Cr10Si2Mo 等；排气门在高温下工作，常用材料为 4Cr10Si2Mo、5Cr21Mn9Ni4N 等。

为提高其硬度和耐磨性，需要进行热处理（如淬火，氮化处理）等。

c. 气门的加工路线。

进气门：马氏体型耐热钢棒料→电镦→锻造成形→调质→校直→机加工→尾部淬火→表面处理→成品。

排气门：下料→电镦→预锻→热处理→锥面及杆部焊合金（特殊）→热处理→精加工→表面处理→成品。

⑧ 飞轮。

a. 飞轮的作用。飞轮是发动机装在曲轴后端（即曲轴的动力输出端，也就是连接变速箱和连接做功设备的那边）的较大圆盘状零件，如图 7-34 所示。它具有以下功能：

• 将发动机做功行程的部分能量储存起来，以克服其他行程的阻力，使曲轴均匀旋转；

• 通过安装在飞轮上的离合器，把发动机和汽车传动系统连接起来；

• 装有与起动机接合的齿圈，便于发动机启动。

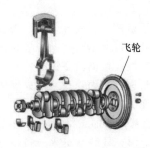

飞轮

图 7-34 飞轮

b. 飞轮的加工工艺。

Ⅰ.结构。飞轮是多孔类盘形零件，外形尺寸大、壁厚不均匀，顶面（与发动机连接）和端面（与离合器连接）的面积较大，铸造时容易变形，而且不易控制变形量，所以两个面上的连接孔必须进行机械加工。

Ⅱ.材料。飞轮材料一般使用铸铁（HT200HT250）、球铁（QT450-10、QT600-3、QT500-7 等），国外也有用 45 钢制作的飞轮。淬火是使钢强化的基本手段之一，将钢淬火成马氏体，随后回火以提高韧性，是使钢获得好的综合力学性能的传统方法。

Ⅲ.飞轮的加工路线：毛坯的铸造→毛坯的检验→粗车端面、大外圆并钻孔→粗车端面、外圆、内孔、倒圆并倒角→精车端面、外圆、镗孔并倒角→车端面、外圆、镗孔并倒→铣信号齿并去毛刺→齿圈加热并压装→精车摩擦面、端面及内孔→精车端面、外圆、镗孔并倒角→钻、镗孔并倒角、钻螺纹孔→动平衡实验→终检→入库。

(5) 发动机的工作原理

汽油发动机（四冲程）的工作原理，如图 7-35 所示。

① 第一冲程——进气行程：新鲜空气或汽油空气混合气被吸入燃烧室内。

a. 第一冲程开始时，活塞位于上止点，向下止点方向移动，进气门打开。

b. 活塞向下移动时，燃烧室容积增大。此时产生轻微真空压力，从而使新鲜汽油空气混合气通过打开的进气门吸入燃烧室内。

c. 活塞到达下止点时，燃烧室内充满汽油空气混合气，进气门关闭。

② 第二冲程——压缩行程：吸入的新鲜空气或汽油空气混合气被活塞压缩。

a. 气门关闭时，活塞从下止点向上止点移动，由于燃烧室容积减小且汽油空气混合气无法排出，因此混合气经过高度压缩，燃烧室内的压力明显增大。

b. 进行快速压缩时，燃烧室内的温度也随之升高。活塞即将到达上止点前，混合气被火花塞的火花点燃。此时称为点火时刻。汽油空气混合气开始燃烧并释放出热能。温度升高时气体迅速膨胀。但燃烧室是一个封闭空间，气体无法快速膨胀，因此燃烧室内的压力急剧增大。

③ 第三冲程——做功行程：燃油空气混合气开始燃烧，产生的压力促使活塞向下移动。

a. 燃烧室内的高压向其边界面（燃烧室壁、燃烧室顶和活塞）施加作用力。活塞在作用力下向下止点方向移动。此时容积增大，气体能够膨胀，燃烧室内的压力减小。

b. 进行做功。燃油内存储的化学能转化为机械功，气体膨胀导致燃烧室内的温度下降。

c. 活塞到达下止点时排气门打开，压力值降至环境压力。

④ 第四冲程——排气行程：排出燃烧室内的废气。

a. 活塞从下止点向上止点移动。

b. 燃烧室容积减小，通过打开的排气门排出燃烧废气。燃烧室内的压力短时稍稍增大，最后重新降至环境压力。

c. 第四冲程结束，且活塞到达上止点时，排气门关闭。

d. 四冲程过程重新开始。

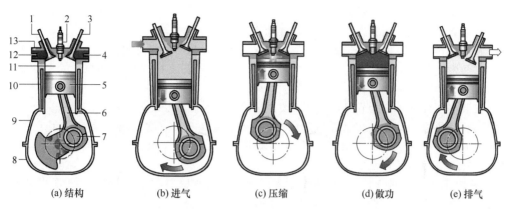

图 7-35　发动机工作原理

1—进气门；2—火花塞；3—排气门；4—排气通道；5—活塞；6—连杆；7—曲轴；8—油底壳；
9—曲轴箱；10—水套；11—燃烧室；12—排气通道；13—气缸盖

(6) 汽车发动机的装配工艺分析

① 汽车发动机装配的基本要求。

a. 发动机的装配精度要求很高。在装配前，应对已经选配的零件和组合件，认真清洗、吹干、擦净，确保清洁。检查各零件，不得有毛刺、擦伤，保持完整无损。

b. 按规定配齐全部衬垫、螺栓、螺母、垫圈和开口销，并准备适量的机油、润滑脂等常用油、材料。

② 汽车发动机的装配工艺。发动机装配包括各组合件装配和总成装配两部分。总装配的步骤，随车型、结构的不同而异，但其原则是以气缸体为装配基础，由内向外逐段装配。

a. 缸体底面朝下，清洗、吹风、标号打印。

b. 缸体翻转 180°后，打号确认。

c. 缸体翻转后缸体底面朝上。

d. 松瓦盖、卸瓦盖、安装上下轴瓦片、安装活塞冷却喷嘴、插入凸轮轴打入键、安装凸轮轴止推片、吊放曲轴打入键。

e. 打入前端销、打入前端主油道碗型塞、安装前端双头螺栓、装右端丝堵、安装主轴承盖及曲轴止推片并拧紧。

f. 打入后端销，打入后端主油道碗型塞、装后油封座、装机油泵、装齿轮冷却喷嘴（安装增压器回油接头）。

g. 缸孔涂油、装入活塞、装连杆盖、拧紧连杆螺栓、内装件检查。

h. 安装柴油机前端板、安装凸轮轴齿轮、安装惰轮轴、安装惰轮、安装曲轴齿轮、安装前盖板（包括前盖板涂胶）。

i. 安装机滤器总成、油底壳涂胶、安装油底壳并拧紧。

j. 内装件确认、安装油尺套管、安装减振器、安装挺柱。

k. 连杆打号、分解、给清洗后的连杆安装连杆瓦、活塞重量分组、活塞加热、装活塞销、装活塞环、缸体翻转 180°使缸体底面朝上。

l. 安装后端板、打入曲轴后端衬套、安装飞轮、安装离合器片及压盘、安装机滤座及机滤、安装发电机支架。

m. 安装机冷器、安装水泵总成、安装真空泵总成、安装真空泵润滑油管、安装喷油泵总成。

n. 安装喷油泵总成、安装供油角测量工具、调整供油提前角、安装喷油泵后端螺钉、安装喷油泵齿轮、安装 VE 泵回油接头、选择缸盖垫、安装缸盖垫。

　　o. 吊装缸盖、拧紧缸盖螺栓。

　　p. 安装摇臂总成、调整气门间隙、摇臂轴注油。

　　q. 检测气门间隙、安装呼吸器、安装摇臂罩总成、安装喷油器总成、安装小回油管总成。

　　r. 安装发电机总成、安装 V 型皮带、安装排气管、安装排气管隔热罩、安装暖风水管接头。

　　s. 安装高压油管、拧紧节温器螺栓、喷油泵前罩盖涂胶、安装进气管。

　　t. 安装 T/C 排气丝对、安装排气管接管用丝对、安装 T/C（增压器）、安装 T/C 回油软管、安装 T/C 进油管、安装 T/C 进水管、安装 T/C 回水管、装真空泵管、安装排气管接管、装前侧挡板、后侧挡板、装排气支承。

　　u. 装 EGR 阀、装进气接管及防护罩、装呼吸器、装呼吸器软管、安装 EGR 管装油尺、装怠速提升装置、安装油压接头、水路试漏、外观检查。

　　v. 油系试漏、加注机油、外观检查发动机装配线及线上单机专用设备（清洗机、打号机、总成装配输送线、单层自由辊道、双层柔性机动滚道托盘、缸体缸盖输送车、升降机、翻转机、涂胶机、组合式螺栓拧紧机、轴承外环振动压装机、油封压装机、间隙测量机、导向拧紧装置、发动机密封性能检验机、活塞加热机、总成综合性能试验台、转矩校准仪、气动扳手、装配线计算机控制系统、吊装式 LED 大屏幕显示装置、单轴气动定转矩扳手、电动单梁悬挂起重机）。

　　③ 汽车发动机安装完毕后的检验。高温测试是发动机装配过程中的最后步骤。首先将发动机加热到工作温度，然后接受功能测试，包括满油门测试。在这项为时约 5min 的测试中，将产生多达 220 个参数的信息。这将确保在发动机设计领域能满足汽车的高质量标准。接着，将发动机与变速箱连接后，发动机便为传动系和底盘与车身连接准备就绪了。

　　④ 汽车发动机装配时的注意事项。

　　a. 发动机连杆螺栓头部采用冷镦工艺、杆身调质、表面喷丸处理、圆角滚压强化、螺纹采用滚丝模滚丝工艺。连杆螺栓在装配时，应采用转矩转角法紧固，即先将连杆螺栓靠紧，再用 120N·m 的转矩对称扭紧，然后再分别将连杆螺栓旋转 900°±50° 并检查最终转矩，应达到 200~250N·m。

　　b. 连杆螺栓是发动机至关重要的一个零件，其质量优劣对发动机正常运转影响极大，因此连杆螺栓只允许使用一次。在装配时应使用螺纹锁固胶。

　　c. 装配中应对主要零件进行复检，应使其符合技术标准规定的要求。

　　d. 各相对运动零件的工作表面，装配时应涂机油。

　　e. 各部位螺柱和螺帽的装配，应注意拧紧的转矩和顺序。转矩过大，会使螺柱折断；转矩过小，达不到装配时的紧度要求。因此，重要部位的螺栓，都有规定的转矩数据。

　　在汽车发动机装配过程中，应严格遵守工艺标准的要求，确保发动机的装配质量，为汽车的安全行驶打基础。

7.2　电动机

(1) 电动机的功能

　　电动机是发动机的一种，是将电能转变为机械能的动力装置。它主要包括一个用以产生磁场的电磁铁绕组（或分布的定子绕组）和一个旋转电枢（或转子）。利用通电线圈（也就是定子绕组），产生旋转磁场并作用于转子，形成磁电动力转矩，是一种旋转式电动装置。电动机的工作原理是：通电导线在磁场中受到力的作用。

(2) 电动机的分类

　　电动机的类型很多，不同类型的电动机具有不同的结构形式和特性，可满足不同的工作环境和载荷要求，如图 7-36 所示。

(a) 直流电动机　(b) 单相异步电动机　(c) 单相交流电动机　(d) 三相交流异步电动机　(e) 交流同步电动机

(f) 交流感应电动机　(g) 交流伺服电动机　(h) 交流制动电机　(i) 交流变频电机　(j) 交流减速电机

图 7-36　电动机

① 按工作电源的不同分类，如图 7-37 所示。

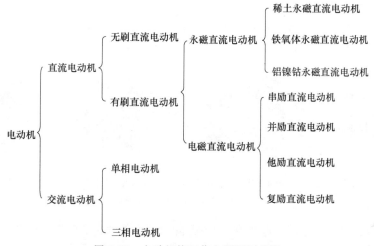

图 7-37　电动机按工作电源不同分类

② 按结构及工作原理分类，如图 7-38 所示。

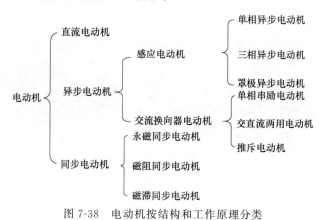

图 7-38　电动机按结构和工作原理分类

③ 按用途分类，如图 7-39 所示。

④ 按运转速度分类，如图 7-40 所示。

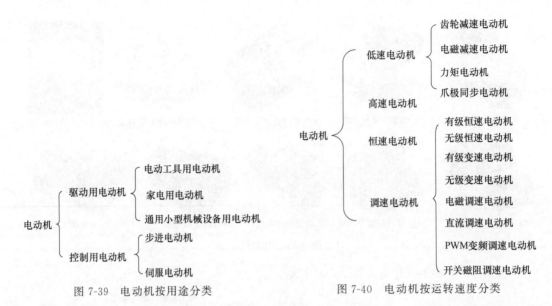

图 7-39　电动机按用途分类　　　　　图 7-40　电动机按运转速度分类

⑤ 按启动与运行方式不同，可分为单相电容启动式异步电动机、单相电容运转式异步电动机、单相双值电容异步电动机和单相双电容电机，如图 7-41 所示。

(a) 单相电容启动式　　(b) 单相电容运转式　　(c) 单相双值电容　　(d) 单相双电容电机

图 7-41　单相电容异步电动机

⑥ 按转子绕组形式的不同，可分为笼式感应电动机和绕线转子感应电动机。

a. 笼式转子用铜条安装在转子铁心槽内，两端用端环焊接，形状像鼠笼，如图 7-42 所示。中小型转子一般采用铸铝方式。

b. 绕线式转子的绕组和定子绕组相似，三相绕组连接成星形，三根端线连接到装在转轴上的三个铜滑环上，通过一组电刷与外电路相连接，如图 7-43 所示。

(a) 外形图　　　　(b) 转子　　　　　　　　　(c) 零部件拆解图

图 7-42　笼型感应电动机

⑦ 按电动机结构尺寸不同，可分为大型、中型和小型三种。

a. 16 号机座及以上，或机座中心高大于 630mm，或者定子铁芯外径大于 990mm 的，属于大型电动机。

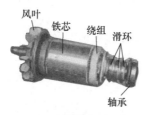

(a) 外形图　　　　　　　(b) 转子　　　　　　(c) 转子绕组

图 7-43　绕线转子感应电动机

b. 11～15 号机座，或机座中心高在 355～630mm，或者定子铁芯外径在 560～990mm 之间的，属于中型电动机。

c. 10 号及以下机座，机座中心高在 80～315mm，或者定子铁芯外径在 125～560mm 之间的，属于小型电动机。

(3) 各类电动机的特点和应用场合（以结构和工作原理为例）

按结构和工作原理划分，可分为直流电动机、异步电动机和同步电动机三种。

① 直流电动机。

a. 直流电动机特点。

主要优点：与三相交流异步电动机相比，具有良好的启动特性和调速特性，便于调速。因此，对于启动和调速性能要求较高的生产机械，多采用直流电动机驱动。

主要缺点：需要专门配置直流电源，价格比较昂贵。

b. 直流电动机应用场合。

Ⅰ. 当生产机械需在不同负载情况下基本上保持恒速，且能使转速可以调节，可选用并励直流电动机。例如：并励直流电动机可用于驱动磨床、龙门刨床等。

Ⅱ. 当生产机械启动条件繁重，且当阻力矩增长，允许转速下降幅度较大时，可选用串励直流电动机。例如：串励直流电动机可驱动电气机车、起重机、吊车、电梯等。

Ⅲ. 当生产机械需要有较大的启动转矩，且启动时加速较快；当负荷增加时转速下降较多，且不怕空载，可选用积复励直流电动机。例如：积复励直流电动机可驱动轧钢机、印刷机、造纸机、电梯、起重机等。

② 异步电动机可分为：感应电动机和交流换向器电动机。

a. 感应电动机可划分：三相异步电动机、单相异步电动机和罩极异步电动机等。

Ⅰ. 三相异步电动机。

特点：优点是与单相异步电动机相比，三相异步电机结构简单，制造方便，运行性能好，并可节省各种材料，价格便宜；缺点是功率因数滞后，轻载功率因数低，调速性能稍差。

应用场合：三相异步电机功率大，主要制成大型电机用于有三相电源的大型工业设备中。三相异步电机只用于电动机，极少用作发电机，都是同步电机用来发电。

Ⅱ. 单相异步电动机。

特点：所用电源方便、结构简单、价格低廉、运行可靠。

应用场合：单相异步电动机功率小，主要制成小型电机，广泛应用于办公室、家庭和医院等只有单相电源的场合，如家用电器（洗衣机、电冰箱、电风扇）、电动工具（如手电钻）、医用器械、自动化仪表等。

Ⅲ. 罩极异步电动机。

特点：罩极式交流电动机只有主绕组，没有启动绕组，结构简单，制作成本低，运行噪声较小。

应用场合：广泛应用于电风扇、电吹风、吸尘器等小型家用电器中。

b. 交流换向器电动机可分为：单相串励电动机、交直流两用电动机和推斥电动机。

Ⅰ. 单相串励电动机。

特点：无论是采用直流电源还是交流电源，单相串励电动机的机械特性都与普通串励直流电动机的机械特性类似，有很大的启动转矩、转速高、体积小、转速可调范围广。

应用场合：广泛地应用于电动工具、厨房用品、地板护理产品领域。

Ⅱ. 交直流两用电动机。

特点：交直流两用电机的内在结构与单纯的直流电机类似，都是由机电刷经换向器将电流输入电枢绕组，其磁场与电枢绕组成串联的形式。两用电机的转向切换十分方便，只要切换开关将磁场线圈反接，即能实现电机转子的逆转和顺转。在交流或直流供电下，其电机转速可高达 20000r/min，同时，其电机的输出启动力矩也大。

应用场合：在洗衣机、吸尘器、排风扇等家用电器中应用较为广泛。

Ⅲ. 推斥电动机。

特点：一种单相交流换向器电动机。定子绕组由单相电供电，转子为一个借电刷短接的带有换向器的电枢绕组。通过这一位置的移动，可以改变转子转向、机械特性和运行速度。

应用场合：适于单相供电并要求调速和改变转向的场合。

③ 同步电动机可分为：永磁同步电动机、磁阻同步电动机和磁滞同步电动机。

a. 永磁同步电动机。

特点：永磁同步电动机具有结构简单，体积小，重量轻，损耗小，效率高，能够实现高精度、高动态性能、大范围的调速或定位控制，等特点。与直流电机相比它没有直流电机的换向器和电刷等缺点；与异步电机相比，它由于不需要无功励磁电流，因而效率高，功率因数高，力矩惯量比大，定子电流和定子电阻损耗减小，且转子参数可测、控制性能好，但也有成本高、启动困难等缺点；与普通同步电动机相比，它省去了励磁装置，简化了结构，提高了效率。

应用场合：广泛应用于石化、化纤、纺织、机械、电子、玻璃、橡胶包装、印刷、造纸、印染、冶金等行业的调速传动设备上。

b. 磁阻同步电动机。

特点：结构简单，转子不存在电磁损耗，能避免开关磁阻电机的噪声大及低速运行时力矩脉动显著等缺点。

应用场合：主要用于工农业生产、交通运输、国防、商业及家用电器、医疗电气设备等领域。

c. 磁滞同步电动机。

特点：能自行启动，并能平稳地牵入同步，无需启动绕组或其他启动装置；转子无磁极结构，亦无须预先充磁，其磁极由定子旋转磁场磁化而成，便于设计成多极电动机；无滑动接触，电动机结构简单，成本较低，运行可靠，机械强度高，运行噪声小；在电源电压或负载转矩波动时，在一定范围内仍能保持转速恒定不变；可以在异步状态下连续工作，在控制系统中代替伺服电动机。

应用场合：作为一种精密的恒速驱动元件，广泛应用于仪器仪表、工业自动化装置、陀螺导航系统和其他一些领域。

(4) 特种用途电动机的特点及应用

① 防爆电机，是一种可以在易燃易爆场所使用的一种电机，运行时不产生电火花，如图 7-44 所示。

a. 特点：外壳具有较高的密封性，以减少或阻止粉尘进入外壳内，即使进入，其进入量也不至于形成点燃危险；控制外壳最高表面允许温度不超过规定的温度组别。

b. 应用场合：防爆电机作为主要的动力设备，通常用于煤矿、石油化工、化学工业、纺织、冶金、城市煤气、交通、粮油加工、造纸、医药等部门，用来驱动泵、风机、压缩机和其他传动机械，目前，已用于国家粮食储备库的机械化设备上。

② 变频电机，如图 7-45 所示。

a. 特点：具有启动功能；采用电磁设计，减少了定子和转子的阻值；适应不同工况条件下的频繁变速；在一定程度上节能。变频器节能主要表现在风机、水泵的应用上。使用变频器的电机启动电流从零开始，逐渐增加，最大值也不超过额定电

(a)　　　　(b) 电池式防爆电机车

图 7-44　防爆电机及应用

流，减轻了对电网的冲击和对供电容量的要求，从而达到节能的效果，还延长了设备的使用寿命，节省了设备的维护费用。

b. 应用场合。

Ⅰ. 包装机械：包装过程包括充填、裹包、封口等主要工序，以及与其相关的前后工序，如清洗、供料、堆码和拆卸等，此外，包装还包括计量或在包装件上打印日期等工序。使用包装机械包装产品可提高生产率，减轻劳动强度，适应大规模生产的需要，并满足清洁卫生的要求，如各类枕式包装机、各类铝塑包装机、铝塑泡罩包装机、半自动捆包机、拉伸薄膜捆扎机、全自动栈板裹边机、自动充填包装机、封箱机、自动充填封口机、打包机等。

(a) 变频电机　　　　(b) 封装机　　　　(c) 片式纸箱包装机

图 7-45　变频电机及应用

Ⅱ. 制药机械，主要分为：

原料药机械及设备：实现生物、化学物质转化，利用动物、植物、矿物制取医药原料的工艺设备及机械；

制剂机械：将药物制成各种剂型的机械与设备；

药用粉碎机械：用于药物粉碎（含研磨）并符合药品生产要求的机械；

饮片机械：对天然药用动物、植物、矿物进行选、洗、润、切、烘、炒、锻等方法制取中药饮片的机械；

制药用水设备：采用各种方法制取制药用水的设备；

药品包装机械：完成药品包装过程以及与包装过程相关的机械与设备；

药用检测设备：检测各种药物制品或半成品质量的仪器与设备；

其他制药机械及设备：执行非主要制药工序的有关机械与设备，如移动提升加料机、全自动胶囊充填机、混合颗粒机、离心机、直线式贴标机、胶囊印字机、搓丸机等，如图 7-46 所示。

③ 高压电机，如图 7-47 所示。

高压电机是指额定电压在 1000V 以上电动机，常用的是 6000V 和 10000V 电压，由于国外的电网不同，也有 3300V 和 6600V 的电压等级。高压电机产生是由于电机功率与电压和电流的乘积成正比，因此低压电机功率增大到一定程度（如 300kW/380V），电流受到导线的允许承受能力的限制就难以做大，或成本过高，需要通过提高电压实现大功率输出。

(a)滚筒式全自动铝塑泡罩包装机　　(b)单冲压片机　　(c)全自动中药制丸机

图 7-46　变频电机应用

a. 特点：优点是功率大，承受冲击能力强；缺点是惯性大，启动和制动都困难。

b. 应用场合：高压电机可用于驱动各种不同机械，如压缩机、水泵、破碎机、切削机床、运输机械及其他设备，供矿山、机械工业、石油化工工业、发电机等各种工业中作原动机用。用以传动鼓风机、磨煤机、轧钢机、卷扬机的电动机应在订货时注明用途及技术要求，采用特殊的设计以保障可靠运行。

c. 应用举例（运输机械）：分连续输送机械、搬运车辆、装卸机械等，还包括输送系统的辅助装置（储仓闸门、给料器、称量装置）。

Ⅰ. 连续输送机械：分带式输送机、板式输送机、刮板输送机、螺旋输送机、斗式提升机、振动输送机、气力输送装置、液力输送装置等。工作特点是沿着给定的路线连续不断地运送成件或散粒物品。装卸货物无需停车。具有供料均匀，速度稳定，动力储备小，成本低和生产率高等优点。但每种形式的连续输送机只适合运送一定种类的物料，当线路长或布置复杂时，设备庞大，投资费用较高。

Ⅱ. 搬运车辆：分牵引车、翻斗车、自卸汽车等。工作特点是机动灵活，适用于搬运沉重单件物品和集装箱货物。

Ⅲ. 装卸机械：分叉车、卸载机、抛料机、翻斗机等，用于仓库、料场进行装卸作业。

Ⅳ. 输送系统的辅助装置：用以调节货物流量，协调各机械间的工作，保证系统合理运行。

(a) 高压电机　　　　(b)提升机械　　　　(c)牵引车　　　　(d)牵引车电机

图 7-47　高压电机及应用

④ 自整角机，如图 7-48 所示。

自整角机是利用自整步特性将转角变为交流电压或由交流电压变为转角的感应式微型电机，在伺服系统中被用作测量角度的位移传感器。

a. 特点：自整角机可用以实现角度信号的远距离传输、变换、接收和指示。两台或多台电机通过电路的联系，使机械上互不相连的两根或多根转轴自动地保持相同的转角变化或同步旋转，这种性能称为自整步特性。

b. 应用场合：在伺服系统中，产生信号一方所用的自整角机称为发送机，接收信号一方所用自整角机称为接收机。自整角机广泛应用于冶金、航海等位置和方位同步指示系统和火炮、雷达等伺服系统中。

⑤ 超声波电机，如图 7-49 所示。

a. 特点：低速大力矩输出；保持力矩大，启停控制性好。

(a) 自整角机

(b) 舰载自行火炮

(c) 有源相控阵雷达

图 7-48 自整角机及应用

b. 应用领域：

Ⅰ. 航空航天领域：航空航天器往往处在高真空、极端温度、强辐射、无法有效润滑等恶劣条件中，且对系统质量要求严苛，超声波电机是其中驱动器的最佳选择。

Ⅱ. 精密仪器仪表电磁电机用齿轮箱减速来增大力矩，由于存在齿轮间隙和回程误差，难以达到很高定位精度，而超声波电机可直接实现驱动，且响应快、控制特性好，可用于精密仪器仪表。

(a)   (b)机器人传感器、电机训练平台

图 7-49 超声波电机及应用

Ⅲ. 机器人的关节驱动：用超声波电机作为机器人的关节驱动器，可将关节的固定部分和运动部分分别与超声波电机的定、转子作为一体，使整个机构非常紧凑。日本开发出球型超声波电机，为多自由度机器人的驱动解决了诸多的难题。

Ⅳ. 微型机械技术中的微驱动器：微型电机作为微型机械的核心，是微型机械发展水平的重要标志。微电子机械系统的制造研发中，其电机多是毫米级的。医疗领域是微机械技术运用最具代表性的领域之一，超声波电机在手术机器人和外科手术器械上已得到应用。

Ⅴ. 电磁干扰很强或不允许产生电磁干扰的场合：在核磁共振环境下和磁悬浮列车运行的条件下，电磁电机不能正常工作，超声波电机却能胜任。

(5) 电动机的结构组成

电动机由定子、转子和其他附件组成。不同类型的电动机，具体的组成部分会稍有不同。

① 永磁式直流电动机由定子磁极、转子、电刷、外壳等组成，如图 7-50 所示。

(a) 外形图

(b) 定子和转子

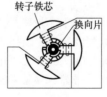
(c) 转子

(d) 电刷和换向片

图 7-50 永磁式直流电动机

定子：包括永磁铁（磁钢）和机壳。

转子：转子铁芯由三翼式的硅钢片叠压而成，换向器由三块瓦形换向片装在衬套上构成圆柱形。

端盖：后端盖由塑料制成，内部平行安装一对电刷。

② 无刷直流电动机由永磁体转子、多极绕组定子（定子铁芯由硅钢片叠压而成，内圆表面

开有槽，用于布置定子绕组）、位置传感器等组成，如图 7-51 所示。

(a) 外形图　　　　　　　　　　　(b) 内部结构示意图

图 7-51　无刷直流电动机

③ 单相异步电动机（笼式感应电动机）由定子、转子、轴承、机座、端盖等构成，如图 7-42 所示。

(6) 电动机的装配工艺分析

① 电动机的装配过程及要求。

a. 装配出线座。

Ⅰ. 根据图纸要求，将出线座装在机座上，注意弹簧垫圈、平垫等标准件要装齐全。

Ⅱ. 保证出线座内端子套应符合对于等级标准要求。

b. 装配转子。

Ⅰ. 将轴承内盖套入转子轴配合内盖位上。对于防爆电动机要注意保护隔爆面。

Ⅱ. 取出加热好的轴承套入转子轴轴承位上，装配过程中，不应用蛮力，应轻轻地将轴承打到相应位置。

Ⅲ. 再给轴承内与轴承外盖内加入规定数量的油脂。轴承内应加满油脂，对于轴承盖内，一般 2 极电动机为油室空间容积的 1/2；4 极及 4 极以上电动机为油室空间容积的 2/3，特殊电动机按特殊规定执行。

Ⅳ. 装配非轴伸端端盖，用手锤轻敲端盖四周，使轴承套入轴承室（端盖内孔）。

Ⅴ. 装配非轴伸端轴承外盖，并用相应规格的螺钉拧紧，把紧内盖。

Ⅵ. 将转子按照规定的方向装入定子内腔中，用手锤轻敲端盖四周，使端盖止口与机壳止口相吻合，紧固孔对正，穿入紧固螺钉（有定位孔的端盖，先由定位孔定位），待端盖打到位后进行紧固。在装入过程中，注意保护好定子绕组。

Ⅶ. 待转子装配到位后，装配另一端端盖及轴承外盖。装配过程同上面的Ⅳ和Ⅴ。在紧固螺钉过程中，应同时转动转子，转子转动应灵活。

c. 送检。

d. 送检合格后装风扇、风罩。机座号为 315 以上的电机装好风扇与风罩后再次送检。

e. 待全部合格后，装配及紧固出线座盖板。

f. 钉铭牌，所钉铭牌与电动机参数要相符合。

g. 装配传动或连接件（带轮、联轴器或其他）。如果没有传动件或连接件，则要对轴伸表面进行防锈处理。

h. 表面喷漆处理。

Ⅰ. 表面有不平之处要用腻子粉处理平整。

Ⅱ. 面漆颜色要符合规定要求。

Ⅲ. 喷漆后，不准有漆瘤存在及表面厚薄不均，表观要整洁。

② 总装后检查及要求。

• 检查电动机头尾出线是否正确，并且所测绝缘电阻要符合标准要求。

• 检查电机是否灵活，有无不正常噪声与轴承响声。

③ 注意事项。

• 装配的零部件必须是清洁无损伤。特别是转子表面、定子内腔、轴承位、定子绕组端部。

• 装配前一定要进行全面检查，所有零部件合格、完整后，才能进行装配。

• 对于水冷电动机，要在嵌线前检查冷却系统是否完好。

• 轴承加热温度要符合要求，装配轴承过程中，禁止用锤直接敲打轴承，按照轴承装配要求装配轴承。

• 加入轴承润滑脂时，必须保证润滑脂清洁与油脂的数量，轴承清洁、严禁有杂质混入，所有零部件的配合部位，必须涂上清洁的机油。

• 在装配过程中严禁重锤敲打，用力要适宜。

• 在装配过程中注意密封件要装配到位。

• 保证工作场地清洁，易燃物品远离火源。

• 特殊电动机装配要按照特殊要求。

7.3　减速器

减速器也称减速机，是一种由封闭在刚性壳体内的齿轮传动、蜗杆传动、齿轮-蜗杆传动所组成的独立部件。

(1) 减速器的功能及工作原理

减速器在原动机和工作机或执行机构之间起匹配转速和传递转矩的作用，在现代机械中应用极为广泛。

减速器是一种动力传达机构，本身并不会产生动力。它是利用齿轮大小不同（输入轴上齿数少的小齿轮，与输出轴上齿数多的大齿轮啮合）和速度转换器，将电机（马达）的回转数减速到自己所要的回转数，并得到较大转矩。

(2) 减速器的分类

减速器的种类繁多，型号各异，不同种类有不同的用途。

① 按照传动类型不同，可分为齿轮减速器、蜗杆减速器和行星齿轮减速器以及由它们互相组合起来的减速器。

a. 齿轮减速器中，按照齿轮的形状不同，可分为圆柱齿轮减速器、圆锥齿轮减速器和圆锥-圆柱齿轮减速器三种。

b. 蜗杆减速器主要有圆柱蜗杆减速器、圆弧齿蜗杆减速器、锥蜗杆减速器和蜗杆-齿轮减速器等。

c. 行星减速器主要有渐开线行星齿轮减速器、摆线针轮减速器和谐波齿轮减速器等。

② 按照传动级数不同，可分为单级减速器和多级减速器，如图 7-52 所示。

③ 多级圆柱齿轮减速器按照传动的布置形式不同，可分为展开式、分流式和同轴式减速器，如图 7-53 所示。

(3) 常用的齿轮传动和蜗杆传动组成的减速器

常用的齿轮传动和蜗杆传动组成的减速器，分别是齿轮减速器、蜗杆减速器、蜗杆-齿轮减速器、行星齿轮减速器、摆线针轮减速器和谐波齿轮减速器。

上述六种减速器已有标准系列产品，只有在选不到合适的产品时，才自行设计制造减速器。

① 齿轮减速器。

a. 圆柱齿轮减速器，如图 7-54 所示。圆柱齿轮减速器用于传递平行轴间的动力和运动，其效率高、寿命长、维护简便、结构简单、精度容易保证，因而应用极为广泛。

Ⅰ. 单级圆柱齿轮减速器。单级圆柱齿轮减速器的最大传动比一般为 8～10，此限制主要为

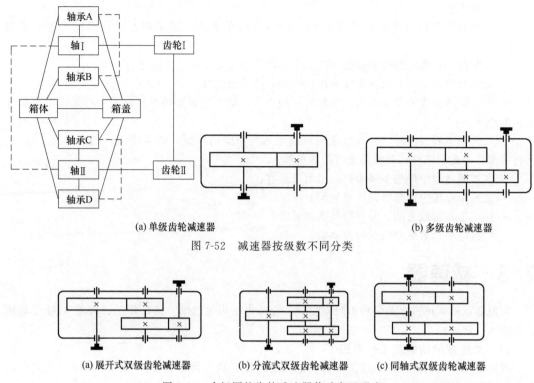

(a) 单级齿轮减速器

(b) 多级齿轮减速器

图 7-52 减速器按级数不同分类

(a) 展开式双级齿轮减速器   (b) 分流式双级齿轮减速器   (c) 同轴式双级齿轮减速器

图 7-53 多级圆柱齿轮减速器传动布置形式

避免外廓尺寸过大。

按轮齿与齿轮轴线的相对关系，轮齿可做成直齿、斜齿和人字齿。直齿用于速度较低（≤8m/s）、载荷较轻的传动；斜齿轮用于速度较高的传动；人字齿轮用于载荷较重的传动中。

箱体通常用铸铁做成，单件、小批量生产有时采用焊接结构。轴承一般采用滚动轴承，重载或特别高速时采用滑动轴承。其他形式的减速器与此类同。

Ⅱ. 双级圆柱齿轮减速器。双级圆柱齿轮减速器一般应用于传动比在 8～50，及高、低速级的中心距总和为 250～400mm 的情况下。

• 展开式双级圆柱齿轮减速器。展开式双级圆柱齿轮减速器的结构简单，但齿轮相对轴承的位置不对称，因此轴应设计得具有较大的刚度。高速级齿轮布置在远离转矩的输入端，这样轴在转矩的作用下产生扭转变形，将能减弱轴在弯矩作用下产生弯曲变形所引起的载荷沿齿宽分布不均匀的现象，建议用在载荷比较平稳的场合。高速级可以做成斜齿，低速级可以做成直齿或斜齿，如图 7-54 所示。

• 分流式双级圆柱齿轮减速器。分流式双级圆柱齿轮的分流就是指有两对二级齿轮在两边，一级在中间，载荷较大的低速齿轮位于两轴承的中间，齿轮与轴承对称布置，如图 7-53（b）所示。因此载荷沿齿宽分布均匀，轴承受载也平均分配，中间轴危

图 7-54 展开式双级齿轮减速器

险截面上的转矩相当于轴所传递转矩之半，载荷沿齿宽的分布比展开式好。功率分流再合流，节省空间，降低重量及成本。但是，其加工精度要求较高以便于尽可能均等，分流的分支之间

很难均衡。

• 同轴式双级圆柱齿轮减速器。如图 7-53（c）所示，同轴式双级圆柱齿轮减速器长度较短，两对齿轮浸入油中深度大致相等，但减速器的轴向尺寸及重量较大；高速级齿轮的承载能力难以充分利用；中间轴较强，刚性差，载荷沿齿宽分布不均匀，仅能有一个输入和输出轴端，限制了传动布置的灵活性。

Ⅲ. 三级圆柱齿轮减速器用于要求传动比＞50 的场合。

b. 圆锥齿轮减速器。圆锥齿轮减速器用于传递两相交轴之间的运动和动力。两轴交角 S 称为轴角，其值可根据传动需要确定，一般多采用 90°，可做成卧式或立式。锥齿轮的轮齿排列在截圆锥体上，轮齿由齿轮的大端到小端逐渐收缩变小。

圆锥齿轮减速器的分类及应用：轮齿有直齿、斜齿和曲齿（圆弧齿和螺旋齿）等形式，如图 7-55 所示，直齿和斜齿圆锥齿轮的加工、测量和安装比较简便，生产成本低廉，故应用最为广泛，但噪声较大，用于低速、轻载传动（＜5m/s）；曲线齿锥齿轮具有传动平稳、噪声小及承载能力大等特点，用于高速、重载的场合，如汽车、拖拉机中的差速齿轮机构等。由于锥齿轮制造较复杂，仅在传动布置需要时才采用。

(a) 外形图　　　　(b) 直齿锥齿轮　　　(c) 斜齿锥齿轮　　　(d) 曲齿锥齿轮

图 7-55　圆锥齿轮减速器

② 蜗杆减速器。蜗杆减速器用于传递空间交错的两轴之间的运动和动力，通常 $\Sigma=90°$。

a. 蜗杆减速器的分类。蜗杆减速器按照蜗杆与蜗轮的相对位置不同，分为上置式和下置式两种，如图 7-56 所示。

蜗杆上置式：蜗杆布置在蜗轮的上面，装拆方便，蜗杆的圆周速度允许高一些，但蜗杆轴承的润滑不太方便，需采取特殊的结构措施。

蜗杆下置式：蜗杆布置在蜗轮的下面，啮合处的冷却和润滑都较好，同时蜗杆轴承的润滑也较方便。但蜗杆圆周速度太大时，油的搅动损失太大，一般用于蜗杆圆周速度≤10m/s 的情况。

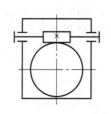  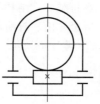

(a) 蜗杆上置式　　　　　　　　　　　　(b) 蜗杆下置式

图 7-56　蜗杆减速器

b. 蜗杆减速器的特点及应用。

• 传动比大。单级时 $i=5\sim80$，一般为 $i=15\sim50$，分度传动时 i 可达到 1000，结构紧凑。

• 传动平稳、噪声小。

• 自锁性，当蜗杆导程角小于齿轮间的当量摩擦角时，可实现自锁。

• 蜗杆传动效率较低，其齿面间相对滑动速度大，齿面磨损严重。

- 蜗轮的造价较高。为降低摩擦，减小磨损，提高齿面抗胶合能力，蜗轮常用贵重的铜合金制造。
- 不适用于高速，传动效率损失较大。

蜗杆减速器通常用在机床、汽车、仪器、起重运输机械、冶金机械以及其他机械制造工业中。最大传递功率为750kW，通常用在50kW以下。

③ 蜗杆-齿轮减速器，如图7-57所示。

有齿轮传动在高速级和蜗杆传动在高速级两种形式，前者结构紧凑，后者传动效率高。

④ 行星齿轮减速器，如图7-58所示。

特点：行星齿轮传动有效利用了功率分流和输入、输出的同轴性以及合理地使用了内啮合，因而与普通定轴齿轮传动相比较，具有质量小、体积小、传动比大、承载能力大以及传动平稳和传动效率高等优点。

应用：常作为减速器、增速器、差速器和换向机构以及其他特殊用途，广泛应用于冶金、矿山、起重运输、建筑、航空、船舶、纺织、化工等机械领域。

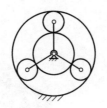
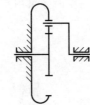

图7-57　蜗杆-齿轮减速器　　　　　　　图7-58　行星齿轮减速器

图7-59　摆线针轮减速器

⑤ 摆线针轮减速器，如图7-59所示。摆线针轮减速器是一种采用K-H-V少齿差行星传动原理的传动装置。

a. 传动过程：在输入轴上装有一个错位180°的双偏心套，在偏心套上装有两个称为转臂的滚柱轴承，形成H机构，两个摆线轮的中心孔即为偏心套上传臂轴承的滚道，并由摆线轮与针齿轮相啮合，组成相差一齿的内啮合减速机构。

b. 特点及应用：减速比大，传动效率高，体积小，重量轻，故障少，寿命长，运转平稳可靠，噪声小，拆装方便，容易维修，结构简单，过载能力强，耐冲击，惯性力矩小。广泛应用于纺织印染、轻工食品、冶金矿山、石油化工、起重运输及工程机械领域中的驱动和减速装置。

⑥ 谐波齿轮减速器，如图7-60所示。

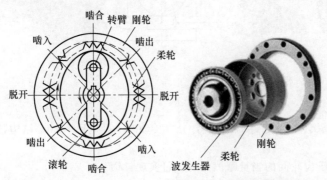

图7-60　谐波齿轮减速器

谐波齿轮减速器是一种由固定的内齿刚轮、柔轮和使柔轮发生径向变形的波发生器组成，谐波齿轮减速器是齿轮减速器中的一种新型传动结构，它是利用柔性齿轮产生可控制的弹性变形波，引起刚轮与柔轮的齿间相对错齿来传递动力和运动。

a. 优点。

• 传动速比大。单级谐波齿轮传动速比范围为 70～320，在某些装置中可达到 1000，多级传动速比可达 30000 以上。它不仅可用于减速，也可用于增速的场合。

• 承载能力高。这是因为谐波齿轮传动中同时啮合的齿数多，双波传动同时啮合的齿数可达总齿数的 30% 以上，而且柔轮采用了高强度材料，齿与齿之间是面接触。

• 传动精度高。这是因为谐波齿轮传动中同时啮合的齿数多，误差平均化，即多齿啮合对误差有相互补偿作用，故传动精度高。在齿轮精度等级相同的情况下，传动误差只有普通圆柱齿轮传动的 1/4 左右。同时可采用微量改变波发生器的半径来增加柔轮的变形使齿隙很小，甚至能做到无侧隙啮合，故谐波齿轮减速器传动空程小，适用于反向转动。

• 传动效率高、运动平稳。由于柔轮轮齿在传动过程中做均匀地径向移动，因此，即使输入速度很高，轮齿的相对滑移速度仍是极低（故为普通渐开线齿轮传动的 1%），所以，轮齿磨损小，效率高（可达 69%～96%）。又由于啮入和啮出时，齿轮的两侧都参加工作，因而无冲击现象，运动平稳。

• 结构简单、零件数少、安装方便。仅有三个基本构件，且输入与输出轴同轴线，所以结构简单，安装方便。

• 体积小、重量轻。与一般减速机比较，输出力矩相同时，谐波齿轮减速器的体积可减小 2/3，重量可减轻 1/2。

• 可向密闭空间传递运动。利用柔轮的柔性特点，轮传动的这一可贵优点是现有其他传动无法比拟的。

b. 缺点。

• 柔轮周期性地发生变形，因而产生交变应力，使之易于产生疲劳破坏。

• 转动惯量和启动力矩大，不宜用于小功率的跟踪传动。

• 不能用于传动速比小于 35 的场合。

• 采用滚子波发生器（自由变形波）的谐波传动，其瞬时传动比不是常数。

• 散热条件差。

c. 应用场合。

谐波齿轮减速器在航空、航天、能源、航海、造船、仿生机械、常用军械、机床、仪表、电子设备、矿山冶金、交通运输、起重机械、石油化工机械、纺织机械、农业机械以及医疗器械等方面得到日益广泛的应用，特别是在高动态性能的伺服系统中，采用谐波齿轮传动更显示出其优越性。它传递的功率从几十瓦到几十千瓦，但大功率的谐波齿轮传动多用于短期工作场合。

(4) 减速器的结构组成

减速器的结构随其类型和要求不同而异，其基本结构由箱体、轴系零件和附件三部分组成。图 7-61 所示为单级圆柱齿轮减速器，结合该图介绍减速器的结构。

① 减速器箱体结构。

a. 减速器的箱体用来支承和固定轴系零件，应保证传动件轴线相互位置的正确性，因而轴孔必须精确加工。箱体必须具有足够的强度和刚度，以免引起沿齿轮齿宽上载荷分布不匀。为了增加箱体的刚度，通常在箱体上制出肋板，如图 7-62 所示。

b. 为了便于轴系零件的安装和拆卸，箱体通常制成水平剖分式，便于加工，箱盖和箱座之间用螺栓连接成整体。为了使轴承座旁的连接螺栓尽量靠近轴承座孔，并增加轴承支座的刚性，应在轴承座旁制出凸台。设计螺栓孔位置时，应注意留出扳手空间。

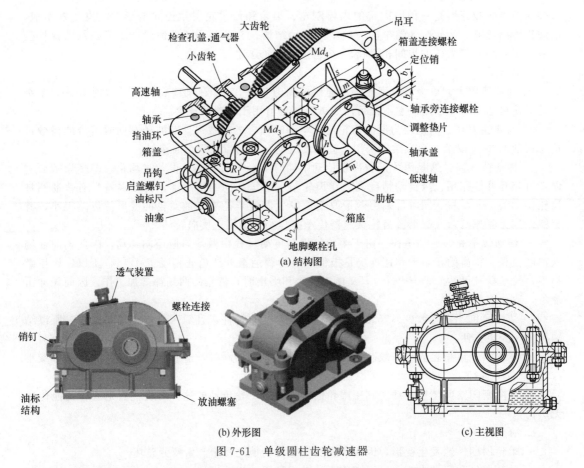

图 7-61 单级圆柱齿轮减速器

c. 为保证箱体具有足够的刚度,在轴承孔附近加支承肋。为保证减速器安置在基础上的稳定性并尽可能减少箱体底座平面的机械加工面积,箱体底座一般不采用完整的平面。

d. 箱体通常用灰铸铁制造,对于重载或有冲击载荷的减速器也可以采用铸钢箱体。单体生产的减速器,为了简化工艺、降低成本,可采用钢板焊接的箱体。

减速器的箱体是采用地脚螺栓固定在机架或地基上的,地脚螺栓孔端应制成沉孔,并留出扳手空间。

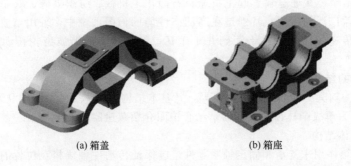

(a) 箱盖　　　　　　　(b) 箱座

图 7-62　箱体

② 轴系零件。

a. 图中高速级的小齿轮直径和轴的直径相差不大,将小齿轮与轴制成一体。大齿轮与轴分开制造,用普通平键做周向固定,轴上零件用轴肩、轴套或挡油环与轴承端盖做轴向固定。两轴均采用角接触轴承做支承，承受径向载荷和轴向载荷的联合作用。轴承端盖与箱体座孔外端面之间垫有调整垫片组，以调整轴承游隙，保证轴承正常工作。如图 7-63 所示。

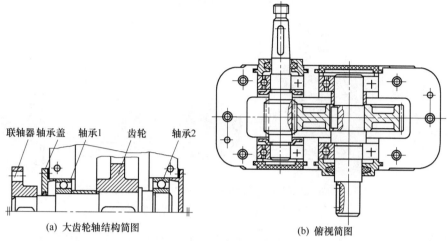

（a）大齿轮轴结构简图　　　　　　　　（b）俯视简图

图 7-63　轴上装配结构

b. 该减速器中的齿轮传动采用油池浸油润滑，大轮齿的轮齿浸入油池中，靠它把润滑油带到啮合处进行润滑，如图 7-64 所示。滚动轴承用润滑油润滑，为了防止齿轮啮合的热油直接进入轴承，应在轴承和小齿轮之间，位于轴承座孔的箱体内壁处设有挡油环。为防止在轴外伸段与轴承透盖接合处箱内润滑剂漏失以及外界灰尘、异物进入箱内，在轴承透盖中装有密封元件。图中采用接触式唇形密封圈，适用于环境多尘的场合。

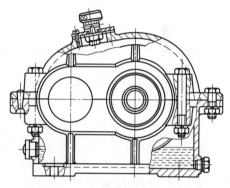

③ 减速器附件。为了保证减速器的正常工作，减速器箱体上应根据不同的需要装置各种不同用途的附件，如为减速器润滑油池注油、排油、检查油面高度，加工及拆装检修时箱盖与箱座的精确定位，吊装，等提供辅助的零件和部件。

图 7-64　减速器主视简图及油池润滑

a. 观察孔及其盖板。为了检查传动零件的啮合和润滑情况，并向箱体内加注润滑油，应在箱盖的适当位置（能够直接观察到齿轮啮合部位的地方）设置观察孔。观察孔多为长方形，其大小应允许将手伸入箱内以便检查齿轮啮合情况。观察孔的盖板平时用螺钉固定在箱盖上，盖板下垫有纸质密封垫片以防漏油，如图 7-65 所示。

图 7-65　通气器及观察孔盖

b. 通气器。减速器工作时，箱体内温度升高，气体膨胀，压力增大。为使箱内受热膨胀的空气能自由地排出以保证箱体内外压力平衡，不致使润滑油沿分箱面和轴伸出段或其他缝隙渗漏，通常在箱盖顶部或观察孔盖上装设通气器。采用的通气器是具有垂直、水平相通气孔的通气螺塞，通气螺塞旋紧在检查孔盖板的螺孔中。有的通气器结构装有过滤网，用于工作环境多尘的场合，防尘效果较好。

c. 油标尺。为了检查箱体内的油面高度，及时补充润滑油，应在油箱便于观察和油面稳定的部位，装设油标尺，如图 7-66（a）、（b）所示。油标尺有各种结构类型，有的已定为国家标准件。

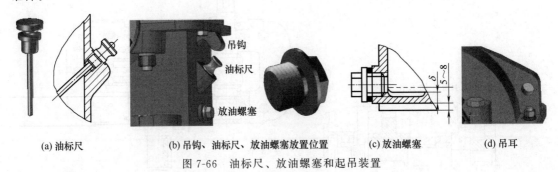

（a）油标尺　　　　（b）吊钩、油标尺、放油螺塞放置位置　　　（c）放油螺塞　　　（d）吊耳

图 7-66　油标尺、放油螺塞和起吊装置

d. 放油螺塞。为了换油、排放油污和清洗减速器内腔时放油，应在箱体底部、油池的最低位置处，开设放油孔，以便于排尽油。平时放油孔用带有细牙螺纹的螺塞堵住，放油螺塞和箱体结合面之间应加防漏垫圈，如图 7-66（c）所示。

e. 起吊装置。为了便于搬运，需在箱体上设置起吊装置。图中箱盖上铸有两个吊耳，用于起吊箱盖，如图 7-66（d）所示。箱座上铸有两个吊钩，用于吊运整台减速器，如图 7-66（b）所示。

f. 轴承盖和密封装置。轴承盖用于固定轴系部件的轴向位置并承受轴向载荷，轴承座孔两端用轴承盖密封。轴承盖有凸缘式和嵌入式两种。通常采用的是凸缘式轴承盖，利用六角螺钉固定在箱体上，优点是拆装、调整轴承比较方便；但和嵌入式轴承盖相比，零件数目较多，尺寸较大，外观不够平整。在轴伸处的轴承盖是透盖，透盖中装有密封装置。

g. 轴承挡油环。轴承稀油润滑时和干油润滑时，挡油环的功能和结构都是不同的。轴承稀油润滑时，挡油环只安装在高速齿轮轴上 [见图 7-63（b）]，其功能是防止齿轮齿侧喷出的热油进入轴承，影响轴承寿命。当齿根圆直径大于轴承座孔径时，也可不必安装挡油环。当轴承干油（润滑脂）润滑时，在每个轴承的靠近箱体内壁一侧都应安装挡油环，其作用是阻止箱体内的液体润滑油稀释轴承中的润滑脂。

h. 油杯。滚动轴承采用润滑脂润滑时，应经常补充润滑脂。因此箱盖轴承座上应加油杯，供注润滑脂用。

i. 定位销。为保证箱体轴承座孔的镗制和装配精度，在加工时，要先将箱盖和箱座用两个圆锥销定位，并用连接螺栓紧固，然后再镗轴承孔。以后的安装中，也由销定位。通常采用两个销，在箱盖和箱座连接凸缘上，沿对角线布置，两销间距应尽量远些。

j. 启盖螺钉。为加强密封效果，通常在装配时于箱体剖分面上涂以水玻璃或密封胶，因而在拆卸时往往因胶接紧密难于开盖。为此常在箱盖连接凸缘的适当位置，加工出 1～2 个螺孔，旋入启盖用的圆柱端或平端的启盖螺钉，启盖螺钉的大小可同于凸缘连接螺栓，只要拧动启盖螺钉便可将箱盖顶起。小型减速器也可不设启盖螺钉，启盖时用起子撬开箱盖。

k. 调整垫片。由多片很薄的软金属制成，用以调整轴承间隙。有的垫片还要起传动零件（如蜗轮、圆锥齿轮等）轴向位置的定位作用。

l. 密封装置。在伸出轴与端盖之间有间隙，必须安装密封件，以防止漏油和污物进入箱体内。密封件多为标准件，其密封效果相差很大，应根据具体情况选用。

以上附件，可以见图 7-61（a）。

(5) 减速器的装配工艺分析

生产实际中将减速器分为大齿轮部件、小齿轮部件、箱座、箱盖。减速器的装配是按减速器的装配顺序进行的，首先进行大、小齿轮部件的装配，然后再将大、小齿轮部件装配到箱座上，最后进行附件的装配。

① 圆柱齿轮减速器装配步骤。

a. 大齿轮部件的装配：先将键装到轴上，然后将大齿轮装到轴上，再依次将套筒、轴承、调整环、闷盖和透盖装好，如图 7-67 所示。保证键槽与键在宽度方向上对齐、大齿轮轮毂端面与轴肩端面贴合、齿轮与轴的中心线对齐。

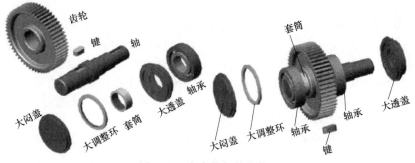

图 7-67　大齿轮部件的装配

b. 小齿轮部件的装配：将挡油环和轴承装在小齿轮轴的两个端面，再装调整环、闷盖和透盖，如图 7-68 所示。

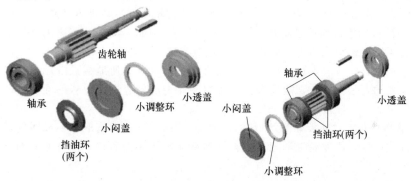

图 7-68　小齿轮部件的装配

c. 箱座部件的装配：先将大、小齿轮部件装配到箱座上，大齿轮组件的轴线与箱座轴承孔的轴线对齐，完成箱座与大齿轮部件的装配，然后将油塞及油标尺组件装配到箱座上，完成箱座的附件装配，如图 7-69 所示。

图 7-69　箱座部件的装配

d. 箱盖的装配：使箱座与箱盖的凸缘装配面贴合、箱座与箱盖的大轴承孔的中心线对齐、箱座与箱盖的定位销孔中心线对齐，依次将定位销、螺栓装好，如图 7-70 所示。

e. 轴承端盖的组装：保证轴承端盖的凸缘内端面与箱体上的轴承座端面贴合，两者的中心线重合，螺钉螺纹中心线与箱体螺纹孔对齐、螺钉端面与轴承端盖端面贴合。

f. 观察孔盖及通气器的组装：依次将观察孔盖、通气器装到减速机箱盖上，如图 7-65 所示。

② 注意事项。

图 7-70　箱盖的装配

a. 减速器在安装时，要特别注意传动中心轴线的对中，对中的误差不能超过减速器所用联轴器的使用补偿量。减速器按照要求对中之后，可以获得更理想的传动效果和更长久的使用寿命。

b. 减速器的输出轴上在安装传动件时，必须注意操作的柔和，禁止使用锤子等工具粗暴安装，最好是利用装配夹具和端轴的内螺纹进行安装，以螺栓拧入的力度将传动件压入减速器，这样可以保护减速器内部零件不会受到损坏。

c. 减速器所采用的联轴器有多种可选类型，但最好不要使用刚性固定式联轴器。这类联轴器的安装比较困难，一旦安装不当就会加大载荷量，容易造成轴承的损坏，甚至会造成输出轴的断裂。

d. 减速器的固定非常重要，要保证平稳和牢固，一般来说我们应将减速器安装在一个水平基础或底座上，同时排油槽的油应能排除，且冷却空气循环流畅。若减速器固定不好或基础不可靠，就会出现振动、噪声等现象，也会使得轴承和齿轮受到不必要的损害。

e. 减速器的传动连接件在必要时应加装防护装置，例如连接件上有突出物或使用齿轮、链轮传动等，如果输出轴承受的径向荷载较大，也应当选用加强型。

f. 减速器的安装位置要保证工作人员的操作，包括可以方便地接近游标、通气塞和排油塞等位置。减速器的安装完成后，检查人员应按照顺序全面检查安装位置的准确性，确定各个紧固件的可靠性等。

g. 减速器在运行前，还要做好运行准备，将油池的通气孔螺塞取下换成通气塞，打开油位塞螺钉检查油线高度，添加润滑油超过油位塞螺孔至溢出，而后拧上油位塞并确定无误后，可以开始试运行。

h. 减速器的试运行时间不能少于 2h，运转正常的标准是运行平稳、无振动、无噪声、无渗漏、无冲击，如果出现异常情况应及时排除。

7.4　起重机

(1) 起重机的功能和特点

起重机是一种能在一定范围内垂直提升和水平搬运重物的多动作物料搬运机械，是现代工业生产不可缺少的设备。起重机广泛地应用于工厂、港口、建筑工地、矿山、铁路、宾馆、居民楼等场所，完成各种物料的起重、运输、装卸、安装和人员输送等施工与作业，从而大大地减轻了体力劳动强度，提高了劳动生产率，也提高了人们的生活质量。

起重机的工作过程具有周期循环、间歇动作的特点。一个工作循环一般包括上料、运送、卸料和空车复位四个阶段，在两个工作循环之间有短暂的停歇。起重机工作时，各机构处于启动与制动或正向与反向等交替运动的状态。

(2) 起重机的分类

① 按构造类型不同，可分为：轻小型起重设备，如千斤顶、手拉葫芦、绞车、滑车等；桥

架式起重机，如桥式、门式等；臂架式起重机，如自行式、塔式、门座式、铁路式、浮式、桅杆式等；缆索式起重机，如图 7-71 所示。

(a) 轻小型起重机(微型葫芦、电动葫芦)　(b) 桥式起重机　(c)门式起重机　(d)塔式起重机

(e)门座起重机　(f) 铁路式起重机　(g)浮式起重机　(h)桅杆式起重机　(i)缆索式起重机

图 7-71　起重机按结构形式分类

② 按起重性质不同，可分为：流动式起重机、塔式起重机、桅杆式起重机。其中，流动式起重机又可分为：汽车起重机（即汽车吊）、轮胎起重机（即轮胎吊）、越野起重机、全路面起重机和履带起重机（即履带吊）等，如图 7-72 所示。

(a) 汽车起重机　(b) 轮胎起重机　(c) 越野起重机　(d) 全路面起重机　(e) 履带起重机

图 7-72　流动式起重机分类

③ 按取物装置和用途不同，可分为：吊钩起重机、抓斗起重机、电磁起重机、冶金起重机、堆垛起重机、集装箱起重机和救援起重机等，如图 7-73、图 7-74 所示。

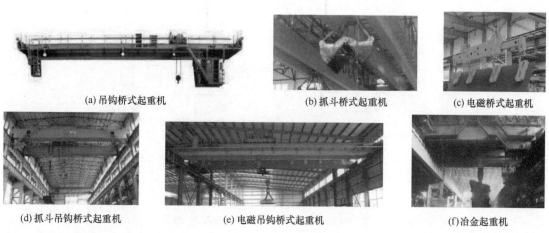

(a) 吊钩桥式起重机　(b) 抓斗桥式起重机　(c) 电磁桥式起重机

(d) 抓斗吊钩桥式起重机　(e) 电磁吊钩桥式起重机　(f)冶金起重机

图 7-73

(g) 堆垛起重机 　　　　(h) 集装箱起重机

图 7-73　起重机按取物装置和用途不同分类

(a) 清障车 　　　(b) 装甲救援起重机 　　　(c) 消防车

图 7-74　救援起重机

④ 在各种工程建设中广泛使用的起重机又被称为工程起重机，它主要包括：轮胎式起重机、履带式起重机、塔式起重机、桅杆式起重机、缆索式起重机和施工升降机等。

⑤ 国内外工业与民用建筑中常用的五种大型起重机械是指：轮胎式起重机、履带式起重机、塔式起重机、桥式起重机、门式起重机。

(3) 起重机的基本构造及工作原理

起重机的基本构造，一般包括操纵控制系统、驱动装置、取物装置、工作机构和金属结构等。其工作原理是：通过对控制系统的操纵，驱动装置将输入的动力能量转变为机械能，将作用力和运动速度传递给取物装置，取物装置把被搬运物料与起重机联系起来，通过工作机构单独或组合运动，完成物料搬运任务。

① 操纵控制系统通过电气、液压系统等控制起重机各机构及整机的运动，进行各种起重作业，包括操纵装置和安全装置。

a. 操纵装置主要包括离合器、制动器、停止器、液压控制阀、各种类型的调速装置，是人机对话的接口，如图 7-75 所示。

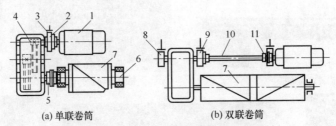

(a) 单联卷筒 　　　　(b) 双联卷筒

图 7-75　闭式传动起升机构构造形式

1—电动机；2,9—带动轮的联轴器；3—制动器；4—减速器；5,11—联轴器；
6—轴承座；7—卷筒；8—制动轮；10—浮动轴

b. 安全装置包括：起重力矩限制器、载荷限制器、力矩传感器、工作机构行程限位开关、工作性能参数显示仪表和电脑控制装置等。通过控制系统实现各机构的启动、调速、换向、制动和停止，从而达到起重机作业所要求的各种动作，同时保证起重机安全作业。

操纵控制系统的状态直接关系到起重作业的质量、效率和安全。

② 驱动装置是用来驱动工作机构的动力设备。

a. 电力驱动。几乎所有的在有限范围内运行的有轨起重机的动力装置采用电动机电力驱动，如塔式起重机和固定场所工作起重机。

b. 内燃机驱动。可以远距离移动的流动式起重机的动力装置多采用内燃机，如汽车起重机、轮胎起重机和履带起重机。

c. 人力驱动。对于轻小起重设备、某些设备的辅助驱动、意外事故状态下的临时驱动，一般采用人力驱动。

③ 取物装置是通过吊、抓、吸、夹、托或其他方式，将物料与起重机联系起来，进行物料吊运的装置。根据被吊物料不同的种类、形态、体积大小，采用不同种类的取物装置，如图 7-76 所示。

a. 成件的物品，常用吊钩、吊环；

b. 散料，如粮食、矿石等，常用抓斗、料斗；

c. 液体物料，使用盛筒、料罐等；

d. 特殊的物料，使用特种吊具，如吊运长形物料的起重横梁，吊运导磁性物料的起重电磁吸盘，专门为冶金等部门使用的旋转吊钩，还有螺旋卸料和斗轮卸料等取物装置，以及集装箱专用吊具等。

合适的取物装置可以减轻作业人员的劳动强度，大大提高工作效率。防止吊物坠落，保证作业人员的安全和吊物不受损伤，是对取物装置的基本安全要求。

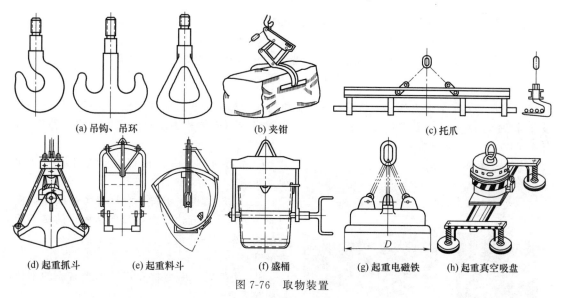

(a) 吊钩、吊环　　　　　(b) 夹钳　　　　　(c) 托爪

(d) 起重抓斗　　(e) 起重料斗　　(f) 盛桶　　(g) 起重电磁铁　　(h) 起重真空吸盘

图 7-76　取物装置

④ 工作机构是用以实现起重机不同运动要求的机械部分。起重机的工作机构主要包括：起升机构、运行机构、旋转机构和变幅机构。起重机通过某一机构的单独运动或多机构的组合运动，达到搬运物料的目的。

a. 起升机构。它用来实现物料的垂直升降，又称升降机构，如图 7-77 所示。它是起重机最主要、最基本的机构，是任何起重机不可缺少的部分。

b. 运行机构。它用来完成水平移动，又称行走机构，如图 7-78 所示。通过起重机或起重小车运行来实现水平搬运物料，有无轨运行和有轨运行之分，按其驱动方式不同分为自行式和牵引式两种。

c. 旋转机构。它使臂架绕着起重机的垂直轴线做回转运动，在环形空间移动物料，如

图 7-79 所示。通常有柱式（又可分为转柱式和定柱式）和转盘式。

图 7-77　起升机构

图 7-78　运行机构

图 7-79　旋转机构

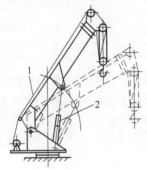

(a) 油缸变幅机构

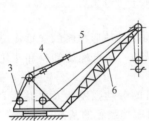

(b) 钢丝绳变幅机构

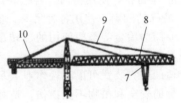

(c) 小车牵引变幅机构

图 7-80　起重机变幅机构

1,6,8—吊臂；2—变幅油缸；3—变幅卷筒；4—变幅钢丝绳；5—悬挂吊臂绳；
7—变幅小车；9—拉杆；10—平衡臂

　　d. 变幅机构。它是臂架起重机特有的工作机构。变幅机构通过改变臂架的长度和仰角来改变作业幅度。变幅结构通常有油缸变幅机构、钢丝绳变幅机构和小车牵引变幅机构三种形式，如图 7-80 所示。

(a) 箱形结构起重臂

(b) 桁架臂

图 7-81　吊臂结构

　　e. 吊臂机构。吊臂按结构形式可以分为两种，如图 7-81 所示。

　　Ⅰ. 箱形结构起重臂：由具有各种断面（横截面多为矩形、五边形或多边形结构）的多节箱形结构套装在一起组成。轮式起重机多采用伸缩式吊臂。

　　Ⅱ. 桁架臂：由型材和管材焊接而成的桁架结构起重臂。

　　f. 支腿收放机构。支腿是安装在车架上可折叠或收放的支承结构。它的作用是在不增加起重机宽度的条件下，为起重机工作时提供较大的支承跨度，从而在不降低起重机机动性的前提下，提高起重特性。轮胎式起重机的支腿均采用液压传动，常采用的支腿收放机构有蛙式、H 型、X 型和辐射式四种类型。

　　Ⅰ. 蛙式支腿，如图 7-82 所示。蛙式支腿的活动支腿铰接在固定支腿上，其展开动作由液压缸完成。其特点是结构简单，重量轻。但每个支腿在高度上单独调节困难，不易保证车架水平，而且支腿跨距小，支承高度低，适用于小型起重机。

图 7-82　蛙式支腿

图 7-83　H 型支腿

Ⅱ. H 型支腿，如图 7-83 所示。H 型支腿外伸距离大，每一支腿有水平、垂直两个油缸，可以单独调节，因活动支腿伸出后，工作时垂直腿撑地，形如 H 而得名。为保证足够的外伸距离，左右支腿的固定梁前后错开。H 型支腿特点是跨距较大，对作业场地和地面适应性好，易于调平，支承高度高，适用于中、大型起重机。

Ⅲ. X 型支腿，如图 7-84 所示。X 型支腿的垂直支承液压缸作用在固定腿上。工作时，支腿呈 X 型，每个腿可以单独调节高度，可以伸入斜角内支承。X 型支腿特点是对场地适应性好、受力好、易于调平、工作平稳、制造方便，适用于中、小型起重机及其他工程机械。

X 形支腿铰轴数目多，行驶时离地间隙小，在撑脚着地的过程中有水平位移发生，当其为小幅度时，重物活动的空间比 H 型支腿要大，因此常和 H 型支腿混合使用，形成前 H、后 X 的形式。

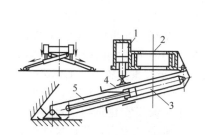

图 7-84　X 型支腿
1—垂直液压缸；2—车架；3—伸缩液压缸；4—固定腿；5—伸缩腿；6—支脚盘

Ⅳ. 辐射式支腿，如图 7-85 所示。辐射式支腿结构直接装在回转支承装置的底座上，以转台的回转中心为中心，从车架的盆形架向下呈辐射状向外伸出四个支腿。其特点是稳定性好，在起重作业时，全部载荷不经过车架而是直接作用在支腿上，回此，可减轻车架自重并降低整机重心高度，保护底盘不受损坏。它主要应用在一些特大型的起重机上。

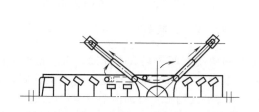

图 7-85　辐射式支腿

⑤ 金属结构是起重机的重要组成部分。它是整台起重机的骨架，将起重机的机械部分、电

气设备等连接起来组合成一个整体，形成一定的作业空间，承受并传递作用在起重机上的各种载荷和自重，并使起吊的重物顺利搬运到指定地点。它包括用金属材料制作的吊臂回转平台、人字架、底架（车架大梁）、支腿和塔式起重机的塔身、平衡臂和塔顶等。

金属结构是以金属材料轧制的型钢（如角钢、槽钢、工字钢、钢管等）和钢板作为基本构件，通过焊接、铆接、螺栓连接等方法，按一定的组成规则连接起来的钢结构。金属结构的重量约占整机重量的 40% ~ 70%，重型起重机可达 90%；其成本占整机成本的 30% 以上。

金属结构按其构造可分为实腹式（由钢板制成，也称箱型结构）和格构式（一般用型钢制成，常见的有根架和格构柱）两类，组成起重机金属结构的基本受力构件。这些基本受力构件有柱（轴心受力构件）、梁（受弯构件）和臂架（压弯构件），各种构件的不同组合形成功能各异的起重机。

金属结构的特点是受力复杂、自重大、耗材多和整体可移动性。起重机金属结构的垮塌破坏，会给起重机带来极其严重甚至灾难性的后果。

起重机与其他一般机器的显著区别，是庞大、可移动的金属结构和多机构的组合工作。间歇式的循环作业、起重载荷的不均匀性、各机构运动循环的不一致性、机构负载的不等时性、多人参与的配合作业等特点，又增加了起重机的作业复杂性、安全隐患、危险范围。其事故易发点多、事故后果严重，因而起重机的安全格外重要。

（4）典型起重机的特点及应用

① 桥架式起重机。桥架式起重机的取物装置悬挂在可沿桥架运行的起重小车或运行式葫芦上，主要有桥（梁）式起重机、门式起重机和半门式起重机三种类型。

a. 桥（梁）式起重机。桥（梁）式起重机包括梁式起重机和桥式起重机。

Ⅰ. 梁式起重机。它是电葫芦小车运行在工字钢主梁上的轻小型起重设备，一般由单根主梁和两根端梁组成，如图 7-86（a）所示。其适用于起重量较小、工作速度较低的场合。

Ⅱ. 桥式起重机。它是起重小车运行在焊接主梁上的起重设备，一般是由两根主梁和两根端梁组成的箱形结构，如图 7-86（b）所示。主梁架设在建筑物固定跨间支柱的轨道上，具有整体刚度大，制造、装配、运输和维修条件好，承载能力高，截面尺寸组合灵活等特点。桥式起重机多用于车间、仓库等处，在室内或露天做装卸和起重搬运工作。

(a) 梁式起重机   (b) 桥式起重机

图 7-86 桥（梁）式起重机

b. 门式起重机。门式起重机是在主梁的两端有两个高大支撑腿，沿着地面上的轨道运行。其支腿形式一般有三种：两个刚性腿；一个刚性腿和一个柔性腿；两个柔性腿，如图 7-87 所示。柔性腿常由两根杆件组成，其截面采用管形或箱形，有的由桁架结构组成，见图 7-71（c）。

因为类似门的形状，门式起重机也称龙门起重机或龙门吊，主要适用于露天料场、仓库码头、车站、建筑工地、水电站等，实现物料运输和起吊安装作业。

c. 半门式起重机。半门式起重机是一种桥架一端直接支承在高架或建筑物的轨道上，另一

(a) 两个刚性支腿

(b) 一个刚性腿、一个柔性腿

图 7-87　门式起重机

端通过支腿支承在地面轨道基础上的桥架型起重机，如图 7-88 所示。

半门式龙门吊的支腿有高低差，可根据使用场地的土建要求而定。它一端端梁在吊车梁上行走，而另一端端梁在地面上行走。它与电动单梁起重机相比，节约了投资和空间；与电动葫芦门式起重机相比，则节约了生产空间，因而，在现代生产中经常采用。

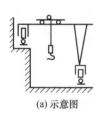

(a) 示意图

(b) 支承在高架上

(c) 支承在建筑物轨道上

图 7-88　半门式起重机

② 臂架式起重机。臂架式起重机的取物装置悬挂在臂架的顶端或悬挂在可沿臂架运行的起重小车上。臂架起重机种类繁多，广泛应用于各工程领域，主要有门座起重机、塔式起重机、铁路起重机、流动式起重机、浮式起重机、桅杆起重机及悬臂起重机等。

a. 门座起重机。它属于门形座架的可回转臂架型起重机，如图 7-71（e）所示。门座起重机通过起升、变幅、旋转三种运动的组合，可以在一个环形圆柱体空间内实现物品的升降移动，并通过运行机构调整整机的工作位置，故可以在较大的作业范围内满足运移物品的需要。它具有高大的门架和较长距离的伸臂，在港口或码头，能满足对船舶或车辆的机械化装卸要求并且能适应船舶的空载、满载作业，以及满足地面车辆的通行要求。

b. 塔式起重机。它是臂架安装在塔身顶部的可回转臂架型起重机，具有臂架长、起升高度大的特点，广泛应用于建筑领域和桥梁施工中。图 7-89（a）为水平臂架式塔机，它的变幅是通过臂架上的小车运动来实现的。图 7-89（b）为动臂式塔机，它的变幅是通过改变其臂架的仰俯角大小来实现。

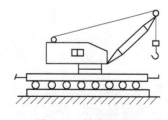

(a) 水平臂架式起重机

(b) 动臂式起重机

图 7-89　塔式起重机

图 7-90　铁路起重机

c. 铁路起重机。如图 7-90 所示，铁路起重机是一种在铁路线上运行，从事装卸作业以及铁路机车、车辆颠覆等事故救援的臂架型起重机。

d. 流动式起重机。流动式起重机可以配备立柱或塔架，能在带载或空载情况下沿无轨路面运行，依靠自重保持稳定的臂架型起重机。流动式起重机是工程实际中使用较多的一类机械，按底盘形式不同可分为以下两种。

Ⅰ. 履带起重机：以履带为运行底架的流动式起重机，见图 7-72（e）。履带底盘与地面接触面积大，接地比压小，通过性好，适应性强，可带载行走，适用于地面条件差和需要移动的工作场所的重物装卸和设备安装工作，如在建筑工地的吊装、挖土、夯土、打桩等多种作业。但因行走速度缓慢，长距离转移工地需要其他车辆搬运。

Ⅱ. 轮式起重机：将起重机的工作机构及作业装置安装在充气轮胎底盘上，不需要轨道就能运行的起重机械，有汽车起重机［见图 7-72（a）］和轮胎起重机［见图 7-91］两种。其特点是移动方便、起重量大，适用于频繁移动工作场所的重物装卸和设备安装工作，如建筑施工、石油化工、水利电力、港口交通、市政建设、工矿及军工等部门的装卸与安装工程。

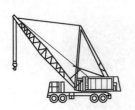

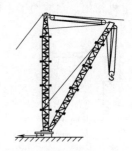

(a)上部回转式桁架臂轮胎起重机　　(b)上部回转式伸缩臂起重机

图 7-91　轮胎起重机　　　　　　　　　图 7-92　桅杆式起重机

e. 桅杆式起重机。如图 7-92 所示，桅杆起重机一般都利用自身变幅滑轮组和绳索自行架设，具有结构轻便、传动简单、装拆容易等优点，广泛应用于定点装卸重物和安装大型设备。

f. 浮式起重机，也称为起重船或浮吊，见图 7-71（g）。浮式起重机是将臂架式起升装置放在专用的浮船上，并以此作为支承及运行装置，浮在水面上作业的起重机，可以沿水道自航或被拖航。浮式起重机可以进行岸与船、船与船之间的装卸作业，其自重轻，占地少，工作效率高，作业稳定性好，运转灵活，特别适用于码头疏浚和码头工程施工作业，如作为抓斗挖泥机、浮式卸砂机、浮式卸煤机等使用。

③ 缆索式起重机。

缆索式起重机主要有缆索起重机和门式缆索起重机两种类型。其构造特点是取物装置的起重小车沿着架空的承载索运行。其应用在起重量不大、跨度较大、地势复杂、起伏不平或各种类型起重机难以驶达的工作场地，如林场、煤厂、江河、山区和水库等。

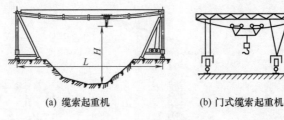

(a) 缆索起重机　　　　　　　　(b) 门式缆索起重机

图 7-93　缆索式起重机

a. 缆索起重机，如图 7-93（a）所示。承载索的两端分别固定在主、副塔架的顶部，塔架固定在地面的基础上。小车在钢丝绳上运行，起升卷筒和运行卷筒安装在主塔架上，另一副塔架上装有调整钢丝绳张力的液压拉伸机。

b. 门式缆索起重机，如图 7-93（b）所示。承载索的末端分别固定在桥架两端，桥架通过两支腿支承在地面轨道上，可在轨道上行走，实际工程中应用较少。

（5）起重机的安装

① 桥式起重机的安装工艺。

a. 工艺流程：施工准备（土建验收、测量放点）→起重机开箱检查→轨道安装→轨道检测验收→行走机构安装→小车组装（桥架梁）→各齿轮、连接轴、制动器安装调试→滑轮，钢丝绳，卷筒，主、副钩连接→防腐→负荷试验→移交→电气设备安装、检查、调整、试验→联合调试→工程验收、移交。

b. 安装工序。

Ⅰ. 轨道安装。

• 按图纸设计的位置、高程安装轨道、钢轨前，应对钢轨的端面、直线度和扭曲进行检查，合格后方可铺设。安装前应确定轨道的安装基准线，轨道的安装基准线宜为吊车梁的定位轴线。

• 钢梁上铺设轨道结构的，轨道的实际中心线对钢梁实际中心线的位置偏差不应大于 10mm，且不大于钢梁腹板厚度的一半。

• 轨道铺设在钢梁上，轨道底面应与钢梁顶面贴紧。当有间隙且长度超过 200mm 时，应加垫板垫实，垫板长度不应小于 100mm，宽度应大于轨道底面 10~20mm，每组垫板不应超过 3 层，垫好后与钢梁焊接固定。

• 轨道的实际中心线对安装基准线的水平位置的偏差，对于通用的桥式起重机不应大于 5mm；起重机轨道跨度小于或等于 10m 时，轨道跨距允许偏差为 ±3.0mm；当起重机跨度大于 10m 时，轨道跨距允许偏差最大不应超过 ±15mm。

• 轨道顶面对其设计位置的纵向倾斜度，通用桥式起重机不应大于 1/1000，每 2m 测一点，全行程内高低差不应大于 10mm。

• 轨道顶面基准点的标高相对于设计标高的允许偏差，对于通用桥式起重机为 ±10mm。同一截面两平行轨道的标高相对误差，对于桥式起重机为 ±10mm。

• 两平行轨道的接头位置应错开，其错开距离不应等于起重机前后轮的基距。

• 轨道接头应符合下列要求：

轨道接头采用焊接时，焊条应符合钢轨母材的要求，焊接质量应符合电熔焊的有关规定，接头顶面及侧面焊缝处，应打磨平整；

轨道接头采用鱼尾板连接时，接头高低差及侧向错位不应大于 1.0mm，间隙不应大于 2.0mm；

伸缩缝处的间隙应符合设计规定，允许偏差 ±1.0mm；

用垫板支承的轨道，接头处垫板的宽度（沿轨道长度方向）应比其他处增加一倍。

Ⅱ. 行走机构安装（设备符合设计和技术文件要求，并有出厂合格证）。

• 安装前对安装段轨道进行验收。对所安装设备进行清点、检查，确保其符合有关规定。

• 桥机安装控制点的设置，放出桥机中心线于砼面和轨道顶面上，基准点线误差＜ 1.0mm，对角线相对差＜3.0mm。

• 视大车行走机构重量，起吊能力，整体或部分吊装就位，并按控制点进行调整、加固。要求：

所有行走轮均应与轨道面接触；

车轮滚动平面中心应与轨道基准中心线重合，起重机轨道跨度 $S \leqslant 10m$ 时，轨道跨度的允许偏差为 ±2.0mm；当 $S > 10m$ 时，轨道跨度的允许偏差为 $\pm[2+0.1(S-10)]$ mm，但最大不应超过 ±15mm；

起重机前后轮距相对差不大于 5.0mm；

同一端梁下大车轮同位差≤2.0mm；

有平衡梁或平衡架结构的上部法兰面允许偏差为跨距±2.0mm，基距±2.0mm，高程相对误差≤3.0mm，对角线相对误差≤3.0mm。

Ⅲ. 桥架梁组装。

• 行走大梁与行走机构采用螺栓连接，紧固后，用0.2mm塞尺检查，螺栓根部应无间隙。

• 行走大梁与端梁采用高强度螺栓连接，应遵守JGJ 82《钢结构高强度螺栓连接技术规程》中高强螺栓的有关规定。

• 行走大梁组合后对角线相对误差：正轨箱形梁允许偏差≤5.0mm，扁轨箱形梁、单腹板和桁架梁允许偏差≤10mm。

• 小车轨距：正轨箱形梁，跨端±2.0mm，跨中S≤19.5m（+1～+5mm），S＞19.5m（+1～+7mm）。其他结构梁±3.0mm。

• 同一截面小车轨道高低差：当小车轨距K≤2m时，允许偏差不大于3.0mm；2m＜K≤6.6m时，允许偏差不大于0.0015K；K＞6.6m时，允许偏差不大于10mm。

Ⅳ. 齿轮安装调整。

• 用塞尺测量齿轮侧向啮合间隙，其最小值应符合有关规定，若用压铅法测量时，铅丝沿齿轮外缘布丝长度不少于5个齿距，转动齿轮，待齿轮将铅丝压扁后，取出，分别用千分尺测量压扁铅丝的厚度，其最小值应符合规定。

• 用红丹着色法，检查测量齿轮啮合接触情况，方法是：红丹薄而均匀地涂在小齿轮的两侧齿面上，转动高速轴，使大齿轮正反方向转动，查看接触痕迹，并计算出接触面积的百分比，其值应符合有关规定。

• 开式齿轮的安装调整要求同上，但接触点精度等级可降1～2级，可按8～9级检查。

Ⅴ. 联轴器安装调整。

联轴器安装调整时，测量调整两根轴的轴端间隙、同心度和倾斜度。先用塞尺测量联轴器两端径向、轴向间隙，平齐后精调，可将联轴节穿上组合螺柱（不拧紧）装设千分表，使联轴器顺次转至00、900、1800、2700。在每个位置上测量联轴器的径向和轴向读数，使各联轴器符合有关规定。

Ⅵ. 制动器的安装调整。

• 安装前应检查各部件的灵活及可靠性，制动瓦块的摩擦片固定牢固，使用铆钉固定的摩擦片，铆钉头应沉入衬料25%补料厚度以内。

• 长行程制动器的调整：

松开调节螺母，转动螺栓，使瓦块抱住制动轮，然后锁住调节螺母；

取出滚子，松开螺母，调整叉板与瓦块轴销间隙，它应与制动闸瓦退程间隙一致，其值应符合有关规定；

松开磁铁调整螺母，转动调节螺杆，调整电磁铁行程符合有关规定；

用撬棍抬起电磁铁，在吸合的状态下，测量制动器闸瓦间隙，并转动调节螺杆，使它符合规定值，两侧间隙相等后，锁紧调节螺母；

松开调节弹簧螺母，夹住拉杆尾部方头，转动螺母，调整工作弹簧的安装长度符合有关规定。

• 短行程制动器的安装调整：

松开调节螺母，夹住顶杆的尾部方头，转动调节螺母，使顶杆端头顶开衔铁，使衔铁行程调整符合有关规定；

松开弹簧压缩螺母，用其顶开轴瓦两侧立柱，直至衔铁处于吸合状态；

调整限位螺钉，使左右侧闸瓦间隙相等符合有关规定，锁紧螺母；

调整螺母使工作弹簧达到安装长度，并将螺母拧回锁紧。

- 液压制动器的安装调整。液压制动器的调整与电磁制动器的安装方法基本相同，但应注意以下几点：

在确保闸瓦最小间隙的情况下，推杆的工作行程愈小愈好，因此可用连杆调整推杆，使其安装高度符合有关规定；

为了保证随着闸瓦磨损时瓦间隙仍能保持一致，液压电磁制动器带有补偿行程装置，应用连杆调整推杆接头端面与缸盖的距离，该值称为补偿装置的行程，其值应符合规定；

当推杆上升到最高位置时，在保证闸瓦最小间隙的情况下，调整两侧压杆限位螺钉，使闸瓦与制动轮两边间隙保持相等；

液压制动器弹簧力矩，安装长度及安装力应符合有关规定；

液压制动器的工作油压应符合图纸要求，图纸无要求时，可按使用环境温度，采用推荐用油。

- 加油方法如下：

对电动液压制动器，拧下加油螺塞，将油加注至油标所示位置，然后拧紧加油螺塞；

对电磁液压制动器，把推杆压到最低位置，拧开注油螺塞和排气螺塞，将油注入。当油从排气孔溢出，稍停几分钟，继续把油加至距注油孔 30～40mm 处，用手上下拉动推杆数次，排放积气，拧紧排气、注油螺塞即可。

Ⅶ．滑轮，钢丝绳，卷筒，主、副钩连接。

- 截取钢丝绳时，要在截断处两侧先捆扎细铁丝，以防松散，捆扎长度不应小于钢丝绳直径的 5 倍。
- 穿绕钢丝绳时，不得使钢丝绳形成扭结、硬弯、轧扁、刮毛等。成卷钢丝绳应用滚动或吊起旋转的方法，使钢丝绳铺平后再穿。
- 钢丝绳无论采用哪种固定方法，绳头一定要固定牢固，所有固定连接螺栓应加锁紧装置，并报经技术检验部门复检。
- 滑轮组安装时，应检查其转动灵活性，不得有任何卡阻，对转动不灵活的滑轮应拆开清洗检查，仍不灵活应调整和更换。
- 钢丝绳，滑轮，卷筒，主、副钩连接缠绕方式应符合图纸的规定。

Ⅷ．电气设备安装。

- 阅图纸，清点设备，检查型号、规格、数量是否与图纸相符，有无损坏、遗失。
- 盘柜安装：按图纸要求布置就位，调整盘柜水平、垂直度；盘柜的防振、接地应符合规定。
- 电缆敷设：电缆排列整齐、平直、编号清楚，没有扭曲、急弯，不得将其搁置在尖锐的物件上。
- 配线：每个端子一侧接线不应超过两根，不同截面的导线不得压接在同一端子上，对可动部分的连线应用多股软导线，并留有裕度，盘内导线不应有接头。配线美观，接触良好，标志清晰耐久。
- 滑触线安装：桥式起重机电气设备的滑触线分为两种，一种是裸触线，另一种是封闭滑线，两种滑触线的安装略有不同。

裸触线安装：测量各基础顶的高程，将支架按设计高程安装在基础上，然后在支架上安装绝缘瓷瓶。滑触线事先应进行校正，非摩擦导电面应涂防锈漆，两根滑触线接头处留有 15～20mm 伸缩缝，并用软线连接，根据滑触线实际位置调整导电滑块，使滑块能靠自重与滑触线良好接触。

封闭滑线的安装：根据现场实际，安装滑触器并保证滑触器与滑触线接触紧密良好。根据滑触器尺寸安装支架及附件，最后安装滑触线，并遵守有关规定执行。

- 电动机安装：安装前核对电机铭牌数据与图纸是否相符，用手转动电机转子，旋转应灵活，不得有卡阻，异响。绕线式电动机还应检查碳刷与滑环的接触情况。

用500V兆欧表测量电动机相间及其对地绝缘电阻，定子、转子绝缘电阻不得小于规定值。绝缘电阻低于规定值时应进行干燥，干燥可按实际情况及有关条件选用电热烘干法、低电压（36V）铜损法及空转自干法，干燥时最高温度不得超过70℃。当电动机出厂期限超过规定值或内部有缺陷或被怀疑有缺陷时，可作分解检查处理，电动机分解前在组合缝处做组装记号，拆除电动机端盖，使转子落在定子镗孔内，用套管接长电动机转子的一端，将转子抬起不使其与定子相碰，移出定子镗孔进行全面检查，处理后，轴承加注润滑油，线圈视情况做绝缘处理。

- 控制保护系统：电动机的启动方式可分为直接启动及降压启动。电动机容量不大，可用磁力启动器直接启、停及反转；在线路电压消失时兼作失压保护；带有热继电器的磁力启动器还能对电动机起过载保护作用。

大容量绕线感应电动机通常采用电阻降压启动，通过凸轮或磁力控制器，在电动机转子回路中接入分段电阻，以限制启动电流，多电机驱动系统中，可将其他控制器的接点严格按制造厂家接线原理图接线，即可实行集中操作，各操作控制系统严格按本设备提供的接线原理图安装。

- 安全控制元件安装：行走限位、提升限位、过载限制、舱门联锁、铃控制均为某机构达到规定极限时，通过上述装置跳开接点，切断电源，达到安全保护作用，安装时均应按实际动作位置进行接线和调整。

Ⅸ. 桥机试运转。

- 桥机机械、电气设备全部安装完毕，并符合有关设计、制造、安装等技术条件，才可进行运行。

- 试运转前，应进行下列各项检查：

核对所有动力回路及操作系统的接线应正确；

用兆欧表检测动力、操作及照明线路的绝缘电阻符合有关规定；

用交流电压做各线路对地绝缘耐压试验符合有关规定；

引入工作电源，进行各电气器具的模拟操作试验，其动作正确无误；

检查各制动器工作的可靠性；

检查钢丝绳在卷筒和滑轮组上缠绕的正确性以及绳头固定的可靠性；

清除一切有碍安全运行的障碍物，并在滑线处及危险处悬挂警告牌，必要时设遮拦或监护人。

- 第一次空载试运行时，各行走及起升机构逐一分项进行操作，升降方向正确。无异常时，连续运转10～15min，以检查下列各项：

整定限位开关、联锁开关、主令控制器及扬程指示器动作正确可靠；

电源滑块与滑线接触良好，无跳动及严重冒火花现象，控制器触头无烧损现象；

电动机及各传动系统动作平稳，无冲击及噪声；

快速传动轴，径向振动不大于1mm，慢速传动轴，径向振动不大于1.2mm，制动轮工作面径向振动不大于0.15mm；

行走轮与轨道应全线接触，轮缘无啃轨现象。

空载试验合格后，再做负荷试验。

- 静载试验：在桥机荷载静止的情况下，测定桥机的强度、刚度及各部分结构的承载能力。桥机主梁的强度和刚度的静载试验应按下列方法进行：

将小车开至大车端头，在两根主梁上挂钢琴线或在主梁中部悬挂线锤，记录线与梁的距离或在线锤临近设置标尺并记录读数；

将小车开到大车主梁中部位置，顺序起吊75％、100％和125％的额定起重量，当载荷离地约100mm，静止10min，然后卸去载荷，检查桥架是否有永久变形，最后使小车停在桥机大梁中间，100％载荷提升，测量两根主梁下挠度，应符合有关规定，即不大于（1/700）S；

当卸去荷载时，主梁挠度应复原，不得有永久变形，把小车开到端梁处，检测小车上拱值，应不小于：跨中（0.7/1000）S，S 为桥机跨距；

副钩的额定静载试验与主钩相同，但不需测录主梁的挠度。

• 动载试验：试验时，将 110％额定起重量的载荷升降 3 次，小车在全行程内往返 3 次，然后将小车开到大车的一端，使大车车轮承受最大轮压，开动大车在可能的行程内往返 3 次。进行上述试验过程中，设专人检查监听各传动机构工作情况应无异常。

Ⅹ. 竣工。以上每一步，都有相应的质量检验，检验依据是合同文件及技术条款。

② 门式起重机的安装。以 MH 型 10t 电动葫芦单梁门式起重机为例。该起重机是与 CD1 电动葫芦配套使用，是种有轨运行的中小型起重机，适用于露天作业的固定跨间，主梁是工字钢和钢板的组合梁。大车运行机构主要由电动机、液力偶合器、制动器、减速器、车轮装置等组成。

a. 工艺流程。

轨道验收→设备检验→电动葫芦与主梁连接→大车运行机构连接→主梁一侧支腿连接→主梁另一侧支腿连接→电气安装→调试→验收。

b. 安装工序。

• 轨道验收：安装门式起重机前应对轨道进行验收，检查轨道是否固定牢靠，并根据设计及施工规范要求对轨道的间距、标高、水平度、平行度进行检查复测。大车轨道的允许偏差为两轨道高低差≤3mm；两轨道不平行误差≤8mm；轨道中心距误差≤8mm。车轮中心距范围内轨道对角线之差≤5mm。

• 设备检查：起重机安装前应对所到设备、构件进行认真地检查，看是否有缺损、碰伤现象。清除保管期堆积垢物，检查各减速机油箱是否干净，润滑油路是否完好无损，确保各部件没有问题后准备安装。

• 电动葫芦与主梁连接：该起重机进厂时为分体结构，首先把电葫芦与主梁连接。电动葫芦车轮轮缘内侧与主梁工字钢轨道翼缘间的间隙应为 3～5mm。链式电动葫芦的链轮槽应保持在同一铅垂面上，链条在运行时不应有歪扭、卡住和严重磨损现象。

• 大车运行机构安装：该起重机安装前，大车传动机构与操作室在地面与传动侧支梁安装好。

• 框架安装：吊住主梁，采用 8t 液压吊吊住一侧支梁，连接后用 8 吨液压吊连接另一侧支梁。

• 其他附件安装：主梁、电葫芦就位后，进行梯子、栏杆、电缆滑架、车挡、极限开关等零部件安装。

• 加油：起重机机械设备安装完毕后，检查各润滑点及油路是否完整，然后将各减速器油箱清洗干净，注入机油，油量应与油尺的刻度相符。无油尺时润滑油应以能盖住大齿轮最低齿的齿高为准。所用机油及润滑油的牌号应与设计相符。

• 试车验收：门式起重机安装后，应立即装上夹轨器，并进行试验验收。

参 考 文 献

[1] 孔凌嘉，王晓力，王文中. 机械设计［M］. 3 版. 北京：北京理工大学出版社，2018.

[2] 刘军，郑喜贵. 工业机器人技术及应用［M］. 北京：电子工业出版社，2017.

[3] 陈宏钧. 典型零件机械加工生产实例［M］. 3 版. 北京：机械工业出版社，2015.

[4] 张宝珠，王冬生，纪海明. 典型精密零件机械加工工艺［M］. 北京：机械工业出版社，2017.

[5] 盛小明，张洪，秦永法. 液压与气压传动［M］. 北京：科学出版社，2018.

[6] 张应龙. 液压与气动识图［M］. 3 版. 北京：化学工业出版社，2017.

[7] 郑志祥，吴洁，等. 机械零件［M］. 北京：高等教育出版社，2016.

[8] 夏奇兵. 机械基础（高级）［M］. 2 版. 北京：机械工业出版社，2018.

[9] 于慧力，高宇博，王延福. 常用机械零部件设计与工艺性分析［M］. 北京：机械工业出版社，2017.

[10] 机械设计手册编委会. 机械设计手册［M］. 北京：机械工业出版社，2018.

[11] 陈宏均. 实用机械加工工艺手册［M］. 4 版. 北京：机械工业出版社，2016.